中国水力发电工程学会水工
及水电站建筑物技术丛书

特高坝建设技术的
发展及趋势

党林才 王仁坤 吴世勇 等 编著

中国水利水电出版社
www.waterpub.com.cn

内 容 提 要

本书为《中国水力发电工程学会水工及水电站建筑物技术丛书》之一，共编录论文39篇，主要介绍我国近年来特高坝建设技术的发展及趋势。内容包括综合论述、理论研究、工程设计、运行监测四个部分。本书从特高坝的设计分析新理论和新方法、不同坝型的动力特性和抗震设计、高水头泄洪消能技术及泄洪消能建筑物检修与维护、高坝的施工技术新进展、高坝运行管理中的新问题、高坝建设的生态环境效应以及高坝的全生命周期管理等方面进行全面交流和探讨，内容丰富、涵盖面广、实用性强，对今后特高坝建设具有较强的参考价值和借鉴意义。

本书可供相关部门的勘测、设计、施工、科研人员阅读，也可供相关专业的高校师生及科研单位的技术人员参考。

图书在版编目（ＣＩＰ）数据

特高坝建设技术的发展及趋势 / 党林才等编著. --
北京 : 中国水利水电出版社，2016.6
（中国水力发电工程学会水工及水电站建筑物技术丛书）
ISBN 978-7-5170-4453-6

Ⅰ．①特… Ⅱ．①党… Ⅲ．①高坝－水利建设－文集
Ⅳ．①TV649-53

中国版本图书馆CIP数据核字(2016)第139608号

书　　名	中国水力发电工程学会水工及水电站建筑物技术丛书 **特高坝建设技术的发展及趋势**
作　　者	党林才　王仁坤　吴世勇　等 编著
出版发行	中国水利水电出版社 （北京市海淀区玉渊潭南路 1 号 D 座　100038） 网址：www. waterpub. com. cn E - mail：sales@waterpub. com. cn 电话：(010) 68367658（发行部）
经　　售	北京科水图书销售中心（零售） 电话：(010) 88383994、63202643、68545874 全国各地新华书店和相关出版物销售网点
排　　版	中国水利水电出版社微机排版中心
印　　刷	北京嘉恒彩色印刷有限责任公司
规　　格	184mm×260mm　16 开本　20.75 印张　492 千字
版　　次	2016 年 6 月第 1 版　2016 年 6 月第 1 次印刷
定　　价	**79. 00 元**

中国水力发电工程学会水工及水电站建筑物专业委员会

第 六 届 委 员 会

主 任 委 员：王柏乐

副主任委员：（按姓氏笔画排序）

王 琪　　　王义锋　　　任青文　　　张书军

李文谱　　　李正平　　　宗敦峰　　　林 鹏

范 灵　　　党林才　　　贾金生

秘 书 长：党林才

副 秘 书 长：鲁一晖　陈观福

委 员：（按姓氏笔画排序）

马吉明　　毛文然　　王仁坤　　王治明　　韦晓明

叶发明　　孙 役　　任旭华　　任继礼　　朱俊高

吕明治　　陈 进　　严旭东　　严 军　　严优丽

何世海　　吴 波　　吴树延　　吴梦喜　　李光鹏

李守义　　迟世春　　肖贡元　　肖恩尚　　陆采荣

张秀崧　　张社荣　　张 林　　周启明　　黄建添

黄志斌　　黄 辉　　解 伟　　董汉生　　籍 东

秘 书：刘荣丽

本书编审委员会

主　编：党林才　王仁坤　吴世勇

委　员：（按姓氏笔画排序）

叶发明　田　迅　孙大东　李　伶

李永红　杨云浩　余　挺　陈　林

陈秋华　陈绪高　邵敬东　周　钟

赵文光　赵晓峰　夏　勇　黄彦昆

彭仕雄　蒋登云　蔡德文

前　言

　　我国高坝建设技术近 20 年来得到飞速发展，相继建成了 200m 以上的特高坝 20 多座，近 10 年来，又陆续建成了小湾、糯扎渡、溪洛渡、锦屏一级等 300m 级高坝，双江口、两河口、乌东德、白鹤滩、松塔、如美等一批 300m 级高坝也在建设或设计中。这些高坝工程地处更西部的深山峡谷之中，地形地质条件和建设条件更具挑战性，工程建设在为我国经济社会发展提供大量清洁可再生能源的同时，也为水电建设者提出了更多更难的技术难题。这些技术难题的一个个突破与解决，推动着我国水电建设水平不断向更高发展，使我国水电建设水平快步进入了世界领先行列。

　　为了及时交流和总结这些工程建设中所发展的先进技术和研究成果，丰富水电建设知识宝库，为后续的工程设计和建设提供更多有益的参考和借鉴，中国水力发电工程学会水工及水电站建筑物专业委员会在成都组织召开了"第二届全国高坝安全学术会议"。会前，组织者广泛向全国水电水利工程建设、研究领域的专家、学者征集学术论文，以期从特高坝的设计分析新理论和新方法、不同坝型的动力特性和抗震设计、高水头泄洪消能技术及泄洪消能建筑物检修与维护、高坝的施工技术新进展、高坝运行管理中的新问题、高坝建设的生态环境效应以及高坝的全生命周期管理等方面进行全面交流和探讨。

　　之前，由本专委会先后举办的以"利用覆盖层建坝的实践与发展""第一届全国高坝安全学术会议""中国水电地下工程建设与关键技术"为主题的学术交流活动均取得良好效果，会议交流论文以《中国水力发电工程学会水工及水电站建筑物技术丛书》（以下简称《丛书》）的形式正式出版，为我国水工及水电站建筑物设计、研究、施工、管理方面的专家学者提供了有益的参考。本书的出版又为《丛书》家族增添了新的亮点，希望能使读者有所裨益。

　　非常感谢所有论文作者的踊跃投稿，感谢各位专家学者对本次学术交流活动的积极参与和支持，你们将珍贵的研究成果、知识智慧和丰富的成功经验不吝与大家分享，使水工专委会这个学术交流平台又增添了几分厚重。同时，也希望在大家的共同持续努力下，使这个平台成为我们水工专业专家学者越来越喜欢的乐园！在这里充分交流学术成果，分享成功经验，展示您的才华。

编著者

2016 年 6 月

目　录

运 行 监 测

综 合 论 述

特高坝建设的技术发展及趋势分析

党林才　孙保平　严永璞

（水电水利规划设计总院　北京　100120）

【摘　要】　我国目前特高坝建设处于国际领先水平，归纳了特高坝建设遇到的关键技术问题及其研究进展情况，分析了四种常见特高坝坝型的适应性和优缺点以及特高坝的发展趋势。认为目前在300m级特高坝中混凝土拱坝和土心墙堆石坝应占主导地位，混凝土面板堆石坝具有明显的优势和竞争力，由于是新兴坝型坝高需逐步发展。提出了特高坝建设需进一步研究的方向、超过300m级的超高坝不宜再发展等初步认识。提出了大坝全生命周期管理中如何拆除高坝的新思路。

【关键词】　特高坝　关键技术　发展趋势　高坝拆除

1　高坝建设现状与需求

1.1　高坝建设现状

按目前我国水电界普遍认可的划分，坝高在100m及以上称为高坝，坝高200m以上称为特高坝。

国外特高坝多建于20世纪60—90年代，共建成特高坝近50座，80年代达到高峰期，并建成了300m级超高坝。20世纪末至21世纪初，国外特高坝建设数量明显减少，但仍有建设。

我国特高坝建设起步较晚，以二滩拱坝为标志，起步于20世纪90年代，但特高坝的建设速度很快。过去的十年是我国水电建设飞速发展的十年，在我国水能资源富集的西部地区，相继修建了一系列大型水电工程。据初步统计，截至2015年年底，全世界已建、在建200m以上特高坝65座，其中我国就有17座，占比26.2%。

总体看，国内外200m以上特高坝坝型主要集中在混凝土双曲拱坝、土心墙堆石坝、混凝土面板堆石坝和混凝土重力坝四种坝型上，国内外特高坝的坝型发展趋势一致。

混凝土重力坝由于体型大、且对地基地质条件要求较高等因素，超过200m的有3座，主要为碾压混凝土重力坝，分别为已建的龙滩（一期192m）、光照（200.5m）和在建的黄登（202m）。混凝土拱坝作为拱梁共同受力的超静定承载结构，具有超载能力强、抗震性能好、工程量省的特点，是特高坝的主力坝型之一，200m以上高拱坝有7座，分别为二滩（240m）、拉西瓦（250m）、构皮滩（230.5m）、小湾（294.5m）、溪洛渡（285m）、锦屏一级（305m）、大岗山（210m）拱坝。其中二滩拱坝已运行15年；小湾拱坝2012年开始蓄至正常蓄水位、世界最高的锦屏一级拱坝和溪洛渡拱坝2014年蓄至正常蓄水位，拉西瓦拱坝在接近正常蓄水位附近运行 3 年后，于 2015 年首次蓄至正常蓄水位。

土石坝由于具有对地质条件适应性强、就地取材、充分利用建筑物开挖料、经济性好等优点，在我国水电开发中得到了广泛的应用和快速发展。20 世纪 90 年代以来，我国陆续建成了小浪底斜心墙堆石坝（154m）、天生桥一级面板坝（178m）、洪家渡面板坝（179.5m）、水布垭面板坝（233m）、瀑布沟心墙堆石坝（186m）、糯扎渡心墙堆石坝（261.5m）；正在兴建的有长河坝心墙堆石坝（240m）、猴子岩面板坝（223.5m）、双江口心墙堆石坝（314m）、两河口心墙堆石坝（295m）、江坪河面板堆石坝（219m）等高坝或特高坝。

目前我国已建成的最高坝是锦屏一级拱坝，坝高 305m，也是世界第一高坝；最高的重力坝是光照碾压混凝土重力坝，坝高 200.5m；最高的心墙堆石坝是糯扎渡坝，坝高 261.5m；最高的面板堆石坝是水布垭，坝高 233m；在建的双江口心墙堆石坝，坝高 314m，也是世界上最高的心墙堆石坝。由此可见，我国已建的混凝土拱坝、碾压混凝土重力坝、混凝土面板堆石坝，以及在建的双江口和两河口等 300m 级心墙堆石坝，几种常见坝型的筑坝技术我国均处于国际领先水平。

1.2 我国特高坝建设的发展需求

根据我国水能资源开发规划，在西部水能开发中，金沙江、澜沧江、怒江、雅砻江、大渡河和黄河等大江大河及其上游，以及部分支流上还需修建一些控制性水库以调节径流，提高河流水资源和水能资源的利用率。这些水库工程的坝高都在 100m 以上，有的超过 200m，甚至超过 300m。据初步统计，在这些河流上，规划建设的 200m 以上的特高坝有 20 多座，如白鹤滩、叶巴滩、松塔、如美、茨哈峡等。

这些高坝工程地处更西部的深山峡谷之中，地形地质条件和建设条件更具挑战性，工程建设在为我国经济发展提供大量清洁可再生能源的同时，也为我国水电建设者提出了更大的技术挑战。

2 特高坝建设的关键技术问题

2.1 特高坝设计标准与安全评价问题

无论是混凝土坝，还是当地材料坝，我国现行规范都在总则中有这样的描述：本规范适用于 200m 及以下坝高，坝高超过 200m 时应做专门论证。一本规范的制订，是在有一定的设计理论，并通过工程建设和运行取得一定实践经验的基础上，经总结提炼编制而成的，通过规范规定，对后续同类工程的安全标准和设计方法予以规定和指导，以使大坝设计和建设的安全、经济指标更加合理。而由于这些规范出台时，我国 200m 以上高坝的建设数量和经验还不足，因而提出了要专门论证的要求，要求专门论证并不是不允许建，而是要求比规范适用范围内的坝论证得更深入、更详细，对其安全标准及其关键问题通过论证做到心中有数。在积累够一定经验的基础上再上升到规范。

2.2 特高坝地基和建筑材料适应性问题

对于混凝土坝，由于坝高的增加，坝体应力水平普遍增大，对筑坝材料的强度要求、温控要求随之提高；同时，对坝基抗变形要求、渗透稳定要求和承载力要求也都相应提高；对于当地材料坝，无论是心墙防渗还是面板防渗，由于水头高，对防渗体系（含坝体和坝基）的防渗能力和可靠性要求更高，这除了对防渗材料和坝基防渗性能本身的高要求外，更主要的是防渗体与坝体填筑料的变形协调性的控制，不致因为变形不协调而使防渗体系损坏。

2.3 特高坝抗震安全问题

随着坝高的增大，坝顶的动力放大效应随之增大，大坝的抗震安全问题更加突出。加之我国"5.12"汶川大地震后，地震部门经复核并即将发布的地震动参数区划图，在高坝较多地区的动参数提高较多，使得特高坝的抗震技术难度和防震抗震代价进一步提高。

2.4 如何使理论计算成果更真实反映大坝实际工作性态问题

近些年的计算技术飞速发展，对混凝土坝或当地材料坝的理论计算从计算规模方面有了长足的进步，尤其是大规模的施工仿真计算。但对大坝的工作性态仿真—应力、变形等工作状态的仿真计算，由于受材料本构关系和材料性能参数难于真实获取的影响，往往计算与实际偏差较大，对于特高坝来说，由于作用水头和坝体应力水平都显著提高，荷载效应更趋于接近坝体材料的承载能力，为了真实评价大坝的安全性，更期望理论计算成果尽可能真实地反映坝体实际。

2.5 特高坝工程泄洪消能问题

与特高坝配套的泄水建筑物承受高速水流的复杂作用，安全问题最为突出。我国已建或设计中的特高坝，大多位于西部高山峡谷地区，泄洪消能的共同特点是"高水头、大流量、窄河谷"，300m级高坝的洞式泄水建筑物承受水头往往都在200m以上，出口流速达50m/s左右，其高水头下闸门的安全运行，高速水流对泄水建筑物的冲刷、气蚀，及其对消能区岸坡稳定的影响等，都是影响工程安全的重要因素。

2.6 特高坝运行期的检修维护及工程退役问题

特高坝由于坝高、坝前水深大，水库放空或降低水位检修的难度大，需在设计初期就考虑良好的对策措施。对高坝的服役期满退役问题，目前也已提到议事日程，需要研究考虑妥善的处理方式。

3 特高坝关键技术问题的研究进展

上述各项关键技术问题，在我国近些年水电建设的实践中大都已经遇到，并得到较好的处理和应用，对重大的技术问题一般都是采用专题研究的方式，由设计单位联合国内有研究专长的科研单位和高校共同完成，这种体制发挥了各自的技术特长，实践证明是行之有效的。但有些复杂的问题仍然需科研、设计人员开阔思路、继续深入研究，才能逐步得到解决。

3.1 标准体系的健全完善

针对水电设计标准体系现状条块化、不系统不完善的问题，由国家有关主管部门主导，作为科研专项专门设立了"水电工程设计标准体系研究"课题，由多个设计院和建设单位参加，经过2年多的调研，目前研究工作已基本完成，对各专业已有及缺少的规范进行系统的调研、梳理、整合、补充完善，提出了其研究成果——《水电工程标准体系研究报告》及《标准体系表》，对于特过 200m 的特高坝的设计规范，目前编制条件已经成熟，已列入了编制计划。

3.2　高拱坝关键技术问题研究进展

通过早期的二滩拱坝，近期的小湾、拉西瓦、溪洛渡、大岗山、锦屏一级等超高拱坝的建设，已经针对重大技术问题取得了不少的研究成果，并在工程建设中得到应用。如一些主要研究题目：高拱坝建基岩体利用研究、高拱坝安全评价分析方法研究、混凝土坝抗震安全评价体系研究、大体积混凝土防裂智能化温控关键技术研究、高拱坝库盘变形及对大坝工作性态影响研究等。

3.2.1　高拱坝建基岩体利用研究

对深切河谷地应力的分布规律和岩体卸荷裂隙形成机理、开挖松弛的力学机理进行研究；对岩体开挖松弛范围与松弛程度的量测和预测方法，松弛带划分及岩体质量级别确定与参数选取进行研究；对建基面不良地质体和岩体松弛对超高拱坝工作性态和安全性的影响进行研究。进而提出了超高拱坝的建基面可利用原则及其确定方法、基础处理的原则和标准等。得出了超高拱坝建基可以Ⅱ、Ⅲ类岩体为主，建基岩体质量可从低、中、高高程按由严到宽的标准来控制，低中高程应以Ⅱ、Ⅲ1 类岩体为主，高高程部位可以Ⅲ1、Ⅲ2 类为主的基本原则，并且提出了由纵波波束为主等进行控制的具体控制标准。

3.2.2　高拱坝安全评价分析方法研究

一是研究高拱坝强度和稳定性分析的现代数值计算方法，考虑结构特点、施工过程及材料性能对高混凝土拱坝真实工作性态的影响，研究高拱坝真实工作性态与设计工作性态之间出现的偏差及主要影响因素；二是研究不良地质结构对大坝整体稳定性的影响，在高应力强渗透作用下坝肩岩体的失稳破坏机理和失稳破坏过程的分析方法；三是研究不同计算或试验方法所对应的控制指标、破坏判据。如高拱坝极限承载能力分析的理论、方法与破坏判据，非线性对拱坝极限承载能力的影响；静动力不同计算方法对应的拱座岩体抗滑稳定的裕度指标、变形控制指标；控稳措施对改善岩体力学特性和提高抗力的作用机理与效果评价等。针对这些问题，结合已建和正在设计的拱坝工程，设计、科研人员虽已做了大量的研究工作，取得了一些进展，但由于问题的复杂性和艰巨性，要得到最终满意的结果，仍需进行长期的努力。目前仍以大坝混凝土拉、压应力指标，坝肩特定块体刚体极限平衡法抗滑稳定性指标作为主要衡量指标，并参考类似工程经验确定。

3.2.3　大体积混凝土温度控制与防裂技术研究

该项研究一直是困扰混凝土坝、尤其是高混凝土坝建设的关键技术。通过研究施工全过程大体积混凝土温度场形成及演化规律，研发温度裂缝发生与扩展过程的分析模型、开裂准则，根据不同混凝土分区材料的特性，建立大体积混凝土的温控标准和动态控制方案，开发智能温控软件和硬件设施，实现大体积混凝土施工智能化温控。该项技术已在最近 2 年前研发完成，在几个高混凝土坝施工中开始应用，效果良好。

3.2.4　高性能大坝混凝土研究

研究具有高强度、高延性、高抗渗（有的还包括高抗冻）等特性的大坝混凝土，是每个特高拱坝在设计阶段努力研究的方向。研究混凝土碱骨料反应的发生机制，对材料和结构性能的长期影响，以及预防和控制措施等，因每个工程混凝土特性的不同而不同，这些混凝土特性除了水泥和外加剂外，更多地取决于所选骨料、尤其是粗骨料的特性。

3.2.5 高拱坝抗震研究

由多家著名研究机构联合，专门立项进行了"混凝土坝抗震安全评价体系研究"，对近些年国内外混凝土坝抗震研究的最新发展进行了总结，并据此研究成果修订完成了《水电工程水工建筑物抗震设计规范》，该规范对混凝土静、动态强度指标的关系进行了调整，对重要工程的大坝应采用相应场地设定地震的反应谱予以明确以及对规范的标准谱的下降段指数曲线的指数进行了调整。这些调整使拱坝抗震设计能更接近拱坝在地震时的真实反应。据初步分析，修订后的规范与我国近期将颁布实施的第五代地震区划图的动参数配套使用，可能会需要新设计高拱坝的抗震措施进一步加强。

3.2.6 高拱坝库盘变形及其对拱坝工作性态的影响研究

作为专项科研课题，调研了国内外多座高坝在库水作用下的库盘变形监测成果，结合龙羊峡、小湾拱坝的库盘变形监测和坝体变形监测资料，进行数十公里的大范围模型分析与坝址区细化网格的精细模型结合分析，采用正、反分析等方法计算，并得到实际监测资料印证。研究表明，对于高坝大库工程，库盘变形是实际存在的，且对于高拱坝的坝体变位和应力有一定影响。影响程度视水库的形状、库水重心区距坝的距离及对拱坝影响的对称性等因素不同而不同，但总的来说，不会对拱坝的安全产生实质性影响。

3.3 高土心墙坝关键技术问题的研究进展

通过已建、在建和前期设计的糯扎渡、瀑布沟、长河坝、两河口、双江口、如美等高土心墙坝的设计建设，对超高土心墙堆石坝的关键技术研究也已取得了大量成果，并在工程建设中得到应用。设计开展的重要研究项目如：超高心墙堆石坝防渗土料及堆石料工程特性研究、高心墙堆石坝渗透稳定与渗流控制研究、超高心墙堆石坝安全评价方法与安全标准研究、高土心墙堆石坝变形和裂缝控制研究、高心墙堆石坝建设成套技术研究、高土石坝抗震性能及抗震安全研究等，为超高土石坝的设计建设提供了较为坚实的技术基础。

3.3.1 超高心墙堆石坝防渗土料及堆石料工程特性研究

各工程针对本身可利用的防渗土料、坝体堆石料进行了大量基础性研究。

对于防渗土料，分别开展了风化料、冰积土、坡积土等宽级配天然料，以及人工掺砾的改性料的物理、力学特性、渗透特性研究。研究粗细粒含量之间的比例关系对土料渗透性和土体内部结构稳定特性的影响；研究高应力高水头条件下不同防渗土料的渗透特性及抗水力劈裂措施；研究全料干密度与粗粒含量的相关关系，粗细混合材料压实质量的控制方法；研究通过调整级配改变砾质土工程特性的方法等。初步建立了适应超高心墙堆石坝心墙土料的设计指标体系和评价标准。

对于坝体堆石料，通过堆石料的缩尺效应、劣化（颗粒破碎、湿化、流变等）特性研究，提出减少堆石料试验缩尺效应影响的技术措施，完善堆石料数学模型参数。通过反演分析，研究掌握室内试验参数和原型参数的相关关系，逐步提高大坝应力变形分析的准确性。

3.3.2 超高心墙堆石坝坝体分区及变形协调控制技术研究

研究适应高水头条件下的防渗心墙、反滤区和过渡区的合理布置体型，在综合提高坝体压实模量、减小坝体变形总量的基础上，通过设置合理的分区和碾压参数，使坝壳与心墙变形尽量协调。

研究了坝壳堆石与心墙土料在材料性质和受力变形特性的差异，即坝壳堆石区、反滤过渡区及土心墙的模量比例关系对心墙应力状态的影响；坝体填筑过程中，坝壳与心墙填筑时序的差异对变形协调的影响；心墙拱作用的影响机理和程度，降低岸坡对心墙拱作用效应的方法、材料特性和构造要求；以及协调岸坡坝体与河床段坝体变形的措施。

3.3.3 高心墙堆石坝应力变形计算分析方法研究

在对心墙堆石坝已有计算模型和计算方法进行总结的基础上，开展了考虑堆石材料流变、湿化变形以及颗粒破碎特性的新型本构模型和相应计算方法研究。

研究考虑坝壳堆石区、反滤区、过渡区与土心墙的相互作用、土心墙与防渗墙、坝基廊道的相互作用，坝体、心墙与岸坡的相互作用接触面特性研究，开发能够反映接触面非连续变形的非线性接触算法等；考虑心墙次固结过程的分析模型和计算方法也在研究中。

随着计算技术的飞速发展，开发的坝体与坝基的精细化建模技术、高精度结构模拟技术、施工过程仿真技术、动态图形后处理技术等现代数值计算技术有日新月异的感觉。

3.3.4 超高心墙堆石坝安全评价方法与安全标准研究

针对此问题，开展的主要研究工作有以下方面：

（1）进行坝体硬岩堆石料、软岩堆石料和砂砾石料三轴剪切试验成果统计分析，研究基于非线性强度指标的坝坡抗滑稳定安全系数、分项系数及可靠度指标，建立堆石体抗滑稳定评价方法、安全系数标准和风险度控制指标。

（2）开展与坝高及筑坝材料特性相适应的坝壳料、反滤过渡料及土心墙料相互之间的变形协调特性研究，提出变形稳定安全评价方法、安全标准和风险控制指标。

（3）开展土心墙料、反滤料、过渡料及堆石料之间在超高水头作用下的正向和反向水力坡降及与坝高和材料相适应的反滤特性试验和分析研究，提出不同材料的最佳渗透系数、允许水力坡降，及相关的反滤准则等渗透稳定安全评价方法、安全标准和风险度控制指标。

（4）开展遭遇不可预见洪水条件下与坝高相适应的波浪高度、风壅高度等水位安全超高，坝体变形预留沉降超高等研究，提出相关安全超高标准。

3.3.5 深厚覆盖层上高心墙堆石坝筑坝技术

对国内外深厚覆盖层上高心墙堆石坝变形特性进行分析总结，分析坝体裂缝产生的类型、裂缝形成机理。开展覆盖层上高土石坝变形及裂缝控制专题研究，提出相应深厚覆盖层上高土心墙堆石坝变形稳定、渗透稳定和裂缝控制措施。目前在建的长河坝土心墙堆石坝坝高 240m，坝基覆盖层厚 70m，是该项技术发展的代表。

3.3.6 高心墙堆石坝安全监测关键技术

结合对坝体应力、变形和渗流性态的分析，研究坝体监测仪器的合理布置方式及仪器的最大量程范围，研制适应大变形及上游库水浸泡下堆石体变形的监测设施，提出了坝内机器人监测等初步研究成果。

3.4 高面板堆石坝关键技术问题的研究进展

混凝土面板堆石坝由于其适应性强、经济性好，近三十年来发展迅猛，已成为当今世界最流行的坝型之一。我国已建成数座 200m 以下的面板堆石坝，筑坝技术已相对成熟；建成的 200m 以上的有水布垭，坝高 233m；几座 250m 级高面板堆石坝也在设计中。在水布垭之后，面板坝如何发展、300m 级坝高时混凝土面板堆石坝还能否适应？为此，由我国多家设计、建设、科研单位联合，开展了 300m 级高面板堆石坝适应性、安全性课题研究。研究认为，在做好抗滑稳定、渗透稳定及变形稳定控制的条件下，建设 300m 级高面板堆石坝是可行的；同时提出，对 300m 级高面板堆石坝相关结构材料、控制指标、计算方法、抗震措施和安全监测措施需在 200m 级坝的基础上进行适度的调整。

3.4.1 超高面板堆石坝安全性评价方法

对国内外面板堆石坝技术进展进行回顾，分析了 300m 级高面板坝机遇与挑战，总结了典型高面板坝出现的问题，提出了面板堆石坝安全性评价方法，开展风险分析及调控研究，认为 200m 级面板堆石坝筑坝技术是成功和可靠的，其坝体布置、坝体分区及筑坝材料、防渗结构、坝基处理、施工技术、试验研究与计算分析、安全监测等实践成果及经验，可以在 300m 级高面板坝的建设中参考和借鉴。

3.4.2 结构材料设计及变形控制

在总结 200m 级高面板堆石坝工程经验的基础上，针对 300m 级高坝的特点开展依托工程面板堆石坝结构设计。提出抗滑稳定、渗透稳定和变形稳定是高面板堆石坝安全控制因素，归纳总结提出了适用于 300m 级面板堆石坝的安全评价方法及相应的定量控制指标体系，提出了适用于 300m 级高面板堆石坝的工程措施。

3.4.3 堆石料工程特性及本构关系

通过堆石料的大、中、小型三轴试验，现场碾压试验以及堆石料数值剪切试验，系统研究和揭示了堆石料缩尺效应对工程特性的影响，评价了原级配堆石料的力学特性，在此基础上提出了堆石料模型参数。

3.4.4 变形特性及渗透稳定性

采用经 200m 级高面板堆石坝反演分析及进一步修正后的计算模型、方法和统一的坝料参数，开展坝体变形及接缝位移等常规及精细化计算分析，注重堆石料流变本构模型和面板混凝土非线性模型研究、定量评价预沉降时间和指标、面板应力偏大与挤压破坏原因研究等。提出了适应于 300m 级高面板堆石坝的应力变形分析的本构模型和计算方法，初步揭示了面板挤压破坏的机理。

3.4.5 抗震安全性及抗震工程措施

总结面板堆石坝抗震特性，进行坝料动力特性试验和计算及动力反应控制标准和工程措施研究，改进发展了堆石料静动力本构模型，提出了波函数组合法地震输入、面板混凝土损伤和钢筋模拟、库水与大坝耦合的精细分析等方法，集成发展了三维静、动力分析软件，建立了抗震安全性评价方法及标准，并论证了抗震工程措施的有效性。

3.4.6 监测关键技术

在 200m 级高面板堆石坝安全监测技术调查与总结的基础上，针对 300m 级高面板堆石坝的监测关键技术，研发了管道机器人、柔性测斜仪等内部变形监测仪器，提出了 1000m 级超长管路系统设计方案、坝内设置廊道方案等。

3.5 泄水建筑物消能防冲技术的研究进展

高坝的泄洪消能安全问题一直是水电工程设计建设和运行管理的前沿课题。由于高速水流的作用，国内外曾发生多起泄水建筑物严重破坏的实例，如前苏联的萨扬、美国的利贝、印度的巴拉克等，国内如五强溪、三板溪、二滩、景洪、金安桥等。特高坝由于泄洪水头更高，高速水流流速可能超过 40m/s，甚至 50m/s，对消能防冲建筑物的要求也更高。

近些年经过设计、科研人员的不断研究和工程实践，在以下几方面取得的成果可供后来工程学习借鉴：

3.5.1 高拱坝坝后水垫塘消能技术

我国二滩水电站高拱坝首次采用坝后水垫塘消能技术并取得成功后，该技术几乎成为高拱坝坝身泄洪坝后消能的经典范例。在拱坝下游修建二道坝壅高水位，形成数十米深的水垫（有条件时可利用天然水垫），使坝身泄洪孔口下泄的数千至数万流量的巨大水流能量通过在水垫塘翻滚紊动而消能。二滩之后的小湾、拉西瓦、溪洛渡等已建工程，和设计中的多座拱坝工程都采用了这一技术。

3.5.2 坝后水垫塘反拱形底板

早期的几个坝后水垫塘工程均采用平底板，体型简单、便于施工，实践证明效果也不错。但作为消刹巨大水能的主要消能建筑物，如何能更好地抵御脉动水压力、提高水垫塘底板在抗水流冲击时的稳定性，更好地适应天然地形条件，设计人员研究提出了反拱形底板的思路。该形底板不仅可以利用水垫塘两岸混凝土边墙提供支撑，形成边墙与底板的整体拱形受力，提高脉动压力作用时的稳定性，另一方面，反拱形底板开挖也适应了天然河床的地形特点，可以避免两岸边坡的"切脚"开挖，有利于边坡稳定和减少开挖与混凝土工程量。拉西瓦拱坝工程在设计时对该体形继续进行了深入研究，解决了早期研究中担心反拱形底板施工难度大、混凝土浇筑质量难于保证的难题，大胆采用，运行几年来效果良好。笔者认为，在河床宽度、泄流流量等方面能满足消能水体体积需要的情况下，应尽量采用这一型式。

3.5.3 消力池高跌坎技术

向家坝水电站设计最大下泄流量 48660m³/s，为了避免泄洪雨雾对下游城市的影响，只能采用底流消能方式，经过大量试验研究后采用了表、中孔分层布置，高低跌坎式消力池，表、中孔跌坎高度分别为 16m 和 8m。利用高低坎消力池双层、多孔口三元淹没射流，使高速主流脱离消力池底板，相对于传统底流消能，消力池临底流速大幅降低，提高了消能建筑物运行安全性。工程已经历 4 个汛期运行，运行情况总体良好。该工程泄水坝段最大坝高 144m，上下游水位差 90m 左右，虽不属于特高坝行列，但对于解决特高坝泄洪消能问题仍有较大的借鉴作用。

3.5.4 抗冲耐磨层一体浇筑理念

大量的工程实例表明，泄水消能建筑物在高速水流冲蚀下的损坏难以避免，尤其对于特高坝，泄槽或出口流速可达 40～50m/s，冲蚀破坏的事例屡见不鲜。然而，大量的统计发现，泄水消能建筑物沿抗冲耐磨层与基底混凝土的层面发生破坏的几率最高，早期的做法是在已浇筑完成并达到一定强度的基底混凝土表层再浇筑数十厘米厚的 C40 甚至 C50 高强度等级混凝土，以提高混凝土表层抗冲蚀性。这个方法由于两种混凝土的热力学指标差别大，往往在接触面自然形成弱面，在高速水流冲蚀时，不是抗冲层混凝土的强度不够，而是接触面在脉动压力作用下先行开裂而破坏。基于对该问题的深刻认识，近期新设计的工程已要求采用抗冲耐磨层与基底混凝土不分层一体浇筑的工法，并在正修订的相关规范中予以明确要求。

3.5.5　挑流消能问题

对于特高坝，混凝土坝的泄洪流量大部分或全部由坝身承担，而对于当地材料坝，泄洪流量则全部由岸边溢洪道或泄（溢）洪洞承担。岸边溢洪道或泄（溢）洪洞的消能方式则绝大多数采用挑流消能（若地形条件许可时，也可研究采用分级底流消能），大多布置为将前段的洞内流速控制在不超过 25～30m/s，而将高速水流甩在出洞口以后的陡坡泄槽段、反弧段和鼻坎段。该种布置可避免洞身结构受高速水流威胁，而将损坏风险较大的部位放在离坝较远的陡坡泄槽段及以后，这种理念完全正确、可取。问题是，对于特高坝，尤其是 300m 级高坝，即是将鼻坎段放在距河床近百米高的位置，出口反弧段和鼻坎段流速仍可高达 50m/s 左右，冲蚀破坏对这类泄水建筑物始终是个较大的威胁，需持续研究解决之道。

挑流消能的另一个关键问题是对下游的冲刷及消能区防护，为了降低流速而将出口抬高，出口抬高使冲刷区范围扩大，消能区负担更重。对冲刷区的防护措施需经模型试验和数模计算审慎研究解决。经过近些年的研究发展，通过数学模型预测消能区的雾化范围和雨强方面取得了明显进展，可为消能区防护提供一定的技术支持。

需要注意的另一个问题，特高坝的泄洪洞运行经验表明，按目前规范设计的隧洞断面，水面以上余幅远远不够，使通风洞风速过大，在设计中需引起足够注意。相关规范的修订工作也在进行中。

4　特高坝建设发展趋势及研究方向

4.1　特高坝建设发展趋势

特高坝建设的研究和实践证明，在 300m 级特高坝中，具有明显竞争力的是混凝土拱坝、土心墙堆石坝、混凝土面板堆石坝这三个坝型。

只要地形、地质条件允许，混凝土拱坝由于其混凝土工程量省、坝身泄洪及坝后水垫塘消能效果好且易于布置、不用大面积开采防渗土料、超载能力强等优点，其竞争优势较为明显，上述统计的我国已建在建混凝土坝中，超过 220m 坝高的均为混凝土拱坝，如锦屏一级、小湾、溪洛渡、拉西瓦、白鹤滩、乌东德等拱坝。

当具有合适的防渗土料且开采条件容许时，心墙堆石坝由于其对地形地质条件适应性强，设计及运行经验相对成熟，在特高坝选型时也是具有竞争力的重要坝型，如我国已建的糯扎渡，在建的双江口、两河口、长河坝等土心墙坝。

混凝土面板堆石坝由于其具有当地材料坝就地取材的优点，又不需大量开采防渗土料因而减少了对环境的不利影响，堆石体工程量也明显小于心墙堆石坝，其经济性更优，因而该坝型近年来得到了迅猛发展，也具有更好的前景。我国最高的 233m 的水布垭面板坝的建成，代表该坝型进入特高坝坝型可选之列，同一坝高级别的猴子岩、古水等面板坝也在建设或设计之中。对 300m 级混凝土面板坝的适应性和安全性研究表明，在一定条件下建设 300m 级特高混凝土面板坝也是可行的。但由于该坝型为新的坝型，特高坝尤其是 300m 级高坝缺乏建设经验，需要通过建设实践、总结反馈，以循序渐进的方式逐步发展。

混凝土重力坝由于其随坝高增大而混凝土量大幅增加的特性，其经济性受到制约，在目前 200m 级重力坝基础上，再大幅增大坝高的空间不大，除非有特别有利的地形地质条件或特殊要求时才可能考虑。

对于超过 300m 级的特高坝，从目前的认知水平、高速水流控制及消能难度、高坝风险控制和建设实践经验来看，笔者认为没必要再朝更高发展。若是调节库容需要，不如考虑多设几个调节水库更加稳妥。

4.2 特高坝建设的关键技术及研究方向

对于特高坝，无论是混凝土坝还是当地材料坝，都有各自的关键技术问题需要研究解决，如本文前面已述及的各坝型研究已取得的成果和正在研究的问题等，由于每个高坝工程的个体差异性大，这些问题中的大部分对于待建高坝来说，还会根据自身的特点继续个体化的进行研究。除此之外，笔者认为有三方面问题是值得进一步深入研究或提上日程进行研究的。

4.2.1 特高坝工作性态的数字仿真模拟技术

从本构关系更切实际、材料参数取得更加科学系统、计算方法升级完善等方面，对现有的有限元等有关计算方法、手段进行完善升级，达到更准确的动态反应坝体变形、应力状态、关键部位的安全裕度，进而全面判断大坝工作性态的目的，以解决目前计算结果与实际监测成果（或实际状态）出入较大的问题。毕竟特高坝的建设数量有限，原型监测与反馈评价是重要的手段，但只能反映数量有限的特定部位、特定时间的状态，而要从空间和时间（全生命周期）上全面评价特高坝的工作性态，需要发展更高效、更逼真的计算模拟技术。

4.2.2 特高坝的安全风险控制问题

对于几种常见的特高坝坝型，需研究遭遇特殊情况时，大坝可能产生的破坏模式及其判别标准、对下游的影响程度等。尽管我们设计时对洪水、地震等可能引起灾害的因素都考虑了足够的安全裕度和安全保证措施，但风险控制研究是防止万一情况的发生，未雨绸缪也是应当的。不同坝型的破坏模式和对下游的影响程度会差别较大，需有针对性的深入研究，提出对策。

4.2.3 高坝全生命周期管理问题

水电工程的使用年限较长，一般中型电站以上的工程，大坝等主要建筑物都要求设计使用年限在 100 年以上。近几十年我国的水电工程一直处于全面建设阶段，然而全面建设期过后，经过几十年乃至上百年的正常运营，工程的退役甚至拆除就会提到议事日程。从工程策划、设计、建设、运营维护，到退役、拆除的全生命周期管理问题已越来越多地受到人们的关注和重视。

5 高坝工程全生命周期管理的关键问题及解决思路

全生命周期管理虽在其他行业起步较早，但在水电工程的研究则处于起步阶段，水电工程全生命周期管理包括前期阶段的决策管理、实施阶段的建设管理、运用阶段的安全和效益管理、完成历史使命后的退役管理等。前三个阶段在我国已研究、应用较多，且取得了显著的成绩，目前仍在持续的研究进展中，而最后的退役管理因为工程建成后时间都不长，还没有真正开始研究。按常理，全生命周期管理需要在工程初期设计时就应考虑好如何退役，但由于水电工程的超长使用周期和认知、经济等原因，人们并没有在设计和建设时就对该问题有完备的考虑；尽管目前人们已认识到该问题的重要性，但对于特高坝来说，要妥善解决该问题仍是一大难题。这也是水电工程全生命周期管理中的关键问题。

难度在于，电站退役后对高坝和特高坝如何拆除，尤其是特高坝，给大坝拆除时的库水和上游来水找一合适的出路是关键所在。通常人们想到的是在低高程新打泄水洞以降低库水位，但该方法存在以下问题：

（1）由于水头太高，控制闸门和高速水流带来的问题都会超过已有认知水平而风险过大。

（2）要保证拆坝过程的全年过流需要，过流断面和消能设施规模太大。

（3）一般工程在建设时泄水建筑物布置的地形条件已经很紧张，不允许再布置更大规模的泄水和消能建筑物空间。

为此，笔者提出一些解决思路，供以后需要时仔细研究：在已有引水发电系统基础上，利用机组更新改造时机，分批改装适应更低水头的水轮发电机组，新建更低高程的电站进水口与原引水道相连，通过改造后的电站降低水头正常运行，使水库水位大幅降低，从而给拆坝工作留出从容的时间。此时的电站改造是以为水流找安全的通道为目标，而不用过多考虑电站效率，因此这种改建应是可行的。新建电站进水口的水下爆破难度也远小于新建泄水建筑物进口的难度。通过1~2次这样的改造，大坝可以拆除到可以接受的高度（由于多年的坝前淤积，不大可能完全拆除到底），此时无论是混凝土坝还是当地材料坝，坝体厚度已足够大，水头又不高，对剩余坝体经适当改建后，可全坝段或者局部坝段过流，形成一级或多级台阶过流的新河床形态。

6 结语

分析了国内外特高坝建设的发展过程及水平，总结了近年来我国针对不同坝型的高坝所做的主要研究工作及成果，认为我国目前特高坝建设在混凝土拱坝、碾压混凝土重力坝、混凝土面板堆石坝、土心墙堆石坝等几种常见坝型的筑坝技术均处于国际领先或先进水平。特高坝关键技术的持续研究取得了丰硕成果，成功建设了多座200m以上特高坝甚至一批300m级高坝，分析了四种常见特高坝坝型的适应性和优缺点以及特高坝的发展趋势。目前在300m级高坝中混凝土拱坝和土心墙堆石坝应占主导地位，混凝土面板堆石坝具有明显的经济优势和竞争力，但由于在我国是新兴坝型，特高坝建设实际工程经验较少，需逐步发展；超过300m级的高坝，从目前的认识水平、高速水流控制及消能难度、高坝风险控制和建设实践经验来看，没必要再朝更高发展。我国水电工程标准体系研究已经完成，200m以上特高坝的设计规范编制条件已经具备，正在启动该项工作。特高坝工作性态的数字仿真模拟技术、意外情况下大坝可能产生的破坏模式及其判别标准、风险控制措施等是今后重点研究方向。首次提出了大坝全生命周期管理中如何扩除高坝的新思路，可供需要时仔细研究。

参 考 文 献

[1] 周建平，党林才．水工设计手册（第5卷　混凝土坝）[M]．北京：中国水利水电出版社，2011.
[2] 水电水利规划设计总院，北京勘测设计研究院有限公司等．水电工程标准体系研究报告[R]．2016（2）．
[3] 王富强，杨泽艳，周建平，等．300m级高面板堆石坝安全性及关键技术研究课题简介[C]．高面板堆石坝安全性研究及软岩筑坝技术进展论文集，2014.

世界最高拱坝施工关键技术

李太成

（水电水利规划设计总院　北京　100120）

【摘　要】　锦屏一级水电站大坝为世界最高拱坝，是我国总体设计和施工难度最大的高拱坝工程，其施工中解决了复杂地质条件高边坡施工、高拱坝混凝土骨料选择与供应、高拱坝混凝土高强度快速施工与温度控制、复杂地基处理施工等关键技术难题，保证了大坝的顺利建成，推动了我国高拱坝建设技术进步。

【关键词】　锦屏一级　高拱坝　高边坡　混凝土骨料　混凝土施工　温度控制　基础处理关键技术

1　引言

锦屏一级水电站位于四川省凉山彝族自治州盐源县和木里县境内，是雅砻江下游河段控制性水库梯级电站。电站装机容量 360 万 kW，多年平均年发电量 166.2 亿 kWh，总库容 77.6 亿 m³。工程枢纽由挡水、泄洪消能、引水发电等永久建筑物组成，混凝土双曲拱坝最大坝高 305m，为世界最高拱坝。

锦屏一级工程 2005 年 11 月正式开工，经过 9 年建设，2014 年 7 月水电站全部机组投产发电，工程开始正常发挥设计效益。

锦屏一级水电站具有"高山峡谷、高拱坝、高边坡、高地应力、深部卸荷"等"四高一深"的特点，是我国已建在建高拱坝中地质条件最差、总体设计和施工难度最大的工程，是世界拱坝建设史上的里程碑。复杂地质条件高陡边坡施工，高拱坝混凝土骨料选择与供应，高拱坝混凝土高强度快速施工与温度控制，复杂地基加固处理施工等，都是工程施工中面临的世界级水电技术难题和挑战。经精心设计、施工和管理，这些难题逐一攻克，实现了我国在复杂地形地质条件下建设特高拱坝技术的一次飞跃。本文对锦屏一级水电站高拱坝施工中采用的关键技术进行总结，供有关方面参考。

2　复杂地质条件高陡边坡施工技术

锦屏一级拱坝坐落于深切"V"形峡谷，两岸谷坡相对高差达 1500～1700m。两岸自然边坡高陡，地形地质不对称，地应力水平较高，岩体卸荷强烈，断层、层间挤压错动带、节理裂隙、深部裂缝发育，稳定问题突出。左岸为反向坡，高程 1820.00～1900.00m 以下为大理岩，坡度 55°～70°，以上为砂板岩，坡度 40°～50°。右岸为顺向坡，全为大理岩，高程 1810.00m 以下坡度 70°～90°，以上坡度约 40°。左岸以 f_{42-9} 断层、深部裂缝

SL_{44-1}及煌斑岩脉X组成的潜在大块体控制了边坡的整体稳定性，而局部裂隙组合切割形成的不稳定块体及高程1960.00m以上的倾倒拉裂变形体对边坡稳定也有较大影响。右岸边坡层间挤压错动带、风化绿片岩夹层、层面裂隙，以及f_{13}、f_{14}和NWW向裂隙形成了边坡稳定的控制性结构面。大坝两岸边坡具有开挖高差大、边坡坡度大、支护工程量大、质量要求高、施工难度大的显著特征，是目前我国水电工程中最复杂的高边坡治理工程。

大坝左岸边坡开挖总高度约530m，开挖量约550万m^3。右岸边坡开挖总高度约450m，开挖量约323万m^3。两岸边坡主要采用应力分散型锚索、表层框格梁、系统排水、坡面喷锚及抗剪置换洞等综合支护措施，边坡锚固工程量居国内前列。左岸边坡预应力锚索3974束，以3000kN大吨位80m超长锚索为主（局部锚索120m长）。右岸边坡预应力锚索1226束，设计荷载等级1000～3000kN，锚固深度20～80m。

大坝边坡施工期及水库蓄水后的检测、监测成果反映开挖质量合格，边坡变形量较小，变形速率不大，边坡处于整体稳定状态，高边坡施工取得了成功，其关键技术主要有以下方面：

（1）施工过程中建立"动态设计、科研跟踪、安全监测与反馈分析、信息化动态治理"的机制，有针对性地优化施工程序，保证了边坡开挖稳定与安全。

（2）按照分层开挖、支护跟进、先洞后坡、先锚后挖的原则严控施工程序。浅层和深层支护分别滞后开挖1个、2个梯段高度。排水洞超前边坡1～2个开挖层高度施工。抗剪洞施工完成后，其高程以下边坡才能开挖。拱坝高程1600.00m以下基础面预留保护层，先用锚杆（锚筋束）锚固后开挖。

（3）边坡开挖采用预裂爆破、梯段微差挤压爆破技术。左坝肩及坝基边坡开挖梯段高度7.5m，右坝肩以上边坡梯段高度10～12m。基础预留保护层预裂爆破开挖。保证了坝肩及基础开挖施工质量。

（4）开挖过程中分区、分块由外向里进行，平行流水作业，定点推渣下江，截流后基坑出渣，有效解决了高陡边坡开挖出渣的难题。

（5）采用预固结灌浆，加粗钻杆，加装导向仪、扶正器及反吹装置等措施，有效解决了破碎岩体超深孔造孔和孔斜控制的难题。

（6）采用单根对称逐级分次张拉、平稳缓慢张拉、补偿张拉、间歇灌浆或反复屏浆等措施，确保大吨位超长预应力锚索的施工质量。

3 高坝混凝土骨料选择与供应技术

锦屏一级水电站305m高拱坝坝体应力水平高，坝体混凝土抗压强度、抗拉强度、抗渗、抗冻以及抗裂性能等均有很高要求，成为混凝土骨料选择的控制因素。混凝土浇筑强度要求不低于200m^3/s，对骨料生产和供应要求高。

受客观条件的限制，大坝不得不采用具有潜在碱活性的变质石英砂岩作为人工骨料。砂岩混凝土线膨胀系数和干缩值较大，对拱坝大体积混凝土质量控制不利；砂岩和大理岩骨料的加工性能差，砂岩加工存在特大石产量不足、粒形较差、针片状含量较高、超逊径超标、粗骨料裹粉等问题，大理岩制砂存在颗粒级配不连续、细度模数波动较大、石粉含量超标等问题，困扰了工程很长时间；大奔流沟料场自然边坡坡度55°～65°，坡高约

800m，开挖边坡总高度518m，综合开挖坡度67°，岩层陡倾顺层分布，是目前国内边坡最高陡、开采难度最大的人工骨料料场。锦屏一级水电站是我国已建在建高拱坝中混凝土骨料料源总体条件最差的工程。

经慎重研究和决策，大坝采用组合骨料方案为基础来抑制碱骨料反应，并解决了高陡边坡料场开采、硬脆骨料加工、复杂地形条件下骨料大容量运输等大量技术难题。大坝混凝土抗压强度、极限拉伸值、耐久性等指标检测结果均满足设计要求，混凝土质量验收合格。大坝骨料选择与供应的关键技术主要有以下方面：

（1）采用大理岩砂代替砂岩砂、高掺35％的Ⅰ级粉煤灰和控制混凝土总碱量不大于1.8g/m³等工程措施有效地抑制了变质石英砂岩的碱骨料反应膨胀变形。

（2）通过布置通达料场顶部及各采区的交通洞、竖井和溜槽运输毛料、山体底部布置毛料初碎系统、胶带机运输半成品至高高程成品料加工系统等一系列措施，解决了大奔流沟高陡、高位料场开采和运输的难题。

（3）采取调整坡比、顺层开挖、锚索加固、系统排水、安全监测、控制爆破、及时支护等综合措施，保证了顺层高陡料场边坡的整体稳定。

（4）三滩砂石系统采用立轴破碎机配合选粉机制砂的新工艺，用风选法剔除多余石粉，大理岩砂子产品质量趋于稳定。

（5）印把子砂石系统增加特大石整形车间，采用小开口生产、优化筛网尺寸、增设转料胶带机等措施、高线混凝土系统设置骨料二次筛分设施等措施，砂岩骨料质量大为改善。

（6）布置穿山越岭跨江的长距离带式骨料输送机，并首次在国内水电工程中采用两条转弯半径仅450mm、550mm的管状带式输送机，保证了快速供料要求。

4 高拱坝混凝土高强度快速施工技术

锦屏一级水电站拱坝最大坝高305m，拱冠梁顶厚16m，底厚63m，顶拱中心线弧长552.23m，厚高比0.207，大坝共分26个坝段，坝段宽度20～25m。坝身布置4层过流泄水孔（5个导流底孔、2个放空底孔、5个泄洪深孔、4个表孔）。坝体体形结构并不利于快速施工。大坝混凝土浇筑总量571.76万m³（含垫座56.56万m³）。

由于地质条件影响基坑开挖，大坝混凝土浇筑滞后9个月，在大坝混凝土增加约50万m³的情况下，实际浇筑工期50个月，比可研工期减少4个月。月平均浇筑强度11.44万m³，高峰月浇筑强度17.6万m³，月平均上升高度7.52m，最高月上升高度为9.56m。大坝混凝土施工中摸索出一套混凝土生产、入仓、浇筑一条龙管理、"楼等车、车等罐、仓面等吊罐"的"无缝隙转仓"实用技术，保证了高强度混凝土快速施工的需要，主要关键技术有以下方面：

（1）采用两座各配2×7m³强制式搅拌机的高线拌和楼，生产能力600m³/h，预冷混凝土生产能力480m³/h，可供应月平均16万m³的浇筑强度需要。

（2）采取两岸分别布置循环式主供料线及辅助供料线，侧卸车运输混凝土，4台塔机辅助吊装，大坝垫座配置独立拌和楼、溜槽和布料机入仓，加强缆机协调、备仓、汽车运输过程管理等措施，保证了缆机的入仓能力。

（3）增加一台缆机，并采取缆机条带法定点下料、无缝转仓和套（连）仓浇筑，高拱坝采用单平台5台平移式缆机高强度浇筑取得成功。

（4）在3m厚浇筑层的基础上，高拱坝推广采用4.5m厚浇筑层取得了成功。

（5）孔洞（口）、闸墩等复杂结构部位采用定型模板、大模板和液压自升爬模，4.5m厚浇筑层采用带加强支撑结构的大模板，坝体钢筋采用套筒连接，适应混凝土快速施工需要。

（6）坝基固结灌浆采用无盖重灌浆工艺，减少了对混凝土施工的干扰，有效缩短了混凝土浇筑直线工期。

（7）利用大坝施工信息管理系统对温控和施工信息进行动态管理，及时仿真分析和掌控总体进度计划，优化浇筑施工方案。如通过仿真分析后适当放宽悬臂高度、相邻坝段高差等限制要求，减少了孔口坝段对大坝上升的制约。

5　高拱坝混凝土温控防裂技术

锦屏一级水电站拱坝坝高305m，坝体结构复杂，最大浇筑仓面河床坝段为1870m²、垫座为5200m²。坝址区年平均气温17.2℃，气温日变幅相对较大，年平均降水量792.8mm，年平均蒸发量1861mm。锦屏一级水电站的坝高、体型结构、材料参数和复杂的气候条件、施工因素等特点决定了大坝温控防裂面临着巨大的挑战，其温控技术要求高、安全风险大、温控过程复杂。

拱坝基础温差、上下层温差、内外温差要求不大于14℃。出机口温度按5～7℃控制，浇筑温度按7～11℃控制。坝体施工期各部位容许最高温度冬季为26～29℃。按规定的降温幅度、速率和目标温度进行一期冷却、中期冷却和二期冷却。对高度方向的温度梯度控制更加严格。混凝土最小浇筑间歇期为5天，最大间歇期不超过14天。大坝混凝土在超过1500个浇筑仓中裂缝数量极少，没有出现危害性裂缝，水库蓄水后坝体未出现渗水现象，混凝土温控防裂取得成功，其关键技术主要有以下方面：

（1）采用中热水泥、优质粉煤灰、高效外加剂、掺PVA纤维等措施，有效地提高了混凝土的抗裂性能。

（2）采取骨料二次风冷、加冰等措施生产预冷混凝土，制冷混凝土出机口温度采用5～7℃，代表了目前国内最高水平。

（3）采取车厢和罐体保温、平铺法入仓、机械化平仓振捣、仓面喷雾等措施，尽可能降低混凝土温度回升。

（4）采取系统分期小温差缓慢冷却，和针对每仓混凝土的个性化通水和精细化控制，取得了较好的效果。通过加密水管、适当加大通水流量和调整冷却通水温度等措施，4.5m厚浇筑层最高温度和温度应力满足机关标准要求。

（5）混凝土浇筑收仓后表面覆盖保温被，对全坝混凝土外露面进行全年保温隔热保护。

（6）坝体接缝灌浆增设同冷区，且同冷区的高度为2个灌浆区高度，施工中控制坝段高差和悬臂高度，协调了坝体温度梯度，各坝段均匀上升，降低了开裂风险。坝基固结灌浆采用无盖重灌浆工艺，避免了混凝土浇筑层长间歇带来的混凝土开裂风险。

（7）建立了混凝土温度自动监测和控制系统，实现自动化采集、监测、温度应力实时仿真分析和预警。

6 复杂地基处理施工技术

锦屏一级水电站拱坝的坝基及抗力体地质条件十分复杂，存在较大规模断层、深部裂缝、层间挤压带、煌斑岩脉及拉裂松弛岩体等地质缺陷，对拱坝结构受力、抗滑稳定、变形稳定及基础渗流控制等影响巨大。设计考虑在建基面一定深度采取混凝土垫座及固结灌浆处理，对断层及煌斑岩脉进行混凝土网格置换以及采用抗剪传力洞，对左岸坝基抗力体整体进行固结灌浆，对坝基及抗力体采用系统的帷幕及排水等一系列工程措施进行处理。

左岸抗力体处理在5层立体空间内布置各类灌浆平洞、排水平洞、施工主次通道、抗剪传力洞和网格置换洞等各类洞室79条，总长约13.4km，是典型的立面多层次、平面多交叉的复杂洞室群工程。抗力体处理施工项目包括开挖、支护、混凝土衬砌和回填、排水孔、回填、固结和帷幕灌浆。固结和帷幕灌浆总量约86万 m^3，固结灌浆最大钻孔深度60m，最大灌浆压力5MPa。整个抗力体范围采空率平面投影高达50%，施工难度和施工安全风险极大，据统计是世界上规模最大最复杂的坝基抗力体处理工程。

坝基防渗帷幕灌浆总量76万 m^3，最大孔深达到171.5m，最大灌浆压力达到6.5MPa，施工技术难度很大。

锦屏一级基础处理已经受了施工期和水库初期蓄水高水头的考验，边坡变形稳定，坝基渗控系统工作正常，基础处理工程取得了成功，其关键技术主要有以下方面：

（1）左岸抗力体处理将所有地下处理措施及施工通道集中在5个高程平面进行布置，减小了开挖引起的山体安全风险，又加快了施工进度。

（2）抗力体地下洞室群采取全断面爆破开挖、台阶法开挖、导井法开挖及"预支护、短进尺、弱爆破、强支护、快封闭、勤量测"的精细化施工方法，确保了破碎围岩区密集洞室群施工中无塌方和零伤亡。

（3）大坝及垫座基础固结灌浆总量达55.4万 m^3，工期紧，与混凝土施工干扰较大。经优化采用河床坝段无盖重灌浆加有盖重加强灌浆、陡坡坝段无盖重灌浆加引管有盖重加强灌浆、混凝土垫座在廊道进行有盖重辐射孔固结灌浆的工艺，即节约了工期，又保证了灌浆质量。

（4）在帷幕灌浆、断层固结灌浆中广泛使用湿磨细水泥，较好解决了普通水泥灌浆对细微裂隙的处理效果不明显的难题，提高了可灌性；对软弱岩带的防渗帷幕和固结灌浆，在水泥灌浆的基础上，采用化学灌浆进行补强，较好地解决了其防渗和加固难题；采取地质钻机配金刚石钻头钻进、上部取芯钻进、下部利用上部钻孔导向钻进、大段长灌浆等措施，确保了超深帷幕成孔和灌浆质量。

（5）在左岸抗力体软弱岩带处理中大量采用了少开挖、多灌浆的处理方案，开辟了软弱岩带处理以灌浆为主、网格置换为辅的新思路，并取得较好效果。

（6）在左岸抗力体主灌浆区灌浆前，先沿抗力体周围进行控制区低压浓浆灌浆，保证了抗力体灌浆效果。

（7）对 f_2 断层及部分层间挤压带采用开挖置换混凝土、高压水冲洗灌浆、加密固结灌浆综合处理取得成功。

（8）经大量试验和研究，制订了一套以声波测试或压水透水率检查为主，结合取芯、钻孔变模和钻孔全景图像检测，综合考虑灌浆设计参数、各级岩体差异性及灌浆工艺的质量检查和评价体系，保证了灌浆隐蔽工程质量。

7 结语

（1）高边坡施工中采取信息化动态治理、严格控制施工程序、精细化开挖、河床出渣、破碎岩体大吨位超长锚索预固结钻进和精心张拉等技术，保证了高边坡施工安全、质量和变形稳定。

（2）高拱坝采用组合骨料、掺 35％粉煤灰和控制混凝土总碱量等措施可以有效抑制碱骨料反应膨胀变形。大奔流沟料场结合地形特点，因地制宜布置地下交通洞群系统、竖井、长距离胶带机等综合开采和运输技术，解决了高位料场开采和快速供料的难题。采用立轴破碎机配合选粉机制砂新工艺、增加特大石整形车间等措施，解决了骨料加工的技术难题。

（3）混凝土施工中采取增加缆机、4.5m 厚浇筑层、垫座独立浇筑、无缝转仓、大模板、无盖重灌浆、数字大坝等措施，并进行混凝土生产、运输、入仓、浇筑一条龙管理，实现了大坝混凝土高强度快速施工。

（4）施工中采用 7℃制冷混凝土、系统分期通水和个性化通水、坝体接缝灌浆增设同冷区、控制坝段浇筑高差和悬臂高度、4.5m 厚浇筑层加强冷却通水、全坝保温、混凝土温度自动化监测和控制系统、基础无盖重固结灌浆等技术，高拱坝混凝土温控防裂取得了成功。

（5）基础处理中采取破碎岩层密集洞室群精细化施工、坝基无盖重固结灌浆、帷幕和固结湿磨细水泥灌浆、少开挖多灌浆、软弱岩带水泥－化学复合灌浆、抗力体周边控制性灌浆、断层高压水冲洗灌浆、防渗超深帷幕岩芯钻机钻进和大段长灌浆等一批关键技术，复杂地基处理取得成功。

锦屏一级水电站高拱坝的成功建设，对推动我国水电工程高边坡施工、高坝混凝土骨料选择与供应、高拱坝混凝土施工与温度控制、复杂地基处理等方面的技术进步具有重要意义，对提高我国乃至世界高拱坝建设水平将产生深远影响。

参 考 文 献

[1] 王继敏，段绍辉，郑江．锦屏一级拱坝建设关键技术问题［G］．中国大坝协会 2012 学术年会论文集，2012．

[2] 王金国，蒋学林．锦屏一级高拱坝左岸基础处理工程建设管理［J］．水力发电，2010，36（1）：98－100．

[3] 张德荣，刘毅．锦屏一级高拱坝温控特点与对策［J］．中国水利水电科学研究院学报，2009（4）：35－39．

300m 级高面板堆石坝安全性及关键技术研究进展

王富强　杨泽艳

（水电水利规划设计总院　北京　100120）

【摘　要】 自 2012 年 7 月以来，水电水利规划设计总院、中国水电工程顾问集团有限公司等单位共同出资，组织设计经验丰富的设计院和研究实力雄厚的科研院所与高等院校，开展了《300m 级高面板堆石坝安全性及关键技术研究》课题研究。截至目前，课题研究工作已基本完成，本文简述了该课题的研究背景、主要内容、研究进展及取得的主要成果。研究表明，高面板堆石坝安全性主要包括抗滑稳定性、渗透稳定性及变形稳定性，重点和难点是变形稳定性；室内试验、现场试验和计算分析表明，建设 250～300m 级超高面板堆石坝技术上可行的，结构材料、安全控制标准、计算方法、抗震和安全监测措施等方面要求需在现有 200m 级高坝基础上适当提高或加强。

【关键词】 高面板堆石坝　安全监测　变形稳定

1　课题研究背景

随着经济社会的快速发展，中国西南地区将建设一批调节性能好的高坝大库工程。由于面板堆石坝具有就地取材、经济可靠、施工快捷等优点，工程建设各方迫切希望在 300m 级高面板堆石坝筑坝技术上有所突破。然而，国内外近期建设的几座 200m 级高面板堆石坝在取得成功及宝贵经验的同时，部分工程出现了坝体变形比预计的偏大、面板发生挤压破损或渗漏量大等问题，不少专家对安全建成 250m 级或更高的面板堆石坝信心不足。有许多适宜建设高堆石坝的坝址，因不能把握 300m 级高面板堆石坝的安全性、技术可行性，不能直接选择面板堆石坝方案，而选用体积大且占用耕地多对环境和水土保持影响大的土心墙堆石坝方案，电站经济指标也有所降低。面板堆石坝正面临着从 200m 级坝高向 300m 级坝高发展的挑战。

为回应业内专家质疑，对 250～300m 级高面板堆石坝的坝型选择决策提供技术支撑，水电水利规划设计总院、中国水电工程顾问集团有限公司、华能澜沧江水电股份有限公司、云南华电怒江水电开发有限公司、黄河上游水电开发有限公司等单位共同出资和牵头，联合国内高面板堆石坝设计经验丰富的设计院和研究实力雄厚的科研院所与高等院校，发挥 200m 级高面板堆石坝建设主力军的技术优势，自 2012 年起开展了《300m 级高面板堆石坝安全性及关键技术研究》，课题由中国工程院马洪琪院士总负责。

本课题是在《300m 级高面板堆石坝适应性及对策研究》（以下简称适应性研究课题）

基础上的深化。2006—2010 年，由中国水电工程顾问集团公司、华能澜沧江水电有限公司和云南华电怒江水电开发有限公司等 3 家单位牵头，开展了适应性研究课题。适应性研究课题对已建 200m 级高面板堆石坝建设和运行情况进行了系统总结，围绕拟建的 300m 级高面板堆石坝的主要技术问题开展研究，取得了一系列成果。由于受时间和经费等限制，适应性课题未开展大量材料试验，以分析研究为主，提出了 300m 级高面板堆石坝设计安全的基本要求和变形控制的主要方法，解答了建设 300m 级高面板堆石坝的技术适应性，明确了需进一步研究的关键技术问题和方向。

　　本课题以应用研究为主，依托目前正在开展可行性研究的古水、茨哈峡、马吉、如美等 250～300m 级高面板堆石坝（其中部分工程已经选定面板堆石坝，部分工程面板堆石坝为比选坝型）。4 个工程特点主要表现为：高山峡谷地区的高坝大库，库容不大于 50 亿 m³，水库大都具有年调节能力，为梯级中的调节性水库；工程任务以发电为主，装机容量约 2000～4500MW；泄洪量约 10000～15000m³/s，泄洪问题可通过岸边泄洪道（洞）加以解决；位于交通不便、经济不发达的边远地区。课题依托工程特性见表 1。

表 1　　　　　　　　　　　　　　课题依托工程特性表

序号	坝名	地点河流	设计阶段	坝高/m	坝长/m	泄洪量/(m³·s⁻¹)	正常蓄水位/m	库容/亿 m³	装机容量/MW	地震设防烈度
1	古水	云南德钦澜沧江	可研	243	430	1300	2265.00	18	1800	8 度/0.286g
2	茨哈峡	青海兴海黄河	可研	257.5	700	9110	2980.00	41	2000	8 度/0.226g
3	马吉	云南福贡怒江	可研	270	800	14100	1570.00	47	4200	8 度/0.227g
4	如美	西藏芒康澜沧江	可研	315	800	13400	2900.00	37	3000	8 度/0.32g

2　技术难题与研究内容

2.1　300m 面板堆石坝面临的主要技术难题

　　对比 100m 级面板堆石坝，部分已建成 200m 级高面板堆石坝的运行形态超出了设计者预期，比如坝体变形偏大、面板挤压破损等，这些现象揭示出在堆石材料本构关系等基础理论、试验手段、计算方法和控制标准等方面的缺陷和不足。随着对 200m 高面板堆石坝运行状态及事故案例的深入分析，建设者们基本理清了 200m 高面板堆石坝主要技术难题，也基本掌握了关键技术，可以确保其建设安全性。从面板堆石坝发展历程、运行状态、出现问题和事故实例等方面分析，可以认为，高混凝土面板堆石坝的安全性论证主要包括 3 个方面内容：坝坡稳定、渗透稳定和变形稳定，简称"三大稳定"。通过深入论证和研究，确保"三大稳定"均满足要求，即可确保高面板堆石坝自身的安全性。其中，坝坡稳定关键控制因素是地震情况下的坝坡稳定；渗透稳定则需论证高水头作用下以及面板存在局部破损情况下，各分区料的长期渗透稳定性；而变形稳定则关键在于准确预测坝体变形，并据此合理确定坝体结构、混凝土面板及接缝止水材料的设计指标，并采取相应对策措施以避免出现面板结构裂缝或者挤压破坏等现象。

对于 300m 高面板堆石坝安全性，其重点在确保坝体抗滑稳定、渗透稳定的同时做好坝体变形控制，变形稳定研究是关键和难点，因为大坝防渗体系依附于坝体上，坝体变形直接关系到防渗体系的位移和安全。然而，面板堆石坝由 200m 级进一步发展到 250m 或 300m 的超高坝，基础理论、试验手段、计算方法和施工风险控制等方面缺陷和不足将会进一步放大，成为制约坝型发展的技术难题。在已有研究基础上，本课题首先梳理了制约超高面板堆石坝的主要技术难题如下：

（1）堆石材料本构规律等基础理论。由于筑坝堆石属于散粒体材料，具有明显的复杂性、不均匀性和多相耦合性，其应力应变响应规律受母岩特性、颗粒级配、密实程度、应力条件、颗粒破碎、材料劣化等多种因素影响，其本构规律极其复杂。虽然国内外学者提出了数十至上百种堆石体弹塑性本构模型，但目前设计主要还是依据传统的邓肯－张模型、沈珠江模型或清华 KG 模型，本构模型缺陷已严重制约对超高坝应力变形的预测准确性。因此，通过研究提出广泛认可、适用超高坝特点并且实用本构模型是主要技术难题之一。

（2）试验手段限制。三轴试验是检测堆石材料力学特性的主要手段，目前主要采用三轴试样直径尺寸一般最大为 30cm，要求试样中堆石料最大尺寸一般不超过 5cm。然而，实际上坝堆石料最大粒径一般达到 100cm，试验中需要对堆石材料进行缩尺，缩尺后试验成果与实际堆石料有一定差异即所谓的"缩尺效应"。另外，堆石料长期变形性态、超高围压下颗粒破碎也很难通过试验手段准确检测。因此，堆石料缩尺效应、长期变形、超高压下破碎等方面检测手段的不足导致无法准确描述堆石料的力学特性，也是主要技术难题之一。

（3）大坝应力变形的准确模拟及预测。除受堆石料本构模型、材料参数等的影响外，大坝应力变形预测精度还取决于计算方法、计算模型的精细程度、边界条件简化方式等，是亟须突破的瓶颈之一。

（4）安全监测仪器失效。由于线路或设备结构超长、施工质量及维护等影响，超高面板堆石坝出现了安全监测仪器失效和耐久性差的特点，严重影响对大坝性态的监测和评价。

2.2 课题研究重点和内容

2.2.1 研究重点

在已有研究基础上，结合上述技术难题，《300m 级高面板堆石坝安全性及关键技术研究》的研究重点包括：

（1）确定安全评价方法及定量评价标准。现行有关规程和标准适用于 200m 级以下面板堆石坝，对于更高的面板堆石坝工程，需要在已有实践经验基础上开展进一步的研究论证工作，提出变形稳定、渗流稳定、抗滑稳定、抗震性能等方面的可靠、实用的安全评价方法和评价标准。

（2）提出合理的坝体设计与安全标准和工程措施。300m 级高面板堆石坝工程的设计和建设尚无先例，需根据各依托工程的特点，结合大量试验和计算成果，开展坝体布置、材料设计、坝料分区、防渗结构、基础处理等设计，提出相应的安全控制标准和工程措施。

（3）合理评价堆石料缩尺效应，真实描述其材料工程特性，并提出本构关系和模型参数。合理描述堆石料工程特性是准确预测大坝变形的基础，因此需要针对堆石料试验中存在缩尺效应等问题开展大量的室内、现场、数值试验研究，并提出合理的本构关系及其模型参数。

（4）准确合理计算和预测大坝全生命周期的应力和变形，揭示高坝面板挤压破损机理。要解决该难题，需要突破本构模型、计算方法、计算精度和计算规模等限制，发展更为精细的模拟方法，通过改进提出更合理的体系和方法，并验证其有效性。

（5）研发适应超高面板堆石坝的安全监测技术及仪器。

（6）提出安全可靠、合理可行的控制指标及成套工程措施。需通过现场试验验证设计指标的可行性和合理性，通过成套工程措施确保"三大稳定"安全可靠。

2.2.2　研究内容

围绕上述技术难题，课题共分为6个专题，主要内容如下：

（1）专题1。300m级高面板堆石坝安全性评价方法研究。主要对国内外面板堆石坝技术进展进行回顾，说明目前面临的机遇与挑战，分析典型高面板堆石坝存在的问题，提出面板堆石坝安全性评价方法，开展风险分析及调控研究。

（2）专题2。300m级高面板堆石坝结构材料设计及变形控制研究。在总结200m级高面板堆石坝工程经验的基础上，针对300m级高坝的特点开展依托工程面板堆石坝结构设计，提出改进措施，量化设计控制指标及控制标准。

（3）专题3。300m级高面板堆石坝坝料工程特性及本构关系研究。深化坝料工程特性试验研究，通过多途径研究提出统一的计算模型参数。包括依托工程堆石料现场爆破碾压试验研究、堆石料室内三轴剪切试验研究、堆石料数值剪切试验研究、堆石料工程特性及计算模型参数研究以及堆石体高水头渗透稳定安全性研究。

（4）专题4。300m级高面板堆石坝变形特性及渗透稳定性研究。采用经200m级高面板堆石坝反演分析及并经进一步修正后的计算模型、方法和统一的坝料参数，开展坝体变形及接缝位移等常规及精细化计算分析，或必要的模型试验，量化变形预测指标，提出变形控制的工程措施。

（5）专题5。300m级高面板堆石坝抗震安全性及工程措施研究。总结面板堆石坝抗震特性，进行坝料动力特性试验和计算及动力反应控制标准和工程措施研究，充实面板堆石坝抗震安全性。

（6）专题6。300m级高面板堆石坝安全监测关键技术研究。总结200m级高面板堆石坝安全监测技术现状，分析存在问题，研发适应300m级面板堆石坝较大变形的新型坝体变形监测技术。

3　主要研究进展与成果

目前，课题主要研究工作基本完成，已取得的主要研究进展、主要结论和成果如下：

3.1　安全性评价方法研究主要进展

（1）高面板堆石坝技术进展的回顾和调研分析表明，200m级面板堆石坝筑坝技术是成功和可靠的，实践成果及经验可以在300m级高面板坝的建设中参考和借鉴。

（2）高面板坝堆石坝安全性主要包括"变形稳定、渗透稳定和抗滑稳定"，核心是变形稳定，现有安全评价方法基本适用于300m级面板堆石坝。通过经验总结和计算分析，提出了300m级面板堆石坝安全评价方法及相应控制标准，其中部分变形和坝坡安全控制指标在现有标准基础上从严控制、部分指标适当提高。

（3）研究了高面板堆石坝的主要风险因素，并通过对典型高堆石坝材料概率特性统计，采用可靠度法和安全系数法对坝坡抗滑稳定风险进行定量分析，研究表明坝坡安全系数和可靠度均呈现随坝高增加而降低的趋势。

（4）采用可靠度法提出了典型300m级面板堆石坝变形稳定和渗透稳定的可靠度指标。分析了面板堆石坝设计、施工和运行管理3个阶段的主要风险因素，并针对性地提出了防范技术和控制措施。

3.2 结构材料设计及变形控制研究主要进展

开展了各依托工程坝体布置、材料设计、坝料分区、防渗结构、基础处理等设计研究，相应方面均提出了比200m级面板堆石坝更高的要求。计算表明坝体抗滑稳定、渗流、应力变形均在已有经验范围内。提出适用于300m级高面板堆石坝的安全控制原则及标准，主要包括防洪标准、抗震设计标准、坝顶超高、渗流、坝体变形、面板变形及应力、接缝变形、抗滑稳定等控制指标。从枢纽工程整体性安全、渗流控制、坝体变形控制、强震作用下坝坡稳定等，提出了300m级高面板堆石坝的工程措施。

3.3 堆石料工程特性及本构关系研究主要进展

（1）针对4座依托工程筑坝材料的强度及应力应变特性、密度及缩尺效应对筑坝材料强度的影响、颗粒破碎特性、复杂应力路径的影响、堆石料的流变特性，开展了大量室内压缩、三轴剪切等坝料试验，研究和总结了堆石料力学特性及规律。

（2）通过建立堆石体的细观随机散粒体数值模型，采用考虑颗粒破碎以及颗粒强度尺寸效应的随机颗粒不连续变形方法模拟了古水、如美、茨哈峡典型堆石料数值剪切试验。研究表明：①堆石料缩尺效应主要受母岩强度、颗粒形状、级配特征、制样方法、控制标准等的影响；②高围压条件下，颗粒破碎是导致缩尺效应的主要原因之一，其程度与母岩强度、颗粒形状、级配特征等有关；③随堆石料最大粒径的增大，初始摩擦角 φ_0 稍有增加，摩擦角衰减值 $\Delta\varphi$ 明显增加，与以往试验成果规律一致；④相同制样控制标准下，试验最大围压越大，缩尺效应越明显。随最大粒径的增加，体变模量明显减小，杨氏模量系数变化相对较小。

（3）通过茨哈峡筑坝料现场碾压试验，参考已有200m级高面板堆石坝实践经验，提出了300m级高面板坝坝料碾压参数及施工控制标准：堆石料孔隙率按照17％～19％控制为宜；砂砾石料相对密度控制标准应大于0.90，按照0.92～0.95控制为宜。

（4）对比分析了邓肯-张模型、KG模型、沈珠江双屈服面模型；并基于广义塑性理论构建了弹黏塑性本构模型，能较好地反映高面板坝的变形特性。通过室内试验、现场碾压试验、平洞内应力路径试验、数值剪切试验、反演分析等多途径的研究和分析，提出了4个依托工程坝料的计算参数。

3.4 变形特性及渗透稳定性研究主要进展

（1）通过研究开发并验证了适应于 300m 级高面板堆石坝应力变形分析的数值计算模型和计算方法。典型高面板堆石坝的数值计算表明，当坝高达到 300m 量级时，坝体和面板的总体应力变形规律与 200m 级面板坝基本相当，但堆石体位移和面板应力均有较为明显的增大。

（2）研究表明，面板挤压破损的宏观因素是过大的堆石体变形，而导致面板发生挤压破坏的直接原因则是沿纵缝转动接触挤压的变形趋势。为避免混凝土面板挤压破损，需要控制坝体堆石变形、优化面板结构、压性纵缝间设置柔性填充物等。

（3）开展了 4 座依托工程的应力变形计算分析，计算的大坝应力变形分布规律合理，符合高面板堆石坝的一般规律。对于坝高相对较高、蓄水后面板局部应力偏大的，可通过平顺两岸趾板地形、设置缝间柔性材料等措施解决。

（4）通过渗透变形试验研究，验证了古水和茨哈峡工程的垫层区与过渡区的反滤关系，试验表明垫层料承受渗透梯度 200 时未发生渗透破坏。通过试验和计算研究，提出了 300m 级高混凝土面板堆石坝垫层料的推荐级配，并指出垫层厚度宜大于 5m，过渡料应按照满足垫层料的反滤原则设计。

3.5 抗震安全性及工程措施研究主要进展

（1）改进和发展了筑坝堆石料的广义塑性本构模型、真非线性模型、循环本构模型和三维弹塑性接触面本构模型；提出了高面板坝波动分析方法和波函数组合法的非一致地震输入、面板塑性损伤分析、非线性库水与大坝耦合及涌浪的精细化分析方法。

（2）通过 MPI 并行计算、GPU 加速技术、多任务、内存优化、高效求解算法等先进技术，集成了上述理论与方法，发展、完善了具有自主知识产权的高效、大规模三维静、动力分析软件。

（3）建立了基于稳定分析、变形分析、面板防渗体系的高面板坝抗震安全性评价方法、评价标准以及极限抗震能力分析方法；结合古水工程，论证了坝顶下游坝坡加钢筋网、面板上部设置永久性水平缝、面板中部压性竖缝内间隔填充复合橡胶板等抗震工程措施的有效性。

3.6 安全监测关键技术研究主要进展

（1）通过对天生桥一级、洪家渡、三板溪、水布垭和糯扎渡等 5 个典型大坝的监测仪器设备及运行情况进行调查，分析了 200m 堆石坝安全监测技术特点和难点、监测措施的有效性和存在的问题，针对性地提出了 300m 级面板堆石坝监测技术改进方向和新型仪器设备研发方向。

（2）研发了管道机器人、柔性测斜仪、1000m 级超长管路沉降仪、土石坝监测廊道等内部变形监测仪器和监测技术。同时深入研究了 SAR 数据的特征以及各类 SAR 数据的特性，建立相应的处理流程，形成了高分辨率雷达卫星数据 InSAR 与 D-InSAR 处理技术，实验结果表明精度在 2cm 以内，可满足高面板堆石坝外部变形监测要求。

（3）设计了神经网络模型的建立方法和演化算法、提出了实用的预警预报理论和方法、高面板堆石坝的安全指标体系和应急预案原则；提出了基于物联网的高土石坝智能反馈与预测平台系统的开发方案。

4 结语

通过研究，得到初步结论：在确保大坝抗滑稳定、渗透稳定及变形稳定的基础上，建设 300m 级高面板堆石坝是可行的；300m 级高面板堆石坝的结构材料、控制指标、计算方法、抗震措施和安全监测措施等需在现有 200m 级高坝基础上进行适当调整。

高坝泄洪消能关键技术问题探讨

庞博慧[1,2]　卢　吉[2]　迟福东[2]

(1　天津大学　天津　300072；2　华能澜沧江水电股份有限公司　云南昆明　650214)

【摘　要】 我国大型水电工程泄洪消能建筑物普遍具有高水头、大流量、大功率的特点，虽经充分的物理模型试验、数值模拟分析、技术专题咨询、体型优化等，在工程实际运行中因泄洪消能问题引起泄水建筑物破坏的案例屡见不鲜。本文通过总结已建工程泄洪消能建筑物的运行情况，结合今后高坝建设实际，探讨我国高坝泄洪消能技术领域需进一步深入思考和研究的重点和方向。

【关键词】 高坝　泄洪消能　关键技术　探讨

1 引言

水电作为当前技术最成熟、开发最经济、调度最灵活的清洁可再生能源，已成为各国能源发展的优先选择。国外超级高坝建设起步较早，发展持续不断。我国起步较晚，20世纪 60 年代初至 20 世纪末，我国高坝建设基本维持在百米级水平。21 世纪初，以二滩大坝为标志，我国进入 200m 级以上高坝建设的发展阶段。2010—2014 年，以小湾、锦屏一级、溪洛渡为标志的一批 300m 级高拱坝陆续建成。2015 年，大渡河双江口水电站获得国家核准开工建设，最大坝高 314m，是目前世界最高土心墙堆石坝。300m 级超高坝的建设，已超过了目前国内外已建工程的技术水平和经验认知，将我国的大坝建设推往新的高度和新的挑战，标志着我国水电建设进入攻坚克难的阶段。目前全球水电发展已进入新的阶段，在我国经济新常态和电力体制改革下，水电在寻求可持续发展途径的同时，也应抓住总结经验教训、深入攻克关键技术难题、提高超高坝建设水平的良好契机。中国部分坝高 100m 级以上的高坝建设趋势见图 1。

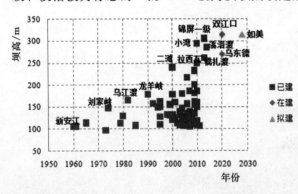

图 1　中国部分坝高 100m 级以上的高坝建设趋势

高坝泄洪消能关系到工程安全、民众安全、环境安全等，因此高坝泄洪消能建筑物安全运行一直是水利水电工程界所关心的热点和难点问题。受河流水文特性和地形、地质条件的影响，我国大多数水电工程具有高水头、大流量、大功率的特点。随着坝体高度增加，蓄水位升高，水头增大，高速水力学问题更加复杂，泄洪消能问题将格外突出。据统计，近 1/3 已建水利水电工程的泄水建筑物出现不同程度的破坏，有的相当严重。本文通过总结已建高坝泄洪消能所存在的突出问题和经验教训，分析探讨下一阶段高坝泄洪消能关键技术的研究重点，为 300m 级超高坝的泄洪消能技术奠定基础。

2 已建高坝泄洪消能关键技术的经验与教训

泄洪建筑物的布置方式总体上可分为坝身式、岸边式以及坝身与岸边组合式三种。根据目前已建高坝泄洪消能建筑物运行情况，坝身泄洪方式安全性较高，下游水垫塘偶有破坏。岸边开敞式溢洪道泄洪消能技术较为成熟，出现问题最多的是岸边式泄洪洞或溢洪洞。

2.1 坝身泄洪

小湾水电站工程最大坝高 294.5m，最大下泄流量为 20700m³/s，最大水头 255.00m，相应下泄功率 46060MW，泄洪水头为世界第一。坝身泄洪系统由 5 个开敞式泄洪表孔、6 个泄洪中孔、2 个放空底孔组成。2014 年 8 月小湾水电站开展泄水建筑物水力学原型观测试验，试验结果表明，对于泄量大、水头高、窄河谷的高拱坝，坝身采用"分层多孔，纵向拉开，横向扩散，上下差动，左右撞击"的泄洪原则是可行且安全的。2014 年 8 月小湾电站 3# 泄洪表孔＋2#、5# 泄洪中孔泄洪水舌形态见图 2。

图 2　2014 年 8 月小湾电站 3# 泄洪表孔＋2#、5# 泄洪中孔泄洪水舌形态

2.2 水垫塘

大型工程枢纽的泄洪消能建筑物下泄功率达数千万千瓦至上亿千瓦，巨大的能量需要通过泄洪建筑物安全泄放，更重要的环节是通过消能建筑物消杀。高拱坝坝身泄洪技术经检验已较为成熟，但下游水垫塘由于受到巨大能量冲击而偶有破坏。赞比亚卡里巴双曲拱坝，坝高 130m，拱顶长 620m，泄水建筑物为 6 个泄洪中孔，尺寸均为 9m×9m，最大泄量为 9500m³/s。迄今为止，卡里巴拱坝下游河床冲深达 57～80m，冲坑水深为 95～125.5m，坑内体积约达 160000m³，是世界上河床冲刷最为严重的拱坝。总结其经验，水垫塘的安全应做好以下几点：①按照合理的坝身泄洪原则布置坝身泄水孔；②综合考虑泄洪功率和河床抗冲刷能力的相对关系；③确定合适的水垫塘开挖体型；④保证消能区合理的水深和足够的水体；⑤确定科学的动水压力控制标准；⑥采取必要的水垫塘底板和岸坡的防护措施。我国的二滩水电站、小湾水电站、锦屏一级水电站、溪洛渡水电站等高拱坝吸取经验教训，目前水垫塘泄洪消能效果较好。2014 年 8 月小湾电站坝后泄洪后水垫塘

图 3 2014 年 8 月小湾电站坝后泄洪后
水垫塘抽干水检查情况

抽干水检查情况见图 3。

2.3 岸边开敞式溢洪道

糯扎渡水电站校核洪水标准（PMF）时总泄洪流量 37532m³/s，泄洪功率 66940MW，位居世界第一。左岸岸边溢洪道共有 8 孔，每孔净宽 15m，溢流堰顶高程 792.00m。溢流堰下游接总宽为 151.5m 的泄槽，泄槽中间由两道隔墙将其分成 3 个泄水区，即左、中、右三槽，其中左右槽各 3 孔，中槽 2 孔。溢洪道采用挑流消能，出口设消力塘。消力塘长度为 311.0～331.0m，宽度为 176.5～191.05m，塘底高程 575.00m。2014 年 9 月糯扎渡岸边溢洪道开展泄洪原型观测，见图 4，观测结果表明，溢洪道进口及泄槽流态总体较好，无明显不利水力现象；溢洪道的掺气坎体型及布置位置合理，能形成有效的掺气空腔，底板掺气浓度较高，可有效避免过流面发生空蚀破坏；溢洪道过流边界体型、出口消能工体型设计合理。目前国内外的岸边开敞式溢洪道泄洪消能技术总体已较为成熟。

图 4 2014 年 9 月糯扎渡电站溢洪道泄洪原型观测

2.4 岸边溢洪洞或泄洪洞

隧洞泄洪可简化主体工程施工，减少干扰，有利于各部分平行作业，缩短直线工期，提早发挥工程效益。如果利用施工导流洞改建为永久泄洪洞，还可节约部分工程投资。但国内外高坝采用隧洞泄洪发生破坏的例子较多。发生概率较高的问题主要是泄洪洞反弧段末端破坏以及泄洪洞通风补气洞（井）内风速过大。

2.4.1 反弧段末端破坏

格林峡坝为混凝土重力拱坝，最大坝高 216.4m，最大泄洪流量 8400m³/s，左右岸各有一条由导流洞改建的溢洪洞，最大泄洪流量为 7750m³/s。1983 年 6 月科罗拉多河发洪水，格林峡坝左、右岸泄洪洞均发生空蚀破坏，最大破坏皆发生在反弧段下游，左洞最大破坏深度为 7.6m，右洞最大破坏深度为 3.1m，向侧向延伸较少。

胡佛坝为混凝土重力拱坝,最大坝高 221m,泄洪建筑物由左右岸对称布置的泄洪隧洞和辅助泄洪隧洞组成,由靠山内的两条导流洞改建成泄洪洞,靠河岸的两条导流洞改建成发电引水隧洞和辅助泄洪洞。1941 年左岸泄洪洞开始泄洪,反弧段底部产生了严重的空蚀破坏,破坏范围穿透了混凝土底板,冲蚀了基岩,形成了一个长 35m、宽 9.5m、深13.7m 的大坑,冲走混凝土和岩石约 4500m³。其后纠正上游定线误差,提高混凝土质量和严格控制表面平整度后,局部仍发生空蚀破坏。

二滩水电站为混凝土双曲拱坝,最大坝高 240m。两条泄洪洞控制断面尺寸 13.0m×13.5m,1# 洞总长 924.24m,2# 洞总长 1270.37m,均由短有压进口闸室段、渥奇段、陡坡直线段、反弧过渡段、缓坡直线段及出口挑流鼻坎组成。2001 年汛后 1 号泄洪洞反弧末端掺气设施下游两侧发生空蚀破坏,底板形成多处深坑,最大冲坑深度达 21.0m,破坏混凝土及岩石约达 20000m³,严重影响了工程安全运行。

国内外典型案例说明,对于高水头、大流量泄洪洞,流速较大、水流空化数小、压力梯度变化大的反弧段末端及紧邻的缓坡直线段是发生空蚀破坏的典型部位,而且控制过流面平整度并不是解决空蚀破坏的根本措施。

2.4.2 通风补气

糯扎渡水电站左岸泄洪隧洞长 956.077m,进口底板高程 721.00m,工作闸门前有压段长 247.27m,过水断面为圆形,内径 12m。工作闸门最高运行水头达 100.00m,闸孔布置为 2 孔,孔口尺寸 5m×9m,校核洪水位时最大泄量 3339m³/s,闸孔处最大流速37.1m/s,采用挑流消能。右岸泄洪隧洞长 1076.104m,进口底板高程 695.00m,工作闸门前有压段长 526.749m,过水断面为圆形,内径 12m。工作闸门最高运行水头达120.00m,闸孔布置为 2 孔,孔口尺寸 5m×8.5m,校核洪水位时最大泄量 3313m³/s,闸孔处最大流速 39m/s,采用挑流消能。在初期蓄水和水力学原型观测期间,发现通风洞、补气井内风速过大、噪声过大的问题。糯扎渡水电站右岸泄洪洞闸门全开时,通风洞实测最大风速为 122.2m/s,远远超过设计预期最大风速,通风洞洞口噪声达 100dB,工作门启闭室内噪声达 105dB。

溪洛渡水电站泄洪洞经过一个汛期的运行后,也发现通风补气系统的强噪声问题,泄洪洞中闸室上室不仅能听到通风补气系统的高强度噪声,而且由弧门液压启闭支铰和活塞筒之间的缝隙向中闸室下室大量吸气,风速超过 70m/s,靠近缝隙 40cm 范围内能把人的鞋子轻松吸入,粗估噪声强度大于 70dB。

锦屏一级水电站泄洪洞原型观测试验后也发现同样的问题,在闸门局开至全开,整个试验过程中,大坝下游 5~10km 范围山谷内均能听到像防空警报一样的高强度噪声。补气洞进口安装了用钢筋焊接成的简易安全门,防止人畜进入或者杂物被吸入补气洞。试验后检查,发现钢筋已经被风拉弯,可见风速之高,远超过 60~80m/s。

泄洪洞通风补气问题以及由于通风补气系统内风速过大造成的高强度噪声问题,极大影响人员的工作环境和人身健康安全,且对闸门和启闭设施的构件振动产生不利影响,这是以前泄洪洞设计时所未认知到和预测到的新问题,目前国内外对泄洪隧洞通气减噪方面的研究较少,缺乏成熟的经验及理论基础。

3 下阶段高坝泄洪消能应重点研究的关键技术

3.1 高速水气两相流的物理模型试验技术

物理模型试验方法是研究泄洪消能水力学特性，解决工程实际问题的重要手段。目前泄水建筑物的过流速可达 50m/s 左右，物理模型的缩尺效应在研究高速水气两相流问题上的局限性更加明显，为提高高坝泄洪消能设计水平，应重点研究高速水气两相流问题如泄洪隧洞通风量和风速的预测、掺气量和沿程掺气浓度分布的预测、低气压环境下初生空化数的确定等的物理模型试验技术。

3.2 泄洪洞结构安全

除了控制施工质量以及合理运行调度外，研究泄洪洞内复杂的水力学特性是保障泄洪洞安全的重要途径。可从以下几方面研究泄洪洞水力学特性与泄洪洞结构安全的关系。

（1）根据以往工程经验和直观认知，目前认为泄洪洞内最大流速超过 45m/s 后，洞内水力学特性便已超出人们认知，但理论上科学的最大流速临界值到底是多少还有待深入研究。

（2）凝练泄洪洞反弧段末端发生空蚀破坏的水力特性控制指标，如流速、水头、空化数等，进一步研究量化形成泄洪洞反弧段末端发生空蚀破坏的水力特性标准，以指导以后类似工程设计。

（3）二滩水电站 1# 泄洪洞的侧墙掺气措施是三维掺气消能方式首次应用于高水头、大流量城门洞式泄洪洞反弧段末端的案例，为了更好地推广应用三维掺气消能方式，应进一步探索侧墙掺气措施设置的条件以及布置要求等。

3.3 泄洪洞通风补气

泄洪洞通风补气问题是近年来发现的新问题，研究基础薄弱，理论和方法还不成熟。建议可先从以下几方面开展研究。

（1）现行规范相关规定的适用性。关于泄洪洞通风问题，我国 DL/T 5195—2004 《水工隧洞设计规范》规定："对有压隧洞排水补气、充水排气和无压隧洞水面线以上的通气及其他需要通气的洞段，应估算其需要的通气面积"。SL 279—2002《水工隧洞设计规范》规定："对有压隧洞排水补气、充水排气和无压隧洞水面线以上的通气及其他需要通气的洞段，应估算通气面积，并留有余地。通气面积计算方法应按 SL 74—1995《水利水电工程钢闸门设计规范》规定执行"。糯扎渡、小湾、锦屏一级、溪洛渡等工程在泄洪洞通风补气系统设计时，并未预测到通风补气系统会在运行中发生风速过大、噪声过大的问题。以糯扎渡为例，按照《水利水电工程钢闸门设计规范》通气孔面积计算公式得到右岸泄洪洞通风量为 405m³/s（B1 公式）和 455m³/s（B2 公式），而实际原型观测通风量达 3700m³/s。造成差异的原因可能在于泄洪洞全洞长范围的通风补气与闸门后局部范围的补气机理不同，因此，分析无压洞水面以上挟气量与水流流速和洞顶余幅的具体关系，论证现行规范通风量计算公式以及洞顶余幅要求对于大型高速水流泄洪洞通风补气的适用性，是预防以后工程设计中同类问题发生的理论基础。

（2）通风补气系统的结构设计。通过研究通风井与泄洪洞连接部位的体型、尺寸与通风量的关系，明确统一通风井与泄洪洞连接部位合理体型的技术要求；研究通风系统之间相互分担或互补的分配协调机制，为通风系统优化提供技术支持；借鉴国外的顺水流向掺气坎下补气形式，对不同补气方式进行对比分析，寻求更为有效的补气方式。研究通风补气系统的结构设计，对以后类似工程设计具有重要的参考价值。

3.4 高海拔地区高坝泄洪消能安全

随着西部大开发战略的实施，西部高海拔地区将会发展一批水电工程。世界级高坝如美水电站位于西藏自治区芒康县境内，3000m高程处的气压仅为标准大气压的65.8%，高海拔地区的低气压环境可能会改变水流流态、动水压力、流速、掺气、空化等各项水力特性，特别是对于300m级超高坝泄流的高速水流，其掺气浓度、空化数将会减小，空蚀风险将会增大，危及泄流消能建筑物安全。目前，我国大多已建电站海拔高程都在2000m以下，正在筹建的双江口水电站海拔高程2500m，最大泄量4160m³/s，由于泄洪规模较小，未见开展该方面的研究。所以，低气压环境对高坝泄流消能水力学特性的影响几乎没有认知，也没有成熟的或经验证可行的水力学研究方法。因此，研究高海拔地区高坝泄洪消能安全，对高海拔地区超高坝的泄洪消能设计有着非常重要的科学价值和实践意义，同时可提高人们对高海拔、特高水头泄洪系统水力学特性的认知水平，完善高坝泄流消能技术理论和方法体系。

4 结语

目前我国高坝泄洪消能关键技术已走在世界前列，在坝身泄洪、水垫塘消能、岸边开敞式溢洪道方面已积累了大量成功的建设经验。但300m级超高坝的建设给高坝泄洪消能关键技术提出了新的挑战，洞式泄洪消能方式尤为突出，研究高速水气两相流物理模型试验方法，解决好泄洪洞结构安全问题以及通风补气问题，是目前高坝泄洪消能关键技术应研究的重点。随着我国西部地区大型水利水电工程建设的发展，低气压环境下水工隧洞的泄洪消能安全是今后应着重探索的技术问题。

高混凝土坝温控防裂关键技术综述

田育功[1] 党林才[2] 佟志强[3]

(1 汉能控股集团云南汉能投资有限公司 云南丽江 677506;
2 中国电建集团水电水利规划设计总院 北京 100120;
3 汉能控股集团汉能发电集团有限公司 北京 100107)

【摘　要】 混凝土坝是典型的大体积混凝土,裂缝是混凝土坝最普遍、最常见的病害之一,几十年来大坝的温度控制与防裂一直是坝工界所关注和研究的重大课题。本文针对高混凝土坝温控防裂因素,从坝体混凝土裂缝机理、温控设计、构造分缝、材料分区、原材料控制、配合比设计优化、施工技术创新、温控防裂措施、温度自动化监测等关键技术进行较为系统的阐述,分析表明混凝土坝裂缝的产生不是由单一因素造成的,它的形成往往是由多种因素共同作用的结果,所以混凝土坝的温控防裂是一项系统工程。

【关键词】 混凝土坝　温度　裂缝　分缝　配合比　风冷骨料　浇筑温度　通水冷却　表面保温

1 引言

截至 2014 年年底,我国水电总装机容量达到 3.018 亿 kW,占世界的 27%[1]。水电是最清洁的绿色能源,优先发展水电已成为国际共识。以举世瞩目的三峡工程为代表的水利水电建设,已成为中华民族复兴的标志性工程,中国水电已成为引领和推动世界水电发展的巨大力量。

我国具有得天独厚的水利资源,水电站大坝不论是重力坝、拱坝、堆石坝等方面,其数量、高度均居世界第一。进入 21 世纪,我国的水利水电工程建设全面提速,我国已建或在建的高混凝土重力坝以三峡、黄登、龙滩、光照、向家坝、官地、金安桥、观音岩等150~200m 级的重力坝为代表,高混凝土拱坝以锦屏一级、小湾、白鹤滩、溪洛渡、乌东德、拉西瓦、二滩等 250~300m 级的拱坝为代表,凸显了混凝土坝以其布置灵活、安全可靠的优势在高坝大库挡水建筑物中的重要作用。

朱伯芳、张超然院士主编的《高拱坝结构安全关键技术研究》中指出:每次强烈地震后,都有不少房屋、桥梁严重受损,甚至倒塌,但除了 1999 年我国台湾“9.21”大地震中石冈重力坝由于活动断层穿过坝体而有三个坝段破坏外,至今还没有一座混凝土坝因地震而垮掉。许多混凝土坝遭受地震烈度Ⅷ度、Ⅸ度的强烈地震后,仅仅损害轻微,可以说在各种土木水利地面工程中,混凝土坝的抗震能力最强。

裂缝是混凝土坝最普遍、最常见的病害之一,所谓“无坝不裂”的难题长期困扰着人们。混凝土坝是典型的大体积混凝土，由于大体积混凝土本身与周围环境相互作用的复杂性，混凝土坝裂缝的产生不是由单一因素造成，它的形成往往是由多种因素共同作用的结果，所以混凝土坝的温控防裂是一项系统工程。长期以来人们对混凝土坝的防裂、抗裂采取了一系列措施，从坝体构造设计、原材料选择、配合比设计优化、施工技术创新、温控防裂措施、大坝安全监测乃至信息化全面管理等方面，始终围绕着混凝土坝"温控防裂"核心技术进行研究，但实际上不发生裂缝的大坝极少。

混凝土坝温度控制费用不但投入大，而且已经成为制约混凝土坝快速施工的关键因素之一。我国自 20 世纪 50 年代兴建了一批 100m 级高混凝土坝以来，经过半个世纪的工程实践，在混凝土坝温度控制方面积累了丰富的经验。特别是从三峡工程开始，水利行业和电力行业有关《混凝土重力坝设计规范》（SL 319—2005，NB/T 35026—2014）、《混凝土拱坝设计规范》（SL 282—2003，DL/T 5346—2006）、《碾压混凝土坝设计规范》（SL 314—2004，DL/T 5005—92）、《水工混凝土施工规范》（SL 677—2014，DL/T 5144—2001）、《水工碾压混凝土施工规范》（SL 53—94，DL/T 5112—2009）等标准中均把温度控制与防裂列为最重要的内容之一，建立了行之有效的温度控制与防裂设计和施工标准。所以，几十年来大坝的温度控制与防裂一直是坝工界所关注和研究的重大课题。通过人们不懈的努力和大量的试验研究、技术创新、科学管理，有效提高了混凝土大坝的抗裂性能，其中有的大坝也做到了不裂缝或极少裂缝的情况，例如三峡三期重力坝、金安桥碾压混凝土重力坝、江口拱坝、构皮滩拱坝、沙牌碾压混凝土拱坝等，这些不裂缝或极少裂缝的高混凝土坝需要我们认真进行总结和反思，为高混凝土坝温控防裂提供宝贵的经验借鉴和技术支撑。

2 混凝土坝温控防裂设计关键技术[2]

2.1 混凝土坝裂缝

混凝土坝的裂缝大多数是表面裂缝，在一定条件下，表面裂缝可发展为深层裂缝，甚至成为贯穿裂缝。混凝土重力坝设计规范对坝体混凝土的裂缝有以下分类：

（1）表面裂缝。缝宽小于 0.3mm，缝深不大于 1m，平面缝长小于 5m，呈规则状，多由于气温骤降期温度冲击且保温不善等形成，对结构应力、耐久性和安全运行有轻微影响。需要注意的是，表面裂缝会像楔子形状一样，可能会发展为深层裂缝或贯穿性裂缝。

（2）深层裂缝。缝宽不大于 0.5mm，缝深不大于 5m，缝长大于 5m，呈规则状，多由于内外温差过大或较大的气温骤降冲击且保温不善等形成，对结构应力、耐久性有一定影响，一旦扩大发展，危害性更大。

（3）贯穿裂缝。缝宽大于 0.5mm，缝深大于 5m，侧（立）面缝长大于 5m，平面上贯穿全仓或一个坝块，主要是由于基础温差超过设计标准，或在基础约束区受较大气温骤降冲击产生的裂缝在后期降温中继续发展等原因形成，使结构应力、耐久性和安全系数降到临界值或以下，结构物的整体性、稳定性受到破坏。

2.2 坝体分缝分块设计与技术创新
2.2.1 坝体分缝分块设计

大坝是水工建筑物中最为重要的挡水建筑物，坝体合理分缝分块是设计控制温度应力和防止坝体裂缝发生极为关键的技术措施之一。

（1）重力坝分缝分块。混凝土重力坝设计规范规定：重力坝的横缝间距一般为15～20m。横缝间距超过22m（24m）或小于12m时，应做论证。纵缝间距一般为15～30m。块长超过30m应严格温度控制。高坝通仓浇筑应有专门论证，应注意防止施工期和蓄水以后上游面产生深层裂缝。碾压混凝土重力坝的横缝间距可较常态混凝土重力坝的横缝间距适当加大。

常态混凝土重力坝采用柱状浇筑方式施工，为此，常态混凝土重力坝设计有施工纵缝。纵缝设置将坝体施工分割成许多块状，对坝体整体性不利。所以，重力坝坝体分缝规定，地震设计烈度在8度以上或有其他特殊要求时，需将大坝连接成整体，提高大坝的抗震性能。

例如三峡大坝为常态混凝土重力坝，针对其底宽很大的特点，为此，坝体设计2条施工纵缝，分别距上游面35m、70m，将坝体分成甲、乙、丙坝块柱状浇筑。三峡大坝在坝体的施工过程、纵缝灌浆和后期蓄水过程中[3]，对坝体进行温度场、温度应力及纵缝开度三维接触非线性仿真计算，结果表明：纵缝张开度受年气温变化、通水冷却、上游面荷载作用以及施工过程等多种因素影响，其中由年气温引起的缝面开度变化是造成施工期纵缝灌浆后重新张开的主要因素。

（2）拱坝分缝。混凝土拱坝设计规范规定：混凝土拱坝必须设置横缝，必要时亦可设置纵缝。横缝位置和间距的确定，除应研究混凝土可能产生裂缝的坝基条件、温度控制和坝体内应力分布状态等有关因素外，还应研究坝身泄洪孔口尺寸、坝内孔洞等结构布置和混凝土浇筑能力等因素。横缝间距（沿上游坝面弧长）宜为15～25m。拱坝厚度大于40m时，可考虑设置纵缝。当施工有可靠的温控措施和足够的混凝土浇筑能力时，可不受此限制。拱坝的横缝和纵缝都必须进行接缝灌浆。灌浆时坝体温度应降到设计规定值。缝的张开度不宜小于0.5mm。

我国的二滩、溪洛渡、拉西瓦、小湾、锦屏一级、大岗山、构皮滩等高拱坝，由于施工能力的提高，其底部厚度大于40m时，均未设计纵缝。例如，锦屏一级超高混凝土双曲拱坝，最大坝高305m，拱冠梁顶厚16m，拱冠梁底63m，厚高比0.207，顶拱中心线弧长552.23m。大坝设置25条横缝，分为26个坝段，横缝间距20～25m，施工不设纵缝。

（3）碾压混凝土坝分缝。我国的碾压混凝土坝采用全断面筑坝技术，大坝采用通仓薄层连续碾压施工，坝体依靠自身防渗。碾压混凝土坝设计规范规定：碾压混凝土重力坝不宜设置纵缝，根据工程具体条件和需要设置横缝或诱导缝。其间距宜为20～30m。碾压混凝土拱坝设计应研究拱坝横缝或诱导缝的分缝位置、分缝结构和灌浆体系。为此，碾压混凝土坝的构造分缝简单，坝体只设横缝，一般分缝间距比常态混凝土大，这对坝体整体性有利。

2.2.2 坝体短缝设计技术创新

碾压混凝土重力坝横缝间距一般较大，为防止坝体发生贯穿裂缝或上游坝面遇库水冷击出现劈头裂缝，近年来，设计通过技术创新，当横缝超过25m时，在大坝上游迎水面两横缝中间设置一条深3～5m的短缝，较好地防止了坝体劈头裂缝的发生。

例如，金安桥碾压混凝土重力坝短缝设计技术创新。金安桥大坝共分21个坝段。除少数坝段外，一般为30m左右，厂房坝段为34m，为避免上游坝面出现劈头裂缝，对横缝间距不小于 30m 时，在各坝段上游坝面的中心线处设置一条 3～5m 深的垂直短缝，起到了较好地防裂效果（短缝止水设施仍按原横缝两铜一橡胶止水设计）。使得蓄水前的横河向和铅直向最大拉应力降幅达 0.56MPa、0.22MPa，蓄水期分别降 0.43MPa、0.27MPa，横河向应力值降低幅度达 20％～38％。说明坝体上游面设置短缝对降低横河向拉应力预防劈头裂缝的效果非常明显，是一项行之有效的温控防裂措施。

近年来，大朝山、百色、龙滩、景洪等碾压混凝土重力坝，在大坝上游面当横缝间距大于 25m 时设置短缝，实践证明效果良好。

2.3 坝体材料分区及设计指标关键技术

《混凝土重力坝设计规范》（SL 319—2005，DL 5108—2009）对混凝土材料及分区规定：坝体常态混凝土应根据不同部位和不同条件分区。根据坝体混凝土分区图和大坝混凝土分区特性表，重力坝常态混凝土一般分为六区。《混凝土拱坝设计规范》（SL 282—2003）对坝体混凝土规定：坝体混凝土标号分区设计应以强度为主要控制指标。混凝土的其他性能指标应视坝体不同部位的要求做校验，必要时可提高局部混凝土性能指标，设不同标号分区。高拱坝拱冠与拱端坝体应力相差较大时，可设不同标号区。坝体厚度小于 20m 时，混凝土标号不宜分区。例如，拉西瓦、向家坝及金安桥等高混凝土坝，在材料分区上进行了不同的优化和技术创新，具体如下：

（1）拉西瓦高拱坝材料分区优化。拉西瓦水电站大坝为混凝土双曲拱坝，最大坝高 250m。拱坝原设计坝体混凝土分区为下部、中部及上部三区，坝体相应混凝土设计指标上部 $C_{180}35F300W10$、中部 $C_{180}30F200W8$ 及上部 $C_{180}25F300W8$。2004 年 9 月业主组织专家对设计和施工两单位提交的《黄河拉西瓦水电站工程配合比设计试验报告》进行了认真审查。通过对混凝土性能试验以及大坝应力计算等结果分析，对原设计的"黄河拉西瓦水电站工程主要混凝土标号设计要求"进行了优化：拱坝混凝土分区简化为下部、上部两区，相应的上部混凝土设计指标为 $C_{180}25F300W10$、中部和底部为 $C_{180}32F300W10$。不论拱坝的底部、上部、内部和外部，抗冻等级和抗渗等级均提高到 F300 和 W10，极限拉伸值均采用 28d $0.85×10^{-4}$、90d $1.0×10^{-4}$ 同一高指标。优化后的坝体混凝土分区及设计指标更趋简单、科学合理，为拱坝快速施工和温控防裂发挥了积极作用。

（2）向家坝重力坝材料分区及设计龄期优化。向家坝水电站主坝为混凝土重力坝，最大坝高 162m。向家坝工程截流时段选择在 2008 年 12 月中旬，为了确保截流目标的实现，将左岸主体工程冲沙孔—左非 1 号坝段高程 222.00～253.00m 部位改为碾压混凝土施工，碾压混凝土设计指标：三级配 $C_{180}25W8F100$、二级配 $C_{180}25W10F150$。同时常态混凝土也采用 180d 设计龄期。向家坝混凝土重力坝虽然采用 DL 5108—1999 标准，但通过技术创新，大坝混凝土采用 180d 设计龄期，突破了 DL 5108—1999 标准大坝混凝土 90d 设计龄期的规定。设计需要针对大坝混凝土水泥用量少、掺和料掺量大、水化热温升缓慢、早期强度低等特点，充分利用水工混凝土后期强度，简化温控措施，大坝混凝土采用 180d 设计龄期对混凝土坝温控防裂具有十分重要的现实意义。

（3）金安桥碾压混凝土重力坝材料分区优化。具体有以下方面：

1）非溢流坝段材料分区优化。大坝原设计非溢流坝段高程 1413.00m 以下分区为碾压混凝土，高程 1413.00m 以上至坝顶高程 1424.00m 为常态混凝土，设计指标三级配 $C_{90}15F50W8$。2008 年 6 月业主和设计进行协商，对坝体非溢流坝段上部常态混凝土分区进行优化，即将碾压混凝土分区范围从高程 1413.00m 提高至高程 1422.5.00m，置换常态混凝土 3.33 万 m^3。采用碾压混凝土替代常态混凝土，每方节约水泥 57kg/m^3，有效降低混凝土水化热温升 6～9℃，十分有利大坝温控防裂。

2）右冲底孔泄槽基础碾压混凝土分区优化。金安桥泄水建筑物原设计右冲底孔泄槽基础为三级配 $C_{90}15W6F100$ 常态混凝土。针对右冲底孔泄槽基础工期严重滞后的情况，2008 年 3 月业主和设计进行了协调，将右冲底孔泄槽基础三级配常态混凝土优化为设计指标相同的三级配碾压混凝土，共计优化碾压混凝土 17.01 万 m^3，保证了右泄泄槽施工进度。

2.4 混凝土坝温度控制设计

混凝土坝温度控制标准及措施与坝址气候等自然条件密切相关，必须认真收集坝址气温、水温和坝基地温等资料，并进行整理分析，作为大坝温度控制设计的基本依据。此外，影响水库水温的因素众多，关系复杂，上游库水温度一般可参考类似水库水温确定。坝体混凝土温度标准按照规范及温度控制设计仿真计算结果，确定坝体不同部位的稳定温度，以此作为计算坝体不同部位的温度控制标准。坝体温度控制标准主要是基础温差控制、新老混凝土温差控制、坝体混凝土内外温差控制、容许最高温度控制以及相邻块高差控制等。

基础温差是控制坝基混凝土发生深层裂缝的重要指标。由于基础容许温差涉及因素多，混凝土重力坝、混凝土拱坝以及碾压混凝土坝具有各自不同的特点，而且各工程的水文气象、地形地质等条件也很不一样，鉴于基础容许温差是导致大坝发生深层裂缝的重要指标，故高混凝土坝、中坝的基础容许温差值应根据工程的具体条件，必须经温度控制设计后确定。混凝土的浇筑温度和最高温升均应满足设计规定的要求。在施工中应通过试验建立混凝土出机口温度与现场浇筑温度之间的关系，同时还应采取有效措施减少混凝土运送过程中的混凝土温升。

3 大坝混凝土配合比设计关键技术

3.1 大坝混凝土配合比设计技术路线

水工混凝土配合比设计其实质就是对混凝土原材料进行的最佳组合。质量优良、科学合理的配合比在水工混凝土快速筑坝中占有举足轻重的作用，具有较高的技术含量，直接关系到大坝质量和温控防裂，可以起到事半功倍的作用，获得明显的技术经济效益。

水工混凝土除满足大坝强度、防渗、抗冻、抗拉等主要性能要求外，而且大坝内部混凝土还要满足必要的温度控制和防裂要求。为此，我国的大坝混凝土配合比设计技术路线具有"三低两高两掺"的特点，即低水胶比、低用水量和低坍落度（低 VC 值），高掺粉煤灰和较高石粉含量，掺缓凝减水剂和引气剂的技术路线。

"温控防裂"是混凝土坝的核心技术。大坝混凝土配合比设计必须紧紧围绕核心技术进行精心设计。大坝混凝土施工配合比设计应以新拌混凝土和易性和凝结时间为重点，要求新拌混凝土具有良好的工作性能，满足施工要求的和易性、抗骨料分离、易于振捣或碾压、液化泛浆好等性能，要改变配合比设计重视硬化混凝土性能、轻视拌和物性能的设计理念。

水胶比、砂率、单位用水量是混凝土配合比设计的三大参数，"浆砂比"是碾压混凝土配合比设计中不可缺少的重要参数之一。大坝混凝土设计龄期90d或180d，故配合比设计周期相应较长。所以，大坝混凝土配合比设计试验需要提前一定的时间进行。并要求试验选用的原材料尽量与工程实际使用的原材料相吻合，避免由于原材料"两张皮"现象，造成试验结果与实际施工存在较大差异的情况发生。

3.2 大坝混凝土施工配合比分析

已建和在建部分典型高重力坝及高拱坝混凝土施工配合比分别见表1和表2，大坝混凝土施工配合比表说明以下观点：

（1）重力坝混凝土配合比。由于重力坝与拱坝的工作性态完全不同，所以重力坝与拱坝在混凝土设计指标有很大区别。近年来高重力坝除三峡大坝外，主要以碾压混凝土高重力坝为主。采用碾压混凝土筑坝技术其最大优势是快速，碾压混凝土既有混凝土的特性，符合水胶比定则，同时施工又具有土石坝快速施工的特点，所以重力坝采用碾压混凝土筑坝技术具有明显优势，碾压混凝土坝已成为最具有竞争力的坝型之一。

（2）高拱坝混凝土配合比。高拱坝具有材料分区简单，混凝土设计指标明显高于混凝土重力坝，混凝土抗压强度、抗拉强度、抗冻等级、抗渗等级及极限拉伸值等指标要求很高，特别是混凝土采用180d设计龄期，利用混凝土后期强度，提高了粉煤灰掺量，降低胶凝材料用量，对温控防裂十分有利。

（3）施工配合比参数。大坝配合比设计采用"三低两高两掺"技术路线，其主要参数水胶比、单位用水量、砂率明显降低，对大体积混凝土温控防裂发挥了重要作用。从施工配合比表中还可以看出，骨料品种和粒形对混凝土用水量、外加剂掺量和表观密度影响极大。例如百色采用辉绿岩骨料，金安桥、官地、溪洛渡等采用玄武岩骨料，其混凝土拌和物表观密度达到2630～2660kg/m³。喀腊塑克、溪洛渡、锦屏等工程采用组合骨料，有效提高了混凝土的各种性能。骨料对混凝土性能影响需要不断深化研究，由于篇幅所限，不再赘述。

表1　　　　　　　　　　已建或在建部分典型高重力坝混凝土施工配合比

大坝名称	坝高/m	设计指标	配 合 比 参 数						材料用量/(kg·m⁻³)				备注
			级配	水胶比	砂率/%	粉煤灰/%	外加剂/%		用水量	水泥	粉煤灰	表观密度	
							减水剂	引气剂					
三峡（二期）	181	$R_{90}250D250S10$	四	0.45	25	30	0.5	0.011	86	134	57	2452	花岗岩
		$R_{90}200D250S10$	四	0.50	26	30	0.5	0.011	86	120	52	2442	
		$R_{90}200D150S10$	四	0.50	26	35	0.5	0.011	85	110	60	2425	
		$R_{90}150D100S8$	四	0.55	26	40	0.5	0.011	88	96	64	2442	
光照	200.5	$C_{90}25F100W8$	三	0.45	34	50	0.7	0.004	78	83	83＋14	2483	RCC灰岩煤灰代砂
		$C_{90}20F100W6$	三	0.50	34	55	0.7	0.004	78	70	86＋21	2483	
		$C_{90}15F50W6$	三	0.55	35	60	0.7	0.004	78	57	85＋22	2496	

大坝名称	坝高/m	设计指标	配合比参数						材料用量/(kg·m⁻³)				备注
			级配	水胶比	砂率/%	粉煤灰/%	外加剂/%		用水量	水泥	粉煤灰	表观密度	
							减水剂	引气剂					
龙滩	192	$C_{90}25F100W6$	三	0.41	33	55	0.6	0.002	79	85	108	2465	RCC灰岩
		$C_{90}20F100W6$	三	0.45	33	61	0.6	0.002	78	67	106	2455	
		$C_{90}15F50W6$	三	0.48	34	66	0.6	0.002	79	56	109	2455	
官地	168	$C_{90}25F100W6$	三	0.45	55	32	0.8	0.012	92	92	112	2660	RCC玄武岩骨料
		$C_{90}20F100W6$	三	0.48	60	33	0.8	0.012	92	67	106	2660	
		$C_{90}15F100W6$	三	0.51	65	34	0.8	0.012	92	56	109	2660	
向家坝	162	$C_{180}25F100W8$	三	0.43	60	34	0.7	0.017	78	73	109	2460	RCC灰岩
		$C_{180}25F150W10$	二	0.43	60	38	0.8	0.012	90	84	126	2425	
金安桥	160	$C_{90}20F100W8$	二	0.47	37	55	0.8	0.20	100	96	117	2600	RCC玄武岩
		$C_{90}20F100W6$	三	0.47	33	60	0.8	0.025	90	76	115	2630	
		$C_{90}15F50W6$	三	0.53	33	63	0.8	0.015	90	63	107	2630	
百色	130	$R_{180}15D25S6$	三	0.60	34	63	0.8	0.004	96	59	101	2650	RCC辉绿岩
		$R_{180}20D50S10$	二	0.50	38	58	0.8	0.007	106	89	123	2630	
喀腊塑克	121.5	$R_{180}20F200W6$	三	0.45	32	50	0.9	0.010	90	100	100	2400	花岗岩粗骨料+天然砂
		$R_{180}15F50W4$	三	0.56	30	62	0.9	0.006	90	61	100	2400	
		$R_{180}20F300W10$	二	0.45	35	40	1.0	0.012	98	131	87	2370	

表 2   已建或在建部分典型高拱坝混凝土施工配合比

大坝名称	坝高/m	设计指标	配合比参数						材料用量/(kg·m⁻³)				备注
			级配	水胶比	砂率/%	粉煤灰/%	外加剂/%		用水量	水泥	粉煤灰	表观密度	
							减水剂	引气剂					
小湾	305	$C_{180}40F250W14$	四	0.40	23	30	0.7	0.01	90	157	68	2510	片麻花岗岩
		$C_{180}35F250W12$	四	0.45	24	30	0.7	0.01	90	140	60	2520	
		$C_{180}30F250W10$	四	0.50	25	30	0.7	0.01	90	126	54	2510	
溪洛渡	285.5	$C_{180}40F300W15$	四	0.41	22	35	0.5	0.0038	80	127	68	2654	玄武岩粗骨料+灰岩细骨料
		$C_{180}35F300W14$	四	0.45	23	35	0.5	0.0038	80	116	62	2650	
		$C_{180}30F300W13$	四	0049	24	35	0.5	0.0038	82	109	58	2645	
拉西瓦	250	$C_{180}32F300W12$	四	0.40	25	35	0.5	0.011	77	135	58	2450	天然砂砾石
		$C_{180}25F300W10$	四	0.45	25	35	0.5	0.011	77	111	60	2450	
构皮滩	232.5	$C_{180}35F200W12$	四	0.45	24	30	0.6	0.008	85	132	57	2550	灰岩
		$C_{180}30F200W12$	四	0.50	25	30	0.6	0.008	85	119	51	2547	
		$C_{180}25F200W12$	三	0.50	31	30	0.6	0.008	96	134	58	2515	
万家口子	167.5	$C_{180}25F100W8$	二	0.47	38.5	55	0.8	0.003	96	94	110	2445	RCC灰岩
		$C_{180}25F100W6$	三	0.48	34	60	0.8	0.003	88	75	108	2458	

大坝名称	坝高/m	设计指标	配 合 比 参 数						材料用量/(kg·m⁻³)				备注
			级配	水胶比	砂率/%	粉煤灰/%	外加剂/%		用水量	水泥	粉煤灰	表观密度	
							减水剂	引气剂					
江口	140	C₉₀30F50W8	四	0.48	24	30	0.5	0.003	84	123	52	2490	灰岩
		C₉₀25F50W8	四	0.52	25	35	0.5	0.003	84	105	57	2490	
沙牌	132	R₉₀200	三	0.50	33	50	0.75	0.001	93	93	93	2480	RCC 花岗岩
		R₉₀200	二	0.53	37	40	0.75	0.002	102	115	77	2482	
蔺河口	100	R₉₀200D50S6	三	0.47	34	62	0.7	0.002	81	66	106	2460	RCC 灰岩
		R₉₀200D100S8	二	0.47	37	60	0.7	0.002	87	74	111	2440	

4 混凝土施工温控防裂关键技术

4.1 原材料控制关键技术

4.1.1 大坝混凝土对水泥内控指标要求[5]

大量的试验研究成果和工程实践表明：水泥细度与混凝土早期发热快慢有直接关系，水泥细度越小，即比表面积越大，混凝土早期发热越快，不利温度控制；适当提高水泥熟料中的氧化镁含量可使混凝土体积具有微膨胀性能，部分补偿混凝土温度收缩；为了避免产生碱—骨料反应，水泥熟料的碱含量应控制在 0.6% 以内，同时考虑掺合料、外加剂等原材料的碱含量，规范要求控制混凝土总碱含量小于 3.0kg/m³。由于散装水泥用水泥罐车运至工地的温度是比较高的，规范规定"散装水泥运至工地的入罐温度不宜高于 65℃"。

例如，三峡大坝混凝土为了保证水泥质量，降低水泥的水化热，对中热水泥提出了具体的内部控制指标：要求中热水泥硅酸三钙（C_3S）的含量在 50% 左右，铝酸三钙（C_3A）含量小于 6%，铁铝酸四钙（C_4AF）含量大于 16%，中热水泥比表面积控制在 280~320m²/kg 之间、熟料 MgO 含量指标控制在 3.5%~5.0% 范围、进场水泥的温度要求不容许超过 60℃，控制混凝土总碱含量小于 2.5kg/m³。

近年来，大型水利水电工程纷纷效仿三峡工程做法，例如拉西瓦、小湾、溪洛度、锦屏、金安桥等大型工程，根据工程具体情况，对中热水泥提出了特殊的内控指标要求，并派驻厂监造监理，从源头上保证了水泥出厂质量。

4.1.2 粉煤灰已成为重要的功能材料

高坝混凝土掺和料主要以粉煤灰为主，粉煤灰不但掺量大、应用广泛，其性能也是掺和料中最优的。例如三峡大坝，掺用优质的Ⅰ级粉煤灰，其需水量比小于 95%，堪称固体减水剂，为此，大坝内部混凝土Ⅰ级粉煤灰掺量达到胶凝材料的 35%~40%。碾压混凝土主要以Ⅱ级粉煤灰为主，粉煤灰掺量高达胶凝材料的 50%~65%。为了控制Ⅱ级粉煤灰质量过大波动，对其需水量比的控制要求比规范更严，要求不大于 100%。

4.1.3 砂石骨料控制重点

（1）人工砂石粉含量。水工混凝土施工规范及水工碾压混凝土施工规范，分别对人工砂石粉含量进行了修订，提高常态混凝土人工砂石粉含量 6%～18%，碾压混凝土人工砂石粉含量 12%～22%。大量的工程实践及试验证明，人工砂中含有较高的石粉含量能显著改善混凝土性能，石粉最大的贡献是提高了混凝土浆体含量，有效改善了混凝土的施工性能和抗渗性能。特别是碾压混凝土中人工砂石粉含量已成为重要的组成材料。因此，合理控制人工砂石粉含量，是提高混凝土质量的重要措施之一。

（2）最大粒径及粒形对用水量影响。大坝混凝土应优先选用最大粒径的级配组合，可以有效降低混凝土单位用水量和胶凝材料用量，有利大坝温控防裂。例如沙沱碾压混凝土重力坝，坝体内部采用 $C_{90}15$ 四级配碾压混凝土，设计总量 15.7 万 m^3，采用四级配碾压混凝土技术创新，有效降低水泥用量至 48kg/m^3，降低水化热温升 2～3℃。

同时，工程实践证明，粗细骨料粒形对混凝土用水量和性能有很大影响，需要引起高度重视，采取切实可行的技术措施，提高骨料品质是降低混凝土用水量、和易性、密实性和质量的前提。

4.1.4 外加剂是改善混凝土性能有效措施

近年来，不论是寒冷地区或温和炎热地区，大坝外部、内部混凝土均设计有抗冻等级。提高混凝土抗冻等级主要技术措施是采用缓凝高效减水剂和引气剂复合使用。减水率是评价外加剂性能的主要技术指标，水工混凝土掺用外加剂技术规范规定，缓凝高效减水剂减水率大于 15%，引气剂减水率大于 6%。大型水利水电工程为了有效降低混凝土单位用水量，对使用的外加剂减水率提出了内部指标要求。例如，三峡、拉西瓦、小湾、金安桥等大型工程大量使用萘系缓凝高效减水剂，要求其减水率大于 18%，有效降低混凝土单位用水量。

4.2 风冷骨料是控制出机口温度的关键

高混凝土坝对混凝土浇筑温度要求越来越严，一般出机口温度由现场允许浇筑温度确定，即出机口温度比浇筑温度约低 4～5℃。例如，三峡、小湾、溪洛渡、拉西瓦等高坝坝基约束区混凝土出机口温度和浇筑温度分别控制在 7℃ 和 12℃。又例如，锦屏一级 305m 超高双曲拱坝，混凝土浇筑采用 4.5m 升层施工技术，混凝土容许最高温度为 27℃，出机口温度为 5～7℃，浇筑温度为 9～11℃，层间间歇期按 10～14d 控制。

为保证高温期混凝土浇筑温度满足要求，必须严格控制混凝土出机口温度。降低混凝土出机口温度最有效的措施就是降低骨料温度，因为骨料约占混凝土质量的 80% 以上，粗骨料约占 60% 以上。对骨料进行降温主要采取风冷骨料措施，即一次风冷、二次风冷，可将骨料温度降到 0℃ 左右，效果十分明显。风冷骨料与加冰拌和是最有效的预冷混凝土措施，可以有效控制新拌混凝土出机口温控。

例如，三峡左岸高程 98.7.0m 混凝土生产系统[6]，于 1995 年 10 月至 2004 年 4 月安全运行 9 年，共生产混凝土 585 万 m^3，其中预冷混凝土（出机口温度小于 7℃）385 万 m^3。混凝土预冷主要对粗骨料冷却采取两次风冷工艺，一次风冷后粗骨料综合平均温度降至 4.2℃，环境初温 28.7℃ 计，则降温幅度达 24.5℃。粗骨料二次风冷降温，在拌和楼料仓进行，二次风冷设计粗骨料降温幅度为 10℃，粗骨料最终降温应为 0℃ 左右。粗骨料通过两次风冷，降温效果十分明显。预冷混凝土主要采取"两次风冷＋片冰＋补充冷水拌和"，保证混凝土出机口温度稳定在7℃以下。

4.3 控制浇筑温度主要技术措施

4.3.1 混凝土运送入仓温度回升控制

混凝土运送主要采用自卸汽车或输送带，控制新拌混凝土特别是预冷混凝土温度回升十分必要。采用自卸汽车运送混凝土，根据金安桥的测温结果，在自卸汽车顶部设置遮阳篷，混凝土温度回升一般为0.4~0.9℃，很好控制温度回升。同样，未采用遮阳篷的自卸汽车运送混凝土，在太阳照射下，混凝土温度回升达2~5℃。自卸汽车运送混凝土空车返回拌和楼时，在拌和楼前对自卸汽车进行喷雾降温十分必要，喷雾不但给车箱降温，而且雾状环境可避免阳光直射车箱，对防止混凝土温度回升起到了很好效果。

4.3.2 喷雾保湿、改变仓面小气候

仓面采取喷雾保湿措施，可以是仓面上空形成一层雾状隔热层，使仓面混凝土在浇筑过程中减少阳光直射强度，是降低仓面环境温度和降低混凝土浇筑温度回升十分重要的温控措施。一般浇筑温度上升1℃，坝内温度相应上升0.5℃。采用喷雾保湿可有效降低仓面温度4~6℃，是对控制浇筑温度回升十分重要的措施，决不能掉以轻心。混凝土浇筑仓面喷雾保湿不是一个简单的质量问题，直接关系到大坝温控防裂。

4.3.3 及时覆盖是防止混凝土温度回升的关键

混凝土浇筑完成后，白天太阳照射下，混凝土温度回升很快，所以新浇混凝土仓面及时覆盖是防止温度回升的关键。许多工程实测资料统计表明，温度回升值随混凝土入仓到上层覆盖新混凝土的时间长短而不同，一般间隔1h回升率20%；间隔2h，回升率35%；间隔3h回升率45%。所以，仓面铺设保温被是控制混凝土温度回升的一种方便有效的措施之一。

三峡大坝曾在夏季通过实测，新混凝土盖保温被与不盖保温被相比在10cm深处混凝土的温度：间隔1h低5℃；间隔2~3h低5.5℃；间隔4.5h低6.75℃。由此可知在太阳直射、气温为28~35℃时，盖保温被可使浇筑温度降低5~6℃。

例如金安桥工程，下午15:00对碾压完后的混凝土进行测温，混凝土入仓温度17℃，仓面未进行喷雾和覆盖，当时太阳照射强烈，气温30℃，到16:00时即1h后继续进行测温，仅1h混凝土温度很快上升到22℃，温度回升高达5℃。测温结果表明，碾压完毕后的混凝土如果不及时进行表面覆盖，对控制浇筑温度回升十分不利。

4.3.4 及时养护是防止表面裂缝的必要措施

水工混凝土应按设计要求或适用于当地条件的方法组合进行养护。水工混凝土连续养护时间不宜少于设计龄期的时间90d或180d，使水工混凝土在一定时间内保持适当的温度和湿度，造成混凝土良好的硬化条件，是保证混凝土强度增长，不发生表面干裂的必要措施。

混凝土浇筑完毕后，对混凝土表面及所有侧面应及时洒水养护，以保持混凝土表面经常湿润。表面流水养护是降低混凝土最高温度的有效措施之一，采用表面流水养护可使混凝土早期最高温度降低1.5℃左右。混凝土浇筑完毕后，早期应避免日光曝晒，混凝土表面宜加遮盖保护。一般应在混凝土浇筑完毕12~18h内即开始养护，但在炎热、干燥气候情况下应提前养护。

对于顶部表面混凝土，在混凝土能抵抗水的破坏之后，立即覆盖持水材料或用其他有效方法使混凝土表面保持潮湿状态。模板与混凝土表面在模板拆除之前及拆除期间都应保

持潮湿状态，水养护应在模板拆除后继续进行，永久暴露面采用长期流水养护，混凝土养护应保持连续性，养护期内不得采用时干时湿的养护方法。

4.4 通水冷却是控制坝体最高温升关键措施

2009 年 7 月，谭靖夷院士在"水工大坝混凝土材料与温度控制学术交流会"上的发言指出[7]：由于混凝土抗裂安全系数留的余地较小，而且混凝土抗裂方面还存在一些不确定的因素，因此还应在施工管理、冷却制度、冷却工艺等方面采取有效措施，以"小温差、早冷却、慢冷却"为指导思想，尽可能减小冷却降温过程中的温度梯度和温差，以降低徐变应力。此外，还要加强表面保温，使大坝具有较大的实际抗裂安全度。

坝体内部混凝土中埋设冷却水管的主要作用：削减混凝土浇筑块一期水化热温升，降低越冬期间混凝土内部温度，以利于控制混凝土最高温度和基础温差，且减小内外温差，改变坝体施工期温度分布状况。国内大量的温度控制仿真计算及工程通水冷却结果表明，在坝体内部埋设冷却水管，一般内部水管水平间排距 1.5m×1.5m，上下层垂直间距 3m，混凝土浇筑完后 1d 后通水，通水历时一般 20d 左右，根据通水温度的不同，可有效控制坝体最高温度，通水冷却是低降低坝体内部温度是十分有效的措施。

例如，三峡二期工程左岸厂房坝段采用 1″黑铁管作为冷却水管[8]，通水冷却分为三个阶段，初期、中期及后期冷却。初期冷却即一期冷却以消减新浇筑混凝土水化热温升，每年 4—9 月浇筑的混凝土，通 6～8℃制冷水进行冷却，其他季节通江水冷却，将混凝土最高温升控制在 37℃以下；中期冷却以降低坝体内外温差，使大坝混凝土能顺利过冬，每年 10 月开始，对当年 4—10 月浇筑的混凝土通江水进行中期通水冷却，将坝体温度冷却到 20～22℃为准；后期冷却即二期冷却，在设计稳定温度基础上超冷 2℃，虽增加了投资，但保证了接缝灌浆质量。

4.5 三峡三期工程大坝混凝土表面保温

三峡大坝混凝土表面进行了全面保温，有效防止了坝体裂缝产生。三峡三期工程在大坝混凝土表面保温方面，在吸取三峡二期工程中的一些经验教训，注重研究了不同保温材料的保温效果。从 2002 年开始，对几种不同保温材料进行实验，选择了合适的保温材料。根据实验结果和经济技术比较，三峡三期工程施工中，首次采用聚苯乙烯板（EPS，以下简称"保温板"）及发泡聚氨酯（以下简称"聚氨酯"）两种新型保温材料。

为验证大坝混凝土采用保温板保温的效果，经业主、设计、监理、施工单位三次联合分别在右厂 24 号-2～26 号-1 甲、22 号-1 甲、安Ⅲ-1 甲上游面拆除部分保温板；在右安Ⅲ～右厂 26 号坝段、右非坝段高程 165.00m 以下大面积抽条（横向、竖向结合）检查，右厂 23 号坝段加密检查，混凝土表面未发现裂缝，一致认为上述部位的保温板的粘贴质量及保温效果均良好。右岸三期工程的大坝采用聚苯乙烯板及发泡聚氨酯两种新型保温材料，没有发现一条裂缝，这是一个奇迹。这一实践证明，大坝确实可以做到不裂，充分说明表面保护是防止大坝裂缝极为重要的关键措施。

5 温度自动监测控制系统及温度反馈分析

5.1 温度自动化监测和控制系统

如果只有温控措施，没有必要的测温及监测手段，对于温控的效果就无从评价，也不便于分析发生裂缝的原因。因此，应对混凝土施工全过程进行温度观测，对所采取的温控措施进行监测，以及对已浇筑混凝土的内部状况进行观测。温度观测分为施工过程中的温度观测、混凝土最高温度观测、坝体内部温度变化过程观测。混凝土最高温度观测可利用预先在坝体内埋设的仪器进行，温度仪器主要采用差组式温度计测温、光纤测温，若预先在坝体内埋设的仪器不足时，可在浇筑混凝土的过程中埋入钢管，待收仓后在钢管内放人温度仪进行观测，观测至下一仓混凝土浇筑前为止。

例如，锦屏一级超高拱坝采用混凝土温度自动监测系统。通过基于温度传感器的大坝混凝土温度自动监测和控制系统，在大坝温控自动化和混凝土防裂中的应用，降低工人采集数据时的劳动强度，大幅提高大坝混凝土温控质量和效率。

5.2 混凝土坝温度反馈分析

混凝土坝温度反馈分析研究目的是围绕防止蓄水期与运行期坝体裂缝产生、现有裂缝成因和混凝土坝体施工等问题进行温控防裂研究以及温控反馈分析。主要包括：混凝土的绝热温升，通水参数等；选取典型坝段进行从施工到蓄水以及运行期的全过程仿真分析，研究大坝混凝土温度及温度应力的变化过程，分析现有裂缝产生的原因；研究运行期的温度场和温度应力场，分析温度应力对大坝运行的影响，研究大坝在运行期可能出现裂缝的区域，提出运行期防裂措施，以此指导坝体的安全运行。混凝土坝温度反馈分析已经在多个高坝工程中应用。

例如，金安桥碾压混凝土重力坝温度控制反馈结论及评价表明：金安桥碾压混凝土坝高温一般出现在水化热较大的常态混凝土部位以及碾压混凝土坝坝体内部水化热难以消散的部位，在混凝土水化热作用下温度达到极值后缓慢降低并逐渐趋于稳定。坝体内部温度变化较为稳定，温度梯度较小，靠近坝体表面温度梯度相对较大。上游面设置短缝明显地减小了施工期上游面的拉应力，有利于上游面混凝土的防裂。蓄水期开始至运行期，库水水温对坝体上游侧混凝土温度场影响较大，而对坝体内部混凝土影响较小，运行期坝体内部温度场趋于稳定，最高温度在26℃左右，满足设计要求温度控制标准。

6 结语

（1）混凝土坝是典型的大体积混凝土，裂缝是混凝土坝最普遍、最常见的病害之一，几十年来大坝的温度控制与防裂一直是坝工界所关注和研究的重大课题。

（2）混凝土坝的裂缝大多数是表面裂缝，在一定条件下，表面裂缝可发展为深层裂缝，甚至成为贯穿性裂缝。

（3）大坝是水工建筑物中最为重要的挡水建筑物，坝体合理分缝分块是设计控制温度应力和防止坝体裂缝发生极为关键的技术措施之一。

（4）横缝间距超过25m时，坝体上游面设置短缝对防止坝体劈头裂缝效果明显，是一项行之有效的温控防裂措施。

（5）科学合理的坝体混凝土材料分区设计优化，是温控防裂和快速施工的关键技术之一，可以取得明显的技术经济效益。

（6）我国的大坝混凝土配合比设计采用"三低两高两掺"技术路线，是保证混凝土坝质量的基础，具有较高的技术含量。

（7）大型工程对混凝土原材料提出了比规范更严的内控指标，从源头上对混凝土温控防裂控制发挥了积极作用。

（8）风冷骨料是控制混凝土出机口温度的重要措施。通水冷却是控制坝体最高温升关键措施，通水冷却要遵循"小温差、早冷却、慢冷却"指导思想，尽可能减小冷却降温过程中的温度梯度和温差。

（9）三峡大坝采用聚苯乙烯板及发泡聚氨酯两种新型保温材料，有效防止了坝体裂缝，充分说明坝体表面保护是防止大坝裂缝极为重要的措施。

参 考 文 献

[1] 刘辉．国家能源局副局长刘琦在 2015 世界水电大会开幕式致辞 [OL] 北京：新华网，[2015 - 5 - 19]．

[2] 田育功．水工碾压混凝土快速筑坝技术 [M]．北京：中国水利水电出版社，2010．

[3] 崔建华，苏海东．三峡工程厂房坝段纵缝接触问题研究 [G]．//王仁坤．水工大坝混凝土材料和温度控制研究与进展．北京：中国水利水电出版社，2009：394 - 398．

[4] 田育功，付波，杨溪滨，等．大坝混凝土材料与分区创新技术综述 [J]．水利水电施工，2015 (4)：8 - 13．

[5] 陈文耀，李文伟．三峡工程混凝土试验研究及实践 [M]．北京：中国电力出版社，2005．

[6] 李裕营．三峡工程左岸 98.7m 高程混凝土预冷系统风冷骨料运行情况 [G]．//王仁坤．水工大坝混凝土材料和温度控制研究与进展．北京：中国水利水电出版社，2009：429 - 431．

[7] 谭靖夷院士在"水工大坝混凝土材料与温度控制学术交流会"上的发言 [G]．//王仁坤．水工大坝混凝土材料和温度控制研究与进展．北京：中国水利水电出版社，2009．

[8] 席浩，郭建文．三峡二期工程ⅡA标段左岸厂房坝段混凝土温控及防裂 [J]．青海水力发电，2001 (3)：19 - 21．

理 论 研 究

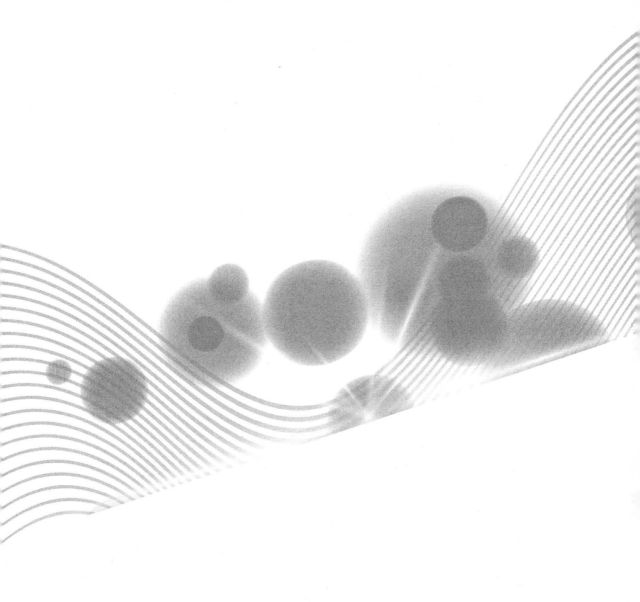

RITSS 大变形法在高土石坝工程中的应用

邹德高　余　翔　孔宪京　于　龙

（大连理工大学水利工程学院工程抗震研究所　辽宁大连　116024）

【摘　要】　基于 GEODYNA 平台集成并验证了大变形分析法（Remeshing and Interplolation Technique with Small Strain model，RITSS）。采用 RITSS 法研究了坐落于覆盖层上的高心墙坝的局部大变形问题。重点分析坝基防渗墙与土质心墙连接部位的高塑性黏土区。通过敏感性分析，建议了有限元分析时局部大变形区域网格单元尺寸。数值结果表明：RITSS 法不仅能够获取较合理的大坝整体变形规律，而且能够描述防渗墙刺入高塑性黏土的过程并保持较好的单元形态，为进一步研究接头部位混凝土防渗墙顶部区域土与结构的相互作用提供了基础。

【关键词】　RITSS 法　GEODYNA 平台　高心墙坝　覆盖层　大变形有限元分析

1　引言

对于建于覆盖层上的土石坝，通常在坝体内部设置黏土心墙，同时在坝基浇筑混凝土防渗墙以控制坝体与坝基渗流[1]。为确保防渗系统的整体性，采用在防渗墙顶部设置廊道或直接将防渗墙插入心墙的型式以连接防渗墙与心墙。同时，在连接部位周围设置高塑性黏土过渡区以改善连接部位的工作状态[2]。混凝土防渗墙与高塑性黏土较大的材料特性差异对准确获取连接部位的应力状态造成了一定困难。

目前有关覆盖层上心墙坝的研究主要集中于大坝整体或防渗体的变形及应力分布规律且局限于小变形有限元分析[3-5]。然而对于防渗墙和心墙的连接部位，其变形特性实际上属于大变形范围。由于土体的变形模量相对防渗墙较小，大坝填筑时坝体及覆盖层逐渐沉降而坐落于基岩的防渗墙竖向变形很小，使防渗墙顶部产生较大不均匀沉降。大坝填筑时变形过程就好像防渗墙逐渐刺入高塑性黏土之中，防渗墙顶部周围土体网格可能会产生严重的变形和扭曲，这是典型的土—结构相互作用的大变形问题。因此，有必要采用大变形有限元分析法研究连接部位的应力变形特性。

在过去 40 年中，研究者们针对大变形问题（大位移或者大应变）提出了三个基本的有限元分析法[6]。Hu 等在任意拉格朗日法的框架内提出了一个新的 RITSS 法[7]。RITSS 法的最大优点就是其基于小变形分析。目前，RITSS 法的应用大都集中于海洋工程且土体通常假设为不排水的理想弹塑性材料[8-10]。土石坝工程与海洋工程在荷载类型及土体材料特性方面均有较明显的差别。因此，RITSS 法在土石坝工程中的应用还具有很大的潜力。

本文基于大连理工大学工程抗震研究所自主开发的 GEODYNA 有限元分析平台集成了 RITSS 大变形有限元分析法，并通过算例与已有分析结果对比验证其正确性。然后采用 RITSS 法研究坐落于覆盖层上的高心墙坝在填筑过程中坝基防渗墙与心墙连接部位的局部大变形问题，研究就防渗墙刺入高塑性黏土的过程。

2 RITSS 法的实现与验证

2.1 实现流程

早期的 RITSS 法大变形分析主要基于该法提出者自主开发的有限元程序 AFENA[11]。最近，有研究者将该法在商用有限元程序如 ABAQU 中实现[12]。RITSS 法主要由相互独立的三个部分组成，分别为小变形有限元分析、网格重剖分和信息映射。合理安排这三部分的关系并确保计算精度是 RITSS 法的关键。本文基于 GEODYNA 有限元分析平台，集成了 RITSS 法。基本流程见图 1。

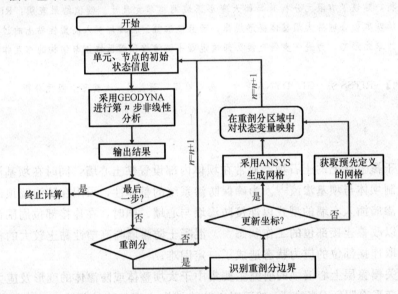

图 1 基于 GEODYNA 平台的 RITSS 法分析流程

为确保多加载步时大变形分析能够自动且连续地进行，编制了外部控制程序（C++语言）以控制何时激活 GEODYNA 进行有限元计算、更新有限元网格并调用 ANSYS 进行重剖分，最终将旧网格的高斯点信息映射至新网格（ANSYS 重剖分获得）并生成 GEODYNA 识别的计算文件。

2.2 验证

为验证本次研究集成的 RITSS 法的正确性，本文分析了典型的刚性基础贯入不排水土体的承载力问题并与其他已有结果对比。土体不排水强度 $s_u = 1\text{kPa}$，弹性模量 $E = 100 s_u$。泊松比 $\nu = 0.49$ 以模拟土体的不排水特性。计算时不考虑土体质量对承载力的影响，密度 $\rho = 0$。有限元网格见图 2，共有 2261 个节点和 3074 个二维平面应变三角形单元。考虑到基础贯入时，产生较大变形或扭曲严重的网格集中于基础附近。因此，计算时仅对图 3 中所示重剖分边界内部网格进行重剖分和信息映射。位移荷载作用于基础顶部。

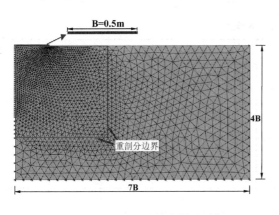

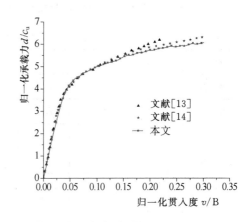

图 2　基础贯入地基的有限元网格　　　　　　图 3　归一化承载力曲线

由图 3 可知，本文实现的 RITSS 法的承载力发展趋势与 Nazem[13] 和 Tian[14] 的计算结果基本一致。Nazem 分析时因不收敛而计算终止时的归一化承载力为 6.25，Tian 的结果为 5.97，本文计算结果为 5.83。本文计算结果与现有结果的差别可能由网格尺寸，重剖分方法的差别和土体的本构模型（本文为 Mohr - Columb 模型）不同造成的，但整体差别较小。因此，本文基于 GEODYNA 平台的 RITSS 法正确。

3　有限元模型及计算参数

3.1　有限元模型

采用二维的坐落于覆盖层上的心墙坝为计算模型。最大坝高 240m，坝顶宽度 16m，心墙顶部宽度 6m，坡度 1∶0.25。覆盖层深度 40m，坝基采用厚度 1.2m 的防渗墙控制渗流。防渗墙高 45m，其中插入心墙 15m 并在连接部位的局部范围内设置 12m×12m 的高塑性黏土区。图 4 为接头处的尺寸信息。图 5 为二维心墙坝有限元网格，共有单元 11310 个。同时，为保证每一填筑步引起的增量变形足够小，每层填筑厚度不超过 5m，共分 55 步模拟坝体由建基面逐层填筑至坝顶。

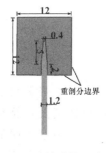

图 4　连接处的尺寸　　　　　　　　　图 5　二维心墙坝有限元网格
信息（单位：m）

3.2 材料参数

本文分析中土体的应力-应变特性均采用邓肯-张 E-B 模型描述，详细参数见表 1。

表 1 土体邓肯-张 E-B 模型参数

材料	$\rho_d/(g \cdot cm^{-3})$	φ_0	$\Delta\varphi$	c/kPa	R_f	K	n	K_b	m
堆石料	2.18	51.0°	9.4°	—	0.77	1335	0.24	480	0.21
反滤料	2.18	48.5°	7.4°	—	0.73	1078	0.23	377	0.21
过渡料	2.25	51.5°	8.5°	—	0.77	1319	0.24	494	0.22
心墙料	2.14	25.5°	—	66	0.85	358	0.33	165	0.35
高塑性黏土	1.55	23.0°	—	39	0.88	110	0.46	36	0.47
泥质砂砾土	1.31	46.9°	6.5°	—	0.77	1075	0.33	343	0.27
砂砾土	1.45	48.0°	7.0°	—	0.8	1100	0.34	360	0.32

为合理表达力学特性差异明显的两种材料接触时的相互作用，在混凝土防渗墙与覆盖层之间及防渗墙和高塑性黏土之间均设置 Goodman 接触面单元，并采用 Clough-Duncan 双曲线模型描述土与结构的相互作用特性。模型参数见表 2。混凝土防渗墙及覆盖层底部基岩采用线弹性模型，其数值分析参数见表 3。

表 2 接 触 面 参 数

位　　置	k_1	n	R_f	φ	c/kPa
防渗墙—覆盖层	757	0.8	0.89	11	10.5
防渗墙—高塑性黏土	2000	0.5	0.8	15	1.0

表 3 弹 性 材 料 参 数

材　料	$\rho_d/(g \cdot cm^{-3})$	E/GPa	v
混凝土	2.4	30	0.17
花岗岩	2.4	9	0.28

4 数值分析及结果

4.1 局部网格单元尺寸的影响

由于 RITSS 法包括很多的小变形分析步，因此每一增量步的小变形分析的准确性非常重要。网格密度是影响计算结果的一个重要因素，其对计算速度及计算精度的影响存在矛盾，但应首先保证其计算精度。本节讨论大变形和单元扭曲较为明显的高塑性黏土区的网格密度对计算结果的影响。图 6 为高塑性黏土区不同网格密度对应的有限元网格。网格 1 至网格 5 的最小单元尺寸 h_{min} 分别为 2.50m、0.83m、0.26m、0.14m 和 0.08m。

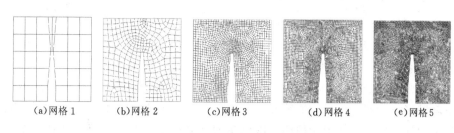

(a)网格1　　(b)网格2　　(c)网格3　　(d)网格4　　(e)网格5

图6　不同单元密度对应的高塑性黏土区有限元网格

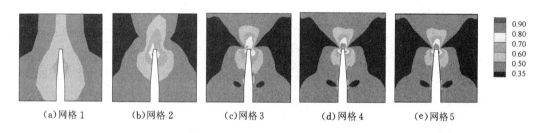

(a)网格1　　(b)网格2　　(c)网格3　　(d)网格4　　(e)网格5

图7　不同网格密度的高塑性黏土区的应力水平分布

图7为大坝填筑完成时不同网格密度的高塑性黏土区的应力水平分布。网格尺寸较大时（网格1），不能很好地反映防渗墙顶部土与结构的相互作用，连接部位的应力水平较低，防渗墙的大主应力较大。网格4和网格5的应力水平分布基本相同。

防渗墙大主应力的数值分析结果见图8和表4。局部网格密度的变化对大坝的变形几乎没有影响。网格密度的增加对防渗墙的应力分布规律基本没有影响。随着网格密度的增大相应位置的大主应力减小。当网格密度达到网格4时，其计算结果网格5的结果差别较小。说明网格4的网格密度能够满足精度要求。因此，本文建议大变形分析时高塑性黏土区的最小网格尺寸 h_{min} 应满足 $h_{min}/W_T \leqslant 0.12$。

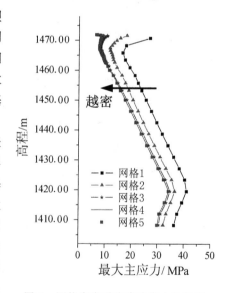

图8　网格密度对防渗墙应力的影响

表4　　　　　　　　　　　　　　　不同网格密度的分析结果

网格	节点数	单元数	h_{min}/W_T	防渗墙最大主应力/MPa	大坝最大沉降/m
1	51	34	2.08	41.00	3.784
2	182	148	0.69	36.55	3.790
3	1755	1868	0.22	34.83	3.792
4	4789	4606	0.12	34.27	3.792
5	9895	9632	0.07	34.15	3.793

注　h_{min} 为防渗墙顶部高塑性黏土单元的最小网格尺寸，W_T 为防渗墙最大厚度。

4.2 局部大变形分析

采用 RITSS 法对大坝进行大变形有限元分析的同时进行了常规小变形有限元（SS-FE）分析和根据位移增量仅更新坐标（Mesh‒updating）的有限元分析。

图 9 为采用 RITSS 法和 Mesh‒updating 法计算结束时的高塑性黏土区的网格形态。采用仅更新网格法计算时，虽然能够在一定程度上反应增量变形对后续计算的影响，但网格节点坐标的逐步更新会使单元扭曲，降低单元计算精度，最终可能导致计算结果失真。当采用 RITSS 法进行大变形分析时，高塑性黏土区的单元网格保持了较好的形态，且没有出现不合理的网格变形。

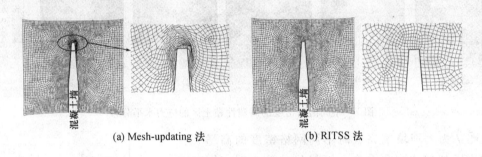

(a) Mesh-updating 法   (b) RITSS 法

图 9　高塑性黏土区局部网格变形

图 10 为采用 RITSS 法的防渗墙刺入高塑性黏土过程及局部网格形态。容易看出，填筑过程中高塑性黏土逐渐沉降而防渗墙基本不发生变形，防渗墙顶部高塑性黏土逐渐变薄。同时，采用 RITSS 法计算时高塑性黏土区的网格随时更新并保持良好的网格形态，有利于获取更为准确的局部应力状态。

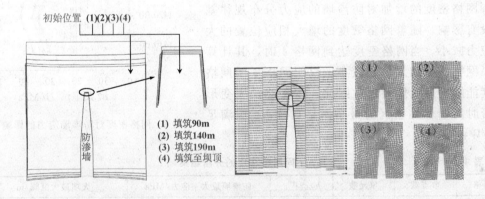

图 10　防渗墙刺入过程及局部网格变化

图 11 为采用 RITSS 法获得的大坝填筑完成时大坝变形。其计算结果符合小变形分析时的一般规律。表 5 列出了不同分析方法的大坝变形极值。因变形极值位置距高塑性黏土区较远，所以变形极值差别小且整体变形规律一致。表明 RITSS 法能获取较合理的大坝整体变形规律。

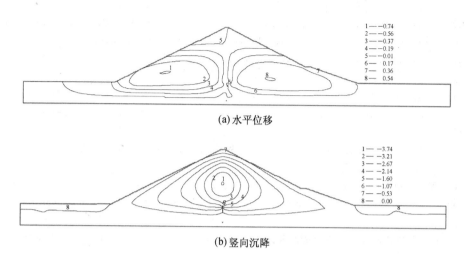

(a)水平位移

(b)竖向沉降

图11　竣工期大变形分析大坝变形

表5　　　　　　　　　　　　　不同分析方法的大坝变形极值

分 析 工 况	最大沉降/m	上游侧最大水平位移/m	下游侧最大水平位移/m
小变形	3.792	0.751	0.546
Mesh-updating	3.747	0.745	0.543
RITSS	3.749	0.745	0.543

5　结语

本文基于 GEODYNA 有限元分析平台上集成了 RITSS 法，采用自主开发的控制程序使 RITSS 法自动且连续地运行，并通过经典算例验证其正确性。对建于覆盖层上的高土质心墙坝进行 RITSS 法数值分析。

（1）为确保有限元分析计算精度，建议防渗墙顶部局部范围的高塑性黏土单元的最小单元尺寸满足 $h_{\min}/W_T \leqslant 0.12$。

（2）Mesh-updating 法虽能考虑增量变形的影响但会造成防渗墙顶部土体网格扭曲，可能会使计算结果精度较低。

（3）RITSS 法能够获取防渗墙刺入高塑性黏土的过程，并实时更新网格以保持较好的单元形态，为准确获取连接部位的应力状态提供了基础。同时，RITSS 法也能获取较合理的大坝整体变形规律。

参 考 文 献

［1］　中国水力发电工程学会水工及水电站建筑物专业委员会. 利用覆盖层建坝的实践与发展［G］. 北京：中国水利水电出版社，2009.

［2］　张丹，伍小玉，熊堃. 高土心墙堆石坝防渗墙与心墙连接部位高塑性黏土区设置研究［J］. 水电站设计，2014，30（3）：68-73.

［3］　Zhang, H., Chen, J., Hu, S., Xiao, Y., and Zeng, B.. Deformation characteristics and control techniques at the Shiziping earth core rockfill dam [J]. Journal of Geotechnical and Geoenvironmental Engineering. 2015. 10. 1061/(ASCE) GT. 1943 – 5606.0001385，04015069.

[4] 徐晗，汪明元，程展林，饶锡保. 深厚覆盖层 300 m 级超高土质心墙坝应力变形特征 [J]. 岩土力学，2008，29 (z1).

[5] Yu，X.，Kong，X.，Zou，D.，Zhou，Y.，and Hu，Z. Linear elastic and plastic – damage analyses of a concrete cut – off wall constructed in deep overburden [J]. Comput. Geotech.，2015，69：462 – 473.

[6] 于龙. 三维 RITSS 大变形有限元方法及其在基础刺入破坏和锚板承载力问题中的应用 [D]. 大连：大连理工大学，2008.

[7] Hu，Y.，and Randolph，M. F. A practical numerical approach for large deformation problems in soil [J]. International Journal for Numerical and Analytical Methods in Geomechanics，1988，22：327 – 350.

[8] 刘君，吴利玲，胡玉霞. 正常固结黏土中圆形锚板抗拔承载力 [J]. 大连理工大学学报，2006，46 (5)：712 – 719.

[9] 于龙，刘君，孔宪京. 锚板在正常固结黏土中的承载力 [J]. 岩土力学，2007，28 (7)：1427 – 1434.

[10] Wang，D.，Bienen，B.，Nazem，M.，Tian，Y.，Zheng，J.，Pucker，T.，and Randolph，M. F. Large deformation finite element analyses in geotechnical engineering [J]. Computers and Geotechnics，2015，65：104 – 114.

[11] Hu，Y and Randolph，M. F. Bearing capacity of caisson foundations on normally consolidated clay [J]. Soils and Foundation，2002，42 (5)：71 – 77.

[12] Wang，D.，Hu，Y.，and Randolph，M. F.. Keying of rectangular plate anchors in normally consolidated clays [J]. Journal of Geotechnical and Geoenvironmental Engineering，2011，137 (12)：1244 – 1253.

[13] Nazem，M.，Carter，J. P.，and Airey，D. W. Arbitrary Lagrangian – Eulerian method for dynamic analysis of geotechnical problems [J]. Computers and Geotechnics，2009，36：549 – 557.

[14] Tian，Y.，Cassidy，M. J.，Randolph，M. F.，Wang，D.，and Gaudin，C. A simple implementation of RITSS and its application in large deformation analysis [J]. Computers and Geotechnics，2014，56：160 – 167.

基于增量动力分析方法的高拱坝强震非线性响应分析

庞博慧[1,2]　　王高辉[3]

（1　天津大学　天津　300072；

2　华能澜沧江水电股份有限公司科技研发中心　云南昆明　650214；

3　武汉大学水资源与水电工程科学国家重点实验室　湖北武汉　430072）

【摘　要】　采用动接触非线性模型模拟高拱坝横缝在强震作用过程中的工作形态，利用能考虑混凝土软化特性并可反映实际损伤耗散的损伤塑性本构模型模拟坝体混凝土材料非线性，同时采用 DP 模型考虑坝基材料非线性的影响，基于增量动力分析方法研究了高拱坝在不同强震等级作用下非线性动态响应行为，探讨了高拱坝的抗震薄弱部位及强震失效模式。

【关键词】　高拱坝　失效模式　横缝　增量动力分析　混凝土损伤塑性模型

1　引言

随着坝工技术的发展，一批 200～300m 级的超高混凝土拱坝在我国西南和西北强震区域进行建设，如锦屏一级拱坝（305m）、小湾拱坝（294.5m）、白鹤滩拱坝（289m）、溪洛渡拱坝（285.5m）等，这些高拱坝不论在大坝高度还是在规模上都已经达到世界最先进水平。由于地震的随机性，强震区的高坝实际承受的地震荷载有可能远远超过设计地震荷载，如 Koyna 重力坝[1]、紫坪铺面板坝[2]就承受了远超过其设防烈度的地震作用，且工程区地质条件非常复杂，抗震安全问题十分突出。研究强震作用下的高拱坝非线性动态响应行为、失效模式及其失效机理，是大坝抗震安全评价的重要课题，具有重要的工程实际意义。

在强震荷载作用下，高拱坝坝身混凝土材料可能进入非线性状态，将出现损伤开裂破坏和应力重分布，以最大拉应力响应为基础的传统线弹性抗震安全评价难于满足工程实际要求。Alembagheri 等[3,4]采用增量动力分析方法，从残余位移、最大位移、损伤耗散能、最大主应力分布等方面评估了高拱坝的抗震性能；Pan 等[5]采用增量动力分析方法对拱坝进行了抗震性能评估；Hariri-Ardebili 等[6]通过考虑横缝、大坝开裂、库水-地基-基岩相互作用、动水压力以及几何非线性等因素，对最大可信地震荷载作用下的高拱坝抗震安全性进行了评价；Wang 等[7]采用弹塑性损伤本构模型研究了地震动输入机制、推力墩及库水长度等对拱坝非线性损伤的影响；何建涛等[8]采用损伤塑性模型研究了乌东德拱坝在强震作用下的非线性地震反应；杜荣强等[9]基于能量基率相关的弹塑性损伤本构模型，对设计强震荷载作用下的大岗山拱坝动力响应进行分析，得到拱坝地震全过程的损伤破坏。以上研究主要侧重分析设计和最大可信地震荷载作用下的拱坝非线性动态响应，不同强震等级荷载作用下的拱坝破坏过程仍有待研究。

本文采用混凝土损伤塑性本构模型，考虑横缝的张开和碰撞效应及地基材料的非线性，采用超载地震时域分析方法，全面分析高拱坝在不同强震等级荷载作用下非线性动态响应行为，得到高拱坝地震渐进破坏过程、失效模式和抗震薄弱部位，以期为混凝土高拱坝抗震设计和安全评价提供计算基础。

2 混凝土损伤破坏模型

在强地震荷载作用下，坝体可能出现损伤开裂破坏。由 Lubliner 等[10] 提出并由 Lee 和 Fenves[11] 修正的混凝土损伤塑性模型（Concrete Damage Plasticity，CDP）可有效模拟坝体混凝土在地震循环荷载作用下的动力特性。混凝土未发生损伤时，该模型采用线弹性模型对材料的力学性能进行描述；混凝土发生损伤时，引入损伤因子描述材料的刚度退化，则损伤后混凝土的应力应变关系可表达为

$$E = (1-d)E_0$$

$$1-d = (1-s_t d_c)(1-s_c d_t)$$

$$s_t = 1 - w_t r(\hat{\bar{\sigma}}) \quad 0 \leqslant w_t \leqslant 1 \quad s_c = 1 - w_c r(\hat{\bar{\sigma}}) \quad 0 \leqslant w_c \leqslant 1$$

$$r(\hat{\bar{\sigma}}) \stackrel{def}{=} \frac{\sum_{i=1}^{3} (\hat{\bar{\sigma}})}{\sum_{i=1}^{3} |\hat{\bar{\sigma}}|} \quad 0 \leqslant r(\hat{\bar{\sigma}}) \leqslant 1$$

式中　E_0——初始（无损）弹性模量；

　　　d——刚度退化因子；

　s_t，s_c——与应力反向有关的刚度恢复应力状态的函数；

　w_t，w_c——刚度恢复权重因子；

　$r(\hat{\bar{\sigma}})$——多轴应力权重因子，是主应力的函数。

屈服函数 F 的有效应力形式为

$$F = \frac{1}{1-\alpha}[\bar{q} - 3\alpha \bar{p} + \beta(\tilde{\varepsilon}^{pl})\langle \hat{\bar{\sigma}}_{max} \rangle - \gamma \langle -\hat{\bar{\sigma}} \rangle_{max}] - \bar{\sigma}_c(\tilde{\varepsilon}_c^{pl}) \leqslant 0$$

$$\begin{cases} \alpha = \dfrac{\sigma_{b0}/\sigma_{c0}-1}{2\sigma_{b0}/\sigma_{c0}-1} \quad 0 \leqslant \alpha \leqslant 0.5 \quad \beta = \dfrac{\bar{\sigma}_c(\tilde{\varepsilon}_c^{pl})}{\bar{\sigma}_t(\tilde{\varepsilon}_t^{pl})}(1-\alpha)-(1+\alpha) \\ \gamma = \dfrac{3(1-K_c)}{2K_c-1} \quad \bar{p} = -\dfrac{1}{3}\bar{\sigma} \quad \bar{q} = \sqrt{\dfrac{3}{2}\overline{S}:\overline{S}} \quad \overline{S} = \bar{p}I + \bar{\sigma} \end{cases}$$

式中　α，γ——材料常数；

　　　$\bar{p}$——有效应力静水压力；

　　　$\bar{q}$——Mises 等效有效应力；

　　　$\overline{S}$——有效应力偏量；

　　　σ_{b0}——等轴向初始屈服应力；

　　　σ_{c0}——非等轴向初始屈服压力；

　$\hat{\bar{\sigma}}_{max}$——最大有效主应力。

3 数值模型

选取锦屏一级双曲拱坝为例，坝高 305m，坝顶高程为 1885.00m，顶拱弧长 586.62m，弧高比 1.864，拱冠梁最大厚度为 58m，坝顶厚度 13m，厚高比为 0.19。坝区地震基本烈度按 8 度作为设计烈度，相应基岩水平峰值加速度为 $0.197g$。根据大坝设计剖面及相关地质条件，建立的三维有限元模型，见图 1。坝体设有 26 条横缝，共 27 个坝段，从左岸向右岸依次分别为①～㉗坝段。整个模型共 61493 个单元，50542 个节点。坝基底部施加全约束，基础模型截断面施加法向约束。

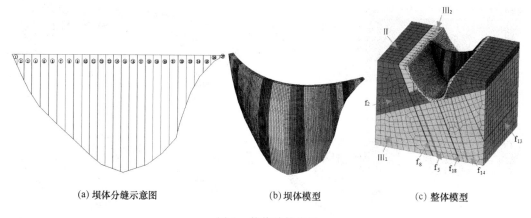

(a) 坝体分缝示意图   (b) 坝体模型   (c) 整体模型

图 1 数值计算模型

表 1   大坝及基岩物理力学参数

材 料	弹性模量 E /GPa	泊松比 μ	密度 ρ / (kg·m^{-3})	C /MPa	f
混凝土	24.0	0.167	2400	2.0	1.4
Ⅱ	26.5	0.23	2800	2.0	1.35
Ⅲ$_1$	12.0	0.25	2800	1.5	1.07
Ⅲ$_2$	8.0	0.28	2800	0.9	1.02
f_2、f_5、f_8、f_{13}、f_{14}、f_{18}	0.45	0.38	2700	0.02	0.30

采用动接触模型[12]模拟坝体横缝之间的缝面接触滑移关系，选取 Drucker-Prager 模型模拟强震作用下坝基材料的非线性响应行为。采用 Koyna 实测地震波进行地震响应分析，地震动采用无质量地基基底输入，同时考虑水平向地震和竖向地震作用，竖向地震峰值加速度为水平峰值加速度的 2/3。采用地震动超载时域分析方法，逐级加大水平加速度峰值，竖向加速度峰值等比放大，研究大坝在不同强震等级作用下的失效模式，考虑的地震动幅值分别为 $0.197g$、$0.39g$、$0.59g$、$0.79g$、$1.0g$，分别约为设计地震动峰值的 1～5 倍。静力荷载包括坝体自重、上游面水压力、泥沙压力；动水压力根据 Wester-gaard 附加质量的方法考虑；Rayleigh 阻尼因数根据线弹性分析得到的前四阶频率计算，Rayleigh 阻尼取值为 0.05。大坝及基岩物理力学参数，见表 1。计算时先进行静力分析，在静力场

的基础上再进行动力时程分析。

4　不同强震等级作用下的大坝强震动态响应行为

混凝土拱坝中的横缝在强震作用下会发生张开、闭合和沿缝界面的相对错动等现象，从而对坝体应力大小和分布都会产生很大的影响，因此考虑横缝影响的拱坝动力响应分析对高拱坝的抗震安全评价具有重要意义。采用动接触模型模拟拱坝横缝，研究得到的不同等级强震作用下考虑横缝张开效应的拱坝破坏模式，见图 2。图中刚度退化因子达到 0.7 及以上时认为出现宏观裂缝。

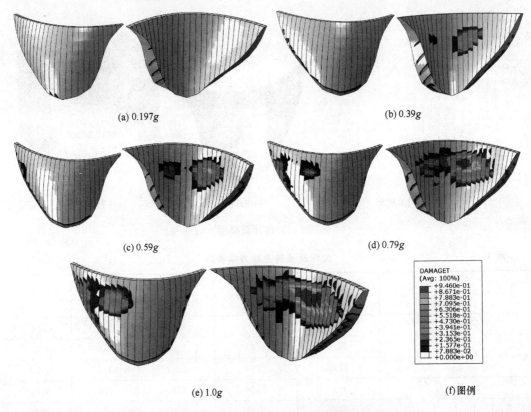

(a) 0.197g

(b) 0.39g

(c) 0.59g

(d) 0.79g

(e) 1.0g

(f) 图例

图 2　不同强震等级作用下的大坝损伤破坏图（有横缝）

由图 2 可知，在设计地震作用下（$PGA=0.197g$），拱冠梁坝踵附近和右岸坝肩坝趾处出现局部损伤，损伤范围较小，大坝整体稳定性能够得到保证。在 2 倍设计地震作用下（$PGA=0.39g$），主要在上游坝踵、左岸坝体与基岩交接处出现表面损伤破坏，沿坝体内部扩展较小；同时在左岸的⑩～⑬坝段下游面中高高程出现损伤破坏，但刚度退化因子较小，基本小于 0.5，为轻微损伤，坝体上游面完好。在 3 倍设计地震作用下（$PGA=0.59g$），损伤破坏在 2 倍设计地震作用下的基础上进一步发展，加深、加大，局部区域刚度退化因子达 0.7 以上，出现严重损伤但范围较小，未贯穿坝上游面。在 4 倍设计地震作用下（$PGA=0.79g$），开裂位置与 3 倍设计地震加速度下类似，损伤破坏区域进一步扩展，在左岸 1/4 拱圈附近坝段中高高程出现贯穿上下游面的裂缝，最大刚度退化因子达

0.93，为严重损伤。随着地震峰值加速度的继续增大，大坝损伤程度逐渐增加。在 5 倍设计地震作用下（$PGA=1.0g$），损伤破坏范围加深、加大，坝体基本出现最终破坏形态，左岸坝体上下游面出现成片损伤区，在⑩～⑬坝段出现贯穿性损伤微裂区，右岸坝体下游面也出现较大范围的损伤破坏。

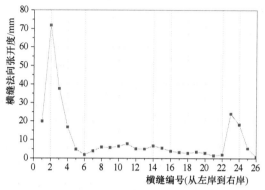

图 3　$PGA=1.0g$ 时各横缝法向张开度

图 4　$PGA=1.0g$ 时不考虑横缝作用下的大坝损伤破坏图

图 3 为 5 倍设计地震荷载作用下（$PGA=1.0g$）坝顶横缝开度峰值包络线。由图 3 可知，由于锦屏一级拱坝设计的不对称性，左岸坝段在强震作用下坝体中上部发生损伤开裂，导致了坝体刚度降低，横缝张开较大，最大张开度达 71.8mm。

为了研究横缝对高拱坝失效模式的影响，图 4 给出了 $PGA=1.0g$ 时大坝整体损伤破坏模式图（不考虑横缝），图例见图 2（f）。由图可知，当大坝作为一个整体考虑时，在地震惯性力作用下，顶拱部分的拱圈不但受到较大的拉应力作用，还受到较强的扭曲作用；同时由于未考虑坝体横缝在强震作用下的张开，坝体整体效应较强，使得大坝两岸坝肩破坏较严重。在强震作用下坝体中上部是高地震区，是相对薄弱的部位，最有可能发生破坏，其次是坝体中上部高程左右两岸 1/4 拱圈处，且坝体的破坏形态与拱坝的低阶模态关系密切。

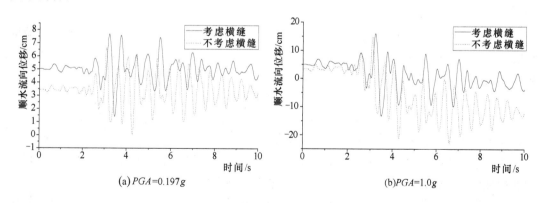

图 5　不同强震等级作用下拱冠梁坝顶位移时程曲线

图 5 给出了拱冠梁坝顶顺水流向位移时程曲线。由图 5 可知，在静力荷载作用下，考

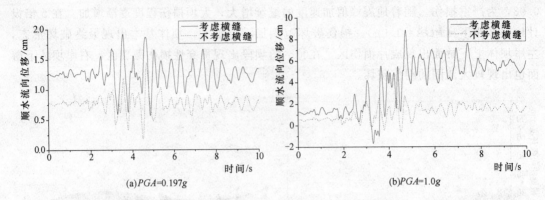

(a)PGA=0.197g (b)PGA=1.0g

图6 不同强震等级作用下③号坝段坝顶位移时程曲线

虑横缝和不考虑横缝作用时拱冠梁坝顶顺水流向位移分别为5.02cm和3.44cm，说明考虑横缝作用后坝体整体刚度降低。在设计地震荷载作用下，考虑横缝和不考虑横缝作用时坝顶最大位移分别为7.69cm和6.64cm，且当地震荷载作用后，大坝位移响应基本维持在静水压力作用时的水平。在5倍于设计地震荷载作用下，考虑横缝和不考虑横缝作用时坝顶最大位移分别为15.99cm和−22.95cm，且由于大坝损伤破坏较严重，出现了较大的残余变形，残余位移分别为9cm和15cm（相对静力位移），说明在强震荷载作用下横缝可以部分释放大坝整体动力响应。

由图3可知，2号横缝张开最大，因此图6给出了③号坝段坝顶顺水流向位移响应。由图可知，在静水压力作用下，考虑横缝和不考虑横缝作用时坝顶顺水流向位移分别为1.26cm和0.78cm，较拱冠梁坝顶位移小。在设计地震荷载作用下，大坝位移响应规律与拱冠梁坝顶相近。而在5倍设计地震荷载作用下，考虑横缝和不考虑横缝作用时残余位移分别为4.71cm和1.01cm（相对静力位移），大坝位移响应与拱冠梁处相差较大。主要由于锦屏一级水电站拱坝设计的不对称性，当不考虑横缝作用效应时，强震作用下坝体拱中部响应较大，而考虑横缝后，拱中较大应力得到释放，在左岸坝段出现较大响应。

5 结语

本文以锦屏一级水电站拱坝为研究对象，通过考虑坝体和坝基材料非线性，采用动接触模型模拟了强震作用下横缝工作性态，对比分析了在无质量地基条件下，横缝非线性对高拱坝强震动态响应和失效模式的影响，得出以下结论：

（1）横缝对高拱坝强震动态响应及其失效模式具有重要影响，考虑横缝作用效应后，坝体整体性下降，刚度降低，常规线弹性计算中在坝体中上部拱冠梁附近出现控制性最大主拉应力的现象不会出现，两岸坝肩应力得到较大的释放。

（2）当不考虑横缝作用效应时，强震作用下，高拱坝坝体中上部是高地震区，是相对薄弱的部位，其次是坝体中上部高程左右两岸1/4拱圈处。

（3）考虑横缝作用，但不考虑止水失效的条件下，锦屏一级水电站拱坝的主要失效模式为：坝体下游面中高高程的损伤破坏贯穿至上游面，且在距左岸1/4拱圈附近的坝段破坏最严重，以及各坝段坝踵处的损伤破坏。

参 考 文 献

［1］ CHOPRA A K, Chakrabarti P. The Koyna earthquake and the damage to Koyna Dam ［J］. Bulletin of the Seismological Society of America, 1973, 63 (2): 381.

［2］ 陈生水, 霍家平, 章为民. "5.12" 汶川地震对紫坪铺混凝土面板坝的影响及原因分析 ［J］. 岩土工程学报, 2008, 30 (06): 795 - 801.

［3］ Alembagheri M, Ghaemian M. Seismic performance evaluation of a jointed arch dam ［J］. Structure and Infrastructure Engineering, 2015: 1 - 19.

［4］ Alembagheri M, Ghaemian M. Damage assessment of a concrete arch dam through nonlinear incremental dynamic analysis ［J］. Soil Dynamics and Earthquake Engineering, 2013, 44: 127 - 137.

［5］ Pan J, Xu Y, Jin F. Seismic performance assessment of arch dams using incremental nonlinear dynamic analysis ［J］. European Journal of Environmental and Civil Engineering, 2015, 19 (3): 305 - 326.

［6］ Hariri-Ardebili M A, Kianoush M R. Integrative seismic safety evaluation of a high concrete arch dam ［J］. Soil Dynamics and Earthquake Engineering, 2014, 67: 85 - 101.

［7］ Wang J, Lv D, Jin F, et al. Earthquake damage analysis of arch dams considering dam-water-foundation interaction ［J］. Soil Dynamics and Earthquake Engineering, 2013, 49: 64 - 74.

［8］ 何建涛, 陈厚群, 马怀发. 拱坝非线性地震反应分析 ［J］. 地震工程与工程振动, 2012, 32 (2): 68 - 73.

［9］ 杜荣强, 林皋, 陈士海, 等. 强地震作用下高拱坝的破坏分析 ［J］. 水利学报, 2010, 41 (5): 567 - 574.

［10］ Lubliner J, Oliver J, Oller S, et al. A plastic-damage model for concrete ［J］. International Journal of solids and structures, 1989, 25 (3): 299 - 326.

［11］ Lee J, Fenves G L. Plastic-Damage Model for Cyclic Loading of Concrete Structures ［J］. Journal of Engineering Mechanics, 1998, 124 (8): 892 - 900.

［12］ 张社荣, 黄虎. 考虑地震行波效应的大型水电站高耸进水塔群响应分析 ［J］. 水利学报, 2009, 40 (9): 1120 - 1126.

基于防渗性能的混凝土坝开裂判据

任青文　顾嘉丰

（河海大学力学与材料学院　江苏南京　210098）

【摘　要】　由于多种复杂的原因，高混凝土坝坝体或多或少存在着裂缝，然而大部分开裂的混凝土坝仍然能够安全运行，从而引申出是否可以允许混凝土结构出现裂缝，这样的裂缝不会明显地影响大坝的工作性态和安全性，实际上，这是一个基于性能设计理念的混凝土坝开裂判据问题。考虑到大坝的主要功能是挡水防渗，尤其是高压水通过坝体裂隙产生水力劈裂对高坝的危害性，本文基于大坝的防渗性能，提出确定开裂判据的方法：首先利用试验数据，建立了坝体主拉应变、裂缝宽度和渗透系数之间的关系，进一步通过混凝土单轴拉伸数值模拟，建立等效塑性应变与主拉应变、裂缝宽度之间的关系，根据高坝混凝土坝的防渗要求，确定容许的裂缝宽度和容许的等效塑性应变数值。该值可以作为开裂判据，应用于混凝土坝弥散型裂缝模型的开裂数值模拟中。以重力坝为例说明了该方法的应用。

【关键词】　混凝土开裂　数值模拟　等效塑性应变　弥散型裂缝模型　裂缝宽度

受拉开裂是混凝土破坏的一种主要形式。单轴应力状态下，混凝土破坏的形式是拉裂和压碎；双轴应力状态下，混凝土的破坏形式是沿最大主应变方向断裂[1]；三轴应力状态下，拉裂亦是混凝土破坏的重要形式[2]。相关文献[3-6]试验资料表明，微观层次上混凝土不同破坏形式在裂尖处的破坏可以归结为Ⅰ型开裂。因此，开裂判据是混凝土破坏分析的重要内容。以往，多以拉应力建立混凝土的开裂判据[7]，由于在位移有限元数值模拟中，位移和应变的精度高，且容易测得，因此文献[8]建议以拉应变表示开裂判据。

等效塑性应变作为材料屈服破坏的一种表征，在弥散型裂缝模型的数值模拟中常用来反映混凝土的开裂。现有的分析一般以等效塑性应变大于零作为微裂缝出现的表征。而在试验中，以拉应变的量测值研究混凝土的开裂。

裂缝对混凝土坝工作性态和安全性的影响与裂缝的位置和规模有关。对于水工混凝土，特别是高混凝土坝，当裂缝扩展到一定程度，不仅高压水的"水力劈裂"作用导致裂缝的进一步扩展，恶化应力状态；而且连通的裂隙削弱了坝体的完整性并产生渗流，降低了水工混凝土的抗渗性，成为"有害裂缝"。从而使混凝土坝的承载能力下降，影响大坝的安全性。但是，如果裂缝宽度很小，难以形成"渗流"，则裂缝可能是安全和容许的。因此，基于性能设计的理念，从保证防渗性能的角度，可以建立相应的开裂判据。

本文提出一种基于防渗性能确定混凝土开裂判据的方法：利用混凝土的拉伸试验资料建立混凝土试件拉应变、渗透系数和裂缝宽度之间的关系，根据混凝土坝的防渗要求确定"容许"的拉应变和裂缝宽度；然后通过数值模拟建立拉应变与等效塑性应变的联系，从而得到以"容许"等效塑性应变表征的开裂判据，可应用于弥散型裂缝模型的混凝土开裂数值模拟。

1 基于防渗要求的混凝土开裂拉应变判据

随着作用荷载的增大，裂缝在混凝土结构中将经历微裂纹萌生、扩展、汇集贯通而形成宏观裂缝，再经宏观裂缝的稳定扩展、失稳扩展，最终导致混凝土结构发生断裂破坏的过程。混凝土坝体作为挡水结构，首先要有挡水防渗的功能，因此，只要坝体裂缝限制在一定宽度内，不会形成渗流通道，保证坝体正常的防渗功能，那么，这样的裂缝可以认为是"容许"的。

影响混凝土渗透系数的因素较多，包括骨料含量和级配、水灰比、养护条件、矿物掺和料等，但对于相同标号的混凝土，在材料自身条件相近的情况下，其渗透系数一般与外荷载作用产生的微裂纹有关。Gerard B.[9]进行了大量的混凝土单轴拉伸试验，测定了不同等级混凝土渗透系数与拉伸应变之间的关系。图1给出了试验结果渗透系数与拉伸应变的散点图。可以看出，随着拉应变的增大，渗透系数增加的速率由大变小，最后逐渐趋于稳定。

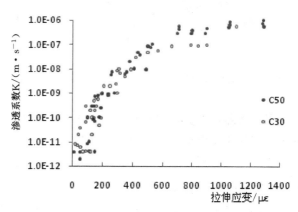

图1 混凝土渗透系数—拉伸应变散点图

相关文献资料显示，混凝土坝防渗帷幕的透水率一般小于 $1Lu$[10]，若取透水率为 $0.1Lu$，换算为渗透系数约为 $1\times10^{-8}m/s$；土石坝心墙的渗透系数多在 $1\times10^{-9}m/s$ 左右，如合溪水库坝心墙渗透系数约为 $3.51\times10^{-9}\sim7.26\times10^{-8}m/s$[11]，黄河小浪底坝心墙渗透系数约为 $1.0\times10^{-9}m/s$[12]，两河口坝心墙渗透系数约为 $1.5\times10^{-9}m/s$[13]，冶勒水电站沥青混凝土坝心墙渗透系数约为 $1.0\times10^{-9}m/s$[14]。因此可以认为，渗透系数达到 $10^{-9}m/s$ 量级，结构的防渗功能可以得到保证。由图1可知，与渗透系数 $1\times10^{-9}m/s$ 量级对应的拉伸应变约为 $200\sim300\mu\varepsilon$，因此，基于大坝防渗性能，可取平均值 $250\mu\varepsilon$ 作为水工混凝土开裂破坏的拉应变判据，即当拉伸应变小于此值时，不会形成比较明显的渗流通道，不会对大坝工作性态产生明显的影响。

2 混凝土开裂的等效塑性应变判据和"容许裂缝"宽度

国内外许多研究者通过试验测得的拉伸应力—应变全曲线[15,16]表明，当试验方案合理且试验机具有足够刚度时，混凝土的拉伸应变可以达到 $800\sim900\mu\varepsilon$，见图2和图3。节1的混凝土开裂拉应变判据也是通过混凝土的单轴拉伸试验得到的。因此，在弥散型裂缝模型的开裂数值模拟中，开裂判据以拉应变表征是可行的。然而，由于实际工程结构、荷载与边界条件的复杂性，结构一般处于复杂应力状态，此时，数值模拟中用来反映混凝土破坏的表征量通常是等效塑性应变。这就需要建立单轴拉应变与等效塑性应变之间的关系。显然，因混凝土的开裂破坏，主要发生在应力—应变曲线的下降段，峰值点之前的上升段可假定为弹性应变，不产生塑性应变。

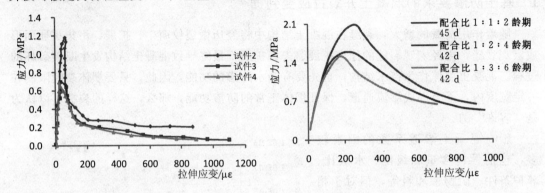

图 2　不同试件混凝土拉伸应力—应变试验　　　图 3　不同配合比混凝土拉伸应力—应变试验
　　　　曲线[15]　　　　　　　　　　　　　　　　　　曲线[16]

以下将通过数值模拟的方法，建立等效塑性应变与主拉应变之间的关系，以获得开裂的等效塑性应变判据；建立裂缝宽度与主拉应变、等效塑性应变之间的关系，得到以裂缝宽度表示的开裂判据。

2.1　混凝土损伤塑性模型

采用 Lubliner[17]，Lee 和 Fenves[18] 提出的 CDP 混凝土损伤塑性模型（Concrete Damaged Plastic Model）来定义混凝土的非线性行为。该模型可用于单向加载、循环加载及动态加载等情况，具有较好的收敛性。CDP 模型假定混凝土材料主要因拉伸开裂和压缩破碎而破坏，受拉和受压的本构关系可分别表示为

$$\sigma_t = (1 - d_t) E_0 (\varepsilon - \tilde{\varepsilon}_t^{pl}) \tag{1}$$

$$\sigma_c = (1 - d_c) E_0 (\varepsilon - \tilde{\varepsilon}_c^{pl}) \tag{2}$$

式中　E_0——初始弹模；

d_t、d_c——拉伸损伤因子和压缩损伤因子；

$\tilde{\varepsilon}_t^{pl}$、$\tilde{\varepsilon}_c^{pl}$——拉伸等效塑性应变和压缩等效塑性应变。

2.2　模型参数确定

CDP 模型的塑性参数，参见文献[19]取法，见表 1。

表 1　　　　　　　　　　　　　　　　**CDP 模型塑性参数**

ψ	$\in$	σ_{b0}/σ_{c0}	K_c	μ
30°	0.1	1.16	0.667	0.0005

注　ψ 为膨胀角；$\in$ 为流动势偏移值；σ_{b0}/σ_{c0} 为双轴极限抗压强度与单轴极限抗压强度比；K_c 为拉伸子午面上和压缩子午面上的第二应力不变量之比；μ 为黏性系数。

在使用 CDP 模型时还需要输入多个模型参数，包括屈服应力、开裂应变及损伤因子值等，但关于参数的具体取法可供参考的资料不多。为此，结合 GB 50010—2010《混凝土结构设计规范》[20]，并根据能量等效原理确定所需参数。

依据规范[20]附录 C，混凝土单轴受拉的应力-应变曲线方程可按下述方法确定。

令 $x = \varepsilon/\varepsilon_t$，$y = \sigma/f_t$，则

当 $x \geqslant 1$ 时
$$y = \frac{x}{\alpha_t(x-1)^{1.7} + x} \tag{3}$$

当 $x < 1$ 时
$$y = 1.2x - 0.2x^6 \tag{4}$$

式中　f_t——混凝土单轴抗拉强度；

　　　ε_t——与 f_t 对应的混凝土峰值拉应变，下降段参数 $\alpha_t = 0.312f_t^2$。

根据 Sidiroff 的能量等价原理[21]，应力作用在受损材料产生的弹性余能与作用在无损材料产生的弹性余能在形式上相同，只要将应力改为等效应力，并且将弹性模量改为损伤时的等效弹模即可。

无损伤材料弹性余能为
$$W_0^e = \frac{\sigma^2}{2E_0} \tag{5}$$

等效有损伤材料弹性余能为
$$W_d^e = \frac{\bar{\sigma}^2}{2E_d} \tag{6}$$

有效应力为
$$\bar{\sigma} = (1 - d_t)\sigma \tag{7}$$

式中　E_d——损伤时的等效弹模；

　　　$\bar{\sigma}$——材料受损时有效应力；

　　　σ——无损时应力；

　　　d_t——拉伸损伤因子。

由 $W_0^e = W_d^e$ 及式（5）~式（7），可得
$$E_d = E_0(1 - d_t)^2 \tag{8}$$

由 $\sigma = E_d\varepsilon$ 及式（8）进一步可得到
$$\sigma = E_0(1 - d_t)^2\varepsilon \tag{9}$$

将式（9）代入式（3），可得 $x \geqslant 1$ 时，拉伸损伤因子 d_t 为
$$d_t = 1 - \sqrt{\frac{f_t/(E_0\varepsilon_t)}{\alpha_t(x-1)^{1.7} + x}} \tag{10}$$

定义拉伸开裂应变为
$$\varepsilon_t^{ck} = \varepsilon - \frac{f_t}{E_0} \tag{11}$$

以下以 C30 混凝土为例，确定 CDP 模型的输入参数。取 $f_t = 2.01\text{MPa}$，$E_0 = 30\text{GPa}$，泊松比 $\nu = 0.167$。得到混凝土拉伸行为参数见表 2，混凝土拉伸损伤参数见表 3。

表 2　　　　　　　　　　　混凝土拉伸行为参数

屈服应力/MPa	2.01	0.474	0.298	0.227	0.187	0.160	0.142	0.128	0.116	0.107
开裂应变/10^{-3}	0	0.546	1.028	1.506	1.981	2.456	2.931	3.405	3.880	4.354

表 3

损伤因子	0	0.684	0.803	0.855	0.884	0.902	0.916	0.925	0.933	0.939
开裂应变/10^{-3}	0	0.190	0.379	0.569	0.785	0.948	1.137	1.327	1.516	1.706

表 3　混凝土拉伸损伤参数

注　混凝土受压行为及受压损伤参数值的计算方法同上述拉伸情况方法，在此不再赘述。

2.3　基于防渗要求的混凝土开裂等效塑性应变判据

图 4　混凝土拉伸试件模型

在建立等效塑性应变与主拉应变关系的数值模拟中，有限元模型采用 200mm×200mm×1000mm 的 C30 混凝土拉伸试件（图 4）。单元类型为 8 结点线性六面体单元，单元总数为 625 个。边界条件：一端轴向位移约束，另一端轴向拉伸，位移量为 1mm。考虑到进入下降段后，混凝土开裂，应变能突然释放会使得计算不稳定导致收敛困难，为此采用 Riks 弧长法来处理这种不稳定的非线性问题，以增强计算收敛性。

选取拉伸端部附近不同的 3 个单元，根据计算结果绘制应力—应变曲线，并与规范[20]附录 C 中的应力—应变曲线比较，见图 5。由图可见，在上升段，不同单元的应力—应变曲线有较好的一致性，在下降段，曲线有一定的差异，但趋势相同。

混凝土的开裂破坏实质上是微裂缝的形成和发展的结果。数值模拟得到的应力—应变全曲线上的一些特征点，分别表示了混凝土受拉过程的不同阶段。图 6 为单元 3 的应力—应变全曲线，对特征点进行说明。

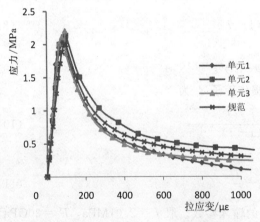

图 5　应力—应变全曲线（四曲线比较图）

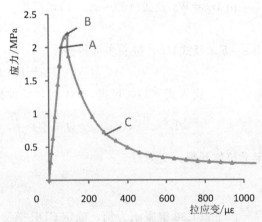

图 6　单元 3 的应力—应变全曲线

A 点为弹性极限点。在 A 点之前，应力—应变按线性比例增加，应力—应变曲线呈直线，斜率为混凝土初始弹模。A 点之后，应变增长逐渐加快，混凝土的切线模量逐渐减小，A 点对应的强度为弹性极限强度。A 点的应变约为 $65\mu\varepsilon$，弹性极限强度为 2.0MPa。A 点之后，混凝土开始出现微裂纹。

B点为抗拉极限强度点。曲线到达B点时，混凝土达到极限抗拉强度。B点之后，应力值迅速下降（表现为试件的承载能力迅速下降）。B点应变在95με左右，极限拉应力为2.2MPa。在A、B之间，随着荷载的增加，微裂纹扩展，并交叉集结成新的裂纹。

C点为反弯点。B、C点之间，曲线呈现反弯趋势，应力下降迅速，而应变增长缓慢。一般来说，试验的应力—应变全曲线到达C点时，用放大镜就可以观测到细微的表面裂纹。C点之后，裂缝扩展较快，混凝土开始出现宏观裂缝。此时，裂缝处于不稳定状态，应变增长加快，但应力下降缓慢，曲线趋向平缓。图6中C点应变约为250με，与节1根据试验建议的水工混凝土开裂的拉应变判据250με相同。

表征材料破坏的等效塑性应变为

$$\bar{\varepsilon}_p = \sum \Delta \bar{\varepsilon}_p \tag{12}$$

$$\Delta \bar{\varepsilon}_p = \sqrt{(\Delta \varepsilon_p)^{\mathrm{T}}(\Delta \varepsilon_p)} \tag{13}$$

其中　$\bar{\varepsilon}_p$——等效塑性应变；

　　$\Delta \varepsilon_p$——变形过程中塑性应变的增量。

根据单元积分点的计算结果，导出每一增量步的主拉应变和等效塑性应变数值，绘制成图7所示的拉应变与等效塑性应变之间的关系曲线。为进行比较，图7在给出单轴拉伸1mm的结果外，还同时给出拉伸0.1mm和0.5mm时同一单元的拉应变—等效塑性应变关系曲线。

图7的三条曲线极为吻合，可见，对于有限元方法来说，应变值的计算结果具有较好的稳定性。还可以看出，当拉应变小于95με（相应于应力—应变曲线峰值点的应变）时，等效塑性应变为零。

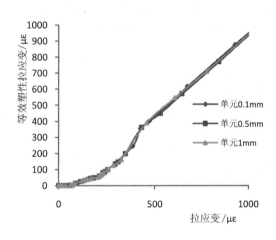

图7　拉应变—等效塑性应变曲线

前文已经指出，与渗透系数1×10^{-9}m/s量级对应的拉伸应变为200～300με，图7显示与此对应的等效塑性应变约为50～150με。为减小误差，共选取了10组位于试件不同区域单元积分点的拉应变和等效塑性应变数值，取拉应变为200～300με对应的等效塑性应变值进行平均，得到相应的等效塑性应变为53～144με，与建议的拉应变开裂判据250με对应的等效塑性应变为97με，可取该值为采用弥散型裂缝模型进行混凝土坝开裂分析的等效塑性应变判据。

2.4　"容许裂缝"宽度分析

目前的弥散型裂缝模型的开裂分析中，认为裂缝发生在拉伸等效塑性应变大于0的单元积分点上，且最大主塑性应变为正值，方向与开裂面垂直。但裂缝宽度、长度、条数等确切信息难以获得，这是由于弥散型裂缝模型只是通过改变混凝土本构模型来模拟裂缝的产生，并没有真实模拟裂缝的缝面。不过，在有限元模拟过程中，仍然可以根据每个荷载增量步的计算结果，观测裂缝的发展方向以及发展到结构的什么区域。基于裂缝带模型的思想[22]，通过裂缝法向应变近似地得到裂缝宽度 w 为

$$w = \varepsilon_{\sigma} L_{\sigma} \tag{14}$$

式中　　ε_{σ}——开裂应变，可取最大主塑性应变；

L_{σ}——裂缝带宽，对于二维单元，L_{σ} 可取为 $\sqrt{A}$，A 为单元积分点控制的面积；对于三维单元，L_{σ} 可取为 $\sqrt[3]{A}$，A 为单元积分点控制的体积。

对于图 4 所示的混凝土单轴拉伸试件，每个单元的体积为 $64 \mathrm{cm^3}$，单元有 8 个积分点，平均每个积分点控制的体积为 $8 \mathrm{cm^3}$，裂缝宽度计算中 L_{σ} 可取值为 2cm，模拟结果见图 8 中的数值模拟曲线。为验证上述裂缝宽度计算方法的可靠性，利用文献 [16] 的试验结果，进行比较分析。文献 [16] 中，Evans 等人采用改良的试验机进行了不同强度混凝土单轴拉伸试验，混凝土龄期约为 45 天，试验得到了应力—应变曲线的下降段，并采用高倍显微镜量测了随着应变增加而不断变化的微裂纹宽度。将不同荷载下的裂缝宽度和应变进行统计，结果见表 4 和图 8。由图可知，数值模拟结果与文献 [16] 试验结果比较一致，可见根据本文方法计算的裂缝宽度具有一定的可靠性。

表 4　　　　　　　　　　混凝土单轴拉伸应变与裂缝宽度

总拉应变/$\mu\varepsilon$	250	435	650	820	1050	1200
裂缝宽度/$\mu\mathrm{m}$	3.38	5.35	8.14	14.50	20.01	28.22

根据图 7 和图 8，可以建立等效塑性应变与裂缝宽度之间的关系（图 9），等效塑性应变为 $53 \sim 144 \mu\varepsilon$，对应的裂缝宽度值约为 $1.02 \sim 2.01 \mu\mathrm{m}$，等效塑性应变为 $97\mu\varepsilon$ 对应的裂缝宽度值约为 $1.53\mu\mathrm{m}$。可认为这是"容许裂缝"的宽度，当裂缝宽度超过此值时，混凝土内将形成"渗流通道"。

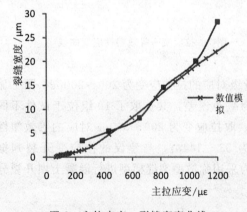

图 8　主拉应变—裂缝宽度曲线

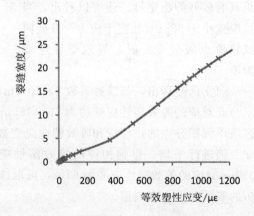

图 9　等效塑性应变—裂缝宽度曲线

以上数值模拟采用的是 C30 混凝土相关参数，对于高混凝土坝通常采用 C30～C40 混凝土，故按照上述方法，又计算了 C35、C40 混凝土的等效塑性应变开裂判据和"容许裂缝"宽度，见表 5。可以看出，随着混凝土强度的增大，开裂的等效塑性应变判据阈值和

容许裂缝宽度都有所减小，但变化不大。为可靠起见，采用弥散型裂缝模型进行水工混凝土开裂分析时，等效塑性应变判据阈值可取 $90\mu\varepsilon$，"容许裂缝"宽度可取 $1.45\mu m$。

表5　　　　　　　　　　　　　　不同类别混凝土计算结果

混凝土类别	开裂破坏等效塑性应变判据阈值/$\mu\varepsilon$	容许裂缝宽度值/μm
C30	97	1.53
C35	95	1.50
C40	91	1.45

3　开裂判据在重力坝破坏分析中的应用

某混凝土重力坝坝高150m，坝底宽100m，运行期上游水位深为135.0m，下游水深0.0m。取地基宽为400m，深200m，见图10。

为比较分析，混凝土重力坝坝体混凝土为C30，其材料参数与节2单轴拉伸混凝土试件相同，坝体混凝土容重 $24.0kN/m^3$。地基岩体假定为线弹性材料，弹性模量65GPa，泊松比0.25，容重 $27.0kN/m^3$。荷载仅考虑坝体自重和水压力。

图11（a）、（b）、（c）分别显示等效塑性应变大于0、$17\mu\varepsilon$、$97\mu\varepsilon$（节2建议的C30混凝土开裂等效塑性应变判据阈值）的坝体混凝土塑性破坏区，这些等效塑性应变值相应于图6应力—应变全曲线中的A、B、C点。可见，破坏区域逐渐减小。

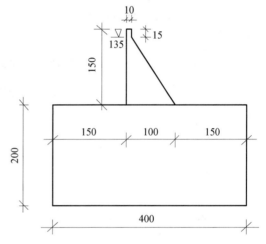

图10　重力坝简化模型（单位：m）

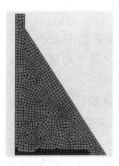 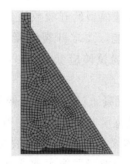 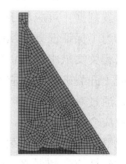

(a) 等效塑性应变>0d　　　(b) 等效塑性应变>$17\mu\varepsilon$塑性破坏区　　　(c) 等效塑性应变>$97\mu\varepsilon$塑性破坏区

图11　坝体各不同塑性破坏区

从重力坝破坏区中选取任一单元，绘制主拉应变与等效塑性应变的关系曲线，见图12。图中同时给出图7混凝土单轴拉伸数值模拟的主拉应变与等效塑性应变的关系曲线。

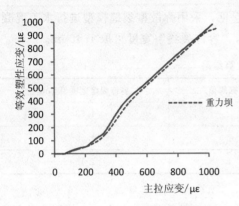

图 12　主拉应变—等效塑性应变曲线

可见两曲线吻合较好，说明节 2 通过混凝土单轴拉伸数值模拟得到的相关结论可以应用于混凝土坝复杂应力状态，实现了混凝土单轴应力向多轴应力较好的转变。

为了进一步研究网格尺寸对计算结果的影响，进行了 4 组不同单元尺寸大小的模型计算。结果表明，对于不同单元尺寸，出现的塑性破坏区位置和大小基本相同，比较结果见表 6。

由于对实际混凝土坝进行数值模拟时，随着单元网格的变小，计算耗时呈指数型增长，且对计算结果的收敛性具有挑战性。表 6 的计算结果显示，随着单元尺寸的变化，具有相同等效塑性应变的破坏区范围变化很小（不超过 1％）。因此，仅从破坏区的范围来说，单元尺寸为米级时计算结果的精度已经足够。

表 6　　　　　　　　　　　　不同单元尺寸模型计算结果

单元尺寸/m	开裂破坏区占坝体面积百分比/％	
	等效塑性应变＞0	等效塑性应变＞97με
4.74	7.16	4.08
3.87	6.73	3.97
3.01	6.70	3.73
2.01	6.25	3.69

4　结语

（1）本文基于结构性能设计的先进理念，从满足混凝土坝挡水防渗要求出发，提出一种新的开裂判据，可应用于弥散型裂缝模型的开裂数值分析。

（2）为了保证混凝土坝的防渗功能，要求开裂混凝土的渗透系数不大于 10^{-9} m/s 量级，根据相关文献中试验资料，相应的拉伸应变为 $200\sim300με$，其平均值 $250με$ 可作为水工混凝土开裂破坏的拉应变判据。

（3）通过对 C30～C40 不同标号混凝土试件单轴拉伸的数值模拟，建立了等效塑性应变与主拉应变之间的关系，以及裂缝宽度与主拉应变、等效塑性应变之间的关系。据此，得到以裂缝宽度表示的开裂判据。建议在采用弥散型裂缝模型进行水工混凝土开裂分析时，等效塑性应变判据取 $90με$，"容许裂缝"宽度取 $1.45μm$。满足这一阈值要求时，裂缝不会形成比较明显的渗流通道，不会对大坝工作性态产生明显的影响。

（4）采用 CDP 混凝土损伤塑性模型对混凝土进行破坏模拟时，相关的模型参数在缺少实验数据情况下依据规范推算得到，具有较好的可操作性，可为今后研究不同强度等级混凝土的相关性能提供参考。

（5）将研究成果运用到混凝土重力坝的开裂分析中，发现主拉应变与等效塑性应变的关系与单轴拉伸数值模拟结果相当吻合，表明本文通过混凝土单轴拉伸数值模拟得到的相关结论可以应用于混凝土坝等复杂应力状态。

（6）以上提出的基于防渗性能的开裂判据确定方法中，图1所示的拉伸应变与渗透系数之间的关系来源于国外试验资料，从而得到大坝混凝土开裂的拉应变阈值为 $250\mu\varepsilon$。今后应根据我国实际的水工混凝土试验修正这一阈值。

参 考 文 献

[1] 李建林. 双轴应力作用下混凝土的破坏准则 [J]. 葛洲坝水电工程学院学报，1986 (1)：1-8.

[2] 过镇海，王传志. 多轴应力下混凝土的强度和破坏准则研究 [J]. 土木工程学报，1991，24 (3)：1-14.

[3] 俞茂宏. 混凝土强度理论及其应用 [M]. 北京：高等教育出版社，2002：10-24.

[4] Bazant ZP, Prat PC, Mazen Tabbara R. Antiplane Shear Fracture Tests (Mode III) [J]. ACI Materials Journal, 1990, 87 (1): 12-19.

[5] Nicholas J C, Floyd O S. Limiting Tensile Strain Criterion for Failure of Concrete [J]. Journal of the American Concrete Institute, 1976, 73 (3): 160-165.

[6] Li Z J, Shah S P. Localization of Microcracking in Concrete Under Uniaxial Tension [J]. ACI Materials Journal, 1994, 91 (4): 372-381.

[7] 周维垣，杨若琼，剡公瑞. 高拱坝的有限元分析方法和设计判据研究 [J]. 水利学报，1997 (8)：1-6.

[8] Jiang Y Z, Ren Q W, Xu W, Liu S. Definition of the general initial water penetration fracture criterion for concrete and its engineering application [J]. Sci China Tech Sci, 2011, 54 (6): 1575-1580.

[9] Gerard B, Breysse D, Ammouche A. Cracking and permeability of concrete under tension [J]. Materials and Structures, 1996, 29: 141-151.

[10] SL 319—2005 混凝土重力坝设计规范 [S]. 北京：中国水利水电出版社，2005.

[11] 朗小燕. 合溪水库工程黏土心墙反滤层设计 [J]. 浙江水利水电专科学校学报，2007，19 (3)：20-22.

[12] 陈立宏，陈祖煜，张进平，等. 小浪底大坝心墙中高孔隙水压力的研究 [J]. 水利学报，2005，36 (2)：219-224.

[13] 陈五一，赵颜辉. 土石坝心墙水力劈裂计算方法研究 [J]. 岩石力学与工程学报，2008，27 (7)：1380-1386.

[14] 屈漫利，王为标，蔡新合. 冶勒水电站沥青混凝土心墙防渗性能的试验研究 [J]. 水力发电学报，2004，23 (6)：80-82.

[15] 陈玉泉，杜成斌，周围，等. 全级配混凝土轴向拉伸应力—变形全曲线试验研究 [J]. 水力发电学报，2010，29 (5)：76-81.

[16] Evans RH, Marathe MS. Microcracking and stress-strain curves for concrete intension [J]. Materials and Structures, 1968 (1): 61-64.

[17] Lubliner J, Oliver J, Oller S, et al. A plastic-damage model for concrete [J]. International Journal of Solids and Structures, 1989, 25, 299-329.

[18] Lee J, Fenves G L. Plastic-damage model for cyclic loading of concrete structures [J]. Journal of Engineering Mechanics, 1998, 124 (8): 892-900.

[19] 雷拓，钱江，刘成清．混凝土损伤塑性模型应用研究 [J]．结构工程师，2008，24（2）：22 - 27.

[20] GB 50010—2010 混凝土结构设计规范 [S]．北京：中国建筑工业出版社，2010.

[21] 李兆霞．损伤力学及其应用 [M]．北京：科学出版社，2002：11 - 22.

[22] 康清梁．钢筋混凝土有限元分析 [M]．北京：中国水利水电出版社，1996：130 - 146.

高拱坝库盘变形及对大坝工作
性态影响初步研究

王民浩[1]　党林才[2]　杜小凯[2]　李　瓒[3]　顾冲时[4]

（1　中国电力建设集团有限公司　北京　100048；2　水电水利规划设计总院
北京　100120；3　中国水电顾问集团西北勘测设计研究院有限公司　陕西
西安　710065；4　河海大学　江苏南京　210098）

【摘　要】　通过对高拱坝库盘实测变形进行分析，库盘整体呈坝前下沉、坝后相对基准点略有抬升的翘曲变形。研究了库盘变形的影响因素，结合小湾工程，建立包括库区、坝基和大坝的大范围数值模型，开展高拱坝库盘变形对大坝工作性态影响的初步研究工作。研究成果揭示了库盘变形的一般性规律，并提出了评价大坝工作性态时应考虑库盘变形影响的建议。

【关键词】　高拱坝　库盘变形　变形监测　模量反演

1　引言

在我国水能资源富集的西部地区，正在修建或拟建一系列高坝大库水电工程，其中混凝土拱坝占有一定比例，如小湾拱坝坝高 294.5m、总库容 150 亿 m^3，锦屏一级拱坝坝高 305m、总库容 77.65 亿 m^3，白鹤滩拱坝坝高 289m、总库容 206.2 亿 m^3 等。这些工程地形地质条件复杂[1,2]，工程技术难度大，如何确保工程安全和科学设计，对工程师提出了更高的要求。工程经验表明，拱坝坝身最大径向位移常是衡量拱坝工作性态和安全性的重要指标，但常规的高拱坝工作性态分析研究中，忽略了库盘变形的影响。早在 20 世纪 80 年代，已有工程师注意到高拱坝库盘变形的问题，并开展了探索性的研究工作[3,4]。随着水电工程设计和科学技术水平的发展，对高坝大库的库盘变形问题认识不断深入，有必要对高拱坝库盘变形研究中需要注意和解决的关键科学技术问题进行系统深入研究。

2　问题的提出

工程师在实际工作中往往发现拱坝坝体变形的数值计算成果与监测数据差异很大，也有一些工程在蓄水阶段的监测资料表明：在库水位、温度和库盘变形以及坝体特定结构作用下，坝体有向上游倾倒的变形现象。以龙羊峡和小湾水电站工程为例，见图 1 和图 2。

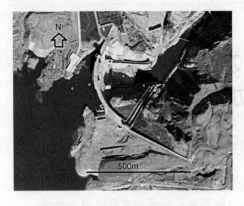

图 1　龙羊峡水电站大坝俯视图

图 2　小湾拱坝近坝区

2.1　工程实例 1：龙羊峡水电站

龙羊峡水电站建设于 20 世纪 80 年代。拱坝坝高 178m，坝顶高程 2610.00m。它可将黄河上游 13 万 km² 的年流量全部拦住，总库容为 247 亿 m³。工程蓄水期间，拱冠梁数值计算结果大于监测值。大坝拱冠梁坝段高程 2600.00m 处，当蓄水位至 2575.00m 时大坝锤线实测值为 16.28mm。在考虑库盘作用计入库盘变形分量后，总计算值与实测值拟合较好。其中，径向变位的计算值由 3 部分组成：水位分量为 22.99mm，温度分量为 2.97mm，库盘变形分量为－10.00mm，总计算值为 15.97mm，实测值与总计算值的比值为 1.02。

2.2　工程实例 2：小湾水电站

小湾拱坝坝高 294.50m，为澜沧江梯级电站的龙头水库，水库正常蓄水位 1240.00m，总库容约 150 亿 m³。工程蓄水期间，拱坝径向变形的数值计算结果与监测成果却有较大的差别，见图 3。

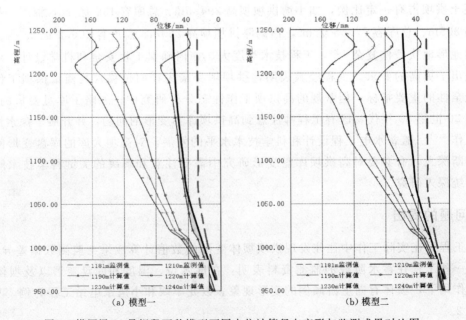

图 3　拱冠梁 22 号坝段两种模型不同水位计算径向变形与监测成果对比图

由图 3 可见，监测所得的位移量值小于计算值。监测成果和计算值的起算点不同是有差别的原因之一，但应不是全部原因（蓄水位 1210.00m 监测值可和 1190.00m 计算值对比）。根据龙羊峡水电站库盘研究的经验，在高坝大库条件下，水库库盘的变形对坝体的变形应有一定影响。

3 高拱坝库盘变形分析的影响因素

高拱坝库盘变形的影响因素有水体大小、地质条件、库盘型式及影响范围等，因地质条件等因素极其复杂，本研究初步对库盘型式、库盘模拟范围、库水压力等进行分析。

（1）库盘型式。分析不同的地形条件，如坝前直线型河道、坝前分岔型河道、坝前突扩型的河道等地形条件或不同库盘型式对库盘变形的影响，见图 4。

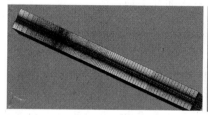 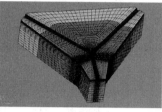 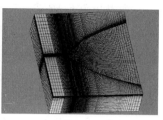

(a) 直线型河道　　　　　　　　(b) 坝前分岔型河道　　　　　　　　(c) 坝前突扩型河道

图 4　高坝大库的水库型式

（2）库盘模拟范围。重点研究库盘的宽度、深度及长度对库盘变形的影响，同时考虑库盘往下游延伸不同长度情况对库盘变形的影响。

（3）库水压力。分析不同库水位下，确定的地形条件即库盘型式、地质条件以及库盘范围情况下，水库水压对库盘变形的影响。

图 5 为上述三类水库的库盘沉降计算结果，水库上游河道中部沉降量最大，向两岸及沿纵剖面往基岩深部的沉降量逐渐减小，下游沉降较小，库盘变形整体倾向上游；直线型河道库盘最大沉降发生在纵向河道中部，分岔型河道最大沉降发生在分岔处，突扩型河道最大沉降发生在突扩后的河道水体重心部位。随着库盘上游范围的增加（5～30km），上游垂直河道纵剖面的变形分布渐趋于收敛；随着库盘基岩深度增加（3～10km），库盘变形逐渐收敛；不同的库盘下游范围（5～10km）对库盘变形影响较小。随着坝前水位增加，库盘沉降逐渐增大。

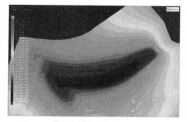 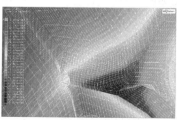 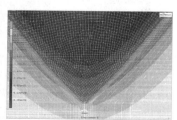

(a) 直线型河道　　　　　　　　(b) 坝前分岔型河道　　　　　　　　(c) 坝前突扩型河道

图 5　三类水库的库盘沉降计算结果

针对库盘型式、基岩深度、上游延伸长度、下游延伸长度和不同水位等影响因素，采用改进熵值法建立赋权模型，得到上述因素的权重分别为0.37、0.17、0.11、0.05、0.30，可以看出：在库盘水体自重作用下，突扩型河道由于库盘水体自重最大，对高拱坝变形影响最为显著；河道宽度一定的情况下，水库水位越高，高拱坝倾向上游的变形和沉降越大；地基深度对模型计算结果也有一定影响，深度取到距坝基一定距离后，影响渐趋于收敛；上游长度和下游长度的权重较小。

在此基础上，下面结合小湾工程实测资料建立小湾库盘模型，研究小湾高拱坝库盘变形及对大坝工作性态的影响。

4 小湾库盘变形及对大坝工作性态影响分析

小湾电站坝高294.5m、总库容150亿m³，位于云南省西部大理白族自治州南涧县与临沧市凤庆县交界的澜沧江中游河段，库区形态为分叉型（澜沧江、黑惠江相交）。

4.1 小湾库盘变形实测变化规律

小湾高拱坝库盘变形监测水准网平面布置见图6，监测范围从坝址上游1km至坝址下游4km，观测线路总长33km。整个库盘变形监测网的水准点总数是33个，上游水库区内布置15个水准点，下游布置18个水准点。根据库盘水准实测成果，小湾库盘变形规律为坝上游下沉、下游略有抬升的翘曲变形，测值 $c-1.6\sim35$mm，沉降最大值位于坝上游侧1km处，最小值位于坝下游4km处，坝址区库盘向上游有微量旋转，见图7。

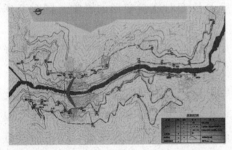

图6 小湾库盘变形监测水准网

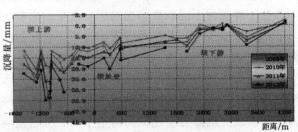

图7 小湾库盘变形沉降量分布

图8 小湾库盘数值分析模型

4.2 小湾库盘数值分析模型及变形模量反演

小湾库盘数值分析模型见图8，结合分叉型河道模型范围研究成果，考虑近坝区、库区概化地质分层以及主要地质构造F1、F2断裂带及F7断层范围，确定小湾远坝库盘模型边界范围取上游44km，下游21km，左岸40km，右岸50km，基础深度10km，共建立单

78

元 934740 个，节点 958636 个。

根据小湾库区周边的水准实测资料，以水准位移计算值与实测值之差的平方和的平方根作为反演的优化目标函数，即

$$S = \frac{1}{K} \sum_{j=1}^{K} \sqrt{\frac{1}{N} \sum_{i=1}^{N} (\delta_{ic} - \delta_{im})^2} \tag{1}$$

式中　δ_{ic}——库盘水准测点对应的节点计算值；

　　　δ_{im}——库盘水准实测值；

　　　N——测点个数；

　　　K——复测次数。

当 S 达到最小时，则此组参数是库盘材料参数的合理值。

库盘变模反演时，需先拟定材料参数的各种组合，计算库盘水准测点对应的变形。各组材料参数为

$$E = (1 - \lambda) E_l + \lambda E_u \tag{2}$$

式中　E_u、E_l——参数建议区间上下限；

　　　λ——分配系数，$\lambda = 0$ 时参数取材料参数区间下限，$\lambda = 0.5$ 时参数取材料参数区间中值，$\lambda = 1$ 时参数取材料参数区间上限。

结合小湾库盘水准实测资料，利用优化方法，反演小湾库盘基岩的分区分层参数。建立目标函数见图 9，得到目标函数达到最小时的最优分配系数 λ 为 0.576，据此可得到小湾上游库盘变模随深度的变化规律为

$$E = 6.3535 \ln h + 25.41 \tag{3}$$

式中　E——库盘变形模量；

　　　h——库盘深度，库区浅表风化岩体变模取 1.9GPa。

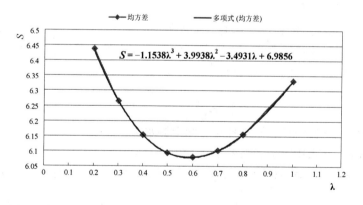

图 9　利用库盘水准资料进行小湾库盘变模优选反演 λ—S 关系曲线

4.3　小湾坝体弹性模量反演

在小湾库盘变形分析的基础上，建立小湾近坝区模型见图 10，进行小湾坝体弹性模量反演（反演原理见文献 [4]），据此研究库盘变形对小湾高拱坝工作性态的影响。为精细模拟小湾近坝区复杂地质条件，小湾近坝区模型共剖分 779914 个单元，821914 个节

点，其中坝体单元 530173 个。

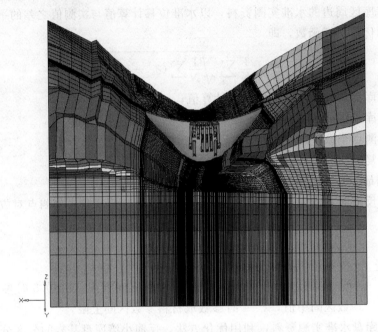

图 10　小湾近坝区三维有限元模型

4.3.1　小湾大坝变形影响因素的分量分离模型

由小湾拱坝水平位移监测资料的时空分析可知，影响大坝变形的主要因素有水压、温度及时效，即变形主要由水压分量、温度分量和时效分量组成，即

$$\delta = \delta_H + \delta_T + \delta_\theta \tag{4}$$

式中　　　　δ——位移值；

δ_H、δ_T、δ_θ——水压分量、温度分量、时效分量。

（1）水压分量。小湾拱坝任一点在水压作用下产生的位移水压分量 δ_H 与大坝上游水深的 1～4 次方有关，因此，水压分量的表达式为

$$\delta_H = \sum_{i=1}^{4} \left[a_{1i} (H_u^i - H_{u0}^i) \right] \tag{5}$$

式中　　H_u、H_{u0}——监测日、始测日对应的上游水头；

a_{1i}——水压因子回归系数。

（2）温度分量。针对小湾拱坝情况，坝体温度选用周期项因子模拟坝体温度场的变化，即

$$\delta_T = \sum_{i=1}^{2} \left[b_{1i} \left(\sin \frac{2\pi it}{365} - \sin \frac{2\pi it_0}{365} \right) + b_{2i} \left(\cos \frac{2\pi it}{365} - \cos \frac{2\pi it_0}{365} \right) \right] \tag{6}$$

式中　t——监测日到始监测日的累计天数；

t_0——建模资料系列第一个监测日到始测日的累计天数；

b_{1i}、b_{2i}——温度因子回归系数。

（3）时效分量。小湾大坝产生时效变形的原因极为复杂，位移变化的时效分量 δ_θ 表

80

示为

$$\delta_\theta = d_1(\theta - \theta_0) + d_2(\ln\theta - \ln\theta_0) \tag{7}$$

式中 θ ——监测日至始测日的累计天数 t 除以 100；

θ_0 ——建模资料系列第一个测值日到始测日的累计天数 t_0 除以 100；

d_1、d_2 ——时效因子回归系数。

综上所述，考虑初始值的影响，得到小湾大坝位移统计模型为

$$\delta = a_0 + \sum_{i=1}^{4}\left[a_{1i}(H_u^i - H_{u0}^i)\right] + \sum_{i=1}^{2}\left[b_{1i}\left(\sin\frac{2\pi it}{365} - \sin\frac{2\pi it_0}{365}\right) + \right.$$
$$\left. b_{2i}\left(\cos\frac{2\pi it}{365} - \cos\frac{2\pi it_0}{365}\right)\right] + d_1(\theta - \theta_0) + d_2(\ln\theta - \ln\theta_0) \tag{8}$$

通过建立小湾大坝径向位移各影响分量分离模型，将坝体径向位移的水压分量、温度分量和时效分量进行逐步分离，见图 11。

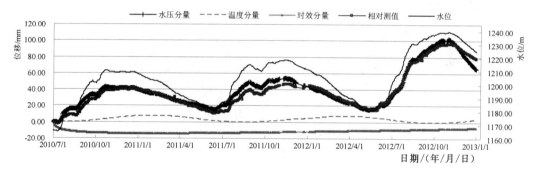

图 11 小湾大坝河床坝段坝顶径向位移分量分离结果

由图 11 可以看出，小湾大坝径向位移中，水压分量所占比例最大，水位升高，大坝向下游位移量增大；温度变化对坝体径向位移也有一定的影响，温度升高引起大坝向上游变形，温度降低引起大坝向下游变形，且大坝高程越高，温度分量越大；同时，大坝径向向下游变形具有一定的时效分量，表明大坝有向下游变形的趋势。

4.3.2 小湾坝体弹模反演结果

考虑小湾库盘变形影响，进行水压作用下的大坝变形计算，结合前文分离的水压分量，进行小湾坝体弹性模量反演，反演结果见表 1，小湾大坝 A、B、C 区混凝土反演综合弹模分别为 27.96MPa、27.18MPa、26.19MPa。

表 1 小湾坝体混凝土弹性模量反演结果

材料	μ	E_0/GPa	f'	c'/MPa	反演之后的 E
坝体 A 区	0.18	25.89	1.4	1.6	27.96
坝体 B 区	0.18	25.17	1.4	1.6	27.18
坝体 C 区	0.18	24.25	1.4	1.6	26.19

2012 年小湾第四阶段蓄水期间，曾利用大坝（9 号、15 号、19 号、22 号、25 号、29 号和 35 号坝段）锤线实测资料反演得到的坝体混凝土综合弹模为 33.05GPa（未考虑库盘变形影响）。与表 1 结果对比，在考虑库盘变形对大坝工作性态影响之后，小湾大坝的综

合弹模值有一定降低。因此，针对高坝大库工程，由于库水压力对库盘施加荷载造成库盘发生一定的沉降，并使坝基产生向上游的小角度倾斜，对大坝工作性态有一定影响，故在对大坝材料力学参数进行反分析时，建议将库盘变形纳入进来，从而得到更为接近实际的真实参数。

4.4　库盘变形对大坝工作性态影响

根据上述参数反演结果进行小湾库盘变形对大坝工作性态影响的计算分析，小湾库盘变形作用下（1240.00m 水位）大坝顺河向位移见图 12。库盘变形作用下，小湾大坝坝体向上游倾倒变形，其中河床坝段向上游倾倒位移较大。初步计算表明 22 号坝段坝顶向上游位移为 18.46mm，坝基倒垂点 963.00m 高程向上游位移为 13.26mm，基岩倒垂基点向上游位移为 12.01mm，故相对于倒垂基点，小湾 22 号坝段坝顶 1245.00m 高程向上游位移为 6.45mm。当前研究仅是库盘变形对大坝变形的影响，今后将进一步开展库盘变形对大坝应力及大坝整体稳定性的影响分析。

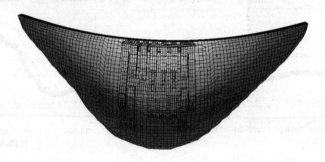

图 12　小湾库盘变形作用下（1240.00m 水位）大坝
顺河向位移分布图

5　结语

本文结合小湾工程，开展了高拱坝库盘变形及对大坝工作性态影响的初步研究，得到如下结论：

（1）高坝大库工程库盘变形及其对大坝的影响越发引起水电工程师们的重视，有待深入研究。

（2）研究了库盘型式、库盘范围、库水压力等影响因素，采用改进熵值法建立赋权模型，分析各因素的影响权重，揭示各因素对高拱坝库盘变形数值分析的影响规律。

（3）结合小湾工程，利用库盘沉降和坝体水平位移实测资料，反演了小湾库盘变形模量和坝体弹性模量，在考虑库盘变形对大坝工作性态影响之后，小湾大坝的综合弹模反演值有一定降低。

（4）研究成果可为已建工程运行过程中出现的坝体、坝基及谷幅变形"疑点"分析提供参考，同时针对高坝大库工程，由于库水压力对库盘施加荷载造成库盘发生一定的沉降，并对大坝变形有一定影响，故建议在分析评价大坝工作性态时，应将库盘变形考虑进来。

（5）拱坝为一超静定结构，库盘变形对坝体的影响不是简单的坝体—坝基整体刚体变形问题。库盘变形受库区形态、地质条件、库水压力等多方面影响，问题极其复杂。国内外已有一定数量超过百亿库容的超高拱坝工程，应开展相应问题的调研工作，进一步研究工程是否存在"库盘变形"的判据，总结提炼考虑不同库盘地质条件、库水压力、水库形态等因素的高拱坝库盘变形的一般性规律。

参 考 文 献

[1] 潘家铮，何璟．中国大坝 50 年 [M]．北京：中国水利水电出版社，2000.
[2] 李瓒，陈飞，郑建波，等．特高拱坝枢纽分析与重点问题研究 [M]．北京：中国电力出版社，2004.
[3] 刘允芳．岩体地应力与工程建设 [M]．武汉：湖北科学技术出版社，2000.
[4] 顾冲时，吴中如．大坝与坝基安全监控理论和方法及其应用 [M]．南京：河海大学出版社，2006.

寒潮条件下大体积混凝土开裂
分析方法探讨

井向阳[1] 周 伟[2] 陈 强[1] 杨 星[1]

(1 中国电建集团成都勘测设计研究院有限公司 四川成都 610072;
2 武汉大学 水资源与水电工程科学国家重点实验室 湖北武汉 430072)

【摘 要】 归纳总结了寒潮降温条件下大体积混凝土开裂的性状与影响因素,进而分别从解析法、有限元法、离散元法角度出发,探讨了寒潮诱发混凝土开裂的计算分析方法,并进行算例分析。结果表明,寒潮裂缝成因复杂,影响深度一般为 30~45cm,且裂缝扩展过程具有明显的规律性,通过加强数值计算分析可以得出更为直观的认识。

【关键词】 大体积混凝土 寒潮 开裂分析 数值计算

1 引言

大体积混凝土的裂缝预防与控制是高坝工程建设中的关键技术之一,长期以来,混凝土坝开裂都是非常普遍的现象。究其原因,大体积混凝土具有材料脆性、结构断面尺寸大、不配筋或少配筋等特点,约束条件下的体积变形将会产生附加约束拉应力,如果拉应力过大,将会在混凝土表面或内部形成裂缝[1]。当混凝土存在裂缝时,不仅会导致材料参数的弱化,同时会影响结构的工作性态。其中,贯穿性裂缝的危害较大,可改变结构的受力模式,降低结构的承载能力,最终可能导致整个结构失效。微裂缝的出现虽然不会直接危害结构的承载能力,但微裂缝的存在会使结构受到不同程度的损伤,很容易发展为宏观裂缝并可能导致结构的破坏。

工程实践表明:①大体积混凝土所产生的裂缝,大多数都是表面裂缝,引起表面裂缝的主要原因是混凝土的干缩和温度应力;②干缩问题主要依靠混凝土的养护措施解决;③引起表面温度拉应力的因素有混凝土自身水化热、初始温差和气温变化,其中气温变化主要指寒潮、气温年变化和气温日变化。需要指出的是,气温年变化在寒冷的北方是引起表面裂缝的重要原因,气温日变化由于变化周期短而影响较小,而无论是在我国南方还是北方,气温变化中的寒潮都是引起混凝土温度裂缝的一个重要原因[2-5]。

早龄期混凝土由于强度低,更容易产生裂缝,因此,研究早龄期混凝土遭遇寒潮时的开裂问题具有重要意义。本文主要从理论方法入手,梳理当前用于计算分析寒潮应力的一些常用方法及其适用性,进而探讨寒潮诱发大体积混凝土开裂的成因与规律。

2 解析法

2.1 《规范》推荐算法

在我国当前混凝土坝设计规范中，所推荐的计算寒潮应力的公式为

$$\sigma = D\frac{E_h \alpha T_0}{1-\mu} \tag{1}$$

式中　T_0——温降幅度；

　　　α——混凝土线胀系数；

　　　E_h——混凝土弹性模量；

　　　D——0.60（3日型）、0.58（2日型）、0.56（1日型）。

2.2 朱伯芳推荐方法

寒潮期间混凝土表面温度降幅为

$$T = -f_1 A\sin\left[\frac{\pi(\tau-\tau_1-\Delta)}{2P}\right] \tag{2}$$

混凝土表面温度最大降幅为　　　$T = -f_1 A$ $\tag{3}$

$$f_1 = \frac{1}{\sqrt{1+1.85u+1.12u^2}} \tag{4}$$

$$P = Q+\Delta \tag{5}$$

$$\Delta = 0.4gQ \tag{6}$$

$$g = \frac{2}{\pi}\tan^{-1}\left(\frac{1}{1+\dfrac{1}{u}}\right) \tag{7}$$

$$u = \frac{\lambda}{2\beta}\sqrt{\frac{\pi}{Qa}} \tag{8}$$

寒潮降温引起的混凝土表面温度应力为

$$\sigma = \frac{f_1\rho_1 E(\tau_m)\alpha A}{1-\mu} \tag{9}$$

$$\rho_1 = \frac{0.830+0.051\tau_m}{1+0.051\tau_m}e^{-0.095(P-1)^{0.60}} \tag{10}$$

$$p = (1\sim8)d \tag{11}$$

式中　A——气温降幅，℃；

　　　τ_1——遭遇骤降时混凝土龄期，d；

　　　Q——气温骤降降温历时，d；

　　　λ——混凝土导热系数，kJ/（m·h·℃）；

　　　β——混凝土表面散热系数，kJ/（m²·h·℃）；

　　　a——混凝土导温系数，m²/d；

　　　ρ_1——混凝土徐变影响系数；

　$E(\tau_m)$——气温骤降降温期间混凝土平均弹性模量，MPa；

α——混凝土线膨胀系数；

μ——混凝土泊松比；

τ_m——气温骤降降温期间混凝土的平均龄期，$\tau_m = \tau_1 + \Delta + \dfrac{1}{2}P$。

3 有限元法

3.1 常规有限元法

在国内外的混凝土坝工程中，广泛采用有限元计算混凝土的温度场及温度应力场，将混凝土强度除以一定的抗裂安全系数 k 作为允许应力，通过应力计算结果与允许应力的比较来判断混凝土是否开裂，并据此研究混凝土的温度控制问题。但是，该方法只能判断出混凝土应力较大的部位，无法结合混凝土自身的开裂机理对混凝土裂缝的开裂过程、形态进行模拟，不能定量地预测混凝土裂缝。

在有限元法中，提供了多种混凝土模型，可模拟混凝土受拉开裂后所形成的裂纹。但是，有限元法采用连续函数作为形函数，对于处理像裂纹这样的不连续问题时，需要将裂纹面设置为单元的边、裂尖设置为单元的结点，在裂尖附近不连续体的奇异场内进行高密度网格划分以及在模拟裂纹扩展时需要不断进行网格的重新划分，使得有限元程序计算相当复杂，且效率极低。但鉴于有限元法在许多方面的成熟技术，目前仍然有许多力学工作者在研究基于有限元法的新型数值方法来模拟混凝土开裂[6-8]。本文介绍一种基于有限元法的混凝土弹塑性断裂模型，用于模拟混凝土寒潮条件下的开裂问题。

3.1.1 W－W破坏准则

W－W破坏准则使用单轴受拉强度 f_t，单轴受压强度 f_c，双向受压强度 f_{cb}，及在某一围压 σ_h^a 下的单向受压强度 f_2 和双向受压强度 f_1 5 个参数。在缺少多轴实验参数的情况下，仅需提供 f_t 和 f_c，余下参数默认为

$$\left.\begin{array}{l} f_{bc} = 1.2f \\ f_1 = 1.45 f_c \\ f_2 = 1.725 f_c \end{array}\right\} \mid \sigma_h^a \mid = \sqrt{3} f_c \tag{12}$$

破坏面的判断方程为

$$\frac{F}{f_c} - S \geqslant 0 \tag{13}$$

式中 F——应力组合；

S——破坏曲面。

对于任一破坏面，在不同的应力组合下，当混凝土自身的应力达到破坏面时，按开裂处理。

3.1.2 本构关系

当应力组合达到破坏面时，则单元进入压碎或开裂状态。当单元进入压碎状态时，单元刚度为 0，应力完全释放。图 1

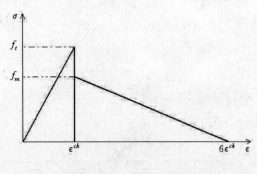

图 1 混凝土开裂软化曲线

为混凝土的开裂软化曲线，当应变软化至 6 倍的开裂应变时，应力降低为 0。

其中，$f_m = T_c f_t$，T_c 为材料拉裂后的应力松弛因子，$T_c = 0$ 时，混凝土为脆性材料，默认 $T_c = 0.6$，此时混凝土为半脆性材料，发生开裂破坏时的收敛性更好。

单元开裂应变 ε_{ck}^{ck} 为

$$\varepsilon_{ck}^{ck} = \begin{cases} \varepsilon_1^{ck} + \dfrac{\nu}{1-\upsilon}(\varepsilon_2^{ck} + \varepsilon_3^{ck}) & \text{一条裂缝} \\ \varepsilon_1^{ck} + \nu\varepsilon_2^{ck} & \text{两条裂缝} \\ \varepsilon_1^{ck} & \text{三条裂缝} \end{cases} \tag{14}$$

$\{\varepsilon^{ck}\} = [T^{ck}]\{\varepsilon'\}$，$[T^{ck}]$ 为坐标转换矩阵。

$$\{\varepsilon'\} = \{\varepsilon_{n-1}^{el}\} + \{\Delta\varepsilon_n\} - \{\Delta\varepsilon_n^{th}\} - \{\Delta\varepsilon_n^{pl}\} \tag{15}$$

式中　n——荷载步数；

$\{\varepsilon_{n-1}^{el}\}$ ——上一步的弹性应变；

$\{\Delta\varepsilon_n\}$ ——应变增量；

$\{\Delta\varepsilon_n^{th}\}$ ——热应变增量；

$\{\Delta\varepsilon_n^{pl}\}$ ——塑性应变增量。

当开裂应变 $\varepsilon_{ck}^{ck} < 0$，裂缝闭合。

3.2　扩展有限元法

扩展有限元法是近年来发展起来的分析不连续问题（特别是断裂问题）的一种有效方法，这种方法在经典有限元的基础上增加了内置不连续近似模型，且没有剪力自锁。由于单元的近似函数增加了不连续位移场函数，并在单元内部实现了对裂纹不连续的模拟，因此无需重构网格，这给裂纹及裂纹动态扩展模拟带来了极大的方便。

传统有限元对位移场的描述是基于单元的，单元之间的位移可以是协调的，也可以是不协调的，但是，每个单元内部的位移场总是通过形函数和单元节点位移来表达。扩展有限元法针对这些不连续给网格剖分带来的麻烦，基于单位分解思想，对有限元位移插值函数进行修改，在单元形状函数中增加与内边界有关的附加函数，改进有限元逼近空间，使得它在对含不连续边界的问题剖分网格时，不需要有限元网格与内边界之间保持协调一致[9-11]。

为了实现断裂分析，扩展函数通常包括裂纹尖端附近渐进函数（near‐tip asymptotic functions），用于模拟裂纹尖端附近的应力奇异性，及间断函数（discontinuous functions），用于表示裂纹面处位移跳跃。使用整体划分特性的位移向量函数 u 表示为

$$u = \sum_{I=1}^{N} N_I(x)\left[u_I + H(x)a_I + \sum_{\alpha=1}^{4} F_\alpha(x)b_I^\alpha\right] \tag{16}$$

其中，$N_I(x)$ 为常用的节点位移形函数；式（16）中等号右边第一项 u_I 代表有限元位移求解对应的连续部分；第二项为节点扩展自由度向量 a_I，$H(x)$ 为沿裂纹面的间断跳跃函数；第三项为节点扩展自由度向量 b_I^α，$F_\alpha(x)$ 为裂纹尖端应力渐进函数。右端第一项可用于模型中所有节点；右端第二项只对形函数被裂纹内部切开的单元节点有效；右端第三项只对形函数被裂纹尖端切开的单元节点有效。

采用虚拟节点叠加于初始真实节点上，用于表示断裂单元的间断性，见图 2。当单元

保持完整时，每一个虚拟节点被约束于相应的真实节点上。当单元被裂纹切开时，断裂单元被分成两部分。每一部分均由部分真实节点和虚拟节点组成（与裂纹方向有关）。每一个虚拟节点不再绑定与与其对应的真实节点上，并可以独立移动。

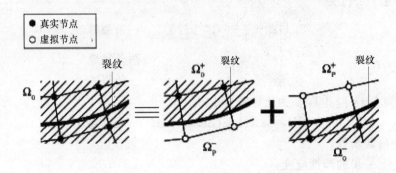

图 2　虚拟节点法示意图

对裂纹尖端奇异性精确建模需要随时追踪裂纹扩展的具体位置，上述过程非常繁琐，这是由于裂纹奇异程度依赖于裂纹在非各项同性材料中的具体位置。在扩展有限元法中，描述不连续面（如裂纹）位置的方法一般有：直线方程描述法、矢量运算法、方位检验法和水平集法。

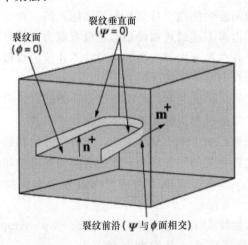

图 3　XFEM 裂纹描述

在扩展有限元分析中，简化裂纹追踪的关键是对于裂纹的几何描述，这是由于网格划分并不需要符合裂纹的几何性质，不要求不连续面与网格边界边界一致，因此不能用有限元网格体现不连续面的存在。水平集方法，作为一种强大的数值技术可以用于分析和计算界面运动，这正符合了扩展有限元方法的要求，对于任意方向的裂纹增长不需要网格重划。裂纹的几何性质可通过两正交的带符号位移函数定义，见图 3。首先，ϕ 用于描述裂纹面；其次 φ 为与上述裂纹面相垂直的面，两面相交处即为裂纹前沿。n^+ 表示裂纹面正法线方向；m^+ 表示裂纹前沿的正法线方向。不需要交界面或边界的显示表示，这是由于上述几何量可完全由节点数据描述。每个节点的两组符号距离函数可以用于描述裂纹的几何性质。

3.3　算例分析

以官地水电站为例，选取 $R_{90}25$ 大坝混凝土进行计算，图 4 为大坝混凝土浇筑块简化模型。寒潮条件为一天降温 20℃。

图 5 为顶部浇筑块的应力云图，分析可以看出：①受外部温降影响，坝体顶面混凝土

体积收缩产生拉应力，第一主应力最大值出现在靠近上下游面的坝体表面，为 1.38MPa，见图 5（a）；②坝顶面最大主应力超过允许值的区域见图 5（b），在顺河向上，顶面中部有大部分区域应力值超过容许值，特别是靠近上下游的部分，此外，表面裂缝的产生使裂缝周围混凝土的应力有所降低；③由图 5（c），浇筑层受寒潮的影响深度约为 30～45cm；④混凝土超过容许应力深度见图 5（d），在高度方向上从顶面往下约 30cm 深度的部分混凝土应力超过容许值，其中靠近上下游部位的深度较大。

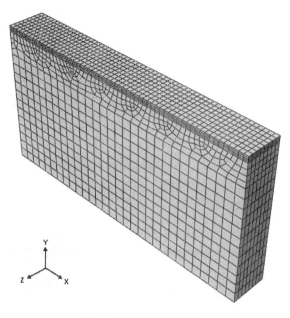

图 4　混凝土浇筑块模型

图 6 为坝体顶面裂缝扩展过程平面图，可以看出，在顶面靠近下游的棱角部位最先出现混凝土裂缝破坏，随着温度进一步下降，裂缝逐渐向中央扩展，成为一条贯穿整个顶面的横河向裂缝。

（a）最大主应力云图

（b）最大主应力大于容许应力区域

（c）最大主应力云图

（d）最大主应力大于容许应力区域

图 5　顶部浇筑块应力云图（单位：Pa）

图 6 坝顶面裂缝扩展过程平面图

4 离散元法

混凝土和岩石的连续与非连续介质统一仿真模型发展至今，将有限单元法、有限差分法为主的连续介质模型和以离散元为主的非连续介质模型结合为一个统一的连续-非连续介质模型是国内外研究的重点方向[12]。离散元法则在解决离散介质的破坏、倒坍、粉碎、爆破、切削等大变形问题上具有显著优点。因此，如要实现对混凝土和岩石介质由小变形到大变形破坏全过程的仿真分析，就必须将两者统一在一个模型里。为了探索这个问题，本文将对离散元中块体小变形-界面大变形的耦合模型在可变形离散元中的运用进行探讨。

4.1 基本理论

在混凝土破坏过程的变形体连续-离散耦合分析方法[12-14]中，对混凝土做如下假定：

（1）将混凝土视为胶凝颗粒材料，在数值模拟时将其离散为实体单元和界面单元，实体单元对应于骨料颗粒和砂浆，界面单元对应于两者间的胶结层。

（2）混凝土的损伤和断裂仅发生在界面单元上，采用带拉伸截断的 Mohr-Coulomb 准则作为界面单元的破坏准则，实体单元仅发生弹性变形。

（3）不考虑界面单元法向和切向应力之间的相互作用，当界面单元的应力状态满足破坏准则后，刚度逐渐下降，承载能力降低，当刚度降低到 0 时，界面单元完全失效。

（4）将失效的界面单元从混凝土模型中删除，原先由界面单元相连的实体单元发生接触关系，当全部界面单元失效后，混凝土转化为完全离散的散体材料。

变形体离散元将块体离散为有限差分网格，块体之间通过虚拟的弹簧和阻尼来传递相互作用。当块体发生接触时，在每个发生接触的部位建立接触关系。单个块体的运动根据该块体所受的不平衡力或不平衡力矩按牛顿运动定律确定，块体之间不存在变形协调约束，只需满足物理方程和运动方程。

颗粒之间不能承受拉力，切向接触服从库仑摩擦定律，即

$$
\begin{cases}
F_n = 0, F_s = 0 & (u_n > 0) \\
F_s = -sign(\dot{u}_s)(f|F^n| + cA_c) & (|F_s| > f|F^n| + cA_c)
\end{cases}
\tag{17}
$$

式中 F_n, F_s——法向和切向接触力；

f——接触面的摩擦系数；

c——黏聚力；

A_c——子接触面积。

把得到的接触力分配到相关的节点上，对每一个节点将所有分配到的接触力迭加就得到了该节点所受到的接触力合力。

块体离散为四面体常应变差分单元，各节点的位移和速度为空间坐标的函数为

$$u=\begin{bmatrix} u_x \\ u_y \\ u_z \end{bmatrix} \quad \dot{u}=\begin{bmatrix} \dot{u}_x \\ \dot{u}_y \\ \dot{u}_z \end{bmatrix} \tag{18}$$

假定每一时步内单元的变形都是小变形，则可根据小变形假设可定义节点的应变率分量和转动率分量，即

$$\begin{cases} \dot{\varepsilon}_{ij}=\dfrac{1}{2}(\dot{u}_{ij}+\dot{u}_{ji}) & \Delta\varepsilon_{ij}=\dot{\varepsilon}_{ij}\Delta t \\ \dot{\omega}_{ij}=\dfrac{1}{2}(\dot{u}_{ij}-\dot{u}_{ji}) & \Delta\omega_{ij}=\dot{\omega}_{ij}\Delta t \end{cases} \tag{19}$$

由应变率增量和旋转率增量即可求得应变增量 $\Delta\varepsilon_{ij}=\dot{\varepsilon}_{ij}\Delta\tau$，旋转率增量 $\Delta\omega_{ij}=\dot{\omega}_{ij}\Delta\tau$。由线弹性应力-应变关系求得单元的应力增量为

$$\Delta\sigma_{ij}=\lambda\Delta\varepsilon_v\delta_{ij}+2\mu\Delta\varepsilon_{ij} \tag{20}$$

式中　$\Delta\varepsilon_v$——体积应变增量；

λ、μ——拉梅常数；

δ_{ij}——Kroneker 符号。

在离散元中，颗粒除了平动外，往往还伴随明显的转动，转动后应力主轴发生了旋转，应力在整体坐标系上的分量发生了变化，因此在计算 $\tau+\Delta\tau$ 时刻的应力前，必须对上一步的应力进行旋转修正，修正后的应力与当前时步的应力增量之和即为 $\tau+\Delta\tau$ 的应力，即

$$\begin{cases} \sigma_{ij}^c=\Delta\omega_{ik}\sigma_{kj}-\sigma_{ik}\Delta\omega_{kj} \\ \sigma_{ij}^{\tau+\Delta\tau}=\sigma_{ij}^\tau+\sigma_{ij}^c+\Delta\sigma_{ij} \end{cases} \tag{21}$$

式中　σ_{ij}^c——应力修正项。

4.2 算例分析

以大岗山水电站大坝为例，选取 $C_{180}30$ 混凝土进行计算，选取试件尺寸为 1m × 0.5m，骨料级配为 20～40mm，为中石，骨料含量为 40%。数值计算网格见图 7，混凝土上表面为第一类散热边界，其余表面为绝热边界。寒潮温降历时为 10h，温降幅度取为 10℃，假定降温速率为 1℃/h。

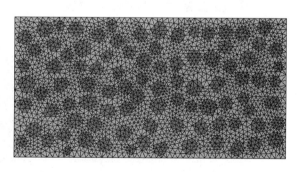

图 7　实体模型的有限元剖分示意图

图 8 为混凝土内部不同深度点的温度随时间的变化曲线。混凝土表面点的温降曲线与寒潮温度一致，为均匀直线温降，降温速率为 1℃/h；随着深度的增加，温降逐渐减小，且随时间的变化，其速率越来越大，因为混凝土内部温度的变化是滞后于表面温度变化的，时间越往后，气温与混凝土之间温差越大，则混凝土降温速率越快。图 9 为寒潮结束时

（$t=10\text{h}$），混凝土最终温度随深度的变化曲线，距离混凝土表面距离越大，温降幅度越小。

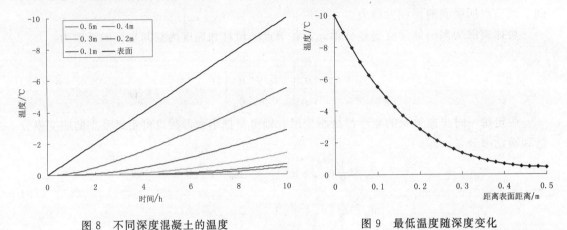

图 8　不同深度混凝土的温度　　　　图 9　最低温度随深度变化

图 10 为混凝土裂纹的萌发、扩展、延伸到最终开裂的过程。图 10（a）中，当寒潮历时 2.4h 之后，混凝土块表面开始产生微裂纹，此时温降为 2.4℃，微裂纹出现在混凝土表面中间部位；图 10（b）中，寒潮持续 2.8h 时，温度下降 2.8℃，自初始微裂纹产生以后，开裂速度较快，裂纹逐渐向混凝土内部扩展，2.8h 时的裂纹长度约为 0.15m；图 10（c）中，寒潮持续 4h 时，混凝土左部产生第二条裂纹；图 10（d）中，寒潮结束时，最终温降为 10℃，此时裂纹进一步扩展贯通，最终形成 3 条宏观温度裂缝，其中主要裂纹位于混凝土中部，两外两条分别位于左右两侧施加约束部位附近。

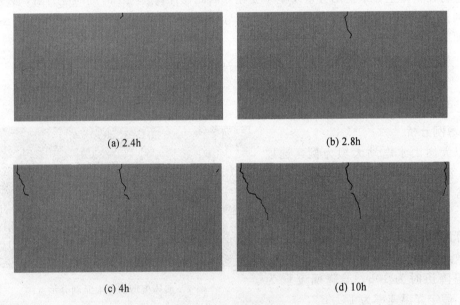

(a) 2.4h　　　　　　　　　　(b) 2.8h

(c) 4h　　　　　　　　　　(d) 10h

图 10　裂纹扩展过程

5　结语

目前在研究大体积混凝土遭遇寒潮降温时的开裂问题时，计算方法较多，解析法理论简单、计算方便，因而应用范围较广，但是其不能考虑混凝土初温的影响，不能确定裂缝的位置和形态。

有限元法将混凝土视为连续介质，适用于任意几何形状和边界条件的非线性问题以及各向异性问题，可模拟混凝土开裂的过程和应变变化。但在有限元法中，裂纹扩展路径仅限于网格线上，缝尖端附近的高应力区需要设置高密度网格，以体现其应力集中和奇异性，导致单元数目非常庞大，另外，目前用于扩展有限元中的单元大多是简单的线性单元，对于最常用的八结点等参数单元研究尚未见报道，仍有待进一步探索。

离散元法是通过采用有限个数量的离散单元组合来模拟材料各方面的物理特性，从几何尺寸上讲，每个离散单元均代表着一个颗粒，这一思想为从细观角度研究颗粒材料特性以及破坏机理提供了一种有效的数值手段。鉴于一般材料的颗粒数目巨大，并且形状多种多样，在模拟的过程中很难真实的描述，如何进行大规模的工程应用仍是一个难题。

参 考 文 献

［1］ 朱伯芳. 大体积混凝土温度应力与温度控制 ［M］. 北京：中国电力出版社，1999.
［2］ DL 5108—1999 混凝土重力坝设计规范 ［S］. 上海：上海科学普及出版社，1999.
［3］ 朱伯芳. 混凝土坝温度控制与防止裂缝的现状与展望 ［J］. 水利学报，2006，37 (12)：1424 - 1428.
［4］ 张国新，刘有志，刘毅，等. 特高拱坝施工期裂缝成因分析与温控防裂措施探讨 ［J］. 水力发电学报，2010，29 (5)：45 - 50.
［5］ 井向阳，常晓林，周伟，等. 高拱坝施工期温控防裂时空动态控制措施及工程应用 ［J］. 天津大学学报 (自然科学与工程技术版)，2013，46 (8)：705 - 712.
［6］ 塞欧玛 VE，莫里斯 DI. 断裂力学在混凝土坝安全分析中的运用 ［J］. 水利水电快报，1999，20 (24)：15 - 18.
［7］ 刘海成，吴智敏，宋玉普. 碾压混凝土拱坝诱导缝损伤开裂准则研究 ［J］. 水力发电学报，2004，23 (5)：22 - 27.
［8］ 宋玉普，张林俊，殷福新. 碾压混凝土坝诱导缝的断裂分析 ［J］. 水利学报，2004，35 (6)：21 - 26.
［9］ Stolarska M, Chopp DL, Moes N, et al. Modelling crack growth by level sets in the extended finite element metIlod ［J］. Intemational Journal for Numerical Methods in Engineering, 2001, 5l (8)：943 - 960.
［10］ Bordas S. Extended finite element and level set methods with application to growth of cracks and biofiims ［D］. USA：Northwestern University, 2003.
［11］ Daux C, Moes N, Dolbow J, et al. Arbitrary branched and intersecting cracks with the extended fmite element mechod ［J］. International Journal for Numedcal Methods in Engineering, 2000, 48 (12)：1741 - 1760.
［12］ 张楚汉，金峰. 岩石和混凝土离散-接触-断裂缝隙 ［M］. 北京：清华大学出版社，2008.
［13］ 马刚，周创兵，常晓林，周伟. 岩石破坏全过程的连续-离散耦合分析方法 ［J］. 岩石力学与工程学报，2011，30 (12)：2444 - 2454.
［14］ 常晓林，朱静萍，刘杏红，周伟. 基于细观力学模型的混凝土温度裂缝研究 ［J］. 武汉大学学报，2012，45 (5)：559 - 569.

猴子岩水电站地下厂房围岩 EDZ
分布特征及成因分析

程丽娟　尹蔡霞　李治国

（中国电建集团成都勘测设计研究院有限公司　四川成都　610072）

【摘　要】　猴子岩水电站地下厂房实测最大地应力超过 36.5MPa，岩石强度应力比 1.8～4.19，属于高～极高地应力区。随着地下厂房洞室开挖的推进，洞周开挖损伤区（EDZ）逐渐形成并往围岩深部扩展，至厂房洞室群全部开挖完成后，厂房洞周 EDZ 分布范围远超国内其他同等规模的地下厂房洞室。本文从围岩 EDZ 的概念出发，分析洞周 EDZ 的分布特征，分析厂房围岩 EDZ 的成因，基于分析成果，并结合现场工程处理措施的实施效果，总结经验教训，提出应对此类高地应力问题的对策，以期为类似工程的设计和施工提供参考。

【关键词】　高地应力　地下厂房　开挖损伤区（EDZ）　变形破坏

1　引言

猴子岩水电站引水发电系统位于右岸山体中，厂房纵轴线方向为 N61°W，三大主体洞室尺寸分别为：厂房 219.5m×29.2m×68.7m（长×宽×高）、主变室 139m×18.8m×25.2m（长×宽×高）、尾调室 140.5m×23.5m×75.0m（长×宽×高）；三大洞室平行布置，尾水调压室中心线和厂房顶拱中心线间距为 134.9m，主变室与厂房和尾水调压室间岩柱厚度分别为 45.0m 和 44.75m。

猴子岩水电站地处深山峡谷区，新构造运动总体特点以整体间歇性强烈抬升为主，区域构造应力最达主应力方向表现为近 EW 向或 NWW～SEE 向。岩体以坚硬较完整变质灰岩为主，易于蓄集较高的应变能，地应力值相对较高。前期勘探过程中的钻孔岩芯饼裂和平洞洞壁片帮、弯折内鼓现象普遍；开挖过程中围岩也表现出了强烈拉张破坏。厂区实测最大地应力值：$\sigma_1 = 36.43MPa$，$\sigma_2 = 29.80MPa$，$\sigma_3 = 22.32MPa$，测值均较大；结合厂区地应力实测结果和岩体强度分析，猴子岩水电站厂区岩石强度应力比（R_b/σ_m）约 1.8～4.18，可以判定为高～极高地应力区，如此高的地应力水平在国内已建和在建的大规模地下厂房中较为罕见。

地下厂房区岩体主要为泥盆系下统白云质灰岩和变质灰岩，岩体以微风化—新鲜的中厚层—层状结构为主，局部薄层状结构，无大型区域断裂穿过，主要发育一些次级小断层、挤压破碎带以及节理裂隙，岩体总体较完整，围岩类别以Ⅲ类为主，占 88.5%，成洞条件较好，开挖初期岩体多嵌合紧密，但高地应力、低强度应力比情况下，洞室开挖后应力调整程度剧烈且持续时间长，开挖卸荷行为将引起岩体结构相应的变化、宏观力学性质的时效性损伤劣化，导致大跨度高边墙洞室群部分围岩卸荷损伤开裂、变形过大甚至支护失效等现象发生[1,2]。与同等规模地下厂房洞室相比，猴子岩地下厂房洞周围岩卸荷松弛深度明显过大，且卸荷松弛深度在施工期间逐步往深部扩展，增加了支护设计和施工的难度，本文对猴子岩地下厂房围岩卸荷松弛的分布特征及成因进行分析，基于分析成果，对已实施的工程处理措施进行讨论，总结经验教训，以期为类似工程的设计和施工提供参考。

2 围岩 EDZ 概念及 EDZ 分布特征

目前，围岩松弛圈、松动圈、扰动区、损伤区和 EDZ（Excavation Damaged Zone，Excavation Disturbed Zone）等术语在国内的文献中均有使用，提法不一。对于硬脆性岩石而言，国际上越来越趋向于采用 EDZ 来描述围岩的变形破坏过程，包括围岩裂纹的起裂、扩展和失稳。EDZ 既包含岩体损伤、扰动的涵义，也包含松弛、松动的意思，这一概念适用于概括深埋高地应力条件下地下洞室围岩状态的变化特征。

EDZ 是由于洞室开挖而造成围岩力学性质和水理性质产生可测量的、不可逆的变化，这一不可逆的损伤源于因开挖引起能量释放、应力重分布、或热载效应，损伤发生在洞周围岩内。EDZ 可细分为 EDZ 内区（Inner Zone）和 EDZ 外区（Outer Zone）。对于硬脆性岩体来说，EDZ 内区的破坏模式主要为张破裂（洋葱式剥裂、劈裂）及张剪破裂[3]，见图 1，出现张开裂纹和新生张剪性裂纹，EDZ 外区的破坏模式主要为剪破裂。

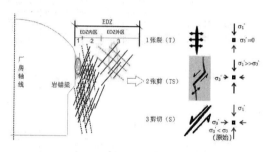

图 1　应力驱动型破坏模式及力学机理示意图

随着洞室的开挖，围岩的 EDZ 深度是不断发展变化的，如何定量地确定硬脆性围岩的松弛深度，尚无成熟的经验可资借鉴，根据猴子岩地下厂房的监测、物探检测资料，提出判别标准：强 EDZ 区，声波波速（物探检测）小于 3500m/s，应变（位移监测）大于 0.3%；弱松弛区，声波波速（物探检测）3500～5500m/s，应变（位移监测）0.05%～ 0.3%。据此判别得出地下厂房围岩 EDZ 深度，详细结果见表 1。由表 1 可知：

（1）对于上游边墙，基于物探检测值判定的围岩松弛深度为 1.8～10m，平均 5.87m；综合物探检测值和位移监测值评判的 EDZ 内区深度为 1.4～6.8m，平均 3.44m；EDZ 外区深度为 3.3～17.8m，平均 10.21m。

（2）对于下游边墙，基于物探检测值判定的围岩松弛深度为 1.0～11.8m，平均 7.17m；综合评判结果为：EDZ 内区深度为 1.0～8.0m，平均 4.5m；EDZ 外区深度为 6.0～15.7m，平均 11.3m。

由于地下厂房变形破坏程度显著大于其他同等规模厂房，在厂房第Ⅳ层开挖结束后，现场暂停施工，集中实施上部系统支护和加强支护，在开挖暂停期间，监测和检测资料表明围岩 EDZ 深度尚在不断发展、加深。C1718＋008S 钻孔声波测试成果表明：EDZ 深度由 8m 增加、发展至 14.2m，增加了 6.2m，说明猴子岩地下厂房围岩 EDZ 的发展具有明显的时效特征，图 2 给出了厂房内 3 个长观孔声波波速在不同时间的测试曲线，可以明显看出随着时间推移，低波速带往深部发展。而其他中等地应力下同等规模地下厂房，洞室开挖完成后洞周松弛区深度一般不超过 3～5m。

表1　　　　　　　　　　猴子岩水电站地下厂房边墙围岩松弛深度综合分析结果

部位	高程/m	孔号	基于物探检测值的EDZ深度/m	综合判别值/m		测试方法	测试日期/(年.月.日)
				EDZ内区	EDZ外区		
上游边墙	1718.00	C1718+008S	9.8	6.4	14.2	声波	2012.11.18—2013.9.14
		C1718+040SD	7.8	5.0	7.8	钻孔电视、声波	2013.8.16—2013.8.29
		C1718+041S	7.6	5	14.6	声波	2012.11.22—2013.9.14
		C1718+073S	6.0	2.8	8.0	声波	2012.11.26—2013.9.14
		C1718+106S	3.8	3.6	15.6	声波	2013.1.30—2013.8.4
		C1718+152S	8.4	4.6	8.4	声波	2013.1.30—2013.8.4
	1711.00	C1711+008S	4.6	1.2	8.2	声波	2012.12.29
		C1711+041S	5.2	2.0	10.2	声波	2012.11.22—2013.5.12
		C1711+073S	3.6	2.0	10.6	声波	2012.11.26—2013.5.12
		C1711+106S	7.0	6.8	11.6	声波	2012.11.22—2013.5.12
		C1711+152S	4.2	4.2	6.0	声波	2013.4.20
	1704.00	C1704+008S	5.4	3.2	5.5	声波	2013.5.28
		C1704+041S	6.4	4.2	14.4	声波	2013.5.28
		C1704+073S	3.2	1.8	3.3	声波	2013.5.31
		C1704+106S	7.4	4.4	7.5	声波	2013.5.31
		C1704+152S	3.2	3.2	7.8	声波	2013.8.5
	1697.00	C1697+008S	10.0	1.5	10	声波	2013.8.12
		C1697+041S	1.8	1.8	17.8	声波	2013.8.12—2013.8.29
		C1697+073S	2.0	2.0	11.0	声波	2013.8.5
		C1697+106S	10.0	1.4	11.7	声波	2013.8.16—2013.8.29
	平均值		5.87	3.44	10.21		
下游边墙	1718.00	C1718+008X	8.2	5.6	15.7	声波	2012.12.9—2013.9.16
		C1718+041X	11.8	5.0	14.6	声波	2012.12.11
		C1718+073X	10.4	5.8	15.2	声波	2012.12.13—2013.9.16
		C1718+106X	8.2	4.0	11	声波	2012.12.12—2013.8.4
		C1718+152X	3.2	2.0	7.8	声波	2013.2.26
	1711.00	C1711+008X	8.0	8.0	10.4	声波	2013.4.4
		C1711+009XD	11.4	5.1	11.4	钻孔电视、声波	2012.12.13—2013.9.16
		C1711+041X	7.8	2.9	9	声波	2012.12.12—2013.8.4
		C1711+070XD	7.5	7.5	13.6	钻孔电视	2013.7.1
		C1711+073X	8.0	3.8	14.9	声波	2012.12.13—2013.5.12
		C1711+105XD	10.4	4.5	10.4	声波、钻孔电视	2013.7.18
		C1711+106X	8.0	7.7	13.2	声波	2012.12.13—2013.5.12
		C1711+152X	4.8	4.2	8.6	声波	2013.4.4

部位	高程/m	孔号	基于物探检测值的EDZ深度/m	综合判别值/m		测试方法	测试日期/(年.月.日)
				EDZ内区	EDZ外区		
下游边墙	1704.00	C1704+008X	4.4	4.4	9.6	声波	2013.6.2
		C1704+041X	7.4	7.4	11.8	声波	2013.6.2
		C1704+073X	4.0	4.0	12.6	声波	2013.5.31
		C1704+106X	7.4	7.1	13.8	声波	2013.5.31
		C1704+152X	6.0	2.0	6.0	声波	2013.8.5
	1697.00	C1697+008X	8.6	1.4	8.6	声波	2013.9.6
		C1697+041X	9.2	6.3	11.1	声波	2013.8.29
		C1697+073X	8.6	4.1	13	声波	2013.9.28—2013.10.5
		C1697+106X	6.4	2.5	6.4	声波	2013.9.16—2013.9.30
		C1697+140X	1.0	1.0		声波	2013.7.8
		C1697+148X	1.6	1.6		钻孔电视	2013.7.8
	平均值		7.17	4.5	11.30		

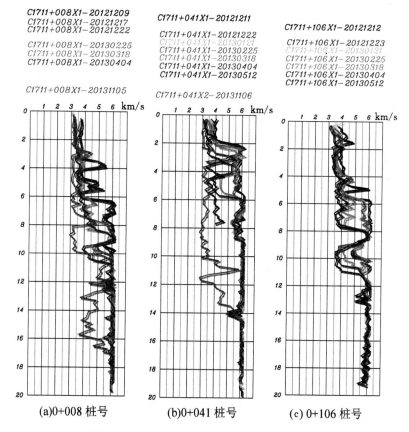

(a)0+008桩号 (b)0+041桩号 (c) 0+106桩号

图2 主厂房长观声波不同时间的测试曲线

(C1711+008X1-20121209：C代表长观孔，1711为高程，+008为桩号，

X1代表下游边墙，20121209为测试时间)

3　EDZ 形成原因分析

由于猴子岩地下厂区地应力水平高，围岩破坏模式主要为应力驱动型和应力结构面复合驱动型，其中复合驱动型的主因还是应力，从应力莫尔圆及围岩复合强度判据两个方面阐述应力驱动型的破坏机制。

（1）应力莫尔圆。图 1 从力学机制上分析了拉张破裂（T）、张剪破裂（TS）、剪切潜在破裂（S）等 3 种模式的受力情况。先运用传统的应力莫尔圆来说明：为什么猴子岩硬脆性围岩在高地应力条件下更容易产生损伤、破裂的原因。

图 3 为猴子岩高地应力条件下（$\sigma_1 \approx \sigma_2 > \sigma_3$，$\sigma_2 > \sigma_m$）的应力莫尔圆。在此种高地应力条件下，与一般地应力条件相比，应力莫尔圆与包络线的距离更近，洞室开挖后，σ_1 增大为 σ_1'，σ_3 减小为 σ_3'，开挖后的应力莫尔圆更加向强度曲线趋近，破坏接近度 d_{1min} 远小于 d_{0min}，猴子岩地应力条件下围岩更容易趋向破坏。即使当地下洞室轴线与 σ_1 方向完全一致时，在洞室壁面附近岩石的最大主应力虽约等于 σ_2，但是由于猴子岩的地应力是 $\sigma_2 \approx \sigma_1$，所以，在单轴应力状态下的围岩也容易破坏，说明靠调整洞室轴线的方式已难以规避高地应力对高边墙的不利影响。

（2）岩石强度应力比。猴子岩地下厂房围岩以变质灰岩为主，岩石单轴湿饱和抗压强度 60~100MPa，属于硬岩。考虑到猴子岩地下厂区最大应力超过 36MPa，岩石强度应力比 1.89~4.18，属于高~极高地应力水平，高地应力下硬岩也会出现工程软岩特征，变形破坏具有时效性。岩石强度应力比能综合反映地应力水平和岩体强度，当岩石强度应力比过低（小于 3），洞室开挖后围岩中形成的应力驼峰难以稳定在较浅的位置，会随着洞室开挖下卧往深部转移，应力驼峰经过的部位就形成开挖损伤区（EDZ）。

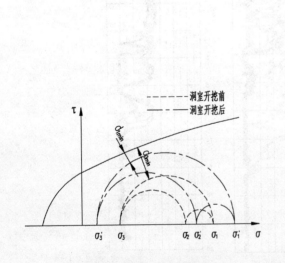

图 3　高地应力下的应力莫尔圆

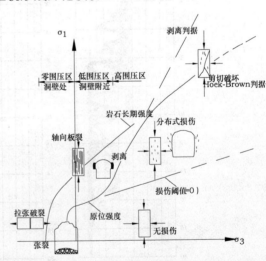

图 4　围岩复合强度判据

（3）复合强度判据。深部地下洞室岩石力学研究发现，广泛应用的修正 Hoek-Brown 强度判据也不能够很好的解释围岩的破坏情况，其原位强度判据应是一条复杂的复合强度曲线[4]，见图 4。洞室开挖后，原始地应力变成重分布应力。在重分布应力的低应力区，围岩产生拉裂、板裂和剥离破裂；随着重分布围压 σ_3 增大，在高地应力条件下，应力路径达到损伤阈值后，岩石开始起裂、裂纹经过稳定扩展、非稳定扩展、贯通，最终产生剪切破坏。

现场调查、监测检测资料均表明，猴子岩地下厂房的所有围岩变形破坏现象就是在这种复合机制下产生的。

4 对工程处理措施的思考

鉴于硬脆性围岩一旦产生损伤松弛，在工程设计年限内是一个不可逆过程。在 EDZ 区的拉张剥离面、张剪破裂面和剪切破裂面经历了起裂、稳定性扩展、非稳定性扩展等过程，岩体体积扩容，即产生了拉胀和剪胀。拉胀、剪胀后的围岩的抗拉强度、抗压强度、抗剪强度和抗变形能力急剧下降。产生的破裂面不能自行愈合，损伤岩体的完整性和承载力难以自行恢复、提高。并且，在低强度应力情况下，洞周围岩损伤松弛具有显著的时效特征，即使在开挖间歇期，围岩 EDZ 范围依然会往深部发展。

针对猴子岩地下厂房这类高～极高地应力条件下硬脆性围岩 EDZ 的特点，在洞室开挖期内，控制 EDZ 扩展是首要任务，根据猴子岩地下厂房工程设计和施工的经验教训，应对这类高地应力问题，有效的工程处理措施如下：

（1）严格控制爆破，一方面可以提高壁面平整度，减小局部应力集中；另一方面可以减小爆破对围岩的扰动程度，减小爆破形成的初始 EDZ 范围。猴子岩地下厂房开挖面的平整度很不理想，尤其是岩锚梁部位墙面凹凸不平，高差一般在 0.5～0.8m，局部可达 1m 以上。

（2）及时补偿侧向应力，适当恢复围岩的三向压缩状态，三向压缩情况下岩体强度远大于单向和双向压缩的岩体强度，如此浅层岩体能承受洞周应力驼峰处的荷载，可以有效抑制应力驼峰往深部转移的速度，从而达到限制硬脆性围岩 EDZ 扩展的目的。也就是说，浅层喷锚支护应紧跟开挖面，以提高浅层岩体的完整性，让应力驼峰停留在较浅的深度。

（3）锚索按"长锚索、低锁定吨位、大锚头"进行设计，尽量使施加墙面的侧向压力均匀分布。"长锚索"是指穿过 EDZ 范围，锚固段抵达完整岩体内。"低锁定吨位"一方面是指施加的预应力必须考虑受损岩体的强度，避免受损岩体进一步受损；另一方面是为围岩后续变形预留一部分锚固空间。"大锚头"是指通过大锚头把施加的预应力尽量地均匀地分布在受损围岩的墙面上，把"点"作用改善为"面"作用。

5 结语

猴子岩水电站地下厂区最大实测第一主应力值超过 36.5MPa，第二主应力值接近 30MPa，岩石强度应力比为 1.8～4.15，属于高～极高地应力区。工程实践证明，按工程类比法设计的开挖和支护方案不能满足猴子岩地下厂房围岩稳定的要求，在施工过程中出现了围岩时效性变形破裂现象，洞周围岩 EDZ 在洞室开挖期内持续往深部扩展。本文从应力莫尔圆和复合强度判据两方面分析了高第一、第二主应力情况下，围岩 EDZ 的成因及演化过程，并结合现场工程处理措施的实施效果，总结经验教训，提出应对此类高地应力问题的三点对策，即严格控制开挖爆破、及时补偿侧向应力以及按"长锚索、低锁定吨位、大锚头"的原则设计锚索。

参 考 文 献

[1] 程丽娟，侯攀，李治国. 尾水调压室围岩变形原因分析及加固措施研究 [J]. 人民长江，2014，45 (8)：55 – 59.

[2] 张罗彬，程丽娟，侯攀. 高第二主应力条件下大跨度洞室围岩变形破坏特征分析及支护措施 [J]. 长江科学院院报，2014，31 (11)：108 – 113.

[3] 董家兴，徐光黎，李志鹏，等. 高地应力条件下大型地下洞室群围岩失稳模式分类及调控对策 [J]. 岩石力学与工程学报，2014，33 (11)：2161 – 2170.

[4] 李志鹏，等. 猴子岩水电站地下厂房洞室群施工期围岩变形与破坏特征 [J]. 岩石力学与工程学报，2014，33 (11)：2291 – 2300.

大岗山水电站地下厂房顶拱塌方处理后的围岩稳定性数值分析

卢　薇

（中国电建集团成都勘测设计研究院有限公司　四川成都　610072）

【摘　要】 针对大岗山地下洞室开挖过程中顶拱出现的塌方现象，对塌方部位进行针对性处理，为明确塌方处理后洞室围岩稳定性，采用有限元分析的方法对该地下洞室开挖稳定性进行了数值分析，结果表明：顶拱坍塌段处理后，开挖中洞室群围岩的增量位移较小，下卧开挖对围岩应力状态影响较小，未见新增拉裂破坏区，顶拱支护结构具有较明显的支护保护作用；顶拱部位塑性区基本无变化，开挖结束后，各锚索内力均未超过设计吨位，具有较好支护效率与安全余量；塌方处理方案有效可行。

【关键词】 大岗山地下厂房　数值分析　开挖支护　围岩

1　引言

岩体是一种弹塑性介质，地下洞室开挖后围岩中发生的物理、力学效应一般都是非线性和不可逆的，不同的开挖方式将导致不同的围岩应力应变关系，获得不同的围岩稳定效果[1,2]。因此，在地下洞室施工过程中，分析其围岩应力、变形及稳定性，对于加快施工速度、保证工程安全、提高经济效益有着重要意义[3]。大岗山地下厂房顶拱在开挖过程中出现塌方现象，针对性处理后，为明确塌方处理后围岩稳定性，本文采用弹塑性有限元方法对大岗山地下厂房开挖过程进行数值模拟计算。通过分析地下厂房开挖过程中洞室围岩的变形状态、应力状态、塑性区分布，评价开挖支护方式对地下洞室整体稳定性的影响，为工程设计和施工决策提供理论参考依据。

2　工程概况

大岗山水电站坝址位于四川省大渡河中游雅安市石棉县挖角乡境内，上游与规划的硬梁包（引水式）电站尾水相接，下游与龙头石电站水库相接。电站枢纽主要由拦河混凝土双曲拱坝、泄洪消能建筑物、引水发电建筑物等组成，最大坝高 210m，电站装机容量 2600MW（4×650MW）。引水发电建筑物采用首部式地下厂房布置型式。地下厂房由主副厂房、主变室、尾水调压室三大地下洞室及母线洞、尾水连接洞等附属洞室组成。三大洞室平行布置，轴线方位 N55°E，垂直埋深 390～520m，水平埋深 310～530m。

厂房洞室群围岩岩性为灰白色、微红色中粒黑云二长花岗岩，局部为辉绿岩脉，岩类以Ⅲ/Ⅱ类为主。厂区无区域断裂切割，影响厂房围岩稳定的主要因素是 β_{80}， β₈₁岩脉断层破碎带及发育的缓倾角和陡倾裂隙。β₈₀岩脉断层破碎带厚度约 6.20m，两侧断层破碎带宽约 0.6m 和 1.2m，岩脉宽度 4.4m 呈碎裂结构，属 V 类围岩；β₈₁岩脉破碎带 1.98m，两侧断层破碎带宽约 0.13m 和 0.15m，岩脉宽度 1.7m 呈碎裂结构，属 IV 类围岩。

地下厂房开挖采用分层分区开挖，开挖过程中，在厂（横）0＋133.00～0＋147.00 段上游拱腰处发生塌方，塌方状况见图 1、图 2。塌方区位于 β₈₀辉绿岩岩脉破碎带及其下盘，塌腔形状似一倒置的偏向厂房左侧的不规则葫芦状，塌腔体形沿 β₈₀岩脉走向分布。

图 1　塌方现场　　　　　　　　　　　　图 2　塌方空腔

3　处理方案

通过现场勘查，提出了"两层型钢拱＋系统锚杆加密锚固＋加厚喷混凝土＋锚索＋塌方体固结灌浆等"综合支护方案，由型钢与喷混凝土组成的薄壳，并通过锚索和系统锚杆与顶拱岩体连接，形成约 9.0m 深的承载拱的加固方式。

为了保障塌方不再扩大，塌方处理施工安全，减小塌方处理对厂房施工工期的影响，分三期对塌方段进行加固处理。一期处理采用"加密锚杆＋小花管和大花管＋锚喷和型钢支护"的加固方案，其目的是在固化的塌方碴堆支撑作用下，对塌方体腔口及周边影响范围进行了循序渐进的加固施工，并在初期加固后全部挖除塌方体堆碴，为二期永久加固形成施工条件。塌方二期处理采用"两层型钢拱＋系统锚杆加密锚固＋加厚喷混凝土＋锚索＋塌方体固结灌浆＋塌腔排水等"的综合加固方案，其目的是以钻孔获取的塌腔情况为基本资料，在一期加固处理方案的基础上，对塌方段顶拱及边墙加强支护，保证洞室永久稳定。三期处理目的是复核塌腔大小及位置，对塌腔围岩进行支护，将上部围岩渗水引至塌腔外，减少渗水对塌方段加固处理的效果。

4　洞室围岩稳定数值分析

为了掌握地下厂房顶拱塌方段处理后，洞室群在施工过程的围岩的应力、变形规律、围岩失稳破坏模式等围岩力学行为，对塌方段洞室群开挖过程进行数值仿真分析。在计算时考虑真实的地形起伏特征与岩层分布状况，山体表层为 V 类岩体，深层有 IV 类、III 类、II 类；考虑洞室开挖及支护顺序，即每层支护完成后进行下层开挖，开挖过程按现施工顺序模拟（图3），共分为Ⅹ层开挖，第Ⅰ层开挖后，发生塌方，塌方段的加固处理项目完成后，再进行后续开挖。

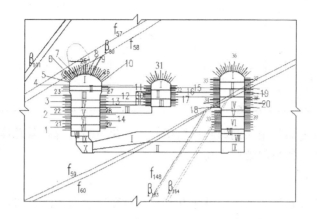

图 3　厂房施工开挖方案

β_{101}、β_{80}、β_{163}、β_{164}——辉绿岩岩脉；f_{57}、f_{58}、f_{59}、f_{60}、f_{148}——断层；

1～20——锚索编号；21～39——锚杆编号；Ⅰ～Ⅹ——开挖分层编号

4.1　计算模型

本文地质模型建立主要考虑了辉绿岩脉 β_{80}。模型包含了引水洞、主厂房、主变室、母线洞室和尾水调压室，将顶拱喷混凝土＋钢拱架的结构按复合梁单元处理；锚杆锚索的模拟除了施加了锚杆单元外，还对加锚后岩体进行了等效加固处理[4]。取坍塌空腔较大的厂（横）0＋135.00 剖面作为典型剖面进行计算，见图4。计算范围为宽度取 700m，厂房底板以下取 415m。根据实际的地形特征和地层分布以及现场施工开挖方案，数值计算网格见图5（局部放大图）。

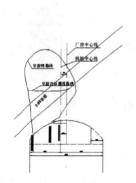

图 4　厂（横）0＋135.00 剖面图　　　　　　图 5　计算网格局部放大图

4.2　计算条件和计算参数

开挖计算采用弹塑性模型，屈服条件采用 Mohr-Coulomb 屈服准则。地下洞室围岩分类及岩体物理力学参数值见表 1。

表 1　岩体物理力学参数表

围岩类别	干密度 /(g·cm⁻³)	抗压强度 /MPa	变形模量 /GPa	泊松比	抗剪断强度	
					f'	C'/MPa
Ⅱ	2.65	75	18.5	0.25	1.3	2.0
Ⅲ	2.62	50	6	0.285	1.1	1.25
Ⅳ	2.58	30	1.25	0.35	0.8	0.7
Ⅴ	2.45	<15	0.25	0.4	0.4	0.175

厂区初始地应力场采用实测回归反演得到的结果进行计算，其总体为自重应力和构造应力联合组成的中等偏高的地应力场。

4.3　计算成果分析

（1）洞周位移分布见图 6，β_{80} 岩脉由上至下斜穿顶拱与上游边墙，对上游边墙有较明显的影响，顶拱塌方处理后，在后续开挖中增量变形主要发生在上游边墙部位，以最靠近 β_{80} 岩脉的岩壁吊车梁附近变形最大。最大增量位移约为 9cm，发生在岩壁吊车梁与上游拱脚之间的部位，顶拱部位的增量变形较小。

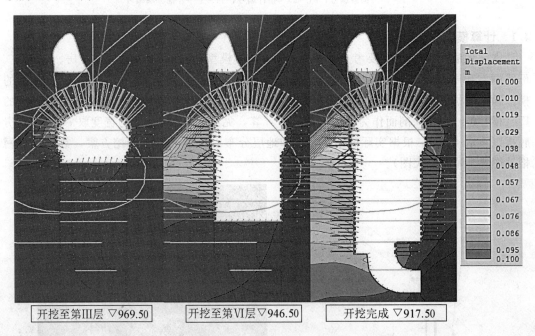

开挖至第Ⅲ层 ▽969.50　　开挖至第Ⅵ层 ▽946.50　　开挖完成 ▽917.50

图 6　主厂房洞室支护后各开挖步增量变形矢量图和云图

（2）洞周应力分布见图 7，坍塌发生后，塌腔与 β_{80} 岩脉相交部位形成一部分拉应力区。随下卧开挖进行，此部分拉应力区未发生进一步扩展，显示出顶拱支护结构具有较明显的作用。开挖完成后，除在机窝几何形态突变部位新增一部分拉应力区，其他部位未见新增拉应力区。

（3）洞周塑性区分布见图 8，坍塌发生后，坍塌体部位形成一部分拉裂破坏区，随下

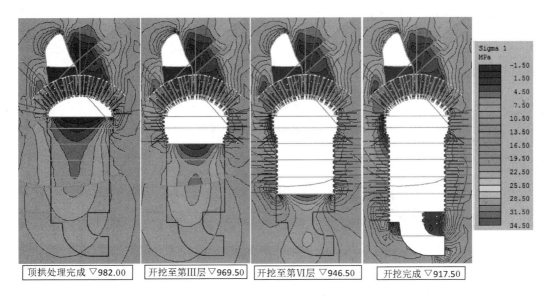

| 顶拱处理完成 ▽982.00 | 开挖至第III层 ▽969.50 | 开挖至第VI层 ▽946.50 | 开挖完成 ▽917.50 |

Sigma 1
MPa
-1.50
1.50
4.50
7.50
10.50
13.50
16.50
19.50
22.50
25.50
28.50
31.50
34.50

图 7　主厂房洞室支护后各开挖步最大主应力云图

卧开挖进行，此部分拉裂破坏区未发生进一步扩展，整个顶拱的塑性区也不随下卧开挖而改变，显示出顶拱支护结构具有较明显的作用。下卧开挖过程中主厂房上下游边墙呈现出由开挖面向岩体深部延伸的趋势，受 β_{80} 岩脉影响，上游边墙的塑性区与 β_{80} 岩脉贯通，范围较大。整个下卧开挖过程中未见新增拉裂破坏区。

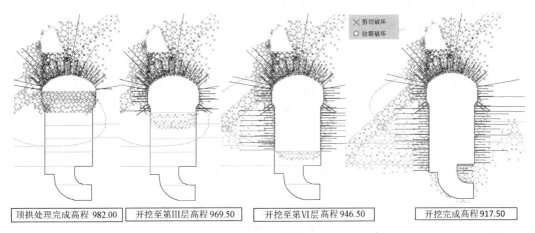

× 剪切破坏
◇ 拉裂破坏

| 顶拱处理完成高程 982.00 | 开挖至第III层高程 969.50 | 开挖至第VI层高程 946.50 | 开挖完成高程 917.50 |

图 8　主厂房洞室支护后各开挖步塑性区示意图

（4）洞周锚杆锚索受力情况见图 9、图 10，其中正数为拉力，负数为压力，左端为锚杆起点，右端为终点。厂房开挖完成后，洞周锚杆、锚索主要承受拉应力，主厂房拱脚、拱腰和拱顶部位的锚杆、锚索拉力较大，特别是拱顶穿过断层破碎带的预应力锚杆、锚索拉力最大（如 4# 、6# 锚杆，4# 、5# 、6# 锚索），4# 锚杆拉应力 206kN。表明坍塌部位锚杆、锚索的承载能力已得到充分的发挥，加锚支护有效保证了围岩的安全稳定。

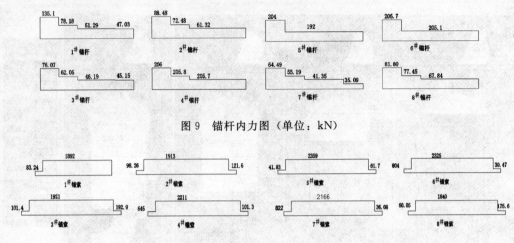

图9 锚杆内力图（单位：kN）

图10 锚索内力（单位：kN）

5 结语

（1）顶拱坍塌段处理后，下卧开挖中洞室群围岩的增量位移主要发生在上游岩壁吊车梁部位，但最大增量位移量较小（约为9cm），不影响洞周围岩的稳定。下卧开挖对围岩应力状态影响较小，未见新增拉裂破坏区，顶拱支护结构具有较明显的支护保护作用。

（2）下卧开挖过程中，顶拱部位塑性区基本无变化，但受 β_{80} 岩脉影响，上游边墙的塑性区与 β_{80} 岩脉贯通，范围较大，应加强支护。开挖结束后，各锚索内力均未超过设计值，显示出较好支护效率与安全余量，作为复合衬砌主要受力部件的钢拱架受力较为良好，承载力余量较大。

（3）"两层型钢拱＋系统锚杆加密锚固＋加厚喷混凝土＋锚索＋塌方体固结灌浆等"综合支护方案有效可行，通过处理后的塌方段洞室是稳定的，但由于塌方段地质条件极其复杂，以及运行期间可能产生的塌方段围岩稳定的不利因素，需加强塌方段各项监测工作。

参 考 文 献

[1] 朱维申，何满潮．复杂条件下围岩稳定性与岩体动态施工力学 [M]．北京：科学出版社，1996．
[2] 肖明．地下洞室施工开挖三维动态过程数值模拟分析 [J]．岩土工程学报，2000，22（4）：421－425．
[3] 刘进宝．地下洞室施工开挖的三维弹塑性数值模拟分析 [J]．水力发电，2007，3（10）：34－37．
[4] 左双英，肖明，来颖，基于FLAC3D的某水电站大型地下洞室群开挖及锚固效应数值分析 [J]．武汉大学学报（工学版），2009，42（4）：432－436．

基于欧洲标准的苏布雷水电站垫层蜗壳结构三维有限元分析

吕文龙　王树平　赵群章

（中国电建集团成都勘测设计研究院有限公司　四川成都　610072）

【摘　要】 近年来，国内水电企业积极响应国家"走出去"战略，拓展国际水电市场。正在建设的苏布雷水电站被誉为科特迪瓦的"三峡电站"，项目的勘测设计采用欧洲标准。本文分析了欧洲标准与国内行标在混凝土结构设计时的主要异同，基于欧洲标准采用 Abaqus 软件开展苏布雷水电站垫层蜗壳结构的有限元分析，完成了蜗壳垫层铺设方案的比选。根据选定的垫层铺设方案，采用有限元主拉应力图形配筋法进行配筋计算，并通过限制钢筋应力的裂缝控制方法修正有限元配筋计算成果，指导工程设计和施工。

【关键词】 欧洲标准　垫层蜗壳　有限元　配筋计算

1 引言

近年来，随着国内一大批重点工程的投产发电，国内水电开发的增长势头必然显著放缓。反观国际水电市场，全球水能资源丰富，大多数国际性河流的开发利用程度都比较低，尚待开发，国际水电市场前景广阔。国内水电企业积极响应国家"走出去"战略，拓展国际水电市场。正在建设的科特迪瓦苏布雷水电站是由中国企业实施 EPC 总承包的国外综合性水电项目，根据项目合同规定，苏布雷水电站的勘测设计采用欧洲标准。

苏布雷水电站蜗壳结构型式选用垫层蜗壳，垫层蜗壳结构的受力情况和结构型式均较为复杂，且国内基于欧洲标准的垫层蜗壳结构有限元分析一片空白。本文分析了欧洲标准与国内行标在混凝土结构设计上的主要异同，基于欧洲标准采用 Abaqus 软件开展了苏布雷水电站垫层蜗壳的有限元分析。首先针对拟定的 3 种垫层铺设方案开展有限元对比分析，选定推荐的垫层铺设方案；采用主拉应力图形配筋法对推荐方案的垫层蜗壳结构开展有限元配筋计算，通过限制钢筋应力的裂缝控制方法修正配筋计算成果，指导工程设计和施工。

2 欧洲标准与国内行标的主要异同

欧洲标准与国内行标的结构设计基础理论是一致的，均采用概率极限状态设计原则，以分项系数设计表达式进行设计，但两者的计算系数选取不同，系数取值也不同。欧洲标准极限状态公式中主要有荷载分项系数及材料分项系数 2 个系数；国内行标极限状态公式主要有荷载分项系数、结构系数、结构重要性系数及设计状况系数等 4 个系数。以承载能力极限状态公式为例：

欧洲标准承载能力极限状态公式为

$$E\left(\sum_{i\geqslant 1}\gamma_{F,i}F_{k,i};a_d\right) \leqslant R\left(\sum_{j\geqslant 1}\frac{X_{k,j}}{\gamma_{M,j}};a_d\right)$$

国内行标承载能力极限状态公式为

$$\gamma_0\psi E\left(\sum_{i\geqslant 1}\gamma_{F,i}F_{k,i};a_d\right) \leqslant \frac{1}{\gamma_d}R\left(\sum_{j\geqslant 1}X_{d,j};a_d\right)$$

式中 E——作用效应组合的设计值；

R——结构构件的抗力设计值；

γ_F——荷载分项系数；

F_k——作用荷载；

a_d——几何参数设计值；

X_k——材料强度设计值；

γ_M——材料分项系数；

γ_0——结构重要性系数；

ψ——设计状况系数；

γ_d——结构系数。

在结构设计时，欧洲标准与国内行标对混凝土、钢筋等主要材料的规定也存在一定的差异。欧洲标准中混凝土的强度等级用混凝土圆柱体抗压强度标准值表示（$\phi150mm\times300mm$ 的圆柱体标准试件），国内行标中混凝土的强度等级用混凝土立方体抗压强度标准值表示（$150mm\times150mm\times150mm$ 的立方体标准试件），两者均为 28 天龄期具有 95% 保证率的抗压强度；另外欧洲标准中常用的钢筋类型为 B500A、B500B、B500C，钢筋强度标准值为 500MPa，钢筋强度设计值为 435MPa，国内行标中常用的钢筋类型为 HRB335、HRB400，其中以 HRB400 级钢筋为例，其钢筋强度标准值为 400MPa，钢筋强度设计值为 360MPa。

另外，欧洲标准与国内行标在结构承载能力极限状态计算及正常使用极限状态验算中的计算规定存在一定差异。本文开展垫层蜗壳结构的有限元分析，主要研究了欧洲规范与国内行标关于非杆件体系结构裂缝控制验算的异同，对于采用有限元法进行结构计算的非杆件体系结构，两者均提出了采用限值钢筋应力的方法进行裂缝控制，但应力限值系数的取值不同。

3 有限元配筋计算方法及原理

水电站厂房蜗壳结构主要由钢蜗壳、座环（以下简称为钢衬）及外围大体积混凝土组成的复杂结构，属于典型的钢衬混凝土结构，欧洲标准及国内行标均没有专门针对蜗壳结构规定相应的有限元配筋计算原则。苏布雷水电站垫层蜗壳结构有限元配筋选用国内外普遍认可的主拉应力图形配筋法进行计算，将蜗壳外围混凝土归为非杆件体系钢筋混凝土结构，其配筋计算原则是先求得蜗壳外围混凝土结构的弹性应力图形，根据主应力图形面积

积分确定配筋数量，受力钢筋截面面积 A_s 满足

$$T \leqslant 0.6T_c + f_y A_s$$
$$T_c = A_a b \qquad T = Ab$$

式中　　T——由荷载设计值计算得出的弹性总拉力；

　　　　A——弹性应力图形中主拉应力区域的总面积；

　　　　b——结构配筋截面宽度；

　　　　T_c——混凝土承担的拉力，当弹性应力图形的受拉区高度大于结构截面高度的 2/3
时 $T_c = 0$；

　　　　A_a——弹性应力图形中主拉应力值小于混凝土轴心抗拉强度设计值 f_t 的区域面积
（图 1 中的阴影部分）；

　　　　f_y——钢筋抗拉强度设计值；

欧洲标准承载能力计算时无结构系数。

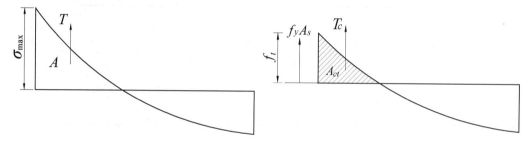

图 1　按弹性应力图形配筋示意图

采用主拉应力图形配筋法进行配筋计算时，无法直接得出结构混凝土的裂缝宽度，欧洲标准与国内行标均建议通过限制钢筋应力的方法间接控制裂缝宽度，在特征组合荷载下，钢筋承担的拉应力不超过 kf_{yk}，k 为钢筋应力限制系数，欧洲标准中通过大量的结构试验成果建议钢筋应力限制系数取 0.8，国内行标建议取 0.5～0.7。本次计算通过限制钢筋应力的裂缝控制方法修正主拉应力图形配筋法的配筋计算成果，钢筋应力限制系数取为 0.8。

4　苏布雷水电站工程概况

苏布雷水电站是科特迪瓦国家能源平衡战略的核心项目，被誉为科特迪瓦的"三峡电站"。电站总装机 275MW，主要建筑物有土石坝、泄洪闸、生态电站、引水渠、进水口、压力钢管、主电站和尾水渠、变电站和输变电线路等，大坝轴线长 4.5km。

主电站地面厂房内布置有 3 台混流式机组，单机容量 90MW，单机引用流量为 238m³/s。蜗壳结构型式为垫层蜗壳，蜗壳进口最大直径 7.132m，最大工作水头 46.14m，最小工作水头 38.70m，额定水头 43.00m，水击水头 60.00m。蜗壳外围混凝土采用 C20/C25 混凝土，混凝土圆柱体抗压强度为 20MPa，立方体抗压强度为 25MPa；钢衬材质为 Q345R，垫层材料为高压聚乙烯闭孔泡沫板。混凝土、钢衬及垫层材料参数见表 1。

表 1 混凝土、钢衬及垫层材料参数表

材料类型	弹性模量 E /MPa	泊松比 μ	容重 /(kN·m^{-3})	抗拉强度设计值 /MPa	抗压强度设计值 /MPa
混凝土	3.0×10^4	0.2	25	1.0	11.3
钢衬	2.06×10^5	0.3	78.5	500	500
垫层	2.5	0.25	1.4	—	—

蜗壳结构承受荷载主要包括结构自重、楼面活荷载、机组设备荷载及蜗壳内水压力等，甩负荷工况承受内水压力 0.6MPa，其余工况承受的内水压力均为 0.481MPa，厂家提供的各工况下主要机电设备荷载见表 2。

表 2 各工况机电设备荷载表 单位：kN

工 况	定子基础			下机架基础		上机架基础	
	轴向荷载	径向荷载	切向荷载	轴向荷载	径向荷载	径向荷载	切向荷载
额定运行	188	277	200	1243	186	53	20
半数磁极短路	188	538	451	1243	1028	236	39
甩负荷	188	707	770	638	0	0	69

5 三维有限元计算

5.1 有限元模型

有限元计算选取 2# 机组段作为典型机组段进行三维建模，模型包含机墩、风罩、蜗壳外围混凝土（发电机层至尾水锥管底部）、座环及钢蜗壳等，全部按照设计尺寸建模。模型整体直角坐标系 OXYZ 符合右手坐标系的规定，即顺水流方向为 X 轴正向，水平从右岸指向左岸为 Y 轴正向，铅垂向上为 Z 轴正向。模型底部取全约束，上游面钢蜗壳取法向约束，其余部分取自由面，下游面及左、右侧面及顶部取为自由面。垫层蜗壳结构有限元模型中蜗壳外围混凝土和座环、机墩采用 C3D4 三维实体单元，钢蜗壳采用 S4R 壳单元，垫层采用 SC8R 壳单元。模型单元总数为 114040 个，节点总数为 28377 个。垫层蜗壳结构三维有限元模型见图 2。有限元分析选取 8 个典型计算断面，蜗壳外围混凝土典型计算断面及特征点示意图见图 3。

5.2 垫层铺设方案比选

苏布雷水电站蜗壳结构型式为垫层蜗壳，垫层的铺设范围直接影响蜗壳外围混凝土的受力状况，垫层铺设方案的选择至关重要。经设计、业主、设计监理开展技术讨论，初步拟定三种垫层铺设方案，方案 1 垫层沿水流向铺设至 90°，沿环向铺设至腰线；方案 2 垫层沿水流向铺设至 90°，沿环向铺设至腰线下 45°；方案 3 垫层沿水流向铺设至 180°，沿环向铺设至腰线下 45°。三种垫层铺设方案三维视图具体见图 4。

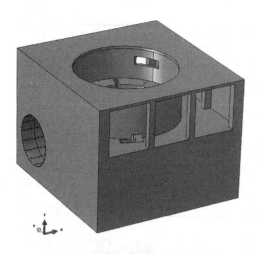

图 2　三维有限元整体模型

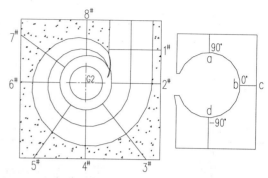

图 3　蜗壳外围混凝土典型计算断面及特征点示意图

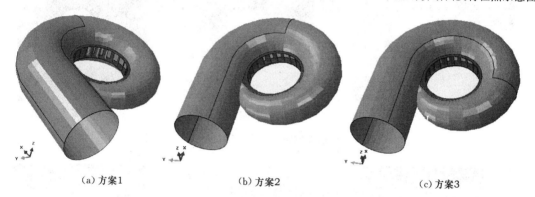

（a）方案1　　　　　　　　（b）方案2　　　　　　　　（c）方案3

图 4　3 种垫层铺设方案三维视图

选取甩负荷工况对 3 种垫层铺设方案进行有限元计算。3 种垫层铺设方案蜗壳外围混凝土特征点环向应力对比见表 3，蜗壳上、下部混凝土主应力云图见图 5 和图 6，其中拉应力为正，压应力为负。

表 3　　　　　　　　　3 种垫层铺设方案蜗壳外围混凝土特征点环向应力对比表

断面	特征位置	方案 1	方案 2	方案 3	断面	特征位置	方案 1	方案 2	方案 3
直管段 1#	a 点	0.29	0.03	0.02	3#	a 点	−0.37	−0.50	−0.42
	b 点	0.33	0.04	0.03		b 点	0.09	0.10	0.08
	c 点	0.97	0.31	0.30		c 点	−0.04	−0.04	−0.04
	d 点	1.21	0.46	0.37		d 点	0.38	−0.16	−0.25
直管段 2#	a 点	0.23	0.01	0.04	4#	a 点	0.19	0.24	−0.41
	b 点	0.51	0.03	0.02		b 点	0.36	0.21	0.09
	c 点	0.90	0.30	0.30		c 点	−0.01	−0.02	−0.02
	d 点	1.13	0.77	0.70		d 点	0.28	0.21	−0.13

断面	特征位置	方案1	方案2	方案3	断面	特征位置	方案1	方案2	方案3
5#	a点	1.05	1.16	−0.72	7#	a点	1.04	1.04	0.82
	b点	0.53	0.55	0.05		b点	0.45	0.45	0.29
	c点	−0.03	−0.03	−0.04		c点	−0.11	−0.11	−0.08
	d点	0.34	0.34	0.15		d点	0.52	0.51	0.38
6#	a点	1.09	1.07	0.51	8#	a点	0.59	0.57	0.42
	b点	0.46	0.58	0.10		b点	0.89	0.87	0.64
	c点	0.43	0.43	0.23		c点	0.23	0.23	0.19
	d点	0.71	0.72	0.55		d点	0.28	0.28	0.20

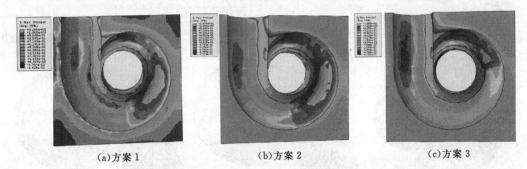

(a)方案1　　　　　　(b)方案2　　　　　　(c)方案3

图5　3种垫层铺设方案钢蜗壳上部混凝土主应力云图

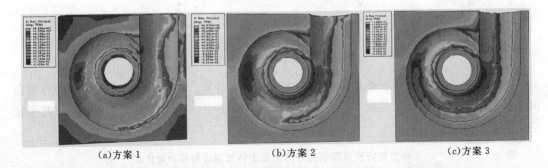

(a)方案1　　　　　　(b)方案2　　　　　　(c)方案3

图6　3种垫层铺设方案钢蜗壳下部混凝土主应力云图

从3种垫层铺设方案的有限元对比分析成果可以看出：①在垫层铺设范围内，蜗壳外围混凝土的应力能够得到明显改善，垫层的设置对改善混凝土的应力状况作用显著；②蜗壳外围混凝土典型计算断面示意图中蜗壳进口直管段左侧机组分缝部位的混凝土较薄，属薄弱部位，方案1该部位的混凝土应力较大，方案和方案3将垫层沿环向延伸至腰线下−45°，较好地改善了该部位的混凝土应力状况；③在表3中蜗壳外围混凝土特征点的应力对比中，方案3明显小于方案2和方案1，设计时将方案3作为推荐垫层铺设方案。

5.3　有限元配筋计算

根据选定的垫层铺设方案，选取额定运行工况、甩负荷工况、半数磁极短路工况进行有限元配筋计算。3 种计算工况蜗壳外围混凝土典型部位的主应力云图，见图 7。3 种计算工况的钢衬 Misses 应力云图，见图 8。

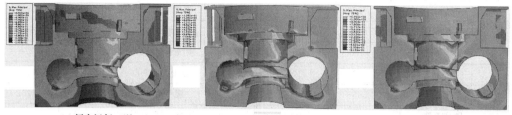

(a)额定运行工况　　　　　　　(b)甩负荷工况　　　　　　　(c)半数磁极短路工况

图 7　3 种计算工况蜗壳外围混凝土典型部位主应力云图

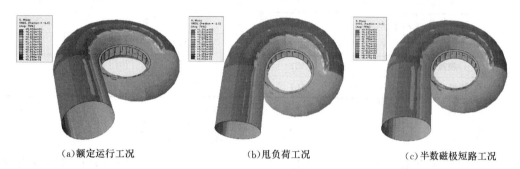

(a)额定运行工况　　　　　　　(b)甩负荷工况　　　　　　　(c)半数磁极短路工况

图 8　3 种计算工况钢衬 Misses 应力云图

垫层蜗壳结构在额定运行、甩负荷及半数磁极短路 3 种工况下的有限元计算成果得出：

（1）3 种工况下，蜗壳外围混凝土的应力分布规律基本一致，蜗壳外围混凝土环向应力大部分为拉应力，大部分区域沿径向远离蜗壳的点拉应力逐渐减小。蜗壳外围混凝土大部分区域水流向应力小于环向应力，局部位置的水流向应力为压应力。

（2）3 种工况下，钢衬的应力分布规律基本一致，铺设垫层部位的 Misses 应力值大于其他部位，垫层的铺设使得钢衬承担了更多比例的内水压力。额定运行、半数磁极短路及甩负荷三种工况的钢蜗壳最大 Misses 应力分别为 99.26MPa、99.29MPa 及 124.10MPa，甩负荷工况最大。上述钢衬的应力成果都是在假定混凝土为线弹性材料的基础上得到的，实际上当混凝土拉应力超过其抗拉强度时，混凝土将开裂，此时钢蜗壳和座环的应力将会有所增加。

（3）额定运行工况、半数磁极短路工况下，钢蜗壳和外围混凝土均共同承担 0.481MPa 的内水压力，甩负荷工况下，钢蜗壳和外围混凝土共同承担 0.6MPa 的内水压力，甩负荷工况下的混凝土的拉应力区域面积及特征点拉应力幅值明显大于其余两种工况。

根据苏布雷水电站垫层蜗壳结构的有限元分析成果，选取甩负荷工况作为最不利工况，采用主拉应力图形配筋法进行配筋计算，并通过限制钢筋应力的裂缝控制方法进行修正，最终得出的蜗壳外围混凝土典型计算断面配筋面积见表 4。

根据有限元配筋计算结果，并参考类似工程。苏布雷水电站蜗壳外围混凝土环向配筋采用 $\Phi 25@150mm$，$As=3436mm^2$，水流向配筋采用 $\Phi 20@150mm$，$As=2199mm^2$。

表 4   蜗壳外围混凝土典型计算断面配筋面积表

断面	特征位置	环向配筋	水流向配筋	断面	特征位置	环向配筋	水流向配筋
直管段 1#	腰线上部90°	717	897	5#	腰线上部90°	0	1559
	腰线处0°	543	426		腰线处0°	0	963
	腰线下部-90°	1676	58		腰线下部-90°	1576	220
直管段 2#	腰线上部90°	676	1003	6#	腰线上部90°	996	1246
	腰线处0°	565	473		腰线处0°	736	1252
	腰线下部-90°	1754	112		腰线下部-90°	1586	138
3#	腰线上部90°	0	1199	7#	腰线上部90°	2606	1375
	腰线处0°	0	925		腰线处0°	733	1488
	腰线下部-90°	1511	146		腰线下部-90°	1173	108
4#	腰线上部90°	0	1372	8#	腰线上部90°	1649	1754
	腰线处0°	0	922		腰线处0°	3053	48
	腰线下部-90°	1583	107		腰线下部-90°	593	0

6 结语

（1）3 种垫层铺设方案的有限元对比分析成果表明，在垫层铺设范围内，蜗壳外围混凝土的应力能够得到明显改善，垫层的设置对改善混凝土的应力状况作用显著，垫层铺设方案 3 中蜗壳外围混凝土的拉应力区域面积及特征点拉应力幅值均较小，设计时选取方案 3 作为推荐垫层铺设方案合理。

（2）根据选定的垫层铺设方案，开展了蜗壳结构在额定运行、甩负荷及半数磁极短路 3 种工况下的有限元分析，在甩负荷工况下蜗壳外围混凝土拉应力区域面积及特征点拉应力幅值均最大，选取甩负荷工况作为最不利工况进行蜗壳结构配筋计算。

（3）采用主拉应力图形配筋法进行配筋计算，并通过限制钢筋应力的裂缝控制方法进行修正得出有限元配筋计算成果，并参考类似工程，蜗壳外围混凝土环向配筋采用 $\Phi 25@150\text{mm}$，$As=3436\text{mm}^2$，水流向配筋采用 $\Phi 20@150\text{mm}$，$As=2199\text{mm}^2$。

参 考 文 献

[1] Euro codes-Basis of Structural Design [S]. CEN, 2002.

[2] 贡金鑫，车轶，李荣庆. 混凝土结构设计（按欧洲规范）[M]. 北京：中国建筑工业出版社，2009.

[3] DL/T 5057—2009 水工混凝土结构设计规范 [S]. 北京：中国电力出版社，2010.

[4] 熊清蓉，肖明，李玉婕. 复杂非杆件结构配筋计算方法及应用 [J]. 水电能源科学，2010（12）：71-73.

[5] 徐强，吴胜兴. 非杆系钢筋混凝土结构配筋设计方法 [J]. 土木工程学报，2006，39（5）：23-28.

[6] 于跃，张启灵，伍鹤皋. 水电站垫层蜗壳配筋计算 [J]. 水力发电学报，2009，42（8）：673-677.

［7］ 申艳，伍鹤皋，蒋逮超．大型水电站垫层蜗壳结构接触分析［J］．水力发电学报，2006，25（5）：74－78．

［8］ 马震岳，张运良，陈婧，等．巨型水轮机蜗壳软垫层埋设方式可行性论证［J］．水力发电，2006，32（1）：28－32．

工 程 设 计

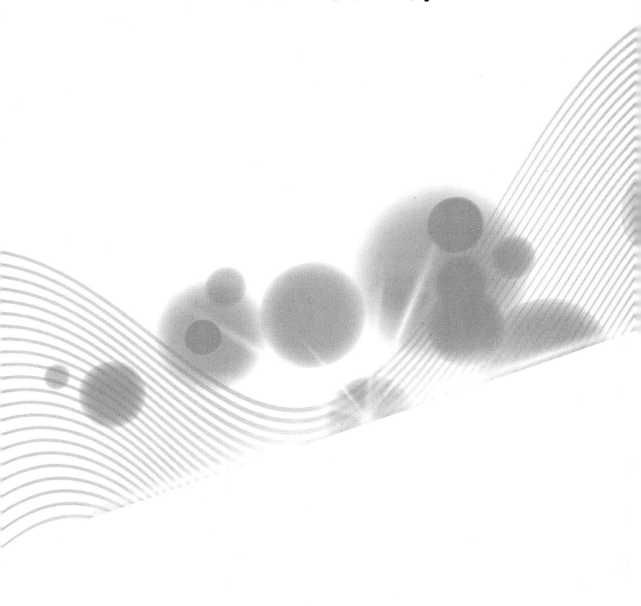

白鹤滩高拱坝整体稳定性分析与安全评价

陈　媛[1]　张　林[1]　杨宝全[1]　徐建荣[2]　何明杰[2]　张伟狄[2]

（1　四川大学水力学与山区河流开发保护国家重点实验室、水利水电学院　四川
成都　610065；2　中国电建集团华东勘测设计研究院有限公司　浙江杭州　311100）

【摘　要】 白鹤滩水电站是位于金沙江干流上的重要梯级电站。工程开发任务以发电为主，兼顾防洪，电站装机 16000MW，是"西电东送"的骨干电源点之一。该工程大坝为混凝土双曲拱坝，最大坝高 289.0m。坝址区河谷呈左岸低、右岸高的不对称"V"形，坝肩坝基地质构造复杂，岩体内发育有断层、层间层内错动带、柱状节理、卸荷裂隙等构造，对拱坝与地基的整体稳定性带来不利影响。本文采用三维地质力学模型综合法试验，研究了白鹤滩高拱坝与地基的整体稳定性。试验中充分考虑影响坝肩坝基稳定的各种因素，真实模拟多种不利地质构造，通过模型破坏试验获得了拱坝与地基的变形特征、失稳破坏形态、破坏过程与破坏机理，分析了坝与地基的整体稳定性，确定了拱坝整体稳定安全系数为 4.2～4.8，评价了工程的安全性，并针对所揭示的薄弱环节提出了加固处理措施建议。

【关键词】 高拱坝　复杂地基　整体稳定性　安全评价　地质力学模型试验

1　引言

随着我国国民经济的快速发展以及西部大开发战略的深入，一大批高坝工程相继进入规划、设计和建设阶段，如金沙江溪洛渡高拱坝（285.5m）和乌东德高拱坝（270m）、澜沧江小湾高拱坝（294.5m）、雅砻江锦屏一级高拱坝（305m）和大渡河大岗山高拱坝（210m）等。

这些高拱坝大都建设在我国西部的高山峡谷地区，坝址区地质条件复杂[1]，坝肩稳定和工程安全问题突出，成为目前学术界和工程界最关心的问题[2-3]。地质力学模型试验是解决上述问题的重要方法之一[4-5]。地质力学模型试验是一种破坏试验方法，将原型工程按相似关系缩小后进行缩尺模拟，开展工程和地质问题的研究，其显著特点是在模型中能较真实地模拟复杂地质构造，并获得直观形象的试验结果[6-9]。

金沙江白鹤滩高拱坝工程，坝址区地质条件十分复杂，拱坝与地基的整体稳定性问题非常严峻。根据工程安全建设的需要，本文采用三维地质力学模型综合法试验，开展白鹤滩拱坝与地基的整体稳定问题研究。通过模型破坏试验，获得拱坝与坝肩坝基的变形特征、失稳形态、破坏过程与破坏机理，确定拱坝整体稳定安全系数，综合评价工程的安全性，为工程设计、施工和加固提供科学依据。

2　工程概况

白鹤滩水电站位于四川省宁南县和云南省巧家县境内，是金沙江下游干流河段的第二

个梯级电站，上接乌东德，下邻溪洛渡。电站开发任务以发电为主，兼有防洪、拦沙、改善下游航运条件和发展库区通航等综合功能，是"西电东送"的骨干电源点之一。水库正常蓄水位 825m，总库容 206.27 亿 m³，地下厂房装机容量 1600 万 kW。电站建成后，将仅次于三峡水电站成为中国第二大水电站，可明显改善下游溪洛渡、向家坝、三峡、葛洲坝等梯级电站的供电质量。白鹤滩水利枢纽工程为 I 等工程，枢纽由拦河坝、泄洪消能系统、引水发电系统等主要建筑物组成。拦河坝为混凝土双曲拱坝，坝顶 834.00m 高程，最大坝高 289m，建基面自左岸高程 720.00m～河床～右岸高程 610.00m 布置有扩大基础，拱坝与扩大基础结构示意图见图 1。

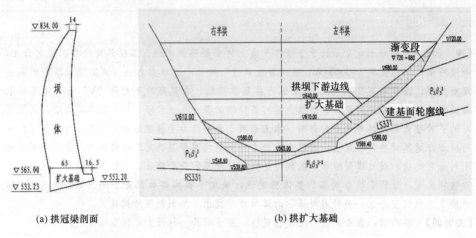

图 1　拱坝与扩大基础结构示意图（单位：m）

3　坝区地形地质条件

坝区属中山峡谷地貌，金沙江流向总体由南到北，两岸为倾向南东的单斜构造，左岸为斜顺向坡，右岸为斜反向坡，缓倾上游偏右岸，使河谷呈左岸低缓、右岸高陡的不对称"V"字形，坝址区地质剖面与平切图见图 2。坝址区主要出露地层为峨眉山组玄武岩，共分为 11 个岩流层，形成两岸似层状岩坡，此外坝基范围的 $P_2\beta_3^2$、$P_2\beta_3^3$ 两个亚层内柱状节理发育，柱体大小不均、特征明显，柱状节理玄武岩见图 2，影响坝基承载能力。

图 2　柱状节理玄武岩

坝址区地质条件复杂，坝肩及坝基主要发育有断层、层间层内错动带与裂隙等不利地质构造：

（1）断层数量达上百条，具有 60°以上的陡倾角。规模较大的有 F_{14}、F_{16} 和 F_{17} 断层，断层宽度大多为 0.1～0.3m，带内以角砾化、节理化构造岩为主，少量碎裂岩及断层泥。

（2）层间错动带与岩流层产状一致，坝区 11 个岩流层除第一岩流层顶部外，其余 10 个岩流层顶部有构造错动。左岸山体发育有 C_{3-1}、C_3；右岸山体发育有 C_{3-1}、$C_3 \sim C_{10}$ 层间错动带；C_2 深埋于河床高程 500.00m 以下。

（3）层内错动带与岩流层近平行，透水性较好。左岸延伸较长的为 LS_{337}，右岸延伸较长的为 RS_{336}。

（4）裂隙主要有原生裂隙、构造裂隙、卸荷裂隙。

坝址区工程地质构造结构见图 2，由图可见两岸地形地质条件存在明显的不对称性：左岸低缓且地质条件较差，右岸高陡地质条件相对较好，这种地质构造的复杂性和不对称性给坝与地基整体稳定性带来极其不利的影响，严重影响到工程的安全性[10-11]。因此，全面深入开展白鹤滩拱坝与地基的整体稳定及坝基加固处理研究[12-13]十分必要。

4 试验方法与研究内容

4.1 试验方法

地质力学模型试验建立在模型相似理论基础上，模型中的物理量按照相似关系可换算为原型物理量，从而达到通过模型研究原型的目的。地质力学模型试验需要满足几何尺寸、物理变化过程、作用力、边界条件、初始条件等相似条件，主要相似关系如下[14]：

$$C_\gamma = 1$$
$$C_\varepsilon = 1$$
$$C_f = 1$$
$$C_\mu = 1$$
$$C_\sigma = C_\varepsilon C_E$$
$$C_\sigma = C_E = C_c = C_\gamma C_L$$
$$C_F = C_\sigma C_L^2 = C_\gamma C_L^3$$

式中　C_E——变形模量化；

　　　C_γ——容重比；

　　　C_L——几何化；

　　　C_σ——应力比；

　　　C_ε——应变比；

　　　C_F——荷载比；

　　　C_μ——泊松比；

　　　C_f——摩擦系数；

　　　C_c——黏聚力。

相似比为原型参数与模型参数的比值。

坝与地基稳定的地质力学模型试验主要有三种方法：超载法、降强法与综合法[15-17]。三种试验方法考虑影响稳定安全的因素有所区别：

（1）超载法假定坝肩坝基岩体的力学参数不变，逐步增加坝体上游水荷载，当模型发生大变形时的超载倍数 K_P' 称为超载安全系数 K_{SP}，这种方法反映了超标洪水对工程安全度的影响。

（2）降强法考虑了工程在长期运行中，由于库水的浸泡或渗漏使岩体及结构面力学参数逐步降低等对工程安全度的影响，试验时通过逐步降低岩体及软弱结构面的力学参数直至破坏失稳，当模型发生大变形时的降强倍数 K'_S 称为降强安全系数 K_SS。

（3）综合法结合超载法和降强法，在同一个模型上进行超载法和降强法试验，综合反映突发洪水与材料参数弱化等多种因素对工程稳定安全性的影响，模型的降强倍数 K'_S 与发生大变形时的超载倍数 K'_P 的乘积称为综合法安全系数 $K_\mathrm{SC} = K'_\mathrm{S}K'_\mathrm{P}$。

超载法是一种常规的地质力学模型试验方法，通过油压千斤顶加载实现对上游水压力

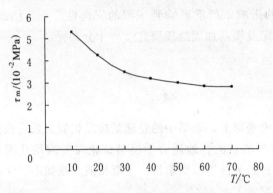

图 3　变温相似材料 τ_m—T 关系曲线

的超载。而降强法与综合法是建立在新型模型材料——变温相似材料实验技术基础上，在传统模型材料中添加适量高分子材料，通过不断升温使高分子材料熔化，从而逐步降低材料强度，实现对材料参数弱化力学行为的模拟。

在降强法与综合法模型试验前，需开展升温降强的材料试验获得变温相似材料抗剪断强度 τ_m 与温度 T 的关系曲线。变温关系曲线是综合法试验的重要依据[18]，通过控制模型温度使材料强度降低到预定值。变温相似材料典型的抗剪断强度 τ_m—温度 T 关系曲线见图 3。

4.2　模型比尺与模拟范围

在构建三维地质力学模型时，充分考虑影响坝肩坝基稳定的各种因素，对坝址区地形、地质条件，包括岩体、断层、层间层内错动带与裂隙等主要地质构造进行模拟，并研制了模拟主要结构面的变温相似材料。模型的几何比尺为 $C_L = 1 : 300$，原型模拟范围为 990m × 1260m × 850m（顺河向×横河向×竖直向），则模型尺寸为 3.3m × 4.2m × 2.83m。三维地质力学模型的模拟范围见图 2，白鹤滩拱坝三维地质力学模型全貌见图 4。

图 4　白鹤滩拱坝三维地质力学模型全貌

4.3　相似材料与模型制作

根据模型相似理论将原型材料的设计参数换算为模型参数，由此进行相似材料的研制。混凝土与岩体材料主要物理力学参数见表 1，层间层内错动带主要物理力学参数见表 2，断层结构面主要物理力学参数见表 3。原模型参数换算的主要相似比有：材料容重相似比 $C_\gamma = 1$，变形模量与黏聚力的相似比 $C_E = C_c = 300$，摩擦系数的相似比 $C_f = 1$。

表 1   混凝土与岩体材料主要物理力学参数

名称	特征	容重/(kN·m⁻³)	E/GPa	f'	c'/MPa	名称	特征	容重/(kN·m⁻³)	E/GPa	f'	c'/MPa
混凝土	坝体与扩大基础	24	24	1.2	1.6	$Ⅲ_2$	玄武及角砾熔岩	26	9	1	1.05
$Ⅱ_1$	微新及弱风化	28	18	1.35	1.55		柱状节理玄武岩无卸荷～弱卸荷	26	7	0.95	0.78
$Ⅱ_2$	柱状节理玄武岩	28	14	1.3	1.4	$Ⅳ_1$	弱风化段强卸荷	25	4	0.75	0.55
$Ⅲ_1$	微新及弱风化弱卸荷	27	13	1.15	1.1	$Ⅳ_2$	柱状节理玄武岩	25	3	0.55	0.43
	柱状节理玄武岩微新～弱风化无卸荷	27	10	1.15	1.1	$Ⅴ$	强风化岩	22	0.7	0.4	0.25

表 2   层间层内错动带主要物理力学参数

类型	名称	部位	E/GPa	f'	c'/MPa	类型	名称	部位	E/GPa	f'	c'/MPa
层间错动带	C_2	全段	0.04	0.28	0.04	层内错动带	LS_{331}	1 区	2	0.7	0.3
	C_{3-1}	1 区	0.1	0.39	0.1			2 区		0.5	0.1
		2 区		0.37	0.05			3 区	0.2	0.45	0.1
	C_3	1 区	0.2	0.55	0.25		LS_{337}	1 区	0.15	0.4	0.1
		2 区		0.45	0.15			2 区		0.38	0.05
		3 区		0.38	0.05		RS_{331}	全段	2	0.7	0.3
	C_4	全段	0.05	0.25	0.04		RS_{336}	1 区	0.25	0.55	0.15
	C_5	全段	0.1	0.38	0.05			2 区		0.45	0.1
	C_6	全段	0.05	0.25	0.04						

表 3   断层结构面主要物理力学参数

名称	部位	E/GPa	f'	c'/MPa	名称	部位	E/GPa	f'	c'/MPa
F_{14}	弱风化带上段	0.2	0.38	0.05	F_{18}	弱风化上段	0.2	0.38	0.05
	弱风化下段		0.45	0.15		弱风化下段		0.45	0.15
	微新岩体		0.58	0.2		微新岩体		0.55	0.2
F_{16}	左岸弱风化上段	0.25	0.38	0.05	f_{108}	弱风化	0.25	0.45	0.15
	左岸弱风化下段		0.45	0.15		微新岩体		0.55	0.2
	左岸微新岩体及右岸弱下		0.58	0.2	f_{114}	弱风化	0.25	0.45	0.15
	右岸		0.94	0.3		微新岩体		0.7	0.3
F_{17}	弱风化上段	0.04	0.28	0.04	f_{320}	弱风化	0.25	0.45	0.15
	弱风化下段	0.2	0.38	0.05		微新岩体		0.55	0.2
	微新岩体		0.56	0.2	f_{101}	弱风化	0.3	0.45	0.15
F_{33}	弱风化	0.25	0.45	0.15		微新岩体		0.7	0.3
	微新岩体		0.55	0.2					

地质力学模型材料主要有三类：混凝土材料、岩体材料和结构面材料，主要由重晶石粉、水泥、石膏粉、石蜡、机油和其他添加剂组成。重晶石粉为主要原料，使原、模型材料的容重相等，即满足容重比 $C_\gamma = 1.0$ 的要求；水泥和石膏粉作为胶凝材料。通过调整材料的成分与比例，可以配置出不同物理力学参数的模型材料。在坝与地基的地质力学模型中，上述材料分别采用以下方法进行加工：

（1）混凝土材料：坝体与扩大基础模采用先浇注成形、后雕刻加工的方法，首先将液态原材料浇入模具制成坯料，待坯料完全干燥后再按设计体型和尺寸进行精雕加工，最后准确定位粘接在坝基上，坝体整体浇注见图5。

（2）岩体材料：粉状原材料压制成小块体，砌筑时根据岩层与裂隙产状、节理裂隙连通率等进行。块体尺寸一般为 10cm×10cm×（5~7）cm（厚度），对于在拱坝影响范围内的柱状节理岩体，则选用尺寸为 5cm×5cm×5cm 小块体，以模拟其破碎、多裂隙特征，小块体砌筑柱状节理玄武岩见图6。

图5　坝体整体浇注　　　　　　图6　小块体砌筑柱状节理玄武岩

（3）结构面材料：采用结构面软料和不同摩擦系数的薄膜来制作软弱结构面，通过调整软料的配比和薄膜类型可以模拟不同抗剪强度参数，满足力学相似要求。模型制作时，先根据地质结构图修砌出结构面的层面，然后按结构面厚度将软料敷填在层面上，最后再铺薄膜及砌筑上盘岩体。模型砌筑结构面见图7。

图7　模型砌筑结构面

4.4　试验程序

根据白鹤滩工程的地质特征和运行条件，综合法模型试验程序共分为三步：

（1）正常工况阶段：荷载逐步加载至正常荷载，测试各级荷载下坝与地基的工作性态。

（2）降强试验阶段：在正常荷载作用下进行降强试验，即升温降低坝肩坝基内 F_{14}、F_{16}、F_{17}、C_3、C_{3-1} 等主要结构面的抗剪断强度约 1.2 倍（即降强倍数 $K'_s = 1.2$）。

（3）超载试验阶段：保持材料降低后的强度参数，对上游水荷载按（0.25~

0.5）P_0（P_0 为正常蓄水位对应的水荷载）的步长进行超载，观测各级荷载下拱坝与坝肩坝基岩体的变形与破坏现象。最终，当模型超载至 $5.5P_0$ 时，坝与地基出现整体失稳趋势，则停止加载、终止试验。

5 试验成果分析

5.1 坝体变位及应变

坝体上部变位大于下部变位，拱冠变位大于拱端变位，径向变位大于切向变位，分布规律符合常规。在正常工况下，坝体变位对称性好，最大径向变位出现在坝顶高程834.00m 拱冠处，变位值为 93mm（原型值）；在降强试验阶段，坝体位移变化幅度不大；在超载试验阶段，随着超载倍数的增加，左拱端变位逐渐大于右拱端变位，两拱端变位呈现出左右不对称现象，表明坝体在向下游变位的同时，伴随有顺时针方向的转动高程834.00m 拱圈下游面径向变位 δ_r 分布曲线见图8，图中数值为原型值，下同。这种变位特征主要是受两坝肩地形和地质条件不对称的影响（左岸低缓、右岸高陡；左岸地质构造较复杂、坝肩抗力体完整性较差）。

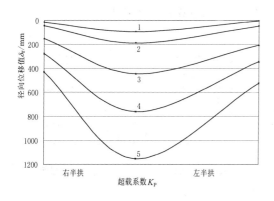

图 8 高程 834.00m 拱圈下游面径向变位
δ_r 分布曲线

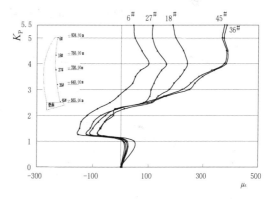

图 9 拱冠梁下游面竖直应变
μ_ε—超载系数 K_P 关系曲线

拱冠梁下游面竖直应变 μ_ε—超载系数 K_P 的关系曲线见图9，图中标号表示测点编号。由图可见在正常工况下，即 $K_P=1.0$ 时，坝体应变总体较小；在降强试验阶段，坝体应变对结构面强度的降低反应较敏感，应变值发生波动；在超载试验阶段，坝体应变随超载系数的增加而逐渐增大，当 $K_P=1.5\sim2.0$ 时，应变曲线波动较大、变化较明显，此时上游坝踵开裂；当 $K_P=3.5\sim4.0$ 时，应变曲线出现明显反向或转折，坝体发生开裂、出现应力释放；当 $K_P=5.0\sim5.5$ 时，坝体裂缝不断扩展延伸，应变曲线的变幅明显减小，坝体逐渐失去承载能力。

5.2 坝肩表面变位分布特征

高程834.00m 坝肩顺河向变位 δ_y—超载系数 K_P 的关系曲线见图10。在正常工况和降强试验阶段，两坝肩抗力体变位均较小，位移增幅不大，呈现出顺河向变位向下游、横河向变位向河谷、左岸变位大于右岸变位的规律。在超载试验阶段，变位逐步增大，尤其

是当 $K_P>3.5\sim4.0$ 时，变位增长明显，结构面在拱端附近出露处的变位值相对较大。坝肩变位沿高程方向的分布规律为：中上部高程变位值较大、中下部高程的变位值相对较小，$K_P=5.5$ 时近拱端坝肩变位沿高程分布图见图 11，可见在中下部设置的混凝土扩大基础有一定加固作用。

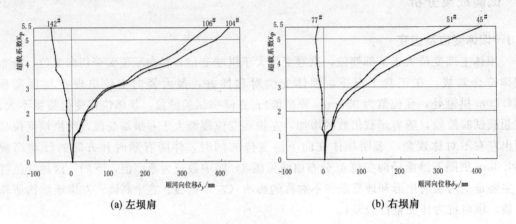

(a) 左坝肩　　　　　　　　　　　　　　　(b) 右坝肩

图 10　高程 834.00m 坝肩顺河向变位 δ_y—超载系数 K_P 关系曲线

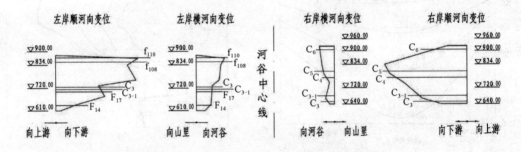

图 11　$K_P=5.5$ 时近拱端坝肩变位沿高程分布图

注：图中标记 C_3、f_{110} 等结构面，表示该结构面在此高程处出露。

5.3　结构面对坝肩稳定的影响

两坝肩发育有多条断层及层间层内错动带，根据结构面在坝肩露出处附近的表面变位及内部相对变位的情况，这些结构面的变位特征各不相同，对坝肩稳定性的影响也不相同。左坝肩抗力体完整性较差，坝肩稳定受结构面的影响较大，左岸结构面变位总体大于右岸结构面变位。C_3、C_{3-1} 顺河向表面变位 δ_y—K_P 关系曲线见图 12。其中，左岸断层 F_{14}、F_{16}、F_{17}、f_{108}、f_{110}，右岸断层 F_{18} 的表面变位及内部相对变位均较大，对坝肩坝基稳定影响较大。对于呈层状结构发育的层间错动带，左岸 C_3、C_{3-1} 及右岸 C_4、C_5 对坝肩稳定有较大影响。

断层内部相对变位 $\Delta\delta$ 与超载系数 K_P 关系曲线见图 13，由图可见在降强试验阶段，结构面内部相对变位对强度降低的反应较敏感，其变位曲线发生明显波动。表明结构面的强度降低对坝肩变形有较大影响，采用综合法试验来考虑这一影响因素是合理可行的。当

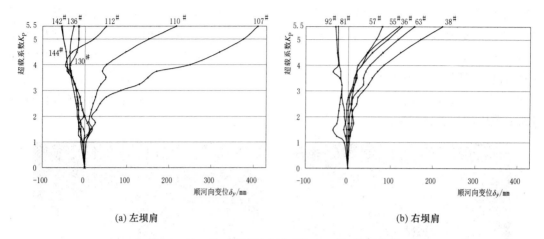

(a) 左坝肩   (b) 右坝肩

图 12 C_3、C_{3-1} 顺河向表面变位 δ_y—K_P 关系曲线

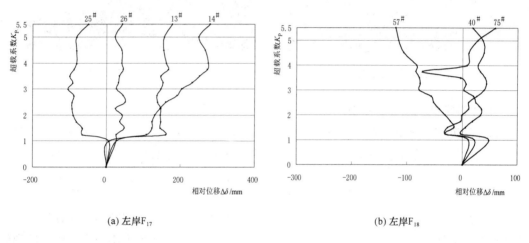

(a) 左岸 F_{17} (b) 左岸 F_{18}

图 13   断层内部相对变位 $\Delta\delta$—K_P 关系曲线

$K_P=3.5\sim4.0$ 时，变位曲线整体出现转折和拐点、模型发生大变形，尤以近拱端区域结构面的测点变位增长最为显著。这些结构面的存在，削弱了坝肩岩体的完整性，降低了抗力体的承载能力，是影响坝与地基的变形和坝肩稳定性的重要因素。

5.4   破坏形态及破坏特征

左半拱在下游坝面先后产生两条裂缝，拱坝开裂破坏形态见图 15，坝体开裂主要是受两岸地形地质条件不对称、坝体体型左右不对称及两岸变位不协调等因素影响所致。

两坝肩的破坏区域主要分布在下游坝肩中上部，其中左坝肩的破坏范围较大、破坏程度较右坝肩严重。两坝肩的破坏特征有所区别，左坝肩主要是沿结构面发生开裂破坏，右坝肩

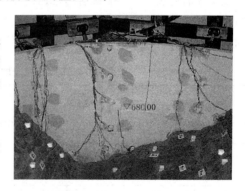

图 14   拱坝开裂破坏形态

除个别结构面发生小范围开裂外，主要是坝肩岩体的开裂破坏，左坝肩最终破坏形态见图15，右坝肩最终破坏形态见图16。具体破坏情况如下：左坝肩断层 f_{108}、f_{110} 沿结构面完全开裂贯通，C_{3-1}、F_{17}、F_{14}、f_{114} 发生局部开裂，破坏区范围自拱端向下游延伸 210m（原型值，下同）。右坝肩断层 F_{18}、F_{20} 自坝顶开裂向上延伸，层间错动带 C_3、C_{3-1} 在拱端附近轻微破坏，拱端向下游 90 m 区域的岩体表面被压裂。两坝肩在坝顶上游侧均有 90～120m 范围的拉裂破坏区。

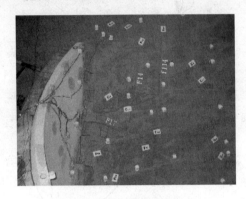 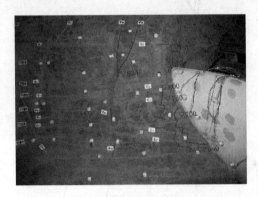

图 15　左坝肩最终破坏形态　　　　　图 16　右坝肩最终破坏形态

5.5　整体稳定综合法安全系数

综合分析试验成果，本次试验降强倍数 $K'_S=1.2$；拱坝与地基发生大变形、测试曲线发生明显转折时的超载倍数 $K'_P=3.5～4.0$，则白鹤滩拱坝与地基整体稳定综合法试验安全系数为

$$K_{SC}=K'_S K'_P=1.2×(3.5～4.0)=4.2～4.8$$

类似高拱坝工程三维地质力学模型综合法稳定安全系数[19-21]表见表4。由表可见，白鹤滩拱坝的整体稳定安全系数介于锦屏拱坝与小湾拱坝之间，数值大小相当。但从模型的破坏形态和破坏过程来看，白鹤滩拱坝模型的最终破坏形态相对较严重，且下游坝肩抗力体的起裂荷载较低，当超载系数 $K_P=1.5$ 时，左岸 C_{3-1}、F_{14} 及附近岩体就在发生开裂，而锦屏、小湾工程坝肩起裂时的荷载要大一些，这两个模型分别在 $K_P=2.6～2.8$、$K_P=1.8$ 时发生坝肩初裂。因此，综合考虑白鹤滩水电工程的重要性、坝址区的复杂地质条件、类似拱坝工程采取的坝肩加固处理措施，以及模型试验所揭示的破坏机理，采取有效的工程措施对白鹤滩工程进行坝肩加固处理十分必要，尤其需加大对左坝肩薄弱部位的处理力度。

表 4　　　　类似高拱坝工程三维地质力学模型综合法稳定安全系数表

序号	工程名称	降强系数 K'_S	超载系数 K'_P	综合法试验安全系数 $K_{SC}=K'_S K'_P$
1	锦屏拱坝（天然坝基含左岸垫座）	1.3	3.6～3.8	4.7～5.0
2	小湾拱坝（加固坝基）	1.2	3.3～3.5	4.0～4.2
3	大岗山（天然坝基）	1.25	4.0～4.5	5.0～5.6
4	白鹤滩拱坝（天然坝基含扩大基础）	1.2	3.5～4.0	4.2～4.8

6　结语

本文采用三维地质力学模型综合法，对白鹤滩高拱坝与地基整体稳定问题开展试验研究，得到以下主要结论：

（1）根据白鹤滩高拱坝工程的地形、地质特征，建立三维地质力学模型进行综合法破坏试验，在降低主要结构面抗剪强度约 1.2 倍的基础上，对上游水荷载进行超载，研究降强与超载因素影响下的拱坝整体稳定性，获得拱坝与地基的变形、破坏及失稳特征，评价其综合法稳定安全系数为 $K_{sc}=4.2 \sim 4.8$。

（2）模型试验结果表明，白鹤滩拱坝左坝肩中上部岩体及结构面变形较大、开裂破坏较严重，是影响坝肩变形与稳定的薄弱部位，可采用混凝土置换、预应力锚索、固结灌浆等措施进行加固处理，以提高拱坝与地基的整体稳定性。

（3）通过与类似拱坝工程的模型试验结果进行对比，白鹤滩拱坝由于坝肩地质条件较复杂，坝肩起裂时超载系数不大，且坝肩局部区域破坏较严重，因此必须对白鹤滩拱坝坝肩进行加固处理。

参 考 文 献

[1]　贾金生. 中国大坝建设 60 年 [M]. 北京：中国水利水电出版社，2013.

[2]　林鹏，王仁坤，康绳祖，等. 特高拱坝基础破坏、加固与稳定关键问题研究 [J]. 岩石力学与工程学报. 2011, 30 (10), 1945 - 1958.

[3]　Ren Qingwen, Xu Lanyu, Wan Yunhui. Research advance in safety analysis methods for high concrete dam [J]. Science in China (Series E: Technological Sciences), 2007, 50 (S1): 62 - 78.

[4]　陈安敏，顾金才，沈俊，等. 地质力学模型试验技术应用研究 [J]. 岩石力学与工程学报，2004，23 (22)：3785 - 3789.

[5]　王汉鹏，李术才，郑学芬，等. 地质力学模型试验新技术研究进展及工程应用 [J]. 岩石力学与工程学报，2009，28 (S1) 2765 - 2771.

[6]　Liu Jian, Feng Xiating, Ding Xiuli. Stability assessment of the Three - Gorges Dam foundation, China, using physical and numerical modeling—Part I: physical model tests [J]. International journal of rock mechanics and mining sciences, 2003, 40 (5): 609 - 631.

[7]　周维垣，杨若琼，刘耀儒，等. 高拱坝整体稳定地质力学模型试验研究 [J]. 水力发电学报，2005, 24 (1): 53 - 58, 64.

[8]　张泷，刘耀儒，杨强，等. 杨房沟拱坝整体稳定性的三维非线性有限元分析与地质力学模型试验研究 [J]. 岩土工程学报，2013, 35 (S1)：239 - 246.

[9]　姜小兰，陈进，孙绍文，等. 高拱坝整体稳定问题的试验研究 [J]. 长江科学院院报，2008，25 (5)：88 - 93.

[10]　高健，李涛. 地形不对称对白鹤滩拱坝超载能力的影响研究 [J]. 浙江水利水电专科学校学报，2009，21 (4)：93 - 95.

[11]　徐建军，徐建荣，何明杰. 白鹤滩非对称性拱坝体形研究 [J]. 水力发电，2011, 11 (3)：32 - 34, 61.

[12]　宁宇，徐卫亚，郑文棠，等. 白鹤滩水电站拱坝及坝肩加固效果分析及整体安全度评价 [J]. 岩

石力学与工程学报，2008，27（9）：1890-1890.

[13] Guan Fuhai，Liu Yaoru，Yang Qiang，et al. Analysis of stability and reinforcement of faults of Baihetan arch dam [J]. Advanced materials research，2011，243-249：4506-4510.

[14] 陈兴华. 脆性材料结构模型试验 [M]. 北京：水利电力出版社，1984.

[15] 张林，陈媛. 水工大坝与地基模型试验及工程应用 [M]. 北京：科学出版社，2015.

[16] 周维垣，林鹏，杨若琼，杨强. 高拱坝地质力学模型试验方法与应用 [M]. 北京：中国水利水电出版社，2008.

[17] Chen Yuan，Zhang Lin，Yang Baoquan，et al. Geomechanical model test on dam stability and application to Jinping High arch dam [J]. International Journal of Rock Mechanics & Mining Sciences，2015，76（6）：1-9.

[18] 何显松，马洪琪，张林，等. 地质力学模型试验方法与变温相似模型材料研究 [J]. 岩石力学与工程学报，2009，28（5）：980-986.

[19] 董建华，谢和平，张林，等. 大岗山双曲拱坝整体稳定三维地质力学模型试验研究 [J]. 岩石力学与工程学报，2007，26（10）：2027-2033.

[20] 杨宝全，张林，陈建叶，等. 小湾高拱坝整体稳定三维地质力学模型试验研究 [J]. 岩石力学与工程学报，2010，29（10）：2086-2093.

[21] 张林，费文平，李桂林，等. 高拱坝坝肩坝基整体稳定地质力学模型试验研究 [J]. 岩石力学与工程学报，2005，24（19）：3465-3469.

锦屏一级水电站左岸边坡长期变形对拱坝结构安全影响分析评价

周　钟　饶宏玲　张　敬　蔡德文　薛利军

(中国电建集团成都勘测设计研究院　四川成都　610072)

【摘　要】 锦屏一级水电站是世界第一高坝，坝高305m，大坝左岸边坡最大开挖高度达540m。坝址区为典型的深切"V"形峡谷，谷坡陡峻，岩体松弛卸荷、变形拉裂现象严重，地质条件复杂。左岸坝肩高程1800.00m以上为砂板岩，以下为大理岩，边坡中软弱结构面主要有 f_2、f_5、f_8、f_{42-9} 断层及层间挤压错动带、煌斑岩脉等。边坡岩体中普遍存在倾倒、拉裂、卸荷和松动等变形现象，且发育深度较大，存在倾倒变形体剪切滑移、块体滑移、楔形状破坏等变形破坏模式。左岸边坡整体稳定控制性失稳滑移破坏模式以 SL_{44-1} 松弛拉裂带为上游边界、以 f_{42-9} 断层为下游边界及底滑面、以煌斑岩脉为后缘面形成的楔形体(简称"大块体")。经系统支护处理后，边坡"大块体"的稳定得到有效控制。2005年9月开始开挖，于2009年8月边坡开挖与支护施工基本完成。2013年12月23日大坝混凝土全线浇筑到1885.00m，2014年8月24日水库蓄水至正常蓄水位1880.00m，目前经过3个高水位。监测成果显示大坝左岸边坡变形尚未收敛，但边坡整体处于稳定状态。

本文根据工程建设情况，介绍了基于锦屏一级拱坝边坡监测数据，采用流变计算模型，预测的左岸边坡的长期变形趋势和量值。在大坝和边坡相互作用分析的精细网格模型边界上加载位移荷载，找到能够拟合边坡变形的边界位移荷载的加载范围和量值。计算分析正常水位工况和死水位工况作用下的坝体，在承受预测的边坡长期变形下的应力和稳定状况，评价边坡长期变形对拱坝结构的影响。将边坡长期变形的预测值作为荷载基数，成倍地增加位移量，研究大坝承受左岸边坡长期变形的开裂、大变形和极限破坏时的超载系数，分析评价了拱坝承受边坡变形的安全度。分析表明，锦屏一级拱坝能够承受一定量值左岸边坡变形，拱坝有较高的安全裕度。

【关键词】 高拱坝　边坡长期变形　整体安全度　相互作用

1　引言

锦屏一级水电站位于四川省凉山彝族自治州，是雅砻江下游河段梯级电站的控制性水库，电站为世界第一高坝，坝高305m，装机容量3600MW，水库属年调节水库。边坡工程于2005年9月开始开挖，2009年8月边坡开挖与支护施工基本完成。2013年12月23日大坝混凝土全线浇筑到1885.00m，2014年8月24日水库蓄水至正常蓄水位1880.00m，目前经过3个高水位的安全运行。

坝址区河谷为典型的深切"V"形峡谷，谷坡陡峻，地形总体较完整，坡度50°～

65°，岩体松弛卸荷、变形拉裂现象严重，地质条件复杂。

边坡主要由三叠系中上统杂谷脑组第三段砂板岩构成，下部（开挖坡 1800.00m 以下）出露杂谷脑组第二段大理岩，岩层产状 N15°～35°E/NW30°～45°。分布一条煌斑岩脉（X），自上而下斜向贯穿开挖边坡，总体产状 N60°～80°E/SE70°～90°，岩脉宽 1.5～3m，是控制左岸坝顶高程 1885.00m 以上边坡整体稳定性的主要结构面。左岸坝肩高程 1800.00m 以上为砂板岩。边坡中软弱结构面主要有 f_2、f_5、f_8、f_{42-9} 断层及层间挤压错动带、煌斑岩脉等。边坡卸荷作用强烈，高高程砂板岩，强卸荷下限水平埋深一般 50～90m，弱卸荷下限水平埋深一般 100～160m，深卸荷下限水平埋深一般 200～300m。高高程岩层普遍倾倒拉裂变形，浅表部岩体倾倒变形强烈。边坡岩体中普遍存在倾倒、拉裂、卸荷、松动等变形现象，且发育深度较大，存在倾倒变形体剪切滑移、块体滑移、楔形状破坏等变形破坏模式。大坝左岸边坡最大开挖高度达 540m。左岸边坡整体稳定控制性失稳滑移破坏模式以 SL_{44-1} 松弛拉裂带为上游边界、以 f_{42-9} 断层为下游边界及底滑面、以煌斑岩脉为后缘面形成的楔形体（简称"大块体"）。经系统支护处理后，边坡"大块体"的稳定得到有效控制。目前，监测成果显示，在左岸中高以上边坡变形尚未收敛，但边坡"大块体"整体处于稳定状态。

2　左岸边坡变形特征分析

根据左岸边坡的地质构造，以及煌斑岩脉 X、f_5 断层、f_{42-9} 断层和深部裂隙对边坡变形的影响，采用观测墩、多点位移计、石墨杆收敛计、钻孔测斜仪、谷幅测点等进行边坡及谷幅变形监测，并设置了渗压计、锚索测力计和锚杆测力计等进行渗压计受力监测。

根据坡体结构及其变形特征，左岸边坡初步划分为 6 个宏观变形区域：开口线高位倾倒变形区（1 区）、上游山梁 f_5 和 f_8 残留体变形区（2 区）、拱肩槽上游开挖边坡（3 区）、拱坝坝肩边坡（4 区）、拱坝抗力体边坡（5 区）、水垫塘雾化区边坡（6 区）。锦屏一级左坝边坡变形监测及分区见图1。

图 1　锦屏一级左坝边坡变形监测及分区

132

2.1 表面变形

（1）开口线以上高位倾倒变形区（1区）。边坡开挖线附近高程1990.00～2015.00m以上岩体普遍存在倾倒拉裂变形现象，岩体松弛破碎，从图2可以看出：该部位变形量级较大，从2005年至今的E-W向位移值都大于120mm，最大值167.1mm，表现为倾倒变形特征，开挖期变形速率较大，平均1.63mm/月，运行期变形速率有所降低，平均0.86mm/月，受蓄水影响不明显，目前变形尚未收敛。

（2）上游山梁 f_5 和 f_8 残留体变形区（2区）。蓄水到1730.00m以后，变形速率有明显增加，平均速率在1.30mm/月。该部位变形主要受蓄水后山体软化和变形调整影响，变形尚未收敛。

（3）拱肩槽上游开挖边坡（3区）。受开挖卸荷影响，开挖期变形速率较大，平均速率0.96mm/月，开挖结束后变形趋缓，变形速率降低，蓄水后，库水位上升引起岩体有效应力降低和岩体软化，变形速率达到0.84mm/月，变形尚未收敛但变形速率稳定，仍处于调整期。

（4）拱坝坝肩边坡（4区）。拱坝坝肩边坡整体变形较小，且平缓，变形速率在0.5mm/月左右，首蓄正常水位以来位移增量约4mm，处于稳定状态。

（5）拱坝抗力体边坡（5区）和水垫塘雾化区拱坝抗力体下游边坡（6区）。变破变形量较小，截至2016年3月变形量级在10mm以内。蓄水后，无明显变形趋势，首蓄正常水位以来位移增量约1mm，该区域变形稳定。

锦屏一级左坝肩边坡表面变形见图2。

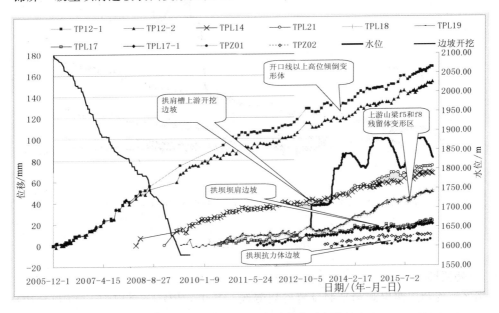

图2　锦屏一级左坝肩边坡表面变形

2.2 浅部变形

左岸边坡浅部变形主要采用多点位移计的成果。测点深度55m，累计位移在-6.76～

27.20mm；其中施工阶段，位移变化量在−1.37～26.42mm；蓄水始到蓄至正常水位期间，位移变化量在−2.87～2.68mm；蓄至正常水位后到目前，位移变化量在−0.61～2.75mm。受锚索作用，浅部变形较小，处于稳定状态。

2.3 深部变形

拱肩槽上游边坡在 PD44、PD42 和 1915.00m 排水洞内设置深部变形观测，拱坝坝肩边坡在 1885.00m 灌浆平洞、1829.00m 排水平洞、1785.00m 排水平洞内设置深部变形观测。图 3 成果表明：

（1）PD42、PD44 和高程 1915.00m 排水洞深部变形过程线所示，拱肩槽上游边坡深部变形尚未收敛，仍在继续向山外变形，但是速率较小且相对稳定，小于0.6mm/月。

（2）高程 1885.00m、1829.00m、1785.00m 排水洞深部变形过程线所示，拱肩槽坡深部变形微小。1885.00m 高程拱向荷载较小，变形已经稳定；1829.00m 高程、1785.00m 高程变形受水位变化影响，水位降低拱向荷载降低，呈现向微小的拉伸趋势，水位升高拱向荷载增大，呈现微小的压缩趋势。

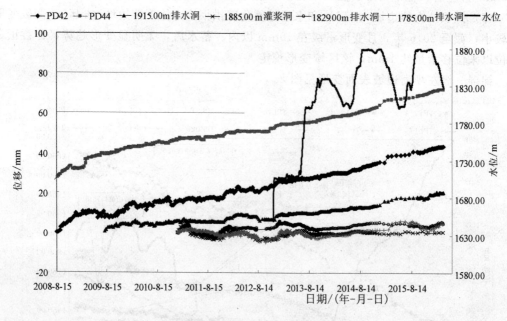

图 3　锦屏一级左坝肩边坡深部变形

2.4 谷幅变形

坝区河谷利用两岸观测平洞设置谷幅测线。其中，PDJ1～TPL19、TP11～PD44 和 PD21～PD42 测线位于拱肩槽上游开挖边坡，坝后谷幅测线位于拱坝抗力体边坡附近。上游谷幅变形总体上呈收缩变形，各条谷幅测线在开挖期变形速率较大，之后变形速率有所降低。谷幅线持续变形，但是速率平稳，没有明显的速率增大变化；坝后谷幅变形较小，趋于稳定。坝址区谷幅变形见图 4。

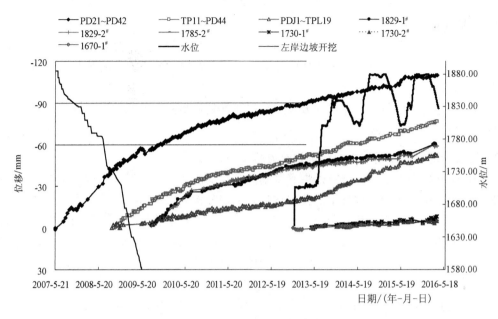

图 4　坝址区谷幅变形

2.5　左岸边坡变形分析认识

监测数据分析表明，边坡表面变形、浅部变形、深部变形、谷幅观测成果均能相互验证、相互补充，开口线以上高位倾倒变形区变形尚未收敛；上游山梁 f_5 和 f_8 残留体变形区和拱肩槽上游开挖边坡仍处于变形调整期；拱坝坝肩边坡、拱坝抗力体边坡和水垫塘雾化区边坡处于稳定状态。

左岸边坡变形分析表明，变形区主要位于 f_{42-9} 断层的上盘岩体，下盘岩体边坡变形小，拱肩边坡深部变形小且收敛，抗力体边坡变形小，拱坝基础边坡和抗力体边坡已处于稳定状态，拱坝长期安全运行是有保障的。

蓄水期，潜在"大块体"区域的变形数据没有独立的、整体一致的变形现象，即没有发现整体趋向的滑移形象。"大块体"岩体变形多表现为 f_{42-9} 断层或岩脉以外的Ⅲ2-Ⅳ级岩体遇水作用的综合变形特征，而非块体滑动的特征。因此，目前尚未表现出由"大块体"滑动构成的边坡整体稳定问题。

3　边坡与拱坝相互作用的分析思路

根据左岸边坡的变形特征，边坡变形会在一定时期内进行变形调整，总体上来看，边坡变形会经历开挖卸荷的变形期、蓄水期的有效应力及软化作用的变形调整期和长期时效变形收敛期 3 个变形过程。为了研究边坡变形对拱坝受力影响作用，采用如下思路进行分析研究。

3.1　地质构造及流变参数试验分析

分析地质力学变形机理，研究岩体受水库蓄水对边坡岩体和软弱结构的影响程度，对Ⅳ2岩和软弱夹层进行流变试验，分析流变试验成果，确定流变力学模型。

3.2 边坡长期变形预测分析

（1）流变参数反演，进行长期变形预测。以现场边坡监测数据为基础，采用位移反馈分析收敛方法，确定左岸高边坡岩体的流变力学模型对应的参数，分析预测左岸边坡的长期变形趋势和量值。

（2）对长期变形边坡的稳定性分析。采用三维黏弹塑性有限元计算，分析长期变形边坡的稳定性。

3.3 边坡长期变形作用对拱坝结构影响分析

（1）建立精细网格，并进行拱坝和基础的参数反演。建立大坝和边坡相互作用分析的精细网格，根据水库蓄水过程中的位移增量，反馈分析大坝和基础的材料力学参数。

（2）长期变形作用荷载施加形式研究。根据预测的左岸边坡长期变形的特点，在精细网格的模型边界上加载位移荷载，并以5个监测剖面上的位移为目标函数，通过调整位移边界的高程范围、位移大小等参数，找到能够拟合边坡变形的边界位移荷载的加载范围和量值。

（3）边坡长期变形对拱坝结构的影响。在计算网格边界施加位移荷载，研究边坡长期变形对拱坝的作用，计算分析正常水位工况和死水位工况作用下的坝体在承受预测的边坡长期变形下的应力和稳定状况，评价边坡长期变形对拱坝结构的影响。

（4）长期变形超载分析，研究拱坝受力评价拱坝安全度。将边坡长期变形的预测值作为荷载基数，成倍地增加位移量，研究大坝承受左岸边坡长期变形的开裂、大变形和极限破坏时的超载系数，来研究拱坝所能承受的左岸边坡的极限位移量，分析拱坝承受边坡变形的安全度。

4 边坡长期变形预测及稳定性分析

4.1 流变参数反演

根据岩体压缩原位蠕变试验成果，左岸边坡砂板岩和大理岩蠕变模型采用稳定流变的三参数（H-K）模型，同时采用摩尔—库仑判断岩体发生塑性屈服的情况，该模型是三参数模型与摩尔—库仑准则的结合，其元件组合形式见图5。

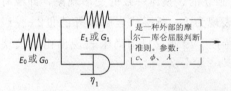

图5 三参数（H-K）黏弹—塑性模型

根据边坡各阶段的各外观测点横河向位移实测值，反演并复核得到流变参数见表1。

表1　　　　　　　　　　　　　三维流变参数反演结果

Ⅲ1类砂板岩		Ⅲ2类砂板岩		Ⅳ1类砂板岩		Ⅵ2类砂板岩		断层 f_{42-9}	
黏弹性模量 /GPa	黏滞系数 / (10^8 GPa·s)	黏弹性模量 /GPa	黏滞系数 / (10^8 GPa·s)	黏弹性模量 /GPa	黏滞系数 / (10^8 GPa·s)	黏弹性模量 /GPa	黏滞系数 / (10^8 GPa·s)	黏弹性模量 /GPa	黏滞系数 / (10^8 GPa·s)
13.4	10.0	7.6	7.0	5.0	4.0	1.2	1.0	0.7	0.8

4.2 边坡长期变形预测

自从开挖结束（2009 年 8 月），截至 2014 年 9 月，拱肩槽已向河谷方向变形 0～22.1mm（1770.00m 以下变形 0～16mm，1770.00～1885.00m 变形 16～22.1mm），由于此阶段处于拱坝施工期，拱坝还未浇筑完全形成整体，边坡产生的时效变形不会影响拱坝的整体变形。1885.00m 以下拱肩槽边坡变形增量见图 6。

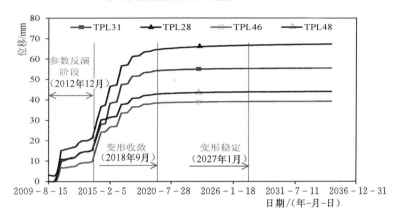

图 6　1885.00m 以下拱肩槽边坡变形增量

三维黏弹塑性有限元计算表明，相对于 2014 年 4 月，截止到 2034 年 9 月，边坡长期变形的预测值为：拱肩槽向河谷方向变形 0～21.5mm，其中，高程 1770.00m 以下范围边坡变形为 0～12.3mm；高程 1770.00～1885.00m 变形 12.3～21.5mm。

总体来看，后期产生的时效变形较小，对大坝的整体稳定性影响不显著。

4.3 长期稳定性分析

边坡从 2009 年 8 月 15 日起，经历 300 个月流变变形后，边坡的大部分区域为压应力

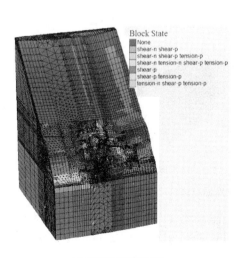

(a) 边坡整体塑性区图

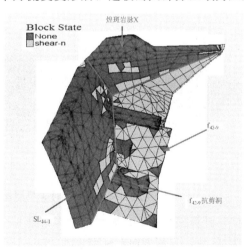

(b) 组成拉裂变形体大块体的各断层屈服区图

图 7　三维塑性区分布图

区，仅在离表面局部小区域内存在零星的拉应力区，由于锚索工程的加固作用，使得边坡的拉应力的不利作用得到缓解。此外，在f_{42-9}断层和深部裂缝局部部位也存在零星的拉应力区，由于抗剪洞工程的抗剪作用，使得该断层周围的应力状态得到改善，能缓解拉应力对边坡整体稳定性的不利影响。

对于边坡稳定后的塑性区分布，在1880.00m蓄水位以下，边坡的塑性区范围较不考虑蓄水作用有一定程度的增大，但由于组成拉裂变形体大块体的煌斑岩脉X、深部裂缝SL_{44-1}以及f_{42-9}断层大多位于蓄水位1880.00m高程以上，组成拉裂变形体的边界并没有进入整体屈服，因此大块体整体是稳定的。三维塑性区分布图见图7。

5 边坡长期变形对拱坝结构受力的影响分析

5.1 分析方法

先后采用了4种边坡位移加载方案研究左岸边坡变形对拱坝的影响，包括：①施加边坡表面位移；②左岸边坡降强；③直接蠕变分析模型；④左边界施加固定位移。4种加载方案都能反映边坡变形对拱坝的影响，并且总体规律基本一致。考虑模型左边界施加固定位移，使得边坡长期变形作为对拱坝的附加荷载的物理意义更明确，最终选择方案④作为分析方法。具体实施过程如下：

（1）建立大范围计算网格，精细模拟大坝、基础与边坡的结构和处理措施。

（2）根据水库蓄水过程中的拱坝位移增量，反馈分析大坝和基础的材料力学参数。

（3）采用反馈参数，考虑软弱岩体的软化效应和裂隙发育的浅表岩体中的有效应力变化，分析拱坝在正常水位和死水位工况下，拱坝和基础的受力特性和安全状态。

（4）根据预测分析左岸边坡长期变形的特点，在精细网格的模型边界上加载位移荷载，并以5个监测剖面上的位移为目标函数，通过调整位移边界的高程范围、位移大小等参数，找到能够拟合边坡变形的边界位移荷载的加载范围和量值。

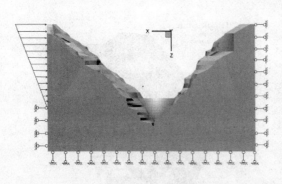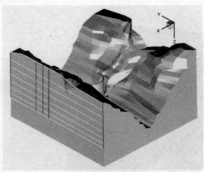

图8　计算模型左岸边界固定位移

（5）计算模型左岸边界固定位移见图8，将左岸高程1580.00m以上的计算网格边界划分为28块，高程方向在高程1580.00～1885.00m分为3段，1885.00m以上分为4段；顺河流方向分为4段，其中在帷幕附近分为2段。边界位移在高程方向上采用倒三角形分布进行不同位移量值的加载。

5.2 大坝变形及应力成果

5.2.1 变形

在大坝 1880.00m 水位并加上边坡长期变形后，横河向位移增量最大值在左拱端坝顶高程，量值为 16.6mm，指向河床；顺河向位移增量最大值出现在拱冠梁坝顶高程附近，最大值为 9.6mm，指向上游，占水载顺河向位移全量最大值的 13.8%。拱坝上游坝面位移见图 9。

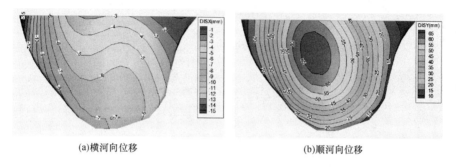

(a)横河向位移   (b)顺河向位移

图 9 拱坝上游坝面位移

5.2.2 应力

上游主拉应力最大值由 2.93MPa 减小到 2.47MPa，下游主压应力最大值由 −21.88MPa 减小到 −21.39MPa，但顶拱左右拱端的上游拉应力分别由 0.70MPa 和 1.25MPa 增加到 0.88MPa 和 1.39MPa。1880.00m 水位 1 倍位移边界上、下游拉应力全量等值线图见图 10 和图 11。

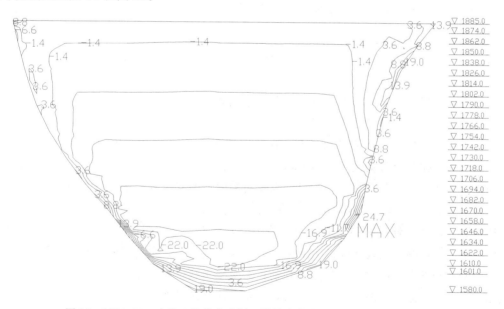

图 10 1880.00m 水位 1 倍位移边界上游拉应力全量等值线图（0.1MPa）

5.2.3 大坝结构受力的影响分析

（1）大坝应力主要对坝顶以下抗力体变形敏感，对坝顶以上边坡变形不太敏感。锦屏左岸变形主要集中在坝顶以上边坡，对大坝影响不大。

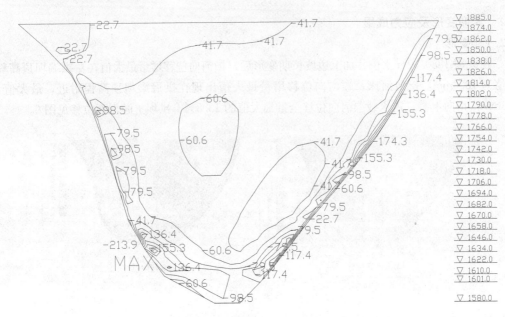

图 11   1880.00m 水位 1 倍位移边界下游压应力全量等值线图（0.1MPa）

（2）边坡变形引起的大坝高应力区与大坝正常工况下的高应力区在位置上重合度不大，边坡长期变形对大坝最大主拉应力和主压应力影响都不大。

（3）左岸边坡长期变形对拱坝提供了推力，一定程度上相当于建基面中上部地基刚度略有增加，抑制了锦屏的左右岸地基不对称，因此没有恶化拱坝的整体受力性态。

6   拱坝长期运行安全性评价

6.1   边坡变形超载分析

考虑到左岸边坡变形机理复杂和长期变形预测值可靠性，为了分析拱坝能承受左岸边坡变形的安全度，进行了边坡变形超载分析。

将拱坝封拱后（2014 年 5 月）到左岸边坡变形收敛后（2034 年 9 月）的坝顶附近的边坡位移总量作为荷载基数，成倍地增加位移量，研究边坡长期变形下大坝的开裂、大变形和极限破坏时的超载系数，分析拱坝承受边坡变形的安全度，采用 3 个指标衡量：①起裂位移倍数 α_1 为坝体（坝踵和左岸坝肩部位等容易出现开裂的地方）出现开裂时的边坡位移倍数，以线弹性应力和屈服出现作为判别标准；②非线性位移倍数 α_2 是在变形超载情况下，坝体整体出现非线性大变形时的边坡位移倍数，主要以位移出现拐点、出现大面积屈服和塑性余能范数出现拐点来判别；③极限承载位移倍数 α_3 是指坝体屈服区贯通、坝体整体丧失承载力时的边坡位移倍数，主要以屈服区贯通来判别。

超载计算成果表明，锦屏一级拱坝所能承受左岸边坡长期变形的极限承载力如下：起裂位移倍数 $\alpha_1 = 3$；非线性位移倍数 $\alpha_2 = 8$；极限承载位移倍数 $\alpha_3 = 12$。表明锦屏一级拱坝承受左岸边坡长期变形的安全度较高。在目前根据监测数据预测的左岸长期变形荷载下，锦屏一级拱坝是安全的。

6.2 坝肩槽深部变形的分析

监测数据表明，如图 2 中的高程 1855.00m、1829.00m、1785.00m 排水洞深部变形过程线所示，拱肩槽坡深部变形微小。1885.00m 高程变形已经稳定；1829.00m 高程、1785.00m 高程变形受水位变化影响，水位降低拱向荷载降低，呈现向微小的拉伸趋势，水位升高拱向荷载增大，呈现微小的压缩趋势。表明左岸边坡坝肩槽深部变形基本稳定，对拱坝受力影响较小。预测的长期变形主要发生在坝肩槽上游坡，其坝基边坡深部变形小，对拱坝结构安全影响不大。

6.3 拱坝拱冠梁及弦长的变形分析

监测表明：在初期蓄水期坝基和坝体变形处于调整阶段，拱坝拱冠梁顺河向变形总体上随水位上升而增加，随水位下降而减小。蓄水至正常蓄水位（1880.00m）后，变形较大，达 43mm，降至死水位变形减小，之后，随水位升落循环变形，拱坝变形进入准弹性工作状态。锦屏一级拱坝拱冠梁位移变化过程线见图 12，谷幅变形测线见图 13，拱坝弦长变化过程线见图 14。

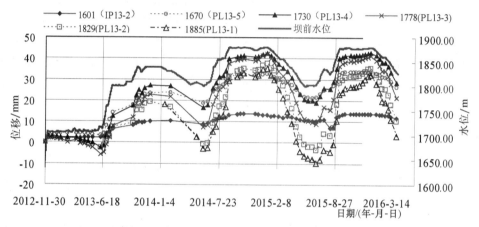

图 12 锦屏一级拱坝拱冠梁位移变化过程线

图 13 锦屏一级谷幅变形测线

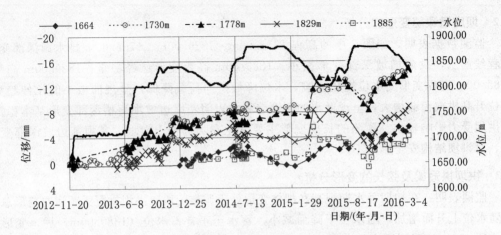

图 14　锦屏一级拱坝弦长变化过程线

拱坝弦长总体呈缩短趋势,大坝浇筑至坝顶,蓄水到 1840.00m 以后,水位上升期呈拉伸变形趋势,水位下降期呈缩短趋势;2014 年 8 月首次蓄水到正常水位后,在高水位运动期间,弦长总体呈略小拉伸变化,反映了基础岩体在荷载作用下的时效变形特性;在水位由 1880.00m 回落至 1800.00m 期间,弦长表现为压缩变形,水位回落期间各高程弦长变化量的平均值为 3.40mm;水位再次上升至 1880.00m 期间,弦长表现为拉伸变形,水位上升期间各高程弦长变化量的平均值为 3.30mm;在水位由 1880.00m 回落至今,弦长表现为压缩变形趋势,与水位的相关性较好。

7　结语

(1) 左岸边坡地质条件复杂,软弱结构发育,边坡变形由多种因素引起,中高程边坡尚未收敛,大块体边坡处于稳定状态,需要对边坡长期变形进行观测,并做跟踪分析。

(2) 左岸边坡变形总体上经历开挖卸荷的变形期、蓄水期的有效应力及软化作用的变形调整期和长期时效变形收敛期 3 个变形过程,目前处于变形调整期。

(3) 左岸边坡长期变形预测将历时较长的过程,预计 2034 年收敛,边坡长期变形对拱坝结构影响较小,边坡长期变形稳定。

(4) 边坡长期变形超载作用分析表明,拱坝具有较大的边坡变形超载能力。通过大坝基础深部变形及弦长变形监测分析,其坝基深部变形较小,趋于稳定;弦长变形符合正常蓄水位、死水位张开、收缩的变形规律,边坡长期变形下拱坝运行安全。

参 考 文 献

[1]　中华人民共和国行业标准编写组 . DL/T 5436—2006 混凝土拱坝设计规范 [S]. 北京:中华人民共和国国家发展和改革委员会,2007.

[2]　中国电建成都勘测设计研究院有限公司. 雅砻江锦屏一级水电站枢纽工程专项验收报告 [R]. 2015.

锦屏一级水电站大坝混凝土骨料的选择及机理分析

肖延亮 周 钟 李光伟

（中国电建集团成都勘测设计研究院有限公司 四川成都 610072）

【摘 要】 锦屏一级水电站坝址附近储量满足要求的骨料有三滩大理岩与大奔流沟砂岩。三滩大理岩骨料抗拉强度低，全大理岩骨料混凝土抗拉强度低，抗拉试验从骨料破坏，大理岩不能单独作为锦屏一级水电站的大坝混凝土骨料。砂岩骨料混凝土力学性能满足设计要求，但砂岩骨料混凝土的绝热温升高、线膨胀系数高，对温控防裂不利，且骨料存在潜在碱硅酸活性，对大坝长期耐久性不利。采用组合骨料（砂岩粗骨料＋大理岩细骨料）方案能够降低混凝土中的活性成分，配制的混凝土力学性能满足设计要求，且抗裂性能较优，最终选择组合骨料作为锦屏一级水电的骨料方案。

【关键词】 锦屏一级 大理岩 砂岩 组合骨料 骨料料源

1 引言

在水工大体积混凝土中，骨料占混凝土的总体积达到 60％～80％（质量为 75％～90％），骨料对硬化混凝土的性能、经济性以及大坝的浇筑质量都有显著的影响。所以在水利水电工程中，使用合适类型且质量优良的骨料非常重要[1,2]。锦屏一级水电站大坝坝高 305m，是世界上最高的混凝土双曲拱坝，大坝混凝土用量约 595 万 m³。由于坝址附近天然骨料的储量远不能满足要求，大坝混凝土只能采用人工骨料，骨料料源选择对锦屏一级水电站的建设至关重要。

2 锦屏一级水电站大坝混凝土设计指标

设计对锦屏一级水电站大坝提出了详细的设计指标，见表 1。设计指标不但要求大坝混凝土达到一定的抗压强度，还对混凝土的变形性能、自生体积变形性能、绝热温升、抗冻性能、抗渗性能都有较高的要求，从而保证大坝混凝土的质量。水工混凝土一般为素混凝土，结构所受的拉应力完全靠混凝土来承担。由于混凝土为脆性材料，混凝土抗压强度往往比较富裕，而抗拉强度是混凝土的薄弱环节，故混凝土的抗拉强度指标比抗压强度指标显得更加重要。

按照拱梁分载法设计，持久状况下锦屏一级拱坝压应力与拉应力控制指标分别为 9.09MPa 与 1.2MPa。研究成果表明，当混凝土受到的拉应力不超过其抗拉强度 30％时，其拉伸变形处于弹性范围，此时混凝土不会产生裂缝；当拉应力为混凝土抗拉强度的

30％～50％时，混凝土会出现裂缝，但裂缝是稳定的[3]。为保证大坝混凝土长期安全，在保证大坝混凝土抗压强度满足设计的强度等级要求下，混凝土还需具有较高的抗拉强度。

表1　　　　　　　　　　锦屏一级水电站拱坝混凝土设计主要技术指标要求

项　目	A 区	B 区	C 区
设计龄期/d	180	180	180
骨料级配	四	四	四
水泥品种	中热	中热	中热
水胶比	≤0.43	≤0.46	≤0.49
试件抗压强度标准值/MPa	40.0	35.0	30.0
极限拉伸/10^{-4}	≥1.10	≥1.05	≥1.00
自身体积变形/10^{-6}	$-10\sim40$	$-10\sim40$	$-10\sim40$
绝热温升/℃	≤28	≤26.5	≤25
抗冻等级	≥F300	≥F250	≥F250
抗渗等级	≥W15	≥W14	≥W13
粉煤灰掺量/％	30～35	30～35	30～35
坍落度/cm	3～5	3～5	3～5
试件抗压强度标准值定义	在标准制作和养护条件下，15cm立方体，180d龄期，具有85％保证率的极限抗压强度		

3　料源基本情况

预可研阶段，锦屏一级工程对三滩右岸、兰坝、大奔流沟3个主要料场进行了系统的原岩、骨料及混凝土试验，可研阶段又增加九龙河口的花岗岩的相关试验。4个料场的简要介绍见表2。

表2　　　　　　　　　　　　料场分布情况

料场名称	岩　性	位　置	备　注
三滩右岸	大理岩	坝址上游 3km	储量满足要求
兰坝	大理岩	坝址上游约 3km	储量不满足要求
大奔流沟	砂岩	坝址下游 9km	储量满足要求，潜在碱活性
九龙河口	花岗岩	坝址下游 51km	储量满足要求，运输距离较远

由于兰坝大理岩因勘探发现储量不足、九龙河口花岗岩骨料混凝土抗拉强度低且运距过远，兰坝大理岩、九龙河口花岗岩均不能作为锦屏一级的人工骨料料源，因此本论文不对兰坝大理岩、九龙河口花岗岩做详细论述。

4　骨料及混凝土试验

4.1　原岩性能试验

按照 DL/T 5151—2001《水工混凝土砂石骨料试验规程》要求，建筑材料用的岩石

144

强度是指边长为 50mm 的立方体或直径与高均为 50mm 的圆柱体试件单轴抗压强度（以每组 6 个试件的抗压强度测值，除去最大和最小值，取其余 4 个测值的平均值作为试验结果），试验结果见表 3。

表 3　混凝土人工骨料原岩的基本性能

岩石名称	抗压强度/MPa		软化系数	劈拉强度/MPa		规 范 要 求	
	干	饱和		干	湿	规范 1	规范 2
三滩大理岩	63	59	0.94	3.63	3.42	>40.0	≥60.0
砂岩	144	117	0.81	6.63	6.69	>40.0	≥60.0

注　规范 1[4]，SL 251—2000《水利水电工程天然建筑材料勘察规程》，规定"混凝土用人工骨料质量要求，岩石单轴饱和抗压强度应大于 40MPa"；规范 2[5]，JGJ 53—92《普通混凝土用碎石或卵石质量标准及检验方法》规定："岩石的抗压强度与混凝土强度等级之比不应小于 1.5，且火成岩（玄武岩、花岗岩）强度不宜小于 80MPa，变质岩（大理岩）岩石抗压强度大于 60MPa，水成岩强度不宜低于 30MPa。"

表 3 中可知，所有骨料的原岩饱和抗压强度均满足规范 1 的要求。三滩大理岩饱和抗压强度比规范 2 要求略低外，砂岩的饱和抗压强度满足规范 2 的要求。从原岩的劈拉强度看，砂岩的劈拉强度远高于大理岩。

4.2　人工骨料基本性能

从表 4 人工骨料品质检验结果可以看出，大理岩骨料（不特殊说明指三滩大理岩，以下同）的压碎指标远高于砂岩的压碎指标。

表 4　人工骨料性能试验结果

骨料名称	粗 骨 料				细 骨 料		
	表观密度/(g·cm⁻³)	吸水率/%	针片状/%	压碎指标/%	表观密度/(g·cm⁻³)	吸水率/%	细度模数
三滩大理岩	2.71	0.17	0.93	20.4	2.65	1.35	2.06
砂岩	2.70	0.30	12.8	12.8	2.69	1.60	2.81

4.3　全大理岩与全砂岩混凝土性能比较

为了论述大理岩骨料与砂岩骨料作为大坝混凝土骨料的可行性与优缺点，进行了全大理岩与全砂岩骨料混凝土性能的对比试验，试验结果见表 5～表 7。

表 5　全大理岩与全砂岩骨料混凝土性能对比试验结果

骨料种类	水胶比	胶材用量/(kg·m⁻³)		用水量/(kg·m⁻³)	抗压强度/MPa				抗拉强度/MPa		弹性模量/GPa		极限拉伸值/10⁻⁶	
		水泥	粉煤灰		7d	28d	90d	180d	28d	180d	28d	180d	28d	180d
全大理岩	0.40	140.0	60.0	80	25.6	36.9	45.8	47.3	2.45	2.75	20.1	23.1	113	122
	0.52	113.1	48.5	84	17.6	26.9	33.0	37.3	1.82	2.23	17.6	20.4	94	112
全砂岩	0.40	154.0	66.0	88	19.0	31.6	41.1	49.5	2.49	3.87	22.1	31.9	104	124
	0.52	123.8	53.1	92	13.5	22.6	34.0	37.7	1.93	3.46	21.0	29.9	80	103

表 6 　全大理岩与全砂岩骨料混凝土自生体积变形对比试验成果

骨料	水胶比	龄期/d											
		1	3	7	14	21	28	45	60	90	120	150	180
全大理岩	0.46	0.0	0.8	−3.5	−10.9	−17.9	−25.1	−32.1	−34.5	−30.9	−30.8	−27.4	−27.4
全砂岩	0.46	0.0	+1.9	+0.9	−8.7	−22.4	−28.0	−42.0	−47.3	−53.6	−58.1	−54.8	−57.8

表 7 　全大理岩与全砂岩骨料混凝土热学性能试验结果

骨 料 种 类	水 胶 比	线膨胀系数/（10^6℃）
全大理岩	0.40	6.38
全砂岩	0.40	10.32

从试验结果可知：

（1）全大理岩骨料混凝土的抗压强度能够满足锦屏一级水电站的设计要求，但抗拉强度不满足设计要求，不能单独作为大坝混凝土骨料料源。但大理岩混凝土也有弹性模量低、极限拉伸值较高、混凝土用水量低，即绝热温升低、线膨胀系数低、自生体积变形收缩量小等优点。

（2）全砂岩骨料混凝土力学性能满足设计要求，可作为大坝混凝土的骨料料源。但砂岩混凝土存在以下缺陷：①混凝土的用水量比大理岩混凝土高约8kg，绝热温升将比大理岩混凝土高；②砂岩混凝土的自身体积变形收缩量较高，混凝土的线膨胀系数过高，对混凝土的温控防裂不利；③砂岩骨料具有潜在碱硅酸活性，其对大坝长期安全性不利。

4.4　组合骨料与全砂岩混凝土性能比较

为减少大坝混凝土中活性骨料的含量，进行了料源选择深化性能试验，开展了砂岩粗骨料＋大理岩细骨料（简称组合骨料）混凝土与全砂岩混凝土的对比试验，试验结果见表8和表9。

表 8 　组合骨料与全砂岩骨料混凝土性能对比试验结果（一）

试验编号	水胶比	胶材用量/(kg·m^{-3})		用水量/(kg·m^{-3})	人工骨料种类	抗压强度/MPa				劈拉强度/MPa		弹性模量/GPa		极限拉伸值/10^{-6}	
		水泥	粉煤灰			7d	28d	90d	180d	28d	180d	28d	180d	28d	180d
A1	0.38	165.8	71.1	90	全砂岩	21.4	32.7	43.0	49.5	2.63	3.87	23.4	32.5	112	132
A2	0.43	146.5	62.8	90		16.3	25.5	37.7	41.5	2.26	3.46	22.4	31.2	106	125
B1	0.38	151.1	64.7	82	组合骨料	23.2	34.0	43.3	47.7	2.63	3.51	24.7	31.2	101	130
B2	0.43	146.5	62.8	82		19.2	31.9	38.8	42.2	2.47	2.94	23.4	30.7	100	124

表 9 　组合骨料与全砂岩骨料混凝土性能对比试验结果（二）

试验编号	骨料种类		水胶比	极限拉伸值/10^{-6}	自身体积变形/10^{-6}	压缩徐变C/（10^6MPa）	线膨胀系数/（10^6℃）	绝热温升T_0/℃	轴拉强度/MPa	抗裂指数K_z
	粗骨料	细骨料								
A2	砂岩	砂岩	0.43	125	−27.4	32.7	9.70	26.4	4.32	0.903
B2	砂岩	大理岩	0.43	124	−16.0	27.1	8.11	26.0	3.94	1.019

146

从试验结果可知：

组合骨料混凝土的用水量比全砂岩混凝土低 8kg/m³，混凝土的绝热温升低 0.4℃。组合骨料混凝土的 28d 前强度比同水胶比全砂岩混凝土略高，180d 抗压强度与全砂岩混凝土大致相当。组合骨料混凝土的 180d 劈拉强度比同水胶比的全砂岩混凝土略低，但 0.38 水胶比混凝土的 180d 劈拉强度达到 3.51MPa，可以满足锦屏一级水电站的设计要求。组合骨料的 180d 弹性模量与全砂岩混凝土大致相当，组合骨料混凝土的线膨胀系数比砂岩混凝土低。组合骨料混凝土的徐变比全砂岩混凝土略低。

组合骨料混凝土部分性能比全砂岩混凝土低，采用单一指标较难评价组合骨料混凝土与全砂岩混凝土孰优孰劣。本文采用抗裂指数 K_z 来评价混凝土的抗裂能力，即

$$K_z = \frac{\varepsilon_P + RC + G}{\alpha T_r}$$

式中　ε_P——混凝土的极限拉伸值，10^{-6}；

　　　R——混凝土的抗拉强度，MPa；

　　　C——混凝土的徐变，1/MPa；

　　　G——混凝土的自生体积变形；

　　　T_r——混凝土的绝热温升值，℃；

　　　α——混凝土的线膨胀系数，10^6℃。

抗裂指数 K_z 考虑了混凝土的极限拉伸值、抗拉强度、徐变、线膨胀系数、自生体积变形等对混凝土抗裂性能的影响，可综合评价混凝土的抗裂能力，因而采用抗裂指数评价是比较科学的。K_z 越大，混凝土的抗裂能力越强。从表 8 混凝土的抗裂指数计算结果可知，组合骨料的抗裂性能比全砂岩混凝土的抗裂能力高。

4.5　不同骨料混凝土特性及机理分析

4.5.1　全大理岩骨料混凝土

大理岩的劈拉强度和粗骨料的压碎指标结果表明，三滩大理岩抗拉强度较低，骨料的抗断裂能力差，从而限制了混凝土抗拉强度的提高。三滩大理岩混凝土 28d 轴拉断面照片（图 1）可以证明，大理岩粗骨料在 28d 轴拉强度较低时均被拉断。根据热力学第二定理，裂缝总是选择能耗最小的路径前进。说明三滩大理岩骨料的抗拉强度较低，骨料在混凝土中也是薄弱面之一，大理岩粗骨料在混凝土中不能有效发挥骨架作用，因此三滩大理岩不能单独作为锦屏一级水电站的人工骨料料源。

图 1　全大理岩湿筛混凝土 28d 极拉断面

4.5.2　全砂岩混凝土

砂岩骨料具有较高的抗压强度与抗拉强度，且骨料的压碎指标也较低，骨料具有较高抗断裂能力。从图 2 的全砂岩骨料全级配混凝土抗拉试验断面可以证明，在 180d 混凝土具有较高抗拉强度时，抗拉破坏主要从骨料的界面断开，而只有部分粗骨料被拉断，根据热力学第二定

理，说明砂岩粗骨料能在混凝土起到很好的骨架作用。然而，由于受砂岩骨料本身的物理化学性质影响，砂岩混凝土用水量偏高、线膨胀系数偏大，收缩变形量较大，对混凝土的温控防裂不利；且砂岩骨料存在碱硅酸活性，对混凝土长期耐久性不利。

图2　全砂岩全级配混凝土 180d 劈拉断面　　图3　组合骨料全级配混凝土 180d 劈拉断面

4.5.3　组合骨料混凝土

　　组合骨料混凝土的 180d 劈拉强度比同水胶比的全砂岩混凝土略低，但 0.38 水胶比为混凝土的 180d 劈拉强度达到 3.51MPa，组合骨料具有较高的抗拉强度。组合骨料采用强度较高的砂岩作为粗骨料，砂岩粗骨料在混凝土发挥骨架作用，从而实现配制的混凝土具有较高的抗拉强度。组合骨料全级配混凝土 180d 劈拉断面照片（图3）显示，组合骨料混凝土断面上有较大数量的粗骨料被拉断，其断裂形式与全砂岩混凝土相似，说明组合骨料混凝土在 180d 龄期是已具有较高的抗拉强度，足以把强度较高的砂岩粗骨料拉断。骨料在加工过程中总是按照最薄弱环节破碎，随着骨料粒径的减小，骨料中的缺陷就逐渐减少[7]。即随着加工粒径的降低，大理岩骨料细观强度会增加。另外，由于在混凝土拌和过程中，细骨料表面会包裹一层水泥浆体，随着水泥浆体的水化，会在细骨料表明形成一定厚度的壳，可以起到保护细骨料的作用。因此，当混凝土 180d 抗压强度大致相当时，组合骨料混凝土的 180d 劈拉强度、轴拉强度与全砂岩混凝土相当。

　　组合骨料混凝土的用水量比全砂岩混凝土低 8kg/m³，混凝土的绝热温升低 0.4℃。由于细骨料的比表面积比粗骨料大得多，因此细骨料对混凝土的用水量影响更大。加之砂岩细骨料棱角发育，比表面积更大，需要更多水泥浆体包裹，故全砂岩混凝土的用水量较高，而大理岩细骨料颗粒形态较好，其中混凝土移动过程中产生的阻力更小，因此组合骨料混凝土用水量较全砂岩混凝土大幅降低。

　　当混凝土抗压强度大致相当时，组合骨料的 180d 弹性模量与全砂岩混凝土大致相当，而全大理岩骨料混凝土的弹性模量比全砂岩混凝土低得多。由于大理岩强度比砂岩强度低，在加工过程中大理岩粗骨料中产生的微裂隙概率比砂岩高，在受到相同应力作用下，大理岩混凝土的变形量比砂岩混凝土大，因此大理岩混凝土的弹性模量比砂岩混凝土低。骨料中的微裂缝量粒径的减小而降低，使得组合骨料混凝土的弹性模量与全砂岩混凝土大致相当。

组合骨料混凝土的线膨胀系数比砂岩混凝土低，可以从两点解释：①锦屏一级砂岩骨料的线膨胀系数在 $10 \times 10^{-6}/℃$ 左右，而大理岩的线膨胀系数则为 $7 \times 10^{-6}/℃$ 左右，大理岩骨料的线膨胀系数较砂岩低，组合骨料采用大理岩细骨料代替砂岩细骨料，降低了骨料体系的平均线膨胀系数；②组合骨料混凝土胶材用量低，且水泥石的线膨胀系数高于骨料[8]。

5　结语

通过全大理岩骨料混凝土、全砂岩骨料混凝土与组合骨料混凝土的性能对比，可以得出以下结论：

（1）采用单一大理岩骨料配制的混凝土抗拉强度较低，抗拉破坏断面大部分粗骨料被拉断，粗骨料不能有效承担骨架作用，不能单独作为锦屏一级水电站的骨料。

（2）砂岩骨料配制的混凝土力学性能满足设计要求，但砂岩骨料具有潜在碱—硅酸活性，混凝土的用水量高，绝热温升高，线膨胀系数高，自生体积变形收缩量大，综合抗裂能力较差。

（3）组合骨料混凝土具有较优的抗拉强度，有效降低了混凝土体系中活性骨料的用量，且组合骨料混凝土的综合抗裂能力比全砂岩混凝土高。锦屏一级水电站最终采用组合骨料作为大坝混凝土的人工骨料方案。

参　考　文　献

[1] 蒋元驷. 混凝土的砂石骨料 [M]. 北京：水利电力出版社，1989.

[2] Steven. Kosmatka, Beatrix Kerkhoff, William C. Panarese. 混凝土设计与控制 [M]. 钱觉时，唐祖全，等，译. 重庆：重庆大学出版社，2005.

[3] P. 梅泰. 混凝土的结构、性能与材料 [M]. 祝永年，沈威，陈志源，译. 上海：同济大学出版社，1991.

[4] SL 251—2015 水利水电工程天然建筑材料勘察规程 [S]. 北京：中国水利水电出版社，2015.

[5] JGJ 53—2011 普通混凝土用碎石或卵石质量标准及检验方法 [S]. 北京：中国建筑工业出版社，2011.

[6] 李光伟. 高拱坝混凝土人工骨料的选择 [C]. 水工大坝混凝土材料和温度控制研究与进展. 北京：中国水利水电出版社，2009.

[7] 肖延亮. 关于高拱坝混凝土人工骨料原岩强度问题的讨论 [J]. 水力发电，2007（7）：94 - 96.

[8] 方坤河. 碾压混凝土材料、结构与性能 [M]. 武汉：武汉大学出版社，2004.

高地震区深厚覆盖层上
泸定心墙堆石坝抗震设计研究

王党在　金　伟　张　琦

（中国电建集团成都勘测设计研究院有限公司　四川成都　610072）

【摘　要】 泸定水电站黏土心墙堆石坝坝基覆盖层深厚、结构复杂，抗震烈度高，大坝抗震设计是本工程的关键技术问题之一。本文详细论述了泸定水电站黏土心墙堆石坝抗震设计研究的情况。

【关键词】 深厚覆盖层　抗震设计　心墙堆石坝

1　引言

我国水力资源丰富，在西部地区，由于地质条件的限制或考虑经济因素，要在深厚覆盖层上修建堆石坝，如大渡河干支流、金沙江中上游、怒江中上游、雅鲁藏布江和新疆的一些河流[1]。但西部地区地震频繁且烈度高，目前有一批已建、在建及规划设计中的堆石坝建于高地震区。由于地震对堆石坝造成的破坏会对堆石坝产生非常严重的影响，因此修建在高地震区深厚覆盖层上的堆石坝的抗震安全性应得到广泛关注，有必要进行高地震区深厚覆盖层上堆石坝的抗震设计研究。本文论述了高地震区深厚覆盖层上的大渡河泸定水电站黏土心墙堆石坝的抗震设计研究情况，希望能够为同类工程的抗震设计提供参考。

2　泸定大坝设计概况

泸定水电站位于四川省泸定县境内，是大渡河干流规划 22 级开发方案中的第 12 个梯级，为二等大（2）型工程，大坝按 1 级建筑物设计。水库正常蓄水位 1378.00m，总库容 2.4 亿 m³，调节库容 0.22 亿 m³，具有日调节性能，装机容量 920MW。工程枢纽主要由挡水建筑物、泄洪建筑物、引水发电建筑物组成。

泸定水电站工程区位于川滇南北向构造带北段与北东向龙门山断褶带和北西向鲜水河断褶带交接复合部位。鲜水河活动断裂及其南延部分磨西活动断裂带从坝址西侧约 25km 处通过，龙门山断裂带距坝址最近距离 6.8km，南北向的泸定断裂于坝址左岸约 1km 处通过。工程区地震地质背景复杂，坝址区周边地震活动性较强。根据地震安全评价成果，大坝设计地震标准采用 50 年基准期、超越概率 10%（相应的基岩水平峰值加速度为 246cm/s²），大坝校核地震标准采用 50 年超越概率 5%（相应的基岩水平峰值加速度 325cm/s²）。"5.12"汶川地震后，对 100 年超越概率 2%的大坝抗震稳定性进行了验算。

2.1 坝址区工程地质条件

左坝肩山体雄厚，基岩裸露，岩性为闪长岩、花岗岩，坝肩岩体裂隙较发育。右坝肩地形坡度较缓，主要由③-1亚层含漂（块）卵（碎）砾石土、②-2亚层碎（卵）砾石土层组成，具一定承载力和抗变形能力。右岸坝肩接头部位，基岩垂直和水平埋深均较大，岩体浅表部风化、卸荷较强，完整性差。

坝基河床覆盖层深厚，一般为120～130m，最大厚度148.6m，由四大层七个亚层组成。第④层、③-1亚层、②-1亚层、②-2亚层和第①层组成物质以粗颗粒为主，漂卵砾石基本构成骨架，结构较密实，具一定承载及抗变形能力；表浅部土体局部有架空现象，但结构不均一，河床右侧下部②-1亚层和②-2亚层中夹有砂层透镜体，表浅部局部有架空现象，存在不均一变形问题。③-2亚层砾质砂厚4.85～8.3m，分布于1级阶地浅表部，呈透镜状展布，分布范围小，承载及抗变形能力低。②-3亚层粉细砂及粉土层，主要分布于河床左侧坝轴线下游及上游坝基，其中，左侧坝轴线下游埋深27～30m，厚6.52～10.5m，上游坝基埋深33～39m，厚32～35m。该层为无黏性或少黏性土，属晚更新世晚期沉积物，初步分析液化可能性小，但承载力和压缩模量低，可能导致坝基不均匀沉降变形。

2.2 大坝结构设计

拦河大坝为黏土心墙堆石坝，大坝的抗震设防级别为甲类，抗震设防烈度为Ⅷ度。

坝顶高程1385.50m，最大坝高79.50m，坝顶长526.70m，上、下游坝坡1:2，坝顶宽度12m。心墙顶高程为1383.00m，顶宽4m，心墙上、下游坡度均为1:0.25，底高程1306.00m，底宽48m。心墙底部4m高范围加宽，加宽后顺河向坡度为1:1。心墙上游设两层厚3.0m的反滤层，下游设两层厚4.0m的反滤层。心墙底部在坝轴线上游设厚30cm的反滤料作为复合土工膜的垫层，心墙底部在坝轴线下游亦设厚度2m的反滤料作为复合土工膜的垫层，并与心墙下游反滤层连接，心墙下游堆石基础坝基反滤层厚2m。反滤层与坝壳堆石间设过渡层，与坝壳堆石接触面坡度为1:0.25。上、下游坝脚以外分别设置了压重Ⅱ区和堆石Ⅱ区。大坝结构见图1。

3 大坝抗震分析

根据坝基覆盖层及筑坝材料静动力试验成果，进行了坝体及地基的加速度反应、永久变形、坝基砂层抗液化能力及地震应力变形分析，同时采用动力有限元法和拟静力法对坝体及坝体的抗滑稳定性进行了计算分析。

3.1 天然地基的液化分析

根据砂层结构、边界条件等因素，结合现场勘察和室内试验综合分析判定③-1层含泥角砾中粗砂透镜体及②-3粉细砂及粉土层地震液化稳定性。③-1层通过标贯试验判定为不液化砂土。②-3亚层通过地层年代判别、颗粒分析、剪切波速法等初判及相对密度复判法、相对含水量或液性指数复判法、土的饱和性标准贯入锤击数法等复判，综合判定在天然条件下为不液化砂土。

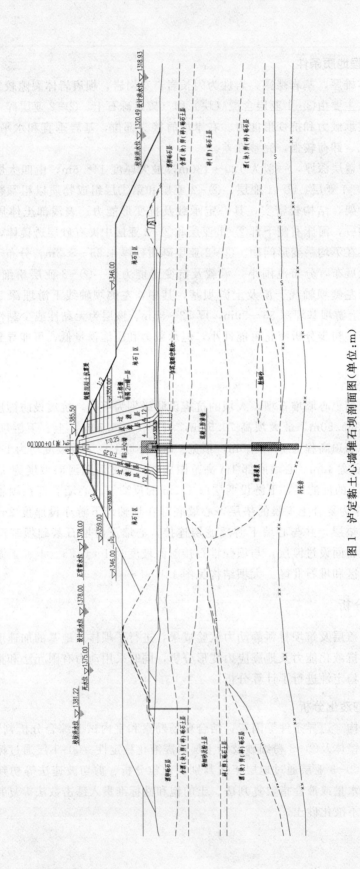

图 1 泸定黏土心墙堆石坝剖面图(单位:m)

3.2 加速度反应分析

加速度反应表征大坝地震反应的强弱，若坝坡或坝顶等坝表部位加速度反应过大，则可能造成某些散粒体的抛出或滚滑。加速度反应也能间接反映出坝料整体上的动力特性，其动弹模越大、阻尼比越小，则加速度反应越强烈。地震反应加速度沿高程逐渐增大，最大反应加速度均出现在坝顶。

计算结果表明，总体来看随着输入加速度的增大，反应加速度逐渐增大，但放大系数有所减弱。三维计算加速度比二维的强烈，这是动力反应的普遍规律。从计算结果来看，覆盖层动力反应较小，三维计算坝基面的反应加速度放大倍数仅有 0.53 倍。有关研究表明，覆盖层深度及土层特性对动力反应影响很大，当覆盖层厚度较小时，地表动力反应加速度随覆盖层厚度增加而增加，但当覆盖层厚度超过一定厚度时，随覆盖层厚度增加，地表反应加速度减小；覆盖层中软弱夹层是影响地表动力反应的重要因素，覆盖层中软弱夹层埋深越大，地表反应加速度越小，当软弱夹层埋深超过一定深度（15m 左右）时，地表反应加速度放大倍数小于 1.0。本工程坝基覆盖层厚度约达 150m，且其中夹有软弱层，软弱层埋深超过 30m，计算所得覆盖层加速度放大倍数小于 1.0 属于正常。本工程三维计算竖向加速度反应比顺河向较为强烈，是本大坝地震反应较特殊之处。

3.3 永久变形和液化分析

3.3.1 简化总应力法砂层液化判别

取振动次数 30 次的动强度试验成果，采用简化总应力法判别坝基②-3 亚层的液化性，经计算抗液化剪应力与地震引起等效剪应力的比值为 1.36～2.29，据此分析②-3 亚层不会发生液化。

3.3.2 有效应力法砂层液化判别

有限元分析表明，设计地震与校核地震工况坝基②-3 亚层内最大振动孔隙水头分别为 12.1m 和 13.6m 水柱压力，两种工况抗液化安全系数分别为 3.5、2.1。100 年超越概率 2％工况地震引起的超静孔隙水压力为 16.8m 水柱压力，抗液化安全系数为 1.6。因此，②-3 亚层在地震作用下不会发生液化。

3.3.3 总应力有限元法砂层液化判别

通过总应力有限元法计算了设计地震、校核地震及 100 年 2％地震工况坝基砂层的液化安全率。设计地震时，上游压重区以外坝基砂层的液化安全率 1.89～2.29，上游压重区与大坝基础以下砂层的液化安全率 2.69～3.89。校核地震时，上游压重区以外坝基砂层的液化安全率 1.33～1.72，上游压重区与大坝基础以下砂层的液化安全率 1.72～3.30。遭遇 100 年超越概率 2％地震时，上游压重区以外河床砂层的液化安全率 1.07，上游压重区与大坝基础以下砂层的液化安全率 1.20～2.76。3 种地震工况下，坝基砂层液化安全率均大于 1，认为坝基砂层无液化危险性。

3.4 地震过程中和震后应力应变分析

地震过程中，在设计地震工况下防渗墙最大动剪应力峰值 0.225MPa，校核地震工况 0.290MPa；廊道内最大动剪应力峰值设计地震工况 0.087MPa，校核地震工况 0.105MPa；心墙内最大动剪应力峰值设计地震工况 0.099MPa，校核地震工况

0.150MPa，防渗墙、廊道和心墙内动应力总体较小，在安全范围内。

地震后，在心墙内产生了一定的振动孔隙水压力，致使心墙内的应力水平有所提高，尤其是廊道周围应力水平有较大幅度的增加，其应力水平在 0.87 左右。在设计地震和校核地震工况下，防渗墙最大拉应力值分别为 1.98MPa、2.15MPa，拉应力超过 1.65MPa 的区域很小；防渗墙采用 C35 混凝土，考虑到防渗墙深度较深且三向受力，随后期强度增长，其混凝土强度还将有所提高，地震时出现瞬时应力状态是可承受的。因此防渗墙的应力状态总体在安全范围内。

3.5 坝坡动力稳定性分析

目前土石坝的抗震稳定分析主要采用拟静力法，该法虽较为简单，但难以真实反映土石坝在地震时的反映特性。而采用有限元法进行地震动力反应分析，能够计算地震动力反应、永久变形、坝内动应力应变和动孔隙水压力分布，进行砂层液化可能性判别，并可根据动分析结果进行坝坡稳定性分析[2,3]。因此，对于设计烈度 8～9 度的 70m 以上的土石坝，或地基中存在可液化土时，抗震规范规定应采用拟静力法进行抗震稳定计算，同时采用有限元法进行地震动力反复分析。

3.5.1 拟静力法

为分析大坝及坝基的抗震稳定性，对设计地震、校核地震及 100 年超越概率 2‰地震工况进行了计算。对于圆弧滑裂面采用计及条块间作用力的简化毕肖普法，对于非圆弧滑裂面采用满足力和力矩平衡的摩根斯顿－普赖斯方法。计算假定上游坝壳内浸润线与库水位相同，心墙及下游坝壳料内浸润线采用渗流计算成果。地震输入同时考虑水平向和竖向地震作用，竖向地震力取水平向地震力的 1/3[4]。坝坡稳定计算参数见表 1，典型剖面计算成果见图 2 和表 2。

表 1   材 料 参 数 表

材 料 名 称	Φ			Φ_0	$\Delta\Phi$	C /(t·m⁻³)	天然容重 /(t·m⁻³)	饱和容重 /(t·m⁻³)
	正常运行	竣工	地震					
心墙	13.5°	13.5°	13.5°			1.8	1.84	2.08
反滤	35°	35°	30°			5.5	2.12	2.32
过渡	38°	38°	38°	46.6°	7.6°	0	2.17	2.36
堆石	41°	41°	40°	46.6°	7.6°	0	2.14	2.31
压重	34°	34°	32°	40°	6°	0	2	2.25
④ 砂卵砾石	30°	30°	28°			0	2.27	2.40
③-1 碎砾石层	31°	31°	29°			0	2.12	2.3
②-3 粉土（天然）	18°	18°	14.8°			0	1.99	2.06
②-3 粉土（振冲处理）			23.32°			0	1.99	2.06
① 含碎砾石土	32°	32°	30°			0	2.40	2.41
②-2 碎（卵）砾石层	28°	28°	26°			0	2.14	2.31
②-1 漂（块）卵碎砾石层	31°	31°	29°			0	2.25	2.38
粉细砂	18°	18°	14.8°			0	1.99	2.06
含泥角砾中粗砂	22°	22°	18°			0	1.85	2.10
含泥角砾中粗砂（振冲处理）			25.37°			0	1.85	2.10
两侧垫层＋复合土工膜	33°	33°	29.5°			0	2.1	2.3
块碎石土 col＋dlQ₄	27°	27°	25°			0	2.05	2.25

154

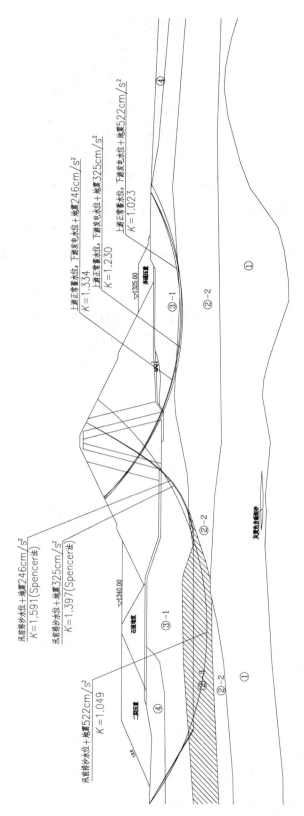

图 2 典型剖面地震工况上下游坝坡危险滑面分布图

汛前排沙水位+地震246cm/s²
K=1.591(Spencer法)

汛前排沙水位+地震325cm/s²
K=1.397(Spencer法)

汛前排沙水位+地震522cm/s²
K=1.049

上游正常蓄水位，下游发电水位+地震246cm/s²
K=1.334

上游正常蓄水位，下游发电水位+地震325cm/s²
K=1.230

上游正常蓄水位，下游发电水位+地震522cm/s²
K=1.023

▽1340.00

▽1325.00

二期坝

石渣料

③-1

④

②-2

①

③-1

②-2

②-2

③-1

①

②-2

①

表 2典型剖面地震工况坝坡稳定安全系数列表

剖面		工 况	K
0+192.63 剖面	上游	上游汛前排沙水位＋地震 246cm/s²	1.591
	下游	上游正常蓄水位，下游发电水位＋地震 246cm/s²	1.334
	上游	上游汛前排沙水位＋地震 325cm/s²	1.397
	下游	上游正常蓄水位，下游发电水位＋地震 325cm/s²	1.230
	上游	上游汛前排沙水位＋地震 522cm/s²	1.049
	下游	上游正常蓄水位，下游发电水位＋地震 522cm/s²	1.023

从计算结果可见，设计地震工况坝坡稳定安全系数最小值为 1.334，大于 1.2，校核地震工况坝坡稳定安全系数最低值为 1.230，坝坡是稳定的。为了检验坝坡抗滑稳定安全裕度，按 100 年超越概率 2％地震复核坝体抗滑稳定，坝坡稳定安全系数最低值为 1.005。

3.5.2 动力有限元法

动力有限元法坝坡稳定分析结果表明：设计地震工况地震过程中上、下游坝坡的抗滑稳定安全系数分别在 1.49 和 1.41 上下波动，安全系数最小值分别为 1.378 和 1.331；校核地震工况下上、下游坝坡的抗滑稳定安全系数分别在 1.350 和 1.271 上下波动，安全系数最小值分别为 1.238 和 1.167。

4 大坝抗震措施

尽管目前对堆石坝抗震安全评价技术已取得很大进步[5]，但对土石坝震害中出现的裂缝和变形等问题，目前还没有可靠和成熟的计算方法。基于此，要做到土石坝的抗震安全，除参考计算分析外，应该主要依靠抗震工程措施[6]。根据土石坝在地震作用下常见的破坏形式[6,7]，参考国内外工程经验，土石坝的抗震能力及其安全性主要与地基和坝身土石材料的密实度、压实标准、坝型、防渗结构、护坡、坝体结构及剖面形式等有关。本文在抗震稳定分析成果基础上，结合已有工程经验及泸定工程特点进行大坝抗震措施设计。为了加强坝体抗震能力，泸定大坝采取了局部基础处理、坝脚加压重、加宽坝顶、预留坝顶超高、合理的坝体断面设计和提高坝料填筑压实度、坝面块石护坡加强、坝体土工格栅及混凝土抗震梁加筋等抗震措施。

4.1 预留足够的坝顶超高

坝顶高程计算值 1384.00m，考虑到坝址区为高地震区，基础覆盖层深厚，坝顶高程采用 1385.50m，比按规范要求坝顶高程提高了 1.5m。同时在坝顶上游设置 1.2m 高防浪墙，并与心墙可靠连接。

4.2 坝体断面设计

由于坝基覆盖层深厚，大坝设计地震烈度较高，采用较宽的坝顶宽度 12m。

坝坡放缓至 1：2.0 坝坡，并在高程 1346.00m 处设宽度 5m 的马道；并在上下游坝脚设压重区。为适应心墙与岸坡接触部位的变形，采用高塑性接触土料，并在心墙标准断面的基础上，左右岸坝肩部位向上下游方向局部加厚。

4.3 坝基处理及砂层处理措施

左岸心墙基础的强风化带全部挖除后固结灌浆处理。为减小心墙基底沉降变形，河床及右岸心墙基础覆盖层坝基进行固结灌浆处理。右岸浅表部的砂类土体③-2予以挖除。

由于通过坝基②-3粉细砂及粉土层的滑面为抗滑稳定的控制滑面，可研阶段采用振冲碎石桩加固处理，振冲深度35m，同时结合部分上、下游压重才能使坝坡稳定满足要求。振冲桩长度共计约46000m，总投资约5000万元。技施阶段对坝基砂层处理进行了优化，开展了现场振冲生产性试验，钻孔过程中塌孔严重，成孔难度大，考虑到振冲施工难度大、工期紧、费用高等因素，取消了振冲碎石桩处理方案。为了提高坝坡和坝基的抗滑稳定性，提高②-3粉细砂及粉土层的上覆土体重量，增大了上下游压重平台范围，上游压重平台高程1340.00m，顺河向最大长度160.0m；下游压重平台顶高程1346.00m，顺河向最大长度130.0m。采用取消坝基振冲碎石桩、增大下游压重平台范围的措施既节约了投资，又提高了坝基砂层抗液化安全性。

4.4 适度提高坝体填筑标准

为减小心墙变形，适当提高了土料的压实标准，土心墙压实度设计要求达到1.0以上。同时为减小坝壳对心墙的约束作用，合理确定反滤、过渡、堆石的填筑相对密度、孔隙率和干密度，反滤料的填筑相对密度为0.85；过渡料的填筑标准按孔隙率18%～22%控制；堆石料的填筑标准按孔隙率20%～25%控制。

4.5 上、下游坝面护坡

上、下游坝面设置干砌石及大块石护坡，考虑坝顶鞭捎效应，在下游坝坡高高程设置浆砌石护坡，以防止地震时坝面石块被大片振落，危及大坝安全。

4.6 坝顶土工格栅与混凝土抗震梁加筋

根据本工程坝顶地震加速度反映计算成果及相关研究[8,9]，由于高堆石坝结构对地震波的放大效应，坝体上部加速度反应较大，高堆石坝遇强震时破坏往往从中上部开始，因此必须采取措施加强坝体中上部的抗震稳定性，大坝中上部采用了土工格栅联合混凝土框格梁加筋的措施，在坝体中上部形成整体的空间抗震结构。依靠加筋土工格栅、框格梁与堆石之间的摩擦和嵌锁摩擦咬合作用传递拉力，提高堆石体的变形模量，改善加筋堆石复合体的抗剪强度和变形特性，提高堆石体的整体性和抗震稳定性[9]。坝体内土工格栅联合混凝土框格梁加筋见图3。

在高程1350.00m以上坝体堆石和过渡区内设加筋柔性土工格栅，每层间竖直向间距为2.0m，铺设顶高程为1382.00m，每层竖向间距2m，共铺设17层，土工格栅设计工程量约47万m²。

为提高坝体整体的抗震稳定性，在坝体中上部高程1365.00m、1371.00m、1377.00m的坝体堆石和过渡区设三层水平混凝土抗震框格梁，在高程1365.00m以上的上、下游坝坡面设坡面混凝土抗震框格梁，水平抗震框格梁与坡面抗震框格梁连接成整体，三个水平层与坝坡面分别形成纵横交错的框格梁网状结构。坝体抗震框格梁已于2012年申请专利[10]。

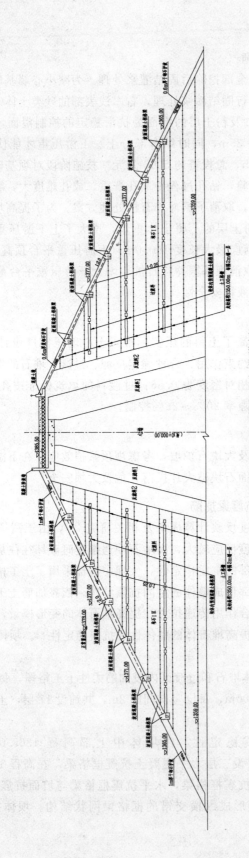

图 3 土工格栅联合混凝土框格梁加筋横剖面

目前对混凝土抗震框格梁加筋效果主要采用强度等效和模量等效的原则，将框格梁简化为杆单元进行计算[11]，研究表明框格梁可降低坝体的地震永久变形，增大坝体的动强度安全系数，有效抑制坝坡浅层滑动，显著提高坝坡抗震稳定性。

5 结语

泸定水电站黏土心墙堆石坝，坝基覆盖层深厚、结构复杂，坝址区地震烈度高。采用动力有限元法计算了坝体加速度反应、永久变形，采用多种方法综合判定天然地基及建坝后坝基砂层抗液化能力，采用拟静力法和动力有限元法进行坝坡动力稳定性分析。提出了加宽坝顶宽度、增加坝顶超高、坝体断面分区设计和适当提高填筑标准、坝基加固处理、坝坡面干砌石及大块石护坡、坝顶土工格栅与混凝土框格梁加强等综合抗震措施。其中心墙堆石坝内设混凝土抗震框格梁的措施为国内首例，具有一定的科技创新性，本文的大坝抗震设计研究成果对类似工程具有广泛的参考借鉴作用。

参　考　文　献

[1]　董光辉．深厚覆盖层土石坝动力反应分析 [D]．大连：大连理工大学，2011.
[2]　米占宽，李国英．强震区土坝抗震措施研究 [J]．岩土力学，2007，28 (1)：193-196.
[3]　费康，朱凯，刘汉龙．深厚覆盖层上高土石坝抗震稳定性的三维分析 [J]．扬州大学学报，2008，11 (1)：74-78.
[4]　DL/T 5395—2007 碾压式土石坝设计规范 [S]．北京：中国电力出版社，2008.
[5]　李永红，王晓东．冶勒沥青混凝土心墙堆石坝抗震设计 [J]．水电站设计，2004，20 (2)：40-45.
[6]　汪闻韶．土石填筑坝抗震研究 [M]．北京：中国电力出版社，2013.
[7]　杨星，刘汉龙，等．高土石坝震害与抗震措施评述 [J]．防灾减灾工程学报，2009，29 (5)：583-590.
[8]　孔宪京，邹德高，邓学晶，等．高土石坝综合抗震措施及其效果的验算 [J]．水利学报，2006，37 (12)：1489-1495.
[9]　李红军，迟世春，林皋．高心墙堆石坝坝坡加筋抗震稳定分析 [J]．岩土工程学报，2007，29 (12)：1881-1887.
[10]　中国水电顾问集团成都勘测设计研究院．坝体抗震梁结构：中国，ZL 2012 2 0233901.1 [P]．2002-05-23.
[11]　曹学兴．深厚覆盖层地基高土质心墙堆石坝抗震安全性研究 [D]．武汉：武汉大学，2013.

考虑坝肩岩体结构面弱化效应的
高拱坝整体稳定性研究

杨宝全[1]　张　林[1]　陈建叶[1]　吴世勇[2]　周　钟[3]

(1　四川大学水力学与山区河流开发保护国家重点实验室，水利水电学院　四川
成都　610065；2　雅砻江流域水电开发有限公司　四川成都　610051；
3　中国电建集团成都勘测设计研究院有限公司　四川成都　610072)

【摘　要】　为了研究高拱坝工程在蓄水运行后，坝肩岩体结构面在应力场、渗流场耦合作用下的弱化效应，以及在考虑这种弱化效应条件下高拱坝工程的整体稳定问题，本文结合锦屏一级高拱坝工程，首先开展了锦屏拱坝坝肩软岩和结构面的弱化效应试验，获得了坝肩软岩和结构面强度参数和变形参数的弱化率，为拱坝与地基整体稳定模型试验提供结构面降强幅度的依据。然后，针对拱坝与地基的整体稳定问题，开展了三维地质力学模型综合法试验研究，在试验中，根据弱化试验成果确定了综合法试验中的降强幅度为30%，同时为了模拟坝肩坝基岩体和结构面的弱化效应，研制了适用于各类软弱结构面强度弱化特性的变温相似材料。通过综合法试验获得：地基加固处理后锦屏拱坝与坝肩的变形分布特性，坝肩坝基失稳的破坏形态和破坏机理，得出整体稳定安全系数为5.2～6.0，评价了拱坝工程的稳定安全性。研究成果为工程的设计施工和安全运行提供了重要科学依据，为其他高拱坝工程的稳定性研究提供了参考。

【关键词】　高拱坝工程　坝肩岩体结构面　弱化效应　整体稳定性　变温相似材料　综合法试验

1　引言

我国西南地区目前已经建成和即将建设一批高拱坝工程，如锦屏一级（305m）、小湾（294.5m）、溪洛渡（285.5m）等高拱坝已经建成投入运行，白鹤滩（289m）、乌东德（坝高265m）、松塔（313m）等高拱坝或在建或在设计中，这些高拱坝工程普遍具有坝高库大、工程规模大、泄洪流量大、地震强度高、地质条件复杂等特点[1]，多项工程技术指标已达到或超过世界水平。在复杂的自然条件下建设具有世界水平的高拱坝工程，将面临着前人未曾遇到的科学技术难题。其中高拱坝的整体稳定问题是工程建设中的关键技术问题之一[2]。雅砻江锦屏一级高拱坝，坝高305m，是目前在建的世界最高拱坝，水库正常蓄水位1880.00m时坝体承受总水推力近1200万 t[3]。其坝肩地质构造复杂，影响坝肩及抗力体稳定的主要地质构造有，右岸断层 f_{13}、f_{14}、f_{18}，绿片岩透镜体和近 SN 向的陡倾裂隙等；左岸断层 f_5、f_2、f_8、f_9、f_{42-9}、F_1 及煌斑岩脉 X、第六层大理岩层中层间挤压带 g、深部裂缝 SL_{15} 和顺坡向节理裂隙等。大多数

160

断层、挤压带及深部裂缝中均有断层泥，其和断层影响带的Ⅳ₂软岩、绿片岩透镜体夹层均具有遇水易软化的工程地质特征。这些复杂的地质情况，加上坝址区高地应力、高地震烈度以及坝体承受很高的水荷载等均对锦屏一级高拱坝与地基的整体稳定性和安全性产生影响。如何定量的揭示水库蓄水后，锦屏一级高拱坝坝肩坝基断层和Ⅳ₂软弱岩体在承受上千万吨的水荷载以及复杂的渗流场长期作用下的弱化效应，以及在考虑这种弱化效应后，评价拱坝与地基的整体稳定性具有十分重要的意义。

本文针对上述问题开展深入研究，首先开展了锦屏一级高拱坝坝肩坝基软岩和结构面的弱化效应分析，采用多场耦合的现代岩石（体）力学试验手段，现场采集锦屏一级拱坝坝肩软弱岩体和结构面岩样，制备相似试件，在 MTS 岩石力学测试系统上进行三轴压缩试验和水岩耦合三轴压缩试验，定量的揭示了高拱坝工程运行后坝肩坝基软岩和结构面在应力场、渗流场耦合作用下，强度参数和变形参数的弱化效应，为拱坝与地基整体稳定模型试验提供结构面降强幅度的依据。然后，针对拱坝与地基的整体稳定问题，开展了三维地质力学模型试验研究，在试验中，为了模拟坝肩坝基岩体和结构面的弱化效应，研制了适用于各类软弱结构面强度弱化特性的变温相似材料，进行了加固地基条件下综合法破坏试验研究，评价了拱坝工程的稳定安全性。

2 坝肩岩体结构面弱化效应试验研究

2.1 弱化试验思路

本次弱化试验紧密结合锦屏一级高拱坝工程，主要对影响坝肩稳定的 f_5、f_2、f_{13}、f_{14}、f_{18} 等 5 条断层和断层影响带的Ⅳ₂类大理岩、砂板岩以及煌斑岩脉 X 和绿片岩透镜体开展弱化试验研究。试验中，由锦屏工程实测地应力水平、水库正常蓄水位条件下的水头和渗压、设计拱推力荷载等因素[4]，选择软弱岩体弱化试验的围压为 5MPa、10MPa、15MPa、20MPa、25MPa、30MPa 六级，主要断层弱化试验的围压为 5MPa、6.25MPa、7.5MPa、8.75MPa、10.0MPa 五级，渗透水压力选择为 1MPa、2MPa、3MPa、4MPa 四级进行试验，正应力水平按 5MPa、10MPa、15MPa、20MPa 四级进行抗剪断强度 τ 的计算和弱化率分析。试验采用美国产 MTS815 Flex Test GT 岩石力学试验系统进行。

试验的步骤有以下方面：

（1）试样的采取与制备。现场采取断层物质和软岩的原样，断层物质采用等量替代法[5]和重塑试样法[6]制备尺寸为直径 100mm、高 200mm 的试样；软岩制备尺寸为直径 50mm、高 100mm 的试样。

（2）天然状态下力学特性试验。施加上述选取的一定围压值后（每级围压一个试件），进行三轴压缩试验，获得天然状态下试样的强度参数 f、c 与变形参数 E。

（3）试件饱和。保持围压与初始轴压，向试件渗透水流进口端施加渗透水压，出口端排气，待试件中空气完全排除后关闭出口阀门，并监测进、出口端水压差，待该水压差为零，此时试件饱和完成。

（4）不同水压的弱化试验。按 1MPa、2MPa、3MPa、4MPa 逐级升高水压，对每级水压下进行水岩耦合三轴压缩试验。获得不同水压下试样的强度参数 f、c 与变形参数 E。

断层物质试验的照片和弱化试验后试件的照片见图1和图2。

图1　断层试样水岩耦合三轴压缩试验照片　　　图2　典型断层试样弱化试验后照片

试验结果的分析思路如下：

（1）强度参数分析思路。由试验得到断层、软岩破坏时最大主应力 σ_1，然后根据库仑定律[7]，由最大主应力 σ_1、围压 σ_3 计算强度参数 f、c 值，由正应力 σ 计算抗剪断强度 τ，再比较天然和有水压下的 f、c、τ 值，计算弱化率。

（2）变形参数分析思路。由试验还获得断层、软岩破坏时最大主应力 σ_1、轴向应变 ε_1 和侧向应变 ε_3，然后根据试验规程由 σ_1、ε_1、ε_3 计算变形模量 E，再比较天然和有水压下的 E 值，计算弱化率。

2.2　弱化试验成果

断层的弱化试验成果：通过对比天然状态下和不同水压状态下弱化试验的结果，并引入弱化率的概念，即不同水压下的参数相对天然状态的降低值，可以获得断层物质在不同水压、不同围压下强度参数和变形参数的弱化率，经过统计分析及汇总的结果见表1。

表1　　　　　断层强度与变形参数平均弱化值及平均弱化率 W 汇总表

名称	强度及变形参数		天然状态	1MPa 水压		2MPa 水压		3MPa 水压		4MPa 水压	
				量值	W/%	量值	W/%	量值	W/%	量值	W/%
断层平均值	c/MPa		2.0	1.6	19.8	0.9	54.4	0.8	59.0	0.0	99.4
	f		0.41	0.41	0.0	0.43	−6.6	0.38	6.2	0.41	0.0
	τ/MPa	$\sigma=5$MPa	4.1	3.7	9.9	3.1	24.7	2.7	33.3	2.1	49.4
		$\sigma=10$MPa	6.1	5.7	6.6	5.2	14.8	4.6	24.6	4.1	32.8
		$\sigma=15$MPa	8.2	7.8	4.9	7.4	9.8	6.5	20.2	6.2	24.5
		$\sigma=20$MPa	10.2	9.8	3.9	9.5	6.9	8.4	17.6	8.2	19.6
	E/GPa		1.8	1.3	28.1	1.1	38.2	0.8	53.9	0.5	69.7

软弱岩体的弱化试验成果：通过弱化试验同样可获得软弱岩体在不同水压、不同围压下强度参数和变形参数的弱化率，经过统计分析及汇总的结果见表2。

表2　　　　　　　　软弱岩体强度与变形参数平均弱化值及平均弱化率 *W* 汇总表

名称	参数名称		天然状态参数值	1MPa 水压		2MPa 水压		3MPa 水压		4MPa 水压	
				数值	W/%	数值	W/%	数值	W/%	数值	W/%
软弱岩体平均值	*c*/MPa		4.7	2.7	43.4	2.0	58.2	1.2	75.7	0.4	91.5
	f		0.40	0.38	6.80	0.37	8.10	0.39	4.30	0.35	13.00
	τ/MPa	σ=5MPa	6.7	4.6	31.3	3.9	42.5	3.2	53.0	2.2	67.9
		σ=10MPa	8.7	6.5	25.3	5.7	34.5	5.1	41.4	3.9	55.2
		σ=15MPa	10.7	8.4	21.5	7.6	29.4	7.1	34.1	5.7	47.2
		σ=20MPa	12.7	10.3	18.9	9.4	26.0	9.0	29.1	7.4	41.7
	E/GPa		5.0	4.8	3.5	3.8	25.0	3.0	39.5	2.8	45.0

由表1和表2可知，断层物质和软弱岩体的强度特性和变形特性具有显著的水压弱化效应，各级围压下的强度和变形模量均以天然状态最高，并随水压的升高而逐步减小。具体有以下方面：

（1）强度参数 *f* 随水压的变化非常微小，综合统计分析表明其平均弱化率不超过 7%。

（2）强度参数 *c* 随水压升高急剧减小，在高水压下其弱化率 W_c 将超过 50%，甚至接近 100%，完全丧失黏聚力。

（3）抗剪强度 *τ* 随水压的升高而降低，综合统计结果表明，在应力 10MPa 与水压 3MPa 的工程条件下，锦屏拱坝坝肩主要结构面的抗剪强度 *τ* 的弱化率 $W_τ$ 大体在 25% 左右、软弱岩体抗剪强度 *τ* 的弱化率最大可达到 40% 左右。

（4）变形模量 *E* 受水压影响显著，综合来看，在 5MPa 围压、3MPa 水压条件下，各断层变形模量的平均弱化率可达 50%，软弱岩体变形模量的平均弱化率在 40% 左右。

3　地质力学模型综合法试验中软岩结构面弱化效应模拟

地质力学模型综合法试验[8] 既可以考虑上游水荷载的超载（超载阶段试验），同时又可以考虑坝肩坝基软弱结构面强度降低的力学行为（降强阶段试验）。在降强阶段试验中，需要确定一个合理的降强幅度，在以往的试验中，往往根据经验，取结构面强度的降低幅度为 20%～30%，即通过综合考虑岩体和结构面抗剪断强度指标 *f*、*c* 值，按二者的综合效应 τ=σf+c 进行降强，使模型材料的抗剪断强度 $τ_m$ 与原型材料的抗剪断强度 $τ_p$ 满足相似要求，降低主要结构面模型材料的抗剪断强度 $τ_m$ 20%～30%，但是缺少试验数据的支撑和充分的分析研究。本文以应力场、渗流场耦合作用下的结构面和软弱岩体弱化试验成果为依据，结合锦屏一级工程的实际情况，综合分析确定综合法试验中的降强幅度，并通过变温相似材料[9] 实现材料弱化效应的模拟。

3.1　综合法试验中降强幅度的确定

弱化试验成果表明，断层和软弱岩体的抗剪断强度 *τ* 表现出明显的水压弱化效应，以天然状态最高，随水压的升高而逐步减小。在不同的渗压和正应力条件下，抗剪断强度 τ 的弱化率见表 1 和表 2。由于模型是经过缩尺后对结构面进行模拟，为了在模型中综合模拟软弱结构面的破碎带（主错带）和影响带（IV_2 类软弱岩体）弱化效应，对两者的降强幅度按宽度进行加权平均，同时选择不同的水压和正应力组合进行弱化分析，得到不同水压、不同正应力情况下各结构面破碎带和影响带加权降强幅度见表 3。以表 3 为基础，并充分考虑锦屏一级拱坝运行后工程荷载（拱推力 5～8MPa）、库水的渗透压力（1～2MPa）、坝肩坝基岩体和结构面的地应力三者的耦合情况，确定在加固地基条件下锦屏一级拱坝三维地质力学模型综合法试验中，对影响坝肩稳定的主要结构面的抗剪断强度降低幅度为 30%。

表 3　　　　　　　　不同的水压和不同的正应力情况下结构面弱化情况统计表

序号	正应力 σ /MPa	渗水压力 /MPa	结构面主错带降强幅度平均值/%	结构面影响带降强幅度平均值/%	按主错带和影响带宽度进行加权平均值/%
1	5	1	9.9	31.3	20.5
2	5	2	24.7	42.5	31.7
3	5	3	33.3	53.0	42.8
4	10	1	6.6	25.3	19.4
5	10	2	14.8	34.5	28.3
6	10	3	24.6	41.4	37.8

3.2　变温相似材料的研制

为了实现综合法试验中降强试验以模拟坝肩岩体结构面的弱化效应，需要采用变温相似材料[10]，该材料是配制以重晶石粉、机油为主，加入适量的高分子材料及添加剂的模型材料，用以在模型中制作断层、蚀变带、软岩等地质构造，同时在这些地质构造中布置升温与温度监测系统，在试验过程中通过电升温的办法使高分子材料逐步熔解，从而改变材料接触面的摩擦形式，使得材料的抗剪断强度 $\tau(f，c)$ 逐步降低。

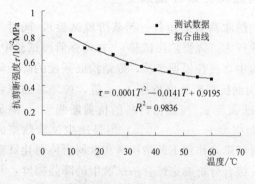

图 3　断层 f_i 及挤压带变温相似材料
τ_m—T 关系曲线

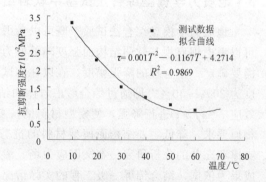

图 4　煌斑岩脉 X 变温相似材料
τ_m—T 关系曲线

试验前，首先配制不同类型的变温相似材料，然后进行变温过程的剪切试验，测得抗剪断强度与温度之间的对应数据点，对曲线进行拟合，得到抗剪断强度与温度之间的关系式 $\tau = \varphi(T)$，确定降强幅度，然后通过以上的函数关系式算出需要升高的温度，试验中通过升温系统和温度控制系统来实现升温降强。锦屏模型试验中变温相似材料按断层 f_i 及挤压带、煌斑岩脉 X 两类分别进行研制。两种类型变温相似材料的抗剪断强度 τ_m 与稳定 T 之间的关系曲线，见图 3 和图 4。

4 锦屏一级拱坝三维地质力学模型综合法试验

为了获得锦屏一级拱坝在考虑坝肩岩体结构面弱化效应后，拱坝坝体、坝肩岩体及结构面在正常荷载作用下的位移、应力情况，以及在连续加荷和降低岩体结构面力学参数的状态下坝与地基的变形和破坏形态、破坏机理，了解工程薄弱环节，获得坝与地基的整体稳定安全度，评价工程的安全性，本文开展了加固地基条件下锦屏拱坝三维地质力学模型综合法破坏试验。

4.1 模型相似条件

由地质力学模型相似理论[11-12]，模型需要满足以下相似关系：$C_\gamma = 1$，$C_\varepsilon = 1$，$C_f = 1$，$C_\mu = 1$，$C_\sigma = C_\varepsilon C_E$，$C_\sigma = C_E = C_L$，$C_F = C_\sigma C_L^2 = C_\gamma C_L^3$。其中，$C_E$，$C_\gamma$，$C_L$，$C_\sigma$ 及 C_F 分别为变形模量比、容重比、几何比、应力比及集中力比；C_μ，C_ε 及 C_f 分别为泊松比、应变及摩擦系数比。结合锦屏一级拱坝工程实际，选择几何比 $C_L = 300$，容重比 $C_\gamma = 1.0$，位移比 $C_\delta = 300$，变形模量比 $C_E = 300$；选择模拟范围为 4 m×4m×2.83 m（顺河向×横向×高度），相当于原型工程尺寸 1200m×1200m×850m。试验采用的荷载组合为正常蓄水位的水压力＋淤沙压力＋自重。

4.2 试验成果分析

模型中除了对主要的结构面进行模拟外，还对设计上提出的混凝土大垫座、软弱结构岩带混凝土置换网格、抗剪传力洞、刻槽置换及固结灌浆等为主的加固方案进行模拟。试验的过程为：首先对模型进行预压，然后加载至一倍正常荷载，在此基础上进行降强阶段试验，即升温降低坝肩坝基岩体内 f_2、f_5、左岸煌斑岩脉 X、f_{13}、f_{14}、f_{18} 等主要结构面的抗剪断强度，升温过程分为六级，由 T1 升至 T6，最高温度升至 50℃，此时上述主要结构面的抗剪断强度降低约 30％。在保持降低后的强度参数条件下，再进行超载阶段试验，对上游水荷载分级进行超载，超载按 $0.2P_0 \sim 0.3P_0$（P_0 为正常工况下的水荷载）的步长超载，直至拱坝与地基出现整体失稳的趋势为止。

最终通过试验获得了坝体变位和应变、坝肩抗力体表面变位、坝肩软弱结构面内部相对变位的分布及变化发展过程，以及坝与地基的破坏过程和破坏形态。主要试验成果如下：

（1）坝体变位分布特征。在正常工况下，坝体变位对称性较好，最大径向变位在高程 1880.00m 拱冠处，变位值为 80mm（原型值）。在超载阶段，随超载系数的增加，变位出现一定的不对称现象，特别是超载系数 $K_p = 4.0 \sim 4.6$ 之后，左右拱端的变位逐渐呈现出右拱端的变位略大于左拱端的特征。左右拱端的切向变位在整个加载过程中均大体相当。典型变位曲线，见图 5。由大量变位成果曲线可知，在正常工况下，即 $K_p = 1.0$ 时，坝体变位总体较小；在降强阶段，坝体位移曲线有微小波动，但变化幅度较小；在超载阶段，坝体变位随超载系数的增加而逐渐增大，在 $K_p=1.4\sim1.6$ 时，变位曲线出现微小波动；在 $K_p>4.0\sim4.6$ 之后，变位曲线斜率变小，位移值的增长速度加快；在 $K_p=7.0\sim7.6$ 时，坝体产生较大变形，呈现出整体失稳的趋势。

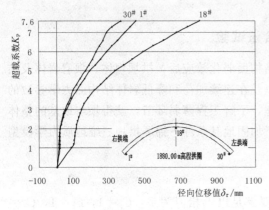

图 5　高程 1880.00m 拱圈下游面径向
变位 δ_r—K_p 关系曲线

图 6　高程 1885.00m 左岸顺河向
变位 δ_y—K_p 关系曲线

（2）坝肩变位特征。坝肩变位在靠近拱端部位大，煌斑岩脉 X 出露处变位大，远离拱端的位置变位小，典型的坝肩表面变位曲线，见图 6。在正常工况和强降过程中，两坝肩抗力体表面变位较小。超载过程中，在 $K_p=4.0\sim4.6$ 之前，变位逐步增长但量值不大；在 $K_p>4.6$ 后，变位随荷载增加而显著增大，说明两坝肩已有较大塑性变形。大部分曲线在 $K_p=4.0\sim4.6$ 之间存在明显拐点或者曲线斜率明显减小。当 $K_p=5.0\sim6.0$ 时，变位曲线的变化速率进一步增大，部分测点出现反向；当 $K_p=7.0\sim7.6$ 时，坝肩岩体出现较大的变形，岩体表面裂缝不断扩展、相互贯通，出现破坏失稳的趋势。

（3）模型破坏形态和破坏机理。加固地基条件下模型最终的破坏形态见图 7 和图 8。

图 7　$K_p=7.6$ 时的左坝肩破坏形态　　　　图 8　$K_p=7.6$ 时的右坝肩破坏形态

由破坏形态图可知，加固处理后右坝肩的开裂破坏情况比左岸稍重，破坏区域主要分布在从断层 f_{18} 至坝顶的三角形区域，在这个区域内由于断层与 SN 向陡倾裂隙的相互切

166

割，以及坝肩中部发育有绿片岩透镜体，使断层 f_{13}、f_{14}、f_{18} 相继发生开裂，岩体沿陡倾裂隙方向不断开裂、扩展，并与断层结构面相互交叉、贯通；左岸坝肩开裂破坏情况比右岸稍轻，主要是沿结构面 f_{42-9}、f_5、f_2 及煌斑岩脉 X 先后发生开裂；上游坝踵开裂破坏，裂缝贯通左右两岸；下游坝趾由于贴脚的加固作用，仅在右岸 f_{14}、f_{18} 与坝体交汇处出现少量裂缝。

（4）综合稳定安全度评价。根据试验获得的资料及成果，综合分析得出，试验的降强系数为 $K_1=1.3$；拱坝与地基发生大变形时的超载系数为 $K_2=4.0\sim4.6$，则加固后锦屏一级拱坝与地基的整体稳定综合法试验安全度 $K_c=K_1\times K_2=5.2\sim6.0$。

5　结语

（1）锦屏一级拱坝坝肩软岩和结构面的在应力场、渗流场耦合作用下的弱化试验结果表明：断层物质和软弱岩体的强度特性和变形特性具有显著的水压弱化效应，各级围压下的强度和变形模量均以天然状态最高，并随水压的升高而逐步减小。试验还获得了不同水压和围压组合下强度与变形模量的弱化率。该试验成果为拱坝与地基整体稳定模型试验提供结构面降强幅度的依据。

（2）以结构面和软弱岩体弱化试验成果为依据，结合锦屏一级工程的实际情况，综合分析确定综合法试验中的结构面降强幅度为 30%，并研制了相应的变温相似材料以实现材料弱化效应的模拟。

（3）开展了锦屏一级高拱坝加固地基条件下的三维地质力学模型综合法试验，试验获得了在考虑坝肩岩体结构面弱化效应后，拱坝坝体、坝肩岩体及结构面位移、应力情况，以及在连续加荷和降低岩体结构面力学参数的状态下坝与地基的变形和破坏形态、破坏机理，获得坝与地基的整体稳定安全度为 5.2~6.0。研究成果为工程的设计施工和安全运行提供了重要科学依据，为其他高拱坝工程的稳定性研究提供了参考。

参 考 文 献

［1］ 潘家铮，何璟 . 中国大坝 50 年 ［M］. 北京：中国水利水电出版社，2000.
［2］ 李宁 . 锦屏高拱坝整体稳定性研究 ［D］. 武汉：长江科学院，2008.
［3］ Song Sheng‐wu，Feng Xue‐min，Rao Hong‐ling，et al. Treatment design of geological defects in dam foundation of Jinping I hydropower station ［J］. Journal of Rock Mechanics and Geotechnical Engineering 2013，（5）：342-349.
［4］ 林正伟 . 锦屏一级高拱坝三维渗流场及坝肩稳定性研究 ［D］. 成都：四川大学，2003.
［5］ 中华人民共和国行业标准编写组 . DL/T 5368—2007 水电水利工程岩石试验规程 ［S］. 北京：中国电力出版社，2007.
［6］ 徐德敏 . 高渗压下岩石（体）渗透及力学特性试验研究 ［D］. 成都：成都理工大学，2008.
［7］ 徐志英 . 岩石力学 ［M］. 3 版 . 北京：中国水利水电出版社，2009.
［8］ 张林，费文平，李桂林，等 . 高拱坝坝肩坝基整体稳定地质力学模型试验研究 ［J］. 岩石力学与工程学报，2005，24（19）：3465-3469.
［9］ 张林，陈建叶 . 水工大坝与地基模型试验及工程应用 ［M］. 成都：四川大学出版社，2009.
［10］ 杨宝全，张林，陈建叶，等 . 小湾高拱坝整体稳定三维地质力学模型试验研究 ［J］. 岩石力学与

工程学报，2010，29（10）：2086-2093.

[11] 陈兴华. 脆性材料结构模型试验 [M]. 北京：水利电力出版社，1984.

[12] 周维垣，杨若琼，刘耀儒，等. 高拱坝整体稳定地质力学模型试验研究 [J]. 水力发电学报，2005，24（1）：53-58，64.

高土石坝地震响应大型振动台
模型试验研究

杨 星 余 挺 王晓东 井向阳

（中国电建集团成都勘测设计研究院有限公司 四川成都 610072）

【摘 要】 通过大型振动台模型试验，研究了不同幅值、不同频率和不同持时的地震动作用下高土石坝的地震响应特性，分析了高土石坝的地震破坏模式和破坏机理。研究结果表明：加速度响应沿坝高存在明显的顶部放大效应；坝坡加速度响应相对于同高程坝体内部表现出表层放大效应；当输入地震波卓越频率与坝体自振频率接近时，坝体加速度响应更为强烈。在振动台模型试验中，坝体破坏首先从坝顶部开始，破坏模式主要表现为坝顶部堆石松动、滚落、坍塌，甚至局部浅层滑动，其主要原因是加速度响应在坝顶部和坝坡表层存在放大效应、坝顶堆石围压低、抗剪强度低三个因素的叠加作用，因此，坝顶部是高土石坝抗震设计的关键部位。研究结果可为高土石坝的抗震设计提供指导。

【关键词】 高土石坝 振动台模型试验 地震响应 破坏机理

1 引言

我国 80％的水能资源集中在西部地区，随着社会经济的发展和对能源需求的增加，必将在这些地方修建大量高坝以开发利用这些水能资源。土石坝具有选材容易、造价较低、结构简单、地基适应性强、抗震性能好等优点，是全世界水利水电工程建设广泛采用的一种坝型。然而，由于水能资源空间分布的限制，我国高土石坝大多修建在西部强震区，这些高土石坝不可避免地要经受强震作用[1]。因此，开展高土石坝地震响应特性和破坏模式研究对高土石坝抗震设计具有重要意义。

由于经历过强震考验的高土石坝非常稀少，目前尚缺乏系统的高土石坝震害资料，还不能充分认识高土石坝的地震破坏机理和准确评价其在强震作用下的抗震安全性。地震模拟振动台模型试验具有模型尺寸大、地震动输入可重复等优点，尽管不能满足模型与原型应力水平相同的要求，但模型试验与实际地震中原型所观测到的现象存在相似性是确定无疑的[2,3]。土石坝振动台模型试验可以直观地反映坝体渐进破坏过程和抗震薄弱部位，是目前研究土石坝地震反应性状和破坏模式的重要手段之一[2,4]。本文通过大型振动台模型试验，研究了不同幅值、不同频率和不同持时的地震动作用下高土石坝的地震响应特性，并分析了高土石坝地震破坏模式和破坏机理。

2 振动台模型试验

试验在南京工业大学水平单向大型高性能地震模拟振动台上进行，该振动台台面尺寸为 3.36m×4.86m，最大载重 15t，工作频率 0.1～50Hz，水平最大位移±120mm，水平最大加速度±1.0g。试验数据采用 98 通道动态信号采集系统，自动采集、记录和存储传感器的响应数据[6]。

2.1 试验模型

模型坝坝高 100cm，上、下游坡比均为 1∶1.7，坝顶宽 10cm，为考虑库水作用，在模型坝上游采用复合土工膜蓄水来模拟库水，蓄水高程为 80cm。模型坝筑坝料为石灰岩碎石料，其级配依据某典型高土石坝的堆石料级配进行选配，最大粒径 20mm，原型坝和模型坝堆石料级配曲线见图 1，试验控制干密度为 1.9g/cm³。模型坝主断面及主断面上的仪器布置见图 2，其中坝中线 AH1、AH2、AH3 三个测点分别位于 0.3H、0.6H 和 0.9H（H 为模型坝坝高）。相似关系根据弹性—重力相似理论确定[7]，其中时间比尺 $\lambda_t=10$，密度比尺 $\lambda_\rho=1.15$，加速度比尺 $\lambda_a=1.0$。为保证模型坝的填筑密度，在叠层剪切模型箱内采取分层填筑，每层填筑高度为 10cm，经过振捣使其达到设计密度，填筑完成后的模型坝见图 3。

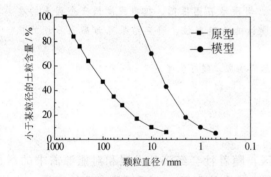

图 1 原型及模型坝堆石料级配曲线

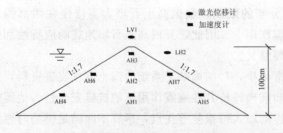

图 2 模型坝主断面及仪器布置图

图 3 填筑完成后的模型坝

2.2 输入地震动

地震动特性一般包括地震动强度、频谱特性和地震动持时三个方面[8]。试验选取两条具有代表性的地震波，分别是 1952 年加利福尼亚地震中的 Taft 波和 2008 年汶川地震中的松潘波。模型试验输入地震波根据时间相似关系进行压缩，压缩后的加速度时程曲线及傅里叶谱分别见图4和图5，试验加载工况见表1。

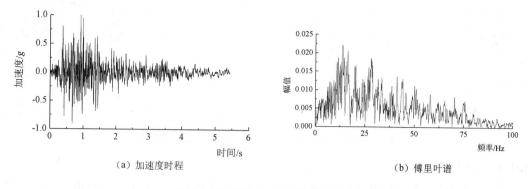

（a）加速度时程　　　　　　　　　　　（b）傅里叶谱

图4　输入的Taft波及其傅里叶谱

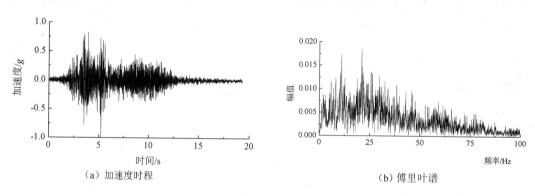

（a）加速度时程　　　　　　　　　　　（b）傅里叶谱

图5　输入的松潘波及其傅里叶谱

表1　　　　　　　　　　　　　振动台模型试验加载工况

工况序号	输入地震动	工况代号	输入PGA/g	持时/s	备注
1	Taft波	TA-1	0.1	5.4	不蓄水
2	松潘波	SP-1	0.1	20	不蓄水
3	Taft波	TA-2	0.1	5.4	蓄水
4	松潘波	SP-2	0.1	20	蓄水
5	Taft波	TA-3	0.3	5.4	蓄水
6	松潘波	SP-3	0.3	20	蓄水
7	松潘波	SP-4	0.5	20	蓄水

3　试验结果与分析

3.1　加速度响应

土石坝震害调查表明，与加速度有关的地震惯性力是造成坝体破坏的主要原因之一[8]。各种抗震规范中使用的拟静力法也是以加速度及其分布规律为基础。因此，坝体加速度响应及其分布规律等是评价土石坝地震响应特性的基本资料之一。工况5作用下，沿坝高方向AH1～AH3三个测点的水平向加速度响应时程曲线见图6。

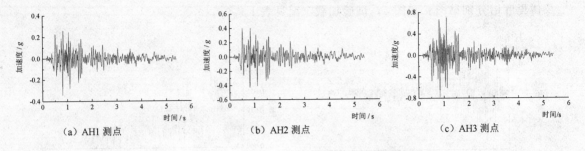

（a）AH1 测点　　　　　　　（b）AH2 测点　　　　　　　（c）AH3 测点

图 6　工况 5 测点 AH1～AH3 水平加速度时程曲线

3.1.1　加速度响应规律

（1）加速度放大系数沿坝高分布。为反映坝体在输入地震动作用下的加速度响应规律，使用加速度放大系数，即测点加速度响应峰值与振动台台面输入加速度峰值之比。图 7 为蓄水工况，不同峰值的松潘波作用下，坝中线加速度放大系数沿坝高的分布。

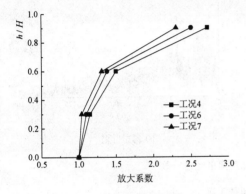

图 7　加速度放大系数沿坝高分布

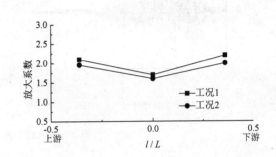

图 8　3/5 坝高顺河向加速度放大系数

由图 7 可见，不同加速度峰值的松潘波作用下，加速度放大系数均沿坝高的增加而增大，$0.6H$ 测点是加速度放大系数的分界点，$0.6H$ 测点以下加速度放大系数增大缓慢，$0.6H$ 测点以上加速度放大系数迅速增大，即加速度响应沿坝高表现出明显的顶部放大效应。

（2）加速度放大系数沿顺河向分布。图 8 为工况 1 和工况 2 作用下 3/5 坝高顺河向加速度放大系数分布。由图 8 可见，在相同坝体高程，上、下游坝坡处的加速度放大系数均大于坝体内部的加速放大系数，其主要原因是坝坡面为临空面，由弹性波散射理论可知，地震波在该临空面处会产生多次反射和叠加，从而导致坝坡处加速度放大系数大于坝体内部，即加速度响应在坝坡处存在表层放大效应，这也表明高土石坝坝面采用大块石压重护坡等抗震措施十分必要。

（3）加速度频谱变化。对工况 5 和工况 7 作用下的模型坝坝顶 AH3 测点监测的加速度时程进行傅里叶变换（FFT），得到的傅里叶谱分别见图 9 和图 10。

由图 9 和图 10 可见，输入地震波经过模型坝堆石介质传播后，其频谱特性发生了明显的改变，并呈现一定的规律性：一方面，由于堆石料自身材料阻尼的存在，吸收了一部分地震波的能量，对地震波高频段存在滤波作用；另一方面，坝体对某些频段的能量加以放大，即与模型坝自振频率接近的频段，傅里叶谱的幅值较其他频段显著增加。

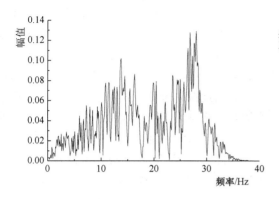

图 9 AH3 测点加速度傅里叶谱（工况 5）　　图 10 AH3 测点加速度傅里叶谱（工况 7）

3.1.2　加速度响应影响因素

（1）输入加速度峰值。图 11 为工况 4、6 和 7 作用下，坝中线 AH1～AH3 三个测点的加速度放大系数与输入地震动加速度峰值的关系。由图 11 可见相同测点的加速度放大系数均呈现随输入加速度峰值的增加而减小的规律，并且这种规律随着测点所处高程的增加而表现得更为明显。加速度放大系数随输入加速度峰值的增大而减小的现象，主要原因是在较强地震动作用下，堆石料产生了较大的剪应变和塑性变形，坝体刚度降低，阻尼增大，这也表明堆石料具有明显的动力非线性特性。

（2）地震波频谱特性。在工况 3 和 4 相同幅值的 Taft 波和松潘波作用下，坝中线 AH1～AH3 三个测点的加速度放大系数沿坝高的分布见图 12。由图 12 可见 Taft 波作用下的加速度放大系数大于相同幅值的松潘波，这主要是因为相同时间压缩比的 Taft 波的卓越频率（13.7～28Hz）较松潘波的卓越频率（11～21Hz）更接近模型坝的自振频率，从而更能激起二阶模态，产生了更大的加速度放大效应。

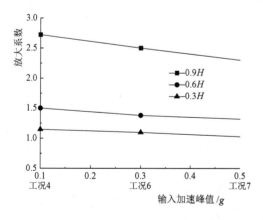

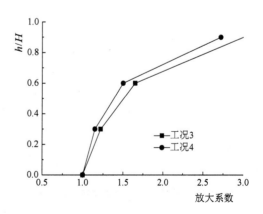

图 11　加速度放大系数随输入加速度　　　　图 12　频谱特性对加速度放大系数的影响
　　　　　　峰值的变化

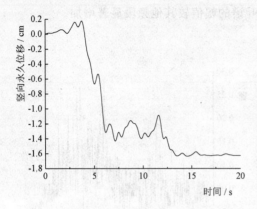

图 13　坝顶位移时程曲线

3.2　地震永久变形和破坏模式

3.2.1　地震永久变形

土石坝地震永久变形可以直接判断坝体在地震荷载作用下的抗震安全性，并为坝顶预留超高提供设计依据，地震永久变形是控制土石坝抗震安全的重要因素之一[9]。工况 7 作用下，高精度激光位移计（LV1）监测的模型坝坝顶竖向永久位移时程曲线见图 13，各工况作用下坝顶累计沉降见表 2。

从图 13 的位移时程曲线可以看出，在松潘波能量主要集中的时间段［约在 3～12s，见图 5（a）］，地震永久变形增加迅速，之后随着地震波能量的衰减，变形趋于稳定，坝顶竖向永久变形为 1.6 cm。同时还可以看出激光位移计监测的竖向永久位移时程曲线出现了较大的波动，其原因是振动过程中坝顶堆石颗粒出现了松动和隆起等，但总的变形是产生不可恢复的竖向沉降。

表 2　　　　　　　　　　　　　　　　　模型坝坝顶累计沉降

工况序号	1	2	3	4	5	6	7
坝顶沉降/ mm	0.1	0.2	0.25	0.33	4.5	6.0	22.0

图 14 为工况 4、6、7 作用下，坝顶震陷率（坝顶累积沉降与坝高之比）与输入松潘波加速度峰值的关系。由图 14 可见，坝顶震陷率随输入加速度峰值的增加呈现非线性增大，$0.5g$ 加速度峰值作用下的坝顶震陷率增量显著大于 $0.3g$ 加速度峰值作用下的震陷率增量。

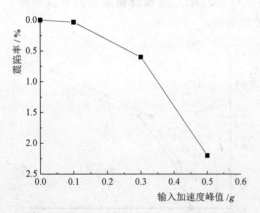

图 14　坝顶震陷率与输入加速度峰值的关系

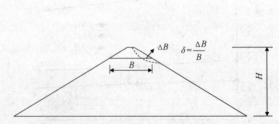

图 15　坝体宽度变化率示意图

当输入加速度峰值达到一定值后，坝体除产生震陷之外，坝坡堆石也将发生滑移和变形。为了反映输入加速度峰值对坝体宽度的影响，定义坝体宽度变化率 $\delta = \dfrac{\Delta B}{B}$（$\Delta B$ 为某

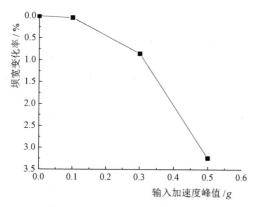

图 16 坝宽变化率与输入加速度峰值的关系

高程坝体水平向变形，B 该处坝体宽度），示意图见图 15。工况 4、6、7 作用下，7/8 坝高坝体宽度变化率随输入加速度峰值的变化见图 16，从图 16 可看出，坝体宽度变化率随输入加速度峰值的变化呈现与坝顶震陷率相似的规律，当输入加速度峰值超过 $0.3g$ 后，坝体宽度变化率迅速增大。

3.2.2 破坏模式与机理分析

在振动台试验过程中模型坝的破坏模式主要表现为：当输入加速度峰值达到 $0.3g$ 时，坝顶部堆石首先出现松动和滚落，并随着振动的持续，该部位堆石发生了局部表层滑动；当输入峰值加速度达到 $0.5g$ 时，坝顶部堆石出现较大范围的浅层滑动，坝顶出现了较明显的震陷和坍塌，坝顶宽也有一定程度的削减，即土石坝遭遇地震发生破坏时，破坏将首先从坝顶部开始，破坏模式主要表现为坝顶部上、下游坝坡的堆石松动、滚落、坍塌，甚至出现浅层滑动，并且破坏是一个由表及里、由浅入深、逐步发展的过程，地震加速度越大，破坏程度也越大。

结合振动台模型试验分析可知，发生上述破坏模式主要原因有：①加速度响应沿坝高在坝顶部存在明显的放大效应；②坝面处加速度响应相对于相同高程的坝体内部存在表层放大效应；③坝顶部堆石的应力较小、围压较低、抗剪强度较低，坝顶部加速度所产生的动剪应力与正应力的比值较大，动剪应力会超过堆石的动剪强度。在这三个因素的叠加作用下，地震中高土石坝发生破坏将首先从坝顶部开始，并表现出上述的破坏模式。因此，坝顶部是高土石坝抗震设计的关键部位，应采取必要的抗震措施，以保证大坝的抗震安全。

4 结语

通过大型振动台模型试验，研究了不同特性地震动作用下的高土石坝地震响应，主要得出以下结论：

（1）加速度响应沿坝高存在明显的顶部放大效应；坝坡加速度响应相对于同高程坝体内部表现出表层放大效应；地震波经过堆石介质传播后，其频谱特性发生了较大的改变，对地震波高频部分存在滤波作用，对与坝体自振频率接近的傅里叶谱的幅值加以放大。

（2）坝体加速度放大系数随着输入地震波幅值的增加而减小，堆石料具有明显的动力非线性特性；当输入地震波卓越频率与坝体自振频率接近时，坝体加速度响应更为强烈。

（3）高土石坝遭遇地震发生破坏，破坏将首先从坝顶部开始，破坏模式主要表现为坝顶堆石松动、滚落，甚至局部浅层滑动，其原因是加速度响应在坝顶部和坝坡表层存在放大效应、坝顶堆石围压低、抗剪强度低三个因素的叠加作用，因此，坝顶是高土石坝抗震设计的关键部位。

参 考 文 献

[1] 杨星，刘汉龙，余挺，等. 高土石坝震害与抗震措施评述 [J]. 防灾减灾工程学报，2009，29 (5)：583-590.

[2] 韩国城，孔宪京. 混凝土面板堆石坝抗震研究进展 [J]. 大连理工大学学报，1996，36 (6)：708-720.

[3] Prasad S K，Towhata I，Chandradhara G P，et al. Shaking Table Tests in Earthquake Geotechnical Engineering [J]. Current Science，Special section：Geotechnics and Earthquake Hazards，2004，87 (10)：1398-1404.

[4] 刘启旺，刘小生，陈宁，等. 双江口心墙堆石坝振动台模型试验研究 [J]. 水力发电学报，2009，28 (5)：114-120.

[5] 韩晓健，左熹，陈国兴. 基于虚拟仪器技术的振动台模型试验98通道动态信号采集系统研制 [J]. 防灾减灾工程学报，2010，30 (5)：503-508.

[6] 林皋，朱彤，林蓓. 结构动力模型试验的相似技巧 [J]. 大连理工大学学报，2000，40 (1)：1-8.

[7] 陈国兴，庄海洋，杜修力，等. 土—地铁隧道动力相互作用的大型振动台试验——试验结果分析 [J]. 地震工程与工程振动，2007，27 (1)：164-170.

[8] 刘小生，王钟宁，汪小刚，等. 面板坝大型振动台模型试验与动力分析 [M]. 北京：中国水利水电出版社，2005.

[9] Singh R，Roy D. Estimation of Earthquake-Induced Crest Settlements of Embankments [J]. American Journal of Engineering and Applied Sciences，2009，2 (3)：515-525.

瀑布沟砾石土心墙堆石坝防渗设计

舟从勇　何　兰　余学明

(中国电建集团成都勘测设计研究院有限公司　四川成都　610072)

【摘　要】　瀑布沟水电站大坝为目前国内已建成在深厚覆盖层上应用宽级配砾石土作心墙防渗料修建的最高土石坝，其具有"大坝高、基础覆盖层深厚、抗震设计烈度高、水位消落大、水库库容大"等特点，大坝防渗设计是本工程的关键技术问题之一。本文详细论述了瀑布沟水电站砾石土心墙堆石坝坝体及坝基防渗设计、运行情况，愿与同行探讨。

【关键词】　瀑布沟　宽级配砾石土　心墙堆石坝　大坝防渗　深厚覆盖层

1 引言

瀑布沟水电站是大渡河中游的控制性水库工程，以发电为主，兼有防洪、拦沙等综合利用效益的大型水电工程，采用坝式开发。水库正常蓄水位 850.00m，死水位 790.00m，消落深度 60m，总库容 53.37 亿 m³，其中调洪库容 10.53 亿 m³、调节库容 38.94 亿 m³，为不完全年调节水库。电站装机 6 台，总装机容量 3600MW，保证出力 926 MW，多年平均年发电量 147.9 亿 kW·h。

工程枢纽由砾石土心墙堆石坝，左岸引水发电建筑物、左岸开敞式溢洪道、左岸深孔泄洪洞、右岸放空洞和尼日河引水入库工程等组成。工程为Ⅰ等大（1）型工程，主要水工建筑物为 1 级。

2 大坝工程地质条件

坝址位于大渡河由南北向急转为东西向的"L"形河湾，河谷狭窄，谷坡陡峻，两岸山体拔河高 400～500m，谷坡一般 35°～55°。右岸为河流凹岸，由于尼日河和卡尔沟的切割，山顶相对较低，山体单薄，谷坡坡度多在 45°以上；左岸为凸岸，山顶面较高，山体雄厚，谷坡形态呈上缓下陡的折线型。场地地震基本烈度为 7 度，拦河坝按 8 度设计，设计地震加速度取基准期 100 年超越概率 2%（对应基岩峰值水平加速度 $a_h = 225$gal）。

坝区地层岩性主要由浅变质玄武岩、凝灰岩、流纹斑岩和中粗粒花岗岩以及第四系松散堆积层组成。在河床中偏左发育 F_2 断层，并斜切河床穿过坝基；以断层为界，左岸及下游河床为中粗粒花岗岩，右岸大部及上游河床为浅变质玄武岩。大坝心墙与两岸谷坡接触带，左岸为弱风化花岗岩，谷坡 40°左右，岩体相对完整；右岸为弱风化玄武岩，谷坡 45°左右，岩体相对较破碎。河床底部及两岸坝肩岩体浅表层为弱卸荷、中等透水岩体，谷底基岩为弱透水岩体。岩体相对抗水层顶板埋深，两岸距谷坡水平深度 110～130m，谷底垂直深度 50～80m。河谷两岸地下水埋藏较深，正常蓄水位 850m 与地下水位交点，右岸水平深度约 170m，左岸水平深度达 310～360m。

坝区河床覆盖层一般厚 40～60m，最大达 77.9m。河床覆盖层由老到新、自下而上分为四层：第一层（Q_3^2）为漂卵石层，分布在左岸二级阶地，厚 40～50m，最大达 70.72m；第二层（Q_4^{1-1}）为卵砾石层，分布于河床底部，厚 22～32m；第三层（Q_4^{1-2}）为漂卵石层，第四层（Q_4^2）为漂（块）卵石层。第三层（Q_4^{1-2}）下部近岸部位夹砂层透镜体，主要有上游砂层透镜体和下游砂层透镜体；第四层（Q_4^2）表层靠岸断续分布有透镜状砂层。覆盖层以漂卵砾石等粗颗粒为主，常见块径 1～2.5m 的孤石；各层结构总体较为密实，但普遍具架空结构，单层架空厚度一般 0.3～1.75m，架空在水平方向上未相互连接成带；各层渗透系数差异不大，一般为 $2.3 \times 10^{-2} \sim 1.04 \times 10^{-1}$ cm/s。坝基存在不均匀变形、渗漏、渗透稳定及地震砂层液化等问题。

3 大坝防渗设计

瀑布沟水电站拦河大坝为砾石土心墙堆石坝（大坝典型剖面，见图 1），大坝坝体及坝基防渗体系主要包含拦河大坝砾石土心墙，河床深厚覆盖层布置的两道各厚 1.2m、墙中心距 14m 的混凝土防渗墙，两岸及墙下基岩灌浆帷幕。

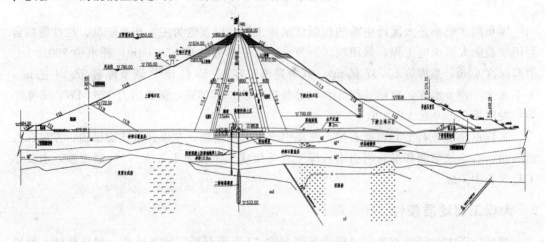

图 1 砾石土心墙堆石坝剖面图

3.1 坝体结构设计

拦河大坝为宽级配砾石土心墙堆石坝，为目前利用深厚覆盖层建成最高砾石土心墙堆石坝。坝顶高程 856.00m，心墙建基面高程 670.00m，最大坝高 186m，坝顶长 540.5m。坝顶上游侧设置混凝土防浪墙，顶高程为 857.20m。根据大坝坝高和交通要求，确定坝顶宽度为 14m，坝顶设沥青碎石路面。上游坝坡 1：2 和 1：2.25，在高程 795.00m 处设 5m 宽马道，高程 722.50m 以下与上游围堰相结合。下游坝坡平均坡比 1：1.8，设置之字形上坝公路。上游坝坡高程 722.50m 以上采用干砌石护坡，垂直坝坡厚度为 1m；下游坝坡采用干砌石护坡，垂直坝坡厚度为 1m。

心墙顶高程 854.00m，顶宽 4m，心墙上、下游坡度均为 1：0.25，底高程 670.00m，底宽 96m，约为水头的 1/2，为减少坝肩绕渗，在最大横剖面的基础上，心墙左右坝肩从高程 670.00～854.00m 顺河流向上下游适当加宽。心墙上、下游侧均设反滤层，上游设二层各厚 4m 的反滤层，下游设二层各厚 6m 的反滤层。心墙底部在坝基防渗墙下游亦设厚度各 1m 二层反滤料与心墙下游反滤层连接，心墙下游坝基反滤厚 2m。反滤层与坝壳堆石间设过渡层，与坝壳堆石接触面坡度为 1∶0.4。由于本工程拦河坝按 8 度地震设计，为防止地震破坏，增加安全措施，在坝体上部增设土工格栅。土工格栅设置范围为大坝上部，高程 810.00～834.00m 之间垂直间距 2m、高程 835.00～855.00m 之间垂直间距 1m，水平最大宽度 30m。

上游围堰包含在上游坝壳之中，作为坝体堆石的一部分。为了增加下游坝基中砂层抗液化能力，在下游坝脚处增加与下游围堰相结合并设两级压重体（下游围堰也作为下游压重的一部分），顶高程 730.00m 和 692.00m。

3.2 坝基防渗墙设计

坝基深厚覆盖层防渗采用两道各厚 1.2m 的混凝土防渗墙，墙中心间距 14m，墙底嵌入基岩 1.5m，防渗墙分为主、副防渗墙，副防渗墙最大深度 76.85m、主防渗墙最大深度 75.55m。主防渗墙位于坝轴线平面，防渗墙顶与河床坝基灌浆兼观测廊道连接，廊道置于心墙底高程 670.00m。副墙位于主墙上游侧，墙顶插入心墙内部。上游防渗墙采用 90d 强度 40MPa 混凝土，下游防渗墙采用 90d 强度 45MPa 混凝土，要求弹性模量不大于 30000MPa，抗渗等级不小于 W12，抗冻等级不小于 F50。墙体渗透系数小于 $n\times10^{-7}$cm/s（$n=1\sim9$）。

3.3 坝基帷幕灌浆设计

河床主、副防渗墙及墙下帷幕与两岸岸坡基岩帷幕灌浆的连接，采用主副防渗墙分别进行墙下帷幕灌浆，通过上游墙墙下短帷幕灌浆，左右岸岸坡连接灌浆帷幕、下游墙下基岩帷幕灌浆形成整体防渗系统，起到河床段坝基两墙联合防渗的作用，最后与两岸岸坡基岩帷幕灌浆形成整个大坝坝基防渗体系。河床主防渗墙墙顶设灌浆廊道，在廊道内通过墙内预埋的两排灌浆管对墙下基岩实施帷幕灌浆；墙下基岩帷幕灌浆共 2 排，底部深入不大于 3Lu 的基岩相对隔水层 5m，帷幕孔距 2m。河床由于受工期限制，副防渗墙与心墙的连接采用插入式，墙下帷幕灌浆只能在墙顶通过墙内预埋的两排灌浆管实施灌注；仅针对墙底基岩浅层部位进行灌浆；主、副防渗墙及墙下帷幕通过两岸岸坡连接帷幕灌浆与主防渗帷幕连接。

两岸及防渗墙下基岩采用灌浆帷幕防渗，并与砾石土心墙、防渗墙及墙下灌浆帷幕连成整体的防渗系统，基岩帷幕灌浆深入不大于 3Lu 的基岩相对隔水层 5m，帷幕孔距 2～2.5m，随灌浆高程不同，排数 1～2 排。大坝基础帷幕灌浆布置，见图 2。大坝基础帷幕灌浆以高程 673.00m 为界，分为河床段和坝肩段，其中河床段帷幕由⑦号灌浆平洞内帷幕、下游防渗墙墙下帷幕、上游防渗墙墙下帷幕、两道防渗墙墙间封闭帷幕、⑧号灌浆平洞内帷幕组成；左坝肩段帷幕由①号灌浆平洞内帷幕、③号灌浆平洞内帷幕、⑤号灌浆平洞内帷幕组成；右坝肩段帷幕由②号灌浆平洞内帷幕、④号灌、浆平洞内帷幕、⑥号灌浆平洞内帷幕组成。各平洞帷幕与上部的斜帷幕以搭接帷幕相连接，灌浆范围由左至右桩号为 0−452.29∼0＋780.00，全长 1232.29m，最大帷幕深度 140m，最大帷幕顶部高程为 857.97m，最深帷幕底部高程 533.00m。

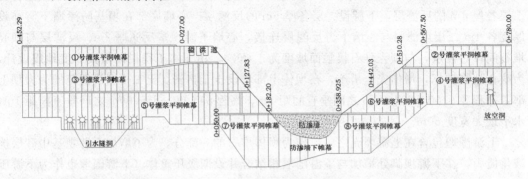

图 2　大坝基础帷幕灌浆布置图

4　大坝防渗体系关键技术研究

4.1　砾石土心墙料场选择与改良

瀑布沟水电站大坝为国内首次在深厚覆盖层（最大厚度 78m）上采用宽级配砾石土作心墙防渗料修建的高土石坝，其大坝的防渗设计和心墙料源选择是工程成败的关键问题之一。为保证大坝防渗心墙与坝壳料的变形协调，需尽量减小心墙沉降，要求大坝心墙防渗土料既要有良好的力学性能，又要有良好的防渗性能。国外一些高土石坝已有用粗粒土作防渗料筑坝的成功范例，如塔吉克斯坦的努列克、美国的奥罗维尔、加拿大的迈卡，但与这些工程相比，瀑布沟宽级配砾石土防渗料的特点仍较为突出，大坝防渗土料为国内黏粒含量最少（小于 0.005mm 黏粒含量低于 6%）的宽级配砾石土，也接近国际上已建大坝心墙料黏粒含量最低值（小于 0.005mm 黏粒含量 2%∼4.5%）。

瀑布沟水电站心墙防渗料料场筛选及研究过程复杂，研究工作以坝址处为中心、由近至远、就地取材、在满足防渗土料基本原则的基础上，对近坝附近 10 余个料场进行料场筛选研究。其中深启低、老堡子料场质量能满足坝体防渗要求，但料场的细粒含量偏多，导致最大干密度、抗剪强度及压缩模量均较低，难以满足防渗体应力变形的计算要求，且施工开采不便，故未采用。黑马Ⅰ区、0 区土料级配范围广、粗粒含量偏高，其力学特性好、防渗性能稍差，但通过级配调整（筛除大粒径料或掺入细颗粒料），其渗透性能满足大坝设计要求。

黑马Ⅰ区洪积亚区储量 306 万 m³，粒径小于 5mm 颗粒含量平均约 47.13%，黏粒含量平均 4.4%，渗透系数（0.63∼1.55）×10⁻⁵cm/s；剔除大于 80mm 粗粒后，储量为 270 万 m³，小于 5mm 含量平均值约 49.76%，小于 0.075mm 和小于 0.005mm 颗粒含量平均值分别为 22.62% 和 5.46%，渗透系数为（1.37∼1.47）×10⁻⁶cm/s。黑马 0 区坡洪积亚区储量小于 5mm 颗粒含量平均约 38.97%，渗透系数 1.3×10⁻⁵cm/s；剔除大于 60mm 粗粒后，储量为 42.5 万 m³，粒径小于 5mm 粗粒含量平均为 48.61%，小于 0.075mm 和小于 0.005mm 含量平均值分别为 16.91% 和 2.17%，渗透系数（2.52∼6.77）×10⁻⁶cm/s。

180

技施阶段，结合深入的勘探试验研究，并经大型现场碾压试验论证，最终使用黑马Ⅰ区洪积亚区和黑马0区坡洪积亚区作为砾石土心墙料场。但由于料场土料偏粗，采用了加大击实功能、筛除大粒径料级配调整、加强反滤等技术措施，解决了该土料作为高心墙防渗土料的问题并成功应用。

4.2 防渗墙与防渗心墙连接型式

4.2.1 初步设计阶段研究成果

大坝基础混凝土防渗墙和防渗心墙的连接部位是瀑布沟工程防渗体系的关键部位和薄弱环节。成都院以瀑布沟工程为依托进行了"八五"国家科技攻关成果《高土石坝关键技术问题研究——混凝土防渗墙墙体材料及接头型式研究》，通过数值计算分析、离心模型试验和大比尺土工模型试验比较了通过混凝土廊道连接和防渗墙直接插入心墙内部连接两种型式，见图3和图4，其中混凝土廊道连接和防渗墙直接分为刚性接头、软接头和空接头3种连接型式，见图5。

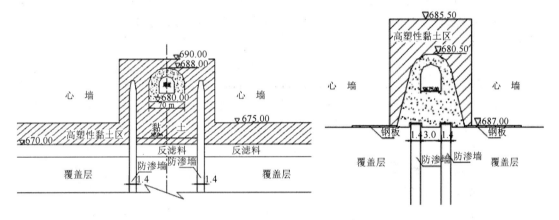

图3 插入式防渗墙与心墙连接型式　　　　图4 接头式防渗墙与心墙连接型式

廊道连接型式下最大优点是廊道设置在防渗墙顶端，廊道沉降小，便于对岩基和两道混凝土防渗墙之间砂卵石灌浆。缺点是防渗墙不仅仅承受墙体两侧土体沉降而产生的下曳力，而且还要分担廊道传下来的坝体荷载，因此防渗墙内应力高，往往达到常规混凝土难以承受的程度。混凝土防渗墙与廊道之间采用刚性接头，虽然防渗墙应力最大，软接头次之，空接头最小，但三者之间应力差距不大。空接头虽可减小防渗墙一部分应

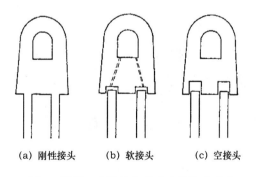

(a) 刚性接头　　(b) 软接头　　(c) 空接头

图5 混凝土防渗墙与廊道连接接头型式

力，但该接头型式结构太复杂，不仅增加工程造价，而且接头处施工期防渗困难。软接头比刚接头结构复杂，而且接头防渗可靠性不如刚性接头，软接头止水设施一旦破坏，接头处成了坝体防渗的薄弱环节。刚性接头，结构简单可靠，工程造价低，尽管防渗墙应力要高于其他两种接头型式，但只要采取适当的措施，如廊道顶部铺填高塑性黏土等、采用高

强低弹刚性混凝土墙体材料等，防渗墙是可以满足强度要求的，廊道连接型式宜采用刚性接头。

相对于廊道式连接，直接插入式连接结构简单，施工方便，防渗墙内应力较小，在防渗墙顶部和两侧铺填一部分高望性黏土后，对防渗墙墙体应力及抗渗透变形的能力均有改善。两种接头型式渗漏流量均不大，数值接近，其中防渗墙和心墙的渗量只占坝体和坝基总渗量的很小部分。廊道式结构型式目前国内缺乏实践经验，故初步设计阶段推荐插入式方案。

4.2.2　技施设计阶段研究成果

由于河床防渗墙下基岩帷幕灌浆只有通过廊道钻孔施工，才不致影响工程施工直线工期，为此，进入施工阶段，为实现提前发电，对防渗墙与心墙连接型式，在前阶段成果的基础上重点研究了以下两个方案：

插入式连接方案，见图 6。将两道防渗墙直接插入心墙，并使两墙之间的廊道尽量靠近上游墙，在廊道内钻孔穿过覆盖层对其下部的基岩进行水泥帷幕灌浆，同时为减小对工期的影响，通过防渗墙内预埋的两排钢管，对墙底沉渣及其下浅层基岩进行浅层灌浆。

单墙廊道与单墙插入式连接方案，见图 7，即将插入式连接方案的下游墙轴线移至防渗轴线、墙顶直接同廊道相接，上游墙上移后仍采用插入式与心墙连接。在廊道内通过两排预埋钢管对墙下基岩进行水泥帷幕灌浆；同时在上游墙内预埋钢管，对墙底沉渣及其下浅层基岩进行浅层灌浆，通过两岸连接灌浆帷幕与下游墙防渗帷幕连成整体。

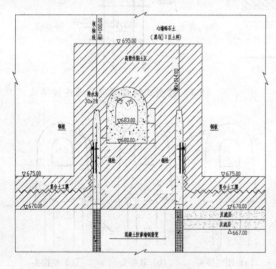

图 6　插入式连接方案

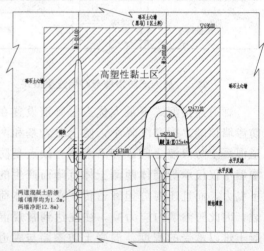

图 7　单墙廊道与单墙插入式连接方案

由于双墙插入式连接方案墙下主帷幕灌浆可靠性稍差，而单墙廊道与单墙插入式连接方案中主防渗墙下帷幕灌浆深度和质量均有保证，便于后期补强，且能加深主防渗墙下帷幕灌浆至深入不大于 3Lu 的基岩相对隔水层 5m。为确保工期，推荐采用单墙廊道与单墙插入式连接方案，同时加深了主防渗墙下帷幕灌浆深度。

5 现场检测与运行监测

5.1 砾石土心墙现场检测

在大坝填筑期间成都院对砾石土心墙按每填筑 8～10m 进行一次抽检（共 22 次），检测的砾石土料级配曲线见图 8：粒径小于 5mm 含量为 39.27%～54.12%，平均 48.45%；粒径小于 0.075mm 含量为 19.05%～26.70%，平均 21.64%；粒径小于 0.005mm 含量为 3.59%～8.25%，平均 6.4%。此外，成都院用统计实测指标进行了各项力学复核，包括在反滤保护下的联合抗渗试验、非完整土样抗冲刷试验、压缩试验、高压大三轴试验。成果表明：防渗料平均线在反滤保护下，渗透系数达到 10^{-6} 量级，为弱透水性；抗渗透破坏坡降较高，达到 35 以上；反滤层对心墙料有保护效果；心墙料具有防冲刷能力，若出现裂缝，能够淤堵自愈。其他力学性质，如压缩性、抗剪强度均符合设计预期。

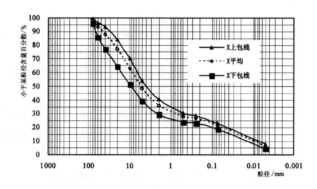

图 8　砾石土心墙防渗料监测级配曲线

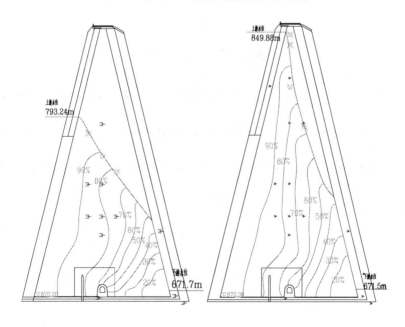

图 9　0＋240.00 断面心墙不同水位时浸润线

5.2 大坝的运行监测

截至目前，大坝坝顶最大累计沉降为 1055.21 mm，占大坝坝高（覆盖层 77.9m、坝高 186m）的 0.40%。心墙区的渗压计的监测结果显示：渗压主要受上游库水位的影响，相同高程渗压从上游至下游，渗透水位逐步下降，心墙典型剖面渗流浸润线，见图 9；上游反滤料中的渗压计测值基本与上游库水位一致，下游反滤料中渗压计测值在整个监测过程中均为零。正常蓄水位 850.00m 时，两岸山体的防渗效果良好，帷幕起到很好的防渗效果，总渗流量（坝后集水井总渗流量为 105.27L/s）在可控的范围内。防渗墙向下游最大累计变形为 82.1mm，变形量级较小。防渗墙最大压应力 13.46MPa，远小于混凝土的极限抗拉、抗压强度，防渗墙现阶段的受力处于正常范围内。主次防渗墙折减上游水位 97.91% 以上，防渗效果较好；次防渗墙平均折减系数为 25.98%。

6 结语

（1）瀑布沟水电站大坝为世界少有、国内首次在深厚覆盖层上应用宽级配砾石土作心墙防渗料建高土石坝，现已安全蓄水发电运行 6 年。瀑布沟大坝蓄水多年以来，大坝心墙变形及土压力变化趋于平稳、坝基廊道和防渗墙变形、廊道结构缝的变形等监测值均在一般经验值范围内。

（2）瀑布沟深厚覆盖层地基防渗采用两道防渗墙联合防渗，实践证明采用两道防渗墙联合防渗是能解决 200m 级深厚覆盖层基础防渗的，通过基础帷幕灌浆深度也能达到两墙防渗墙按设计比例进行分摊。

（3）防渗墙与土质心墙的连接采用单墙插入式和单墙廊道式连接结构，有效解决了防渗墙墙下基岩帷幕灌浆影响直线工期的难题，实践证明单墙廊道与单墙插入式连接方案是可靠的。

参 考 文 献

[1] 电力工业部成都勘测设计研究院. 高土石坝关键技术研究混凝土防渗墙墙体材料及接头型式研究 [R]. 1995.9.

[2] 中国水电顾问集团成都勘测设计研究院. 四川省大渡河瀑布沟水电站大坝防渗体系设计报告 [R]. 2010.4.

[3] 李小泉，李建国，罗欣. 瀑布沟宽级配砾质土防渗料的突出特点及工程意义 [J]. 水电站设计，2015，31（2），60-63.

大岗山拱坝抗震设计思路与措施设计

陈 林 刘 畅 童 伟

（中国电建集团成都勘测设计研究院有限公司 四川成都 610072）

【摘 要】 大岗山水电站坝址区域地震烈度高，设计地震基岩水平峰值加速度为 557.5gal，且坝高超过 200m，工程设计在抗震方面难度很大。本文较为全面地介绍了大岗山拱坝的抗震设计过程，包括抗震设计思路、动力仿真分析成果、抗震结构设计、抗震措施设计。

【关键词】 大岗山拱坝 地震 设计思路 动力反应 抗震措施

1 引言

大岗山水电站位于大渡河中游上段的四川省雅安市石棉县挖角乡境内，工程坝址控制流域面积 62727km²，总库容 7.42 亿 m³，具有日调节能力，电站总装机容量 2600MW（4×650MW）。大岗山水电站大坝为混凝土双曲拱坝，最大坝高 210m。经国家地震局烈度评定委员会审查，确定大岗山电站工程区地震基本烈度为 8 度。根据对大岗山坝址进行的专门地震危险性分析，设计地震加速度峰值取 100 年基准期内超越概率 P_{100} 为 0.02，相应基岩水平峰值加速度为 557.5gal。对比目前国内已建、在建和拟建工程，这一设计地震水平在国内首屈一指，在世界范围内采用相当的地震水平设计的水电站工程也十分罕见。

由于大岗山拱坝坝址区的地震烈度高，且大岗山拱坝坝高超过 200m，拱坝的抗震安全对工程的可行性和安全性至关重要，因此很有必要针对大坝抗震安全进行系统、全面、深入的分析与研究。

2 大坝抗震设计思路和设计过程

大岗山拱坝的抗震设计是一个长期的过程，是一个不断探索的过程，是随着大岗山工程不同设计阶段而逐渐深化和具体的过程。

由于大岗山水电站的抗震安全是工程设计的难点和重点，而拱坝的抗震安全更是重中之重，所以从最初的工程预可行性研究阶段到施工图阶段，在各个方面的设计，尤其是拱坝设计过程中，都考虑或兼顾到大坝抗震，尽量提高大坝的抗震安全性。

首先，在预可行性研究阶段的正常蓄水位选择上，从电站能量指标和电站经济指标看，高正常蓄水位指标较好；而从建坝条件看，由于坝区地震烈度较高，且随正常蓄水位的增加，拱坝承受的总水推力、坝体主拉压应力、坝体工程量均呈增大趋势，坝肩抗滑稳定安全系数逐渐减小，正常蓄水位不宜太高；梯级衔接、水库淹没及环境影响等其他因素，不制约正常蓄水位的选择；综合分析后选择大岗山水电站正常蓄水位为1130.00m。

然后，在预可行性研究阶段的坝型选择时，从工程投资、施工组织等方面分析，混凝土拱坝和面板堆石坝差异不大，但从枢纽布置的灵活性，特别是两种坝型的抗震条件比较，混凝土拱坝优于面板堆石坝。枢纽布置方案比选时，在考虑泄洪水流条件、成洞地质条件等因素的同时，也考虑了工程的抗震安全性，选择了取消坝身表孔，增加了拱坝抗震性能的拱坝坝身四个深孔加右岸一条泄洪洞的枢纽布置方案。

在后续的可行性研究阶段、招标设计阶段和施工图设计阶段，与大坝设计相关的所有结构设计，如大坝体形设计、坝身孔口设计、坝后贴角设计等均做了抗震安全方面的考量，并且针对拱坝抗震进行了长期的系统全面的分析与研究。

由于大岗山拱坝坝高超过200m，抗震设计设防烈度高，大坝抗震设计无标准可依，无类似工程经验可借鉴，因此大坝抗震研究从最基础的材料特性试验研究、到计算理论和分析方法研究、再到结构动力模型试验研究以及抗震安全评价体系都做了大量细致的研究工作。大岗山拱坝的抗震设计和研究内容由浅入深主要分为6个层次。

(1) 第一层次。采用现场四级配施工配合比混凝土进行的全级配混凝土动态抗力材料试验研究。

(2) 第二层次。按照现行抗震规范进行的常规动力计算分析。

(3) 第三层次。考虑地基辐射阻尼，大坝结构非线性、大坝材料非线性、地震动非均匀输入等因素的动力仿真分析，计算分析大坝的动力响应特性，分析各种抗震措施效果。多种方法进行坝肩动力抗滑稳定分析。

(4) 第四层次。将坝和地基考虑为一个整体，模拟拱坝横缝、地基岩体岩类分区、坝肩控制性滑块结构面、基础处理等复杂因素的基础上，进行大坝和地基整体动力分析和结构动力模型试验研究。

(5) 第五层次。在第四层次的基础上，进行拱坝抗震整体安全度及风险分析。

(6) 第六层次。最后，根据以上5个层次大量的计算分析和试验研究的成果综合评判大岗山拱坝的抗震安全性，并结合工程实际施工情况，进行工程抗震措施的具体设计。大坝抗震措施方面尝试设置了抗震阻尼器，在国内外尚属首例。

大岗山拱坝的抗震研究采用了很多国内、国际的先进理论和方法，研究成果代表着国内水电工程抗震研究和设计的最高水平。

3 大坝抗震设计

3.1 大坝动力仿真分析和研究成果

按照上述抗震设计思路进行的大岗山拱坝抗震专题研究得到了丰硕的研究成果，对大坝的抗震设计和抗震措施设计有重要的指导作用。

对于大岗山拱坝的抗震研究，常规的分析方法已不能满足工程需要，因此采用了多种方法，多个模型对大岗山拱坝进行了非线性有限元动力仿真分析。各种方法得出的结果虽然具体数值不同，但是规律较为一致，得出的大坝动力水平基本相同。通过不同方法分析得出的主要结论为：坝体材料非线性时，考虑地基辐射阻尼，设计地震荷载作用下，大坝最大横缝开度为11mm；最大动位移为10cm；坝体拱、梁最大拉应力出现在死水位时下游面中高高程坝体中部梁向，大小为 3MPa；坝体拱、梁最大压应力出现在下游面坝趾区域，大小约为 17MPa。考虑无限地基辐射阻尼坝体压应力极值减小 25％左右，拉应力极值减小 45％左右。考虑无限地基辐射阻尼，大坝上游坝面无损伤产生，坝体下游中上部损伤区发展到坝厚 1/3～1/2，中低高程建基面损伤区发展到坝底 3/4 厚度，但未贯穿。大坝上游、下游面坝基交界面附近和坝顶附近区域，以及下游坝体中部是容易出现裂缝的区域，可以认为是大坝抗震薄弱部位。这一结论与假设材料线弹性的大坝动力分析结果一致。工程类比分析，大岗山拱坝的静动综合拱、梁向拉、压均比溪洛渡、锦屏一级和沙牌 0.2g 实测地震作用时的坝体应力大。但坝体拉应力与沙牌拱坝在 0.4g 实测地震作用时的坝体拉应力水平基本相当。大坝坝肩动力抗滑稳定分析采用了拟静力法和动力时程法，结果表明大岗山拱坝的坝肩动力抗滑稳定是有保证的。

大坝和地基整体抗震安全分析成果表明：在设计地震作用下，坝体横缝开度总体上较小；坝体静动综合最大主拉应力在数值上大大超过了坝体混凝土的动态容许抗拉强度，但同静态一样，主要发生在受坝肩滑裂体影响的坝基交界部位，高拉应力分布范围较小，应力集中较为明显；坝体静动综合最大主压应力未超过混凝土动态容许抗压强度。坝体震后未出现明显的残余位移，基岩滑块存在一定的滑移，但在震后仍能保持稳定，且除引起局部应力集中外，对坝体工作状态影响不大。设计地震条件下，大岗山拱坝的坝体静动综合主应力和小湾拱坝的坝体静动综合主拉应力水平相当，均在 10.5MPa 左右。校核地震下，大岗山拱坝能满足不溃坝的要求。体系在超载条件下破坏形式是由左岸滑块滑动造成该部位坝体与基岩之间局部滑移增长，并逐渐带动坝体发生向下游的滑移达到较大数值，使坝体形成绕右岸的转动。大岗山拱坝的抗震超载安全系数为 1.25，相应的大坝极限抗震能力为水平地震峰值加速度 696.9cm/s²。

大坝和地基整体结构动力模型试验的结果，与其他几座拱坝的试验结果进行对比，大岗山模型拱坝最初发生损伤为设计地震时，固有频率有所降低，损伤部位不明确。大坝首先发生开裂时的地震超载倍数，大岗山拱坝为 1.38 倍，小湾拱坝为 2.0 倍，溪洛渡拱坝为 2.1 倍，锦屏一级拱坝大于 7.0 倍。

另外，大坝抗震风险分析得出，运行期内发生设计地震时大坝完好的概率达到 97.5％，轻微损伤的概率为 1.5％，中等损伤、严重损伤级溃坝的概率为 0.2％～0.3％，可以认为大岗山拱坝具有比较大的抗震安全性。

根据上述各种计算、试验研究的成果，以及工程类比分析可以得出，大岗山拱坝的抗震安全是有保证的，大坝基础约束区、上游坝踵区域、下游面坝体中部是大岗山拱坝的抗震薄弱部位，需针对性地采取有效抗震措施予以加强。

3.2 大坝抗震措施设计

3.2.1 大坝抗震结构设计

大坝作为水电站的主体建筑物之一，大坝的抗震安全意义重大，因此在拱坝设计时，主动考虑拱坝抗震，以提高拱坝抗震性能为目标进行拱坝坝体设计。在拱坝体形设计和不断优化的过程中，借鉴以往工程的设计经验，主要考虑了以下几个方面：

（1）增加拱端宽度，减小坝顶区域的高拉应力；在不降低坝顶刚度的同时，使坝体的上部质量最小化。

（2）在满足坝肩抗滑稳定的情况下，适当加大中心角，增加拱的作用以承担大部分地震力。

（3）控制上游倒悬，改善施工期应力条件，使体形尽量简单，方便施工，利于抗震。

（4）在拱坝嵌深上，多利用弱风化上限岩体，尽量控制拱坝基础的综合变形模在10GPa左右。

为了提高拱坝的抗震能力，在与坝体相关的结构方面还进行了一些巧妙的设计，如取消了表孔，增加拱坝上部的完整性；"静动兼顾"地进行坝体混凝土分区设计；拱坝上下游设置贴角；加强坝肩防渗帷幕和排水措施以降低岩体内的渗透压力等。大坝基础与大坝抗震安全亦密切相关，大岗山拱坝坝基加固处理设计中也采取了一些措施来提高大坝的抗震安全性。

在考虑以上结构抗震设计的基础上，大坝抗震设计还有一个重要环节就是采取工程抗震措施以提高坝体抗御地震的能力。对于各种抗震措施进行研究可知：配置跨缝钢筋可以减小强震时坝体横缝开度，防止止水破坏，不会改变坝体应力状态和分布，但是跨缝钢筋的布置对施工影响很大。配置梁向钢筋可以较好地增强拱坝的整体刚度，对于最大的可能扩展裂缝有一定的抑制作用，使横缝开度有所降低。配置阻尼器对横缝开度有一定效果，但对坝体拉、压应力水平基本没有改变。

针对大岗山工程自身的特点和实际情况，从提高拱坝抗震安全和减小施工影响的角度出发，大岗山拱坝采取上游、下游坝面布设抗震钢筋网的工程抗震措施。同时，为了增加坝肩动力抗滑稳定性，在坝肩抗力体部位针对控制性块体布置了抗震预应力锚索。预应力锚索对边坡及抗力体的动力稳定有显著效果，这点在经受了"汶川大地震"的水电站工程中再次得到了有力地证明。

3.2.2 大坝坝面钢筋设计

抗震钢筋的布置主要针对大坝坝基部位和中高高程的坝体中部在地震作用下会出现高拉应力的区域，以限制拱坝裂缝的开展，防止这些部位的高拉应力造成大坝严重损伤，增加拱坝的整体性，从而提高拱坝的抗震安全性。

对已有计算分析和试验研究的成果进行综合分析后，并结合实际工程经验，基本按照外包络的思路，确定大岗山拱坝坝面梁向钢筋的布置分为 5 个区域（图1、图2）。其中Ⅰ区为上游面孔口部位双排钢筋网区域；Ⅱ区为上游面孔口周边单排钢筋网区域；Ⅲ区为上游面建基面附近双排钢筋网区域；Ⅳ区为下游面坝体中部双排钢筋网区域；Ⅴ区为下游面单排钢筋网区域。

对于配置钢筋的排数，设计时除了考虑坝体在各种工况条件下的工作状态，更需要结合工程实际和现在国内施工技术等现状，因此，大岗山拱坝坝面钢筋最多布置排数为两排，以保证混凝土的浇筑质量。

坝面抗震钢筋的类型和直径主要是出于钢筋性能和坝面钢筋混凝土的工作状态进行选择。热轧Ⅳ级钢筋的抗拉强度很高，但是热轧"Ⅳ级钢筋的焊接质量较难控制，在承受重复荷载的结构中，如没有专门的焊接工艺，不宜采用有焊接接头的Ⅳ级钢筋"，水电站现场施工工艺水平无法满足要求。其他强度更高的钢筋更适合用作预应力钢筋。热轧Ⅲ级钢筋的塑性和可焊性较好，强度也较高，地震时坝体裂缝开展宽度一般会大于静力产生的裂

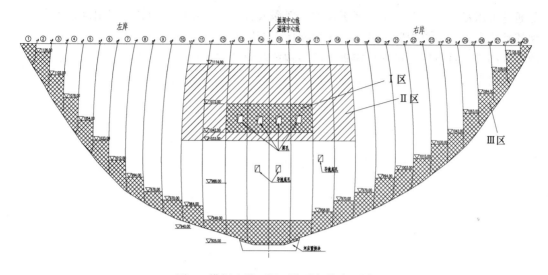

图 1　拱坝上游面坝面抗震钢筋布置图

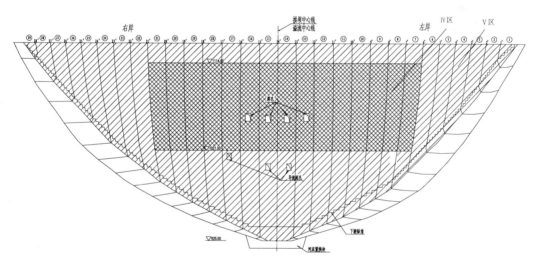

图 2　拱坝下游面坝面抗震钢筋布置图

缝，因此可以较为充分发挥其强度。综合比较后选择热轧Ⅲ级钢筋，即 HRB400E（或 HRBF400E）钢筋，作为大岗山拱坝坝面抗震的梁向受力钢筋。分布钢筋要求的抗拉性能略低，选择热轧Ⅱ级钢筋，即 HRB335E（或 HRBF335E）钢筋。结合其他工程的实践经验和目前对大体积钢筋混凝土结构的认识，坝面梁向抗震钢筋的直径选择 32mm，间距 300mm；拱向分布钢筋的直径选择 28mm，间距 500mm。

另外，在横缝部位为了使混凝土能够振捣均匀，保证混凝土浇筑质量，钢筋端头与横缝处止水错开布置，并间隔一定距离。

4　结语

综上所述，虽然大岗山拱坝的设防动参数是目前已建和在建的同类工程中最大的，但是通过采用最先进的多方法、多手段的全面深入分析，拱坝的动力特性很明确，大岗山拱坝基础约束区、上游坝踵区域、下游面坝体中部以及左右岸拱座抗力体是大岗山拱坝抗震的关键部位，目前针对拱坝抗震进行的结构抗震设计和工程抗震措施设计都非常有效和必要，大岗山拱坝抗震安全性是有保证的。

瀑布沟水电站泄洪消能技术研究

张清琼　余学明

（中国电建集团成都勘测设计研究院有限公司　四川成都　610072）

【摘　要】　瀑布沟水电站泄洪消能具有泄流量巨大、河谷狭窄、地形地质条件复杂、周围建（构）筑物密集的特点，合理布置泄洪消能建筑物，解决好建筑物自身掺气减蚀、下游河道消能防冲和雾化区防护是该电站设计的关键技术问题。本文介绍了该电站分散泄洪、分区消能的设计思路、掺气减蚀设计、河道和雾化防护措施、模型试验和运行实践成果。

【关键词】　高土石坝　泄洪消能　方案　瀑布沟水电站

1　引言

瀑布沟水电站砾石土心墙堆石坝高 186m，水库正常蓄水位 850.00m，总库容 53.37亿 m^3，死水位 790.00m，6—7 月汛期运行限制水位 836.20m，防洪库容 11.0 亿 m^3，8—9 月汛期运行限制水位 841.00m，防洪库容 7.27 亿 m^3。年发电量 147.90 亿 kW·h。多年平均流量 1230m^3/s，泄洪建筑物按重现期 500 年洪水设计，相应设计洪水流量9460m^3/s；最大可能洪水（PMF）校核，最大洪水流量 15250m^3/s；下游河道及雾化边坡防护按 100 年一遇洪水设计，相应入库洪水流量为 8230m^3/s。溢洪道最大泄量6941m^3/s，泄洪洞最大泄量 3418m^3/s。

2　泄洪消能设计关键技术问题

瀑布沟工程河流左岸出露的岩层系中粗粒花岗岩，岩性坚硬，大多较新鲜完整，且左岸为河湾的凸岸，转角近 90°，大坝雍水水头高达 174.00m，入库洪峰流量达 15250m^3/s，出口河谷宽 80～120m，具有"窄河谷、高水头、大泄量、土石坝"泄洪特点，考虑下游乐山市防洪要求和成昆铁路防洪要求，因此，对泄洪建筑物布置提出如下要求：①采取分散泄洪、消能措施，避免对河床和坝脚造成集中冲刷；②水库库容系数仅 10%，泄洪频繁，要求泄洪建筑物运行安全、可靠、灵活；③在泄洪消能区的右岸岸坡高出河水面约60m 处有成昆铁路通过，泄洪消能不能危及铁路路基的安全，并解决"雾化"对铁路运行的影响；④地下厂房尾水出口设于左岸，应力求减小泄洪消能对尾水的影响。根据上述原则，溢洪道紧靠左坝肩布置，泄洪洞布置于左岸地下厂房内侧花岗岩体内，洞线顺直，泄洪洞进口位于左岸电站进水口上游约 300m 处，出口位于瀑布沟沟口上游侧，洞轴线与左岸岸坡夹角较小。泄洪洞出口位于厂房尾水下游 200m 左右，与溢洪道出口相距约950m，泄洪消能较为分散，且对尾水影响较小。

泄洪洞具有"高水头、大流量、缓底坡、长隧洞"特点，须对掺气减蚀效果进行研究。由于溢洪道和泄洪洞出口流速大，河谷狭窄，覆盖层深厚，只能采取挑流消能，而泄洪建筑物出口对岸高程690.00m有到甘洛县国道公路、桥梁，高程740.00m有成昆铁路及尼日车站，要求出口挑流消能要解决好砸本案和冲对岸矛盾，尽量减轻对河床两岸的冲刷和雾化对成昆铁路及尼日车站的影响，须对出口消能建筑进行深入研究。

3 泄洪建筑物布置研究

3.1 方案布置比较

根据瀑布沟土石坝窄河谷、高水头、大泄量、地形地质条件复杂、周围建（构）筑物密集的特点，泄洪建筑物布置方案及泄洪规模的选择是解决瀑布沟泄洪消能技术的关键。根据本工程地形地质条件，泄洪建筑物均设在河流左岸，洞线为直线布置。结合国内外已建工程大流量溢洪道和泄洪洞实践经验，拟定三个布置方案：

（1）方案1：泄洪建筑物由一条岸边溢洪道、一条深孔泄洪洞、一条龙抬头泄洪洞（与2号导流洞结合）组成。溢洪道最大泄洪流量5160m³/s，深孔无压泄洪洞最大泄洪流量2500m³/s，由2号导流洞改建的"龙抬头"无压泄洪洞，最大泄洪流量2120m³/s。

（2）方案2：取消"龙抬头"泄洪洞，由溢洪道和深孔泄洪洞组成。调整泄洪孔口尺寸，校核洪水泄流量溢洪道由5160m³/s提高到6941m³/s，泄洪洞由2500m³/s提高到3418m³/s。

（3）方案3：将方案1的"龙抬头"泄洪洞调整为非常运用的泄洪洞，泄洪建筑物由一条岸边溢洪道、一条深孔泄洪洞和一条由导流洞改建的非常泄洪洞组成。由于库水位壅高，泄洪孔口尺寸不变；溢洪道校核洪水泄流由5160m³/s提高到6333m³/s，深孔泄洪洞泄量由2500m³/s提高到2547m³/s，非常泄洪洞洞径减小，泄量由2089m³/s降至1315m³/s。

经调洪计算，方案1泄洪建筑物规模偏大，计算所得校核洪水位偏低，未能充分利用防洪库容。调整方案（方案2、方案3）在不增加坝高的情况下较充分地利用了防洪库容而又留有余地；各方案均具有宣泄设计洪水（$P=0.2\%$）和最大可能洪水（PMF）的能力，方案2在校核洪水及设计洪水情况下溢洪道与泄洪洞的泄量分配比例分别约6.7：3.3、5.6：4.4，方案3在校核洪水及设计洪水情况下溢洪道与泄洪洞的泄量分配比例分别约7.1：2.9、6.7：3.3。方案2适当加大溢洪道和泄洪洞的规模，取消了改建"龙抬头"泄洪洞，溢洪道与泄洪洞间相对距离较远，泄洪、消能分散，厂房尾水洞出口上游洪水泄量相对较小，上游有利于减轻下泄水流对河岸的冲刷和对大坝坝脚淘刷，也可以降低对尾水的影响，工程直接投资较方案1和方案3分别省3896万元和3023万元。推荐采用方案2。

3.2 泄洪建筑物的布置

根据瀑布沟坝址区汛期来流量和国内泄水建筑物泄洪规模，通过多种泄洪建筑物组合方案论证，最后推荐泄洪建筑物由左岸一条深孔泄洪洞和一条岸边溢洪道组成：溢流堰设3孔12m×17m（宽×高）孔口，堰顶高程为833.00m，溢洪道总长575m，标准段矩形槽身宽 34m，底坡 $i=21\%$，出口采用挑流消能，"鹰嘴型"挑流鼻坎坎顶高程 793.26m，最大泄量 6941m³/s，最大流速 36.3m/s。深孔泄洪洞进水口底高程为 795.00m，进水塔内事故检修闸门尺寸为 11m×14m（宽×高），工作闸门尺寸为 11m×11.5m（宽×高），洞身段长约 2024.82m，采用同一底坡 $i=0.058$，标准段断面尺寸 12m×15m（宽×高），出口采用挑流消能，挑坎顶高程 690.44m，最大泄量 3418m³/s，最大流速约 40m/s。在泄洪洞桩号 0+931.00 处设置了补气洞，补气洞采用城门洞形，内宽 5.5m，高 8.5m，补气洞进口高程为 752.25m，总长 480m，最大风速 60m/s。

4 掺气减蚀措施研究

高速水流泄洪建筑物的速度很大，若体型稍有不当，或者表面不平整，很容易造成局部地方的压强降低，发生空化。从掺气减蚀被证明是解决空蚀破坏最有效的途径以来，掺气设施已越来越多地应用于很多工程，目前已在泄洪洞、溢洪道、陡槽等高水头、大单宽流量泄水建筑物中设置掺气减蚀槽，强迫掺气，在防止高速水流引起的空蚀破坏方面取得了显著效果。

根据有关规范并类比其他工程，为了防止泄洪建筑过流面空蚀的发生，需采取合理泄洪结构体型、控制过流面不平整度及设置掺气减蚀设施等工程措施。瀑布沟泄洪建筑物沿程的最小水流空化数 σ 值处在 0.12~0.3 之间，属于要设置掺气设施的范围。采用大比尺常压模型试验是确定掺气坎体型的直观有效的方法，数值模拟计算可以对物理模型试验成果进行验证。

4.1 掺气设施研究

4.1.1 溢洪道掺气设施研究

溢洪道的泄洪流量大、流速高，在桩号 0+440.00 以后各断面，水流空化数小于0.30，最小水流空化数为 0.252，应设置掺气减蚀设施。为了避免溢洪道由于高速水流产生空蚀破坏，在高流速段（桩号溢 0+380.00 及桩号 0+440.00）设置两道"挑跌坎形式"掺气减蚀设施，掺气坎挑坎高度为 0.9m，跌坎高度为 1.7m。两道掺气坎的通气管道均采用坎下布置方式，两侧边墙通气孔直径为 2.6m。模型试验表明，在各种泄洪工况下，在两道掺气坎后均能形成稳定的空腔，水流掺气特征十分明显；受模型缩尺效应的影响，模型掺气浓度测量值较小，但鉴于掺气空腔完整，通气孔通气顺畅，且在试验测量范围最远端仍可测到一定的掺气浓度，表明掺气坎的掺气效果是有保障的。

4.1.2 泄洪洞掺气设施研究

泄洪洞具有"高水头、大泄量、缓底坡、长泄洪隧洞"等特点，需要解决其掺气难和掺气空腔不稳定等难题。通过大比尺局部水工模型优化试验研究和数值模拟分析，泄洪洞从 0+400.00 桩号开始设置 8 道掺气设施，间距 200m。掺气坎采用"梯形坎槽＋缓坡平台＋局部陡坡"组合形式，掺气坎起挑坎两侧坎高 1.0m，中间坎高 0.2m，挑坎长15.06m；缓坡平台长 10.44m，陡坡长 5.53m，坡比 1:4.076。

首次在瀑布沟工程中使用"梯形槽坎＋缓坡平台＋局部陡坡"组合形式的掺气设施解决"高水头、大泄量、缓底坡、长隧洞"泄洪洞洞身沿程掺气减蚀难题。推荐的掺气坎体型形成的空腔为立体空腔，由内、外空腔形成；内空腔由坎上开槽形成的射流而成；外空腔位于边墙两侧,系由挑坎水舌而成;外空腔比内空腔体积大得多,内空腔连通两侧外空腔,使空气接触面增加,增强掺气效果。采用推荐掺气坎体型,除1#掺气坎外,均能在库水位820.00m以上形成稳定空腔;库水位830.00m以上,1#掺气坎亦能形成稳定空腔;该掺气坎体型适应的水位变幅较大,掺气效果明显,无需加设排水设施;试验观测结果表明,推荐的掺气坎体型,在库水位840.00m以上时各级掺气坎积水基本消除。隧洞沿程近底掺气浓度均大于2%,因此以不大于200m的间隔设置掺气坎是可行的。

4.2 防空蚀耐冲磨材料及防空蚀措施

根据科研实验和现场浇注实验成果,溢洪道和泄洪洞选用抗蚀耐磨消能较好、较为经济且施工简便的 $C_{90}50$ 硅粉混凝土作为护面材料,为降低水化热,采用中热水泥,硅粉掺量控制在5%以内。泄洪建筑边墙底板硅粉混凝土厚0.5～1.5m,要求分流速段来控制硅粉混凝土表面不平整度:流速小于30m/s段,过水表面不平整度小于5mm;流速大于30m/s段,过水表面不平整度小于3mm。为减少施工期温度裂缝,降低空蚀风险,除常规温控措施外,还采取以下特殊措施:①控制硅粉混凝土入仓温度应低于20℃(因无制冷系统);②对边墙采用淋水养护,底板采用蓄水养护;③对于厚度大于0.5m的衬砌段内设冷却水管。

5 出口泄洪消能研究及防护措施

5.1 泄洪建筑出口消能标准研究

溢洪道出口消能区域位于尼日河汇口,挑流水舌周边有土石坝坝脚、放空洞出口,尼日河大桥、高程690.00m低线国道公路和高程740.00m成昆铁路;泄洪洞出口对岸有低线国道公路、成昆铁路和尼日车站,本岸上游有电站尾水出口。根据该段《成都铁路局汛期安全行车办法》,此区段汛期行车安全警戒雨量值:当10分钟内降雨达4mm时,达到紧急警戒值;当10分钟内降雨达6mm时,达到封锁区间值。

为减小瀑布沟泄洪雾化对成昆铁路及尼日车站的影响范围和降低雾化降雨强度,经过泄洪雾化数模分析研究,确定当来水量为100年一遇洪水和水库水位为850.00m时,水库按7900m³/s控泄,其中溢洪道控泄4500m³/s,泄洪洞控泄2000m³/s,机组过流1400m³/s。

5.2 泄洪建筑出口消能技术研究
5.2.1 溢洪道出口消能技术研究

由于溢洪道出口流速大,河谷狭窄,挑坎出口落差约105m,周边环境复杂,需要很好地解决溢洪道出口消能难题。

出口两边墙采用平面收缩的圆弧曲线,左边墙曲率较大,右边墙曲率较小,出流前沿采用两端斜切直线连接中间圆弧曲线的"鹰嘴形"挑坎。模型试验研究表明:左侧水流向右侧的翻卷充分,水舌掺气和扩散良好,入水水股分布均匀;右侧水流为直进出射水流,拉长了消能区落点范围;翻卷水流和直进水流的组合,实现了水舌的充分扩散,形成双落点消能格局;小洪水时挑流水舌不干砸左岸岸坡,大洪水时水舌也不致冲击右岸岸坡。成功解决了溢洪道出口高落差的消能,在保证水舌归槽的同时,也减小了下游河道的冲刷。

在消能洪水工况下，两个冲坑最深点的高程分别为 651.60m、648.25m，两点之间相距约 46m，冲刷坑附近左岸流速为 1.41～6.10m/s，右岸流速为 1.31～2.95m/s。

5.2.2 泄洪洞出口消能技术研究

由于泄洪洞出口流速大，河谷狭窄，本岸上游为电站尾水出口，挑坎护坦部分基础及上下游岸坡为覆盖层，出口对岸有高程 690.00m 低线国道公路、高程 740.00m 成昆铁路与尼日车站。为减轻对本岸覆盖层基础和右岸低线公路掏刷，同时降低对成昆铁路雾化影响，出口采用低高程挑坎出流，落差约 10m。

出口挑流鼻坎采取左边墙为直线，右边墙为圆弧的扭曲斜切型式。在设计洪水时，落水水舌为弧形，最大挑射距离 150.9m，最小挑射距离为 75.5m，水舌入水宽度 72.2m。水舌中线落点已接近于右岸护底末端，但水舌左侧仍落于河道内，各工况下冲坑最深高程为 633.00m 左右。下游河道中水流受挑射水流的影响，两侧均形成一定的回流。设计洪水时，左侧岸边水流回流流速为 6.91m/s，右侧回流流速为 5.13m/s。在泄洪洞参与泄洪的情况下，电站尾水出口处的水位略低于相应的天然河道水位，对发电无不利影响。

5.3 泄洪建筑出口下游河道及雾化防护设计

5.3.1 冲刷区河道岸坡防护

溢洪道冲刷区包括挑坎岩石基础下部小流量冲刷区、左岸低线厂房尾水渠检修公路、对岸低线国道公路、尼日河大桥基础及放空洞出口区等。岩石基础岸坡采用贴坡混凝土面板＋锚筋＋排水措施进行防护；检修公路以下路基为古崩塌堆积体的深厚覆盖层，采用柔性的钢筋石笼＋喷混凝土进行防冲保护；对岸低线公路基础为人工堆积及大渡河阶地冲积物，采取清除路基以下覆盖层＋回填混凝土进行公路改建方式；对尼日河大桥基础采取钢筋石笼护脚；放空洞出口覆盖层区域采用钢筋混凝土防淘墙进行防护，基岩区域进行固结灌浆加固。

泄洪洞冲刷区包括护坦及外侧区域、本岸下游泄洪洞出口检修公路基础及对岸低线公路岸坡。为解决小流量砸本案问题，对外侧滩地进行消力池预挖，增加入水宽度和水垫深度，对护坦进行灌浆加固；对本岸及对岸岸坡采取混凝土面板＋锚筋＋排水防护措施。

5.3.2 雾化区防护设计

（1）溢洪道泄洪雾化区。由于防护范围广、工作量大，因此对溢洪道、放空洞雾化影响区就雾化对相关工程建筑物及社会经济产生的影响后果开展分区、分部位、分阶段防护设计。先实施放空洞出口边坡和左岸古堆积体雾化影响区域，对右岸植被较好的区域根据运行情况后续再实施。根据雨强大小进行封闭、锚固、护面以及排水等措施进行防护。

（2）泄洪洞泄洪雾化区。由于泄洪洞出口本岸下游为岩质边坡，下部只是泄洪洞的检修公路，因此，不做雾化防护；对岸为成昆铁路和尼日车站，运行频繁，是西部重要交通通道，必须采取相应措施进行防护，对雾化影响区铁路路基边坡采取封闭、锚固、护面以及排水等措施进行防护，对铁路防护采取新建棚洞的措施，对尼日车站及相关工程进行改迁。

6 运行实践

6.1 泄水建筑物运行情况

2010 年 6 月至 2015 年 10 月期间，泄洪洞参与水库二期蓄水、泄洪和向下游生态供水，承担控制库水上升速度和保证下游防洪安全重任。泄洪洞泄洪共计 307d，最大泄量 2537m³/s，最小泄量 70m³/s。通过 6 个汛期的运行实践，表明泄洪洞运行情况良好。

溢洪道从 2010 年 8 月 22 日首次投入运行，至 2012 年 10 月 19 日最后一次泄流，累计泄流 14 次，泄流时间共计 290.33h，最大泄流量约 5000m³/s。通过 3 个汛期的运行实践，表明溢洪道运行情况良好。

6.2 泄水建筑物原型观测结论

2011 年 7 月及 2012 年 6—10 月期间，对瀑布沟水电站溢洪道及泄洪洞进行了水力学原型观测。溢洪道观测水位为 840.00～850.00m，闸门开度为 3m、4m、6m、8m 及全开，水位 849.50m 开度 14m、开 3 孔时水舌见图 1；泄洪洞观测水位为 816.00～850.00m，闸门开度 0.5～10m（全开为 11.5m），水位 850.00m 开度 9m 时水舌见图 2。

图 1 泄洪洞挑坎水舌形态   图 2 溢洪道挑坎水舌形态

原型观测结果表明：

（1）在各观测工况下，泄洪建筑物进水口过流顺畅，基本无不良流态。

（2）泄洪洞在库水位 832.00m 以上，水流能顺利起挑，水舌基本挑入河道。溢洪道挑坎段泄流顺畅，形成良好的"翻卷水舌"流态，水流归槽较好。

（3）泄洪建筑物流速观测结果与理论计算值较为吻合，其中泄洪洞流速最大误差为 −15%。

（4）在观测工况下，补气洞风速不超过 33m/s，小于规范允许值（60m/s）。

（5）在水流起挑流量情况下，泄洪洞挑坎挑距为 25～90m，溢洪道水舌落点距挑坎坡脚 40～100m，小流量不砸本岸。849.50m 水位过流后，溢洪道水舌落点附近河床最低冲坑高程为 651.30m，小于模型试验值（643.00m）。

（6）850.00m 水位过流后，对泄洪洞进行了检查，结果表明，在 1# 掺气坎以后（桩号泄0+400.00以后），泄洪洞底板及边墙光滑完整，无明显破坏痕迹，出口下游平台及护岸无冲刷破坏。

（7）泄洪雾化实测雨强值和分布范围较设计采用的雾化数值模拟分析值小，目前出口雾化区两岸边坡稳定，尼日车站采取雾化防护措施后，运行基本不受影响。

7 结语

瀑布沟工程具有泄流量巨大、河谷狭窄、地形地质条件复杂、周围建（构）筑物密集的特点，掺气减蚀及泄洪消能安全问题尤为突出。溢洪道和泄洪洞出口相距1km，采取分散泄洪、分区消能的措施，较好地避免对河床造成的集中冲刷；表孔溢洪道有较大的超泄能力，运行安全可靠，深孔泄洪洞泄洪适应范围也广，两套泄洪设施较好适应瀑布沟大泄量、频繁泄洪特点；溢洪道泄槽设置"挑跌坎"型式的掺气减蚀设施，成功解决了大单宽流量，低水流空化数的掺气减蚀问题；泄洪洞洞身首次采用"梯形坎槽＋缓坡平台＋局部陡坡"组合掺气设施，很好地解决了本工程高水头、大泄量、缓底坡、长泄洪隧洞掺气难的问题；溢洪道出口采用"鹰嘴型"消能形式，成功解决了溢洪道出口高落差的消能，在保证水舌归槽的同时，也减小了下游河道的冲刷；泄洪洞出口采取扭曲斜切挑坎低抛出流，水舌落于河床偏左岸，减轻对右岸成昆铁路岸坡冲刷和雾化对铁路运行的影响，泄洪时减小了对尾水的影响，很好地解决了窄河谷泄洪建筑物消能防冲和雾化影响问题。

参 考 文 献

[1] 国家电力公司成都勘测设计研究院. 四川省大渡河瀑布沟水电站初步设计调整及优化报告 [R]. 成都：国家电力公司成都勘测设计研究院，2003.
[2] 张清琼，张娅琴，张君. 瀑布沟泄洪洞设计 [J]. 水力发电，2010，36（6）：43－45.
[3] 中国水电顾问集团成都勘测设计研究院. 四川省大渡河瀑布沟水电站枢纽工程竣工安全鉴定设计自检报告 [R]. 成都：中国水电顾问集团成都勘测设计研究院，2012.
[4] 刘翔，刘丽娟，陈林. 四川省大渡河大岗山水电站高拱坝泄洪消能技术研究 [J]. 水力发电 2015，41（7）：39－42，51.

溪洛渡水电站超大功率泄洪消能建筑物设计

杨　敬　石江涛　刘　强

（中国电建集团成都勘测设计研究院有限公司　四川成都　610072）

【摘　要】　溪洛渡水电站水头高、泄量大、河谷狭窄、泄洪功率巨大。通过合理的水库调洪削峰及坝身泄洪孔口、坝后消能工及岸边泄洪洞设计，以达到泄洪消能建筑物体型合适、泄洪可靠、消能充分和结构安全的目的。

【关键词】　泄洪消能建筑物　溪洛渡水电站　泄洪孔口　坝后消能工　泄洪洞

1　引言

溪洛渡水电站双曲拱坝坝高 285.5m，坝顶高程 610.00m。正常蓄水位 600.00m，汛期限制水位 560.00m，水库总库容 126.7 亿 m³，调节库容 64.6 亿 m³，具有不完全年调节能力。主要泄洪消能建筑物包括坝身 7 个表孔和 8 个深孔，坝后水垫塘及二道坝，左右岸各对称布置 2 条泄洪洞。溪洛渡水电站泄洪消能的特点是水头高、泄量大、河谷狭窄、泄洪功率大。最大泄洪水头近 230m；枯水期江面仅 70～110m，河道单宽泄量最大近 747m³/（s·m）；设计洪水流量 43700m³/s；校核洪水流量 52300m³/s（经上游白鹤滩调蓄后为 50900m³/s），总泄洪功率高达 100000MW，位居世界之首[1]。

通过水库调蓄作用，减少下泄流量，降低泄水建筑物规模与难度；在下游河床容许的消能防冲前提下，充分利用坝身孔口泄洪，减少岸边泄洪洞的泄量；结合现场地形条件，岸边泄洪洞采用有压平面转弯接无压洞内龙落尾的布置型式；以达到安全有效地分散泄洪、分区消能。

溪洛渡水电站泄洪设施特性表见表1；其消能系统的平面布置图见图1。

表 1　　　　　溪洛渡水电站泄洪设施特性表（考虑白鹤滩调蓄）

泄洪建筑物	坝　身　孔　口		泄洪隧洞
	表孔	深孔	
孔（洞）数	7个	8个	4条
孔口尺寸/（m×m）	12.5×13.5	6.0×6.7	14×12
进口高程/m	586.50	490.70～502.80	540.00
单孔（洞）泄流能力/(m³·s⁻¹)	1326/2771	1545/1610	3858/4162

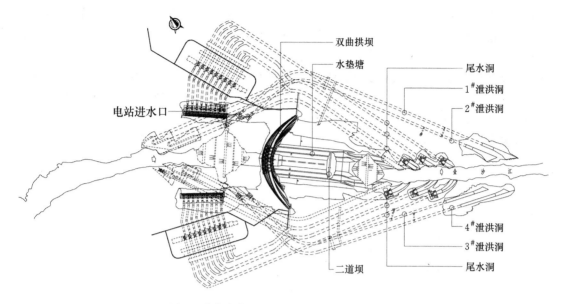

图1 溪洛渡水电站泄洪消能系统平面布置图

2 水库调洪削峰

受金沙江流域气候和洪水影响，溪洛渡水电站的设计洪水具有"量大、峰高、呈复峰"的特点。在设计洪水（千年一遇洪水）工况下进行调洪计算，考虑50%机组过流，水库起调水位从560.00m增大到600.00m，上游水库水位从600.63m增大到601.54m，水库削峰流量从2812m³/s减少到1642m³/s。从调洪计算成果来看，水库起调水位的变化对水库最高洪水位影响小，削峰流量随水库起调水位的增高而减小。泄洪建筑物调洪演算表，见表2。

表2 泄洪建筑物调洪演算表

工 况	起调水位/m	入库流量/(m³·s⁻¹)	枢纽总泄量/(m³·s⁻¹)	上游最高水位/m	坝身总泄量/(m³·s⁻¹)	泄洪洞总泄量/(m³·s⁻¹)	机组过流/(m³·s⁻¹)	削峰流量/(m³·s⁻¹)	坝身泄洪比例/%
$P=0.01\%$	560.00	52300	49839	609.47	33110	16728	0	2461	66.44
$P=0.01\%$（考虑白鹤滩调蓄）	560.00	50900	48926	608.90	32278	16648	0	2461	65.97
	600.00	50900	49023	608.96	32367	16750	0	2218	66.02
$P=0.1\%$	560.00	43700	40888	600.63	21644	15430	3814	2812	52.93
$P=1\%$	560.00	34800	29986	589.71	12514	13658	3814	4814	41.73

3 坝身泄洪孔口

坝身的泄流能力，结合下游河床承受能力、坝身泄洪消能方式及坝身开孔对坝体结构的影响来综合考虑。坝身泄洪入水水舌在近岸处要有足够深度，形成淹没水跃，坝身泄洪入水宽度为枯水期江面宽度上限值110m。拱坝水平拱圈为拱形结构，孔口泄流具有向心作用，根据坝身泄洪入水宽度初拟坝身孔口溢流前缘宽度可达160~180m[2]。深孔受闸门推力的制约，孔口尺寸相对较小，设置较多影响大坝的浇筑速度；表孔超泄能力强，布置灵活可靠。结合水工模型试验及结构设计研究成果，坝身泄洪孔口采用坝身7个表孔和8个深孔的"分层出流、空中碰撞"的布置型式。校核工况下，坝身最大总泄量32278m³/s，约占枢纽总泄洪功率的66%。

坝身孔口与坝后消能工纵剖面图见图2；坝身孔口上游立视图见图3。

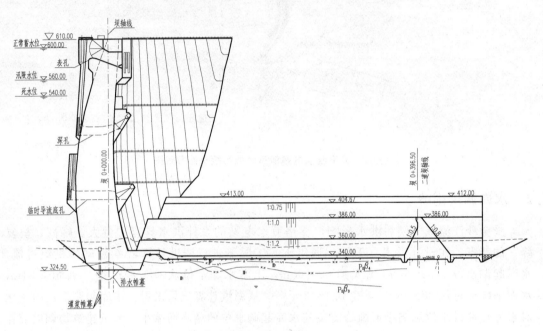

图2 坝身孔口与坝后消能工纵剖面图（单位：m）

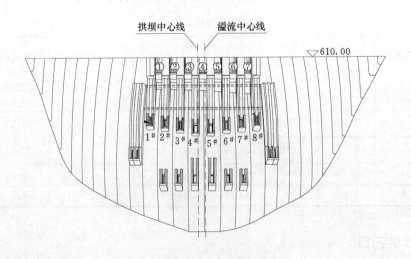

图3 坝身孔口上游立视图
①~⑦—表孔；1#~8#—深孔

表孔共有 7 个，从左到右依次为①～⑦号孔，对称布置于溢流中心线两侧，为减小与坝体分缝的矛盾，表孔流道沿拱坝径向布置，在平面上呈圆弧形布置，出口采用俯角大差动连续式鼻坎加分流齿坎的消能工，增大水舌的入水范围，减少单宽泄量。模型试验表明：上游水位 600m 时，表孔单独泄洪，水舌入水区域为坝 0+108～坝 0+156，入水宽度为 81m，试验最大动水冲击压力为 7.78×9.8kPa。

深孔共有 8 个，从左到右依次为 1#～8# 号孔，对称布置于溢流中心线两侧，结合消能区宽度和坝体分缝的结构限制，深孔在平面上由溢流中心线两侧沿径向分别向两岸偏转 0°、1°、2°、3°。为减少单位底板冲击压力，水舌入水范围在一定的水垫塘宽度和长度下，水舌应尽量分散，入水角尽量小[3]。深孔出口型式由两侧俯角型向溢流中心线过渡为挑角型，出口为俯角的孔身采用下弯型，出口为挑角的孔身采用上翘型，深孔水舌入水区由上游至下游依次为 1# 和 8#、2# 和 7#、3# 和 6#、4# 和 5#，模型试验表明：上游水位 600.00m 时，深孔单独泄洪，水舌入水区域为坝 0+166.00～坝 0+263.00，入水宽度为 79m，水舌入水角较小，试验最大动水冲击压力为 3.76×9.8kPa。

4 坝后消能工

4.1 水垫塘

水垫塘采用复式梯形断面，底板顶高程 340.00m，底板宽 60m。水垫塘边墙在高程 360.00m，386.00m，412.00m 设置马道，高程 340.00～404.67m 之间坡度依次为 1：1.2、1：1、1：0.75；高程 404.67～412.00m 垂直。360.00m、386.00m 和 412.00m 高程水垫塘宽度依次为 108m、170m 和 206m。

水垫塘底高程及宽度取决于塘内水垫深度和经济合理性，参考二滩等工程，水垫塘底板冲击压力以 15×9.81kPa 作为控制标准。考虑大坝基础、坝肩抗力体及水垫塘自身稳定，并结合水垫塘地形地质条件、基岩抗冲性、水垫消能效果及二道坝水力学模型试验进行综合比较，水垫塘底板高程选择为 340.00m。模型试验表明：坝身泄洪孔口水舌基本位于底板范围内，部分位于水垫塘边墙范围，受边墙水深及其坡度影响，冲击压力垂直分量较小，试验测量边墙无较大冲击压力产生。表孔和深孔全开泄洪时，设计工况最大落水宽度为 88m，校核工况最大落水宽度为 96.5m；校核工况下水垫塘动水冲击压力达到最大值为 14.78×9.81kPa。

水垫塘长度参考二滩等相关工程实践，二道坝设置在离深孔水舌最大挑射冲击点后约 1.5 倍水垫塘水深处。4# 和 5# 深孔挑流水舌最远，水舌中心入水桩号 0+263.00，相应二道坝轴线桩号为坝 0+396.50。根据模型试验成果，水垫塘内消能充分，二道坝动水压力上游顶部略大于静水压力。

4.2 二道坝

二道坝为重力式溢流坝，坝顶高程为 386.00m，最大坝高 52m，坝顶宽 4.36m，坝顶总长 173m。

溪洛渡水电站枯水期 18 台机组正常运行时的下游水位高程 381.68m，考虑下游向家坝水库回水水位高程 385.62m，为保障水垫塘枯期检修方便，溪洛渡水电站二道坝坝顶高程选择 386m。模型试验表明：二道坝与下游水面衔接平顺，最大落差 2.16m，二道坝动水压力下游与静水压相近。

5 岸边泄洪洞

结合现场地形条件，左右岸对称布置 2 条有压平面转弯接无压洞内龙落尾的泄洪洞，泄洪洞进口置于大坝与电站进水口之间，出口位于厂房尾水洞出口下游，左右岸基本对称布置，洞长 1618.304～1868.441m。圆形有压段直径为 15m；城门洞型无压段尺寸为 14m×19m；出口采用扭曲斜切挑坎，左右岸对称挑流，水下碰撞消能。

泄洪洞最大总泄量约 16648m³/s，约占枢纽总泄量的 35%。单洞泄量高达 4162m³/s，单宽流量约 300m³/s/m，且近 70% 的水头集中在全洞长 25% 的龙落尾洞段，龙落尾洞段由渥奇段＋斜坡段＋反弧段组成，校核水位时洞内流速由 25m/s 增至 45m/s。龙落尾上游侧无压洞段水流空化数在 0.66～0.71 范围内变化，不会发生空蚀空化；渥奇段和斜坡段最小水流空化数分别为 0.16 和 0.13，需在渥奇段下游侧设置掺气坎，受出口明渠段长度影响，左岸设置 3 道掺气坎，右岸设置 4 道掺气坎。

模型试验表明：

(1) 无压缓坡段压力沿程近似线性降低，渥奇段底板高程变化大，水流流速沿程增大，且受水流离心力的作用底板上的动水压强明显减小，未出现负压；掺气坎后挑射水舌回落时对下游底板均产生冲击作用，压力分布曲线呈凸峰状，冲击点附近的最大冲击压力在 20×9.8kPa 以下，不会对底板产生冲击破坏。

(2) 鉴于溪洛渡泄洪洞规模大，无压洞段洞顶余幅适当增大，校核洪水时，无压洞段上游侧最小洞顶余幅约为 30%，第 1、2 和 3 道掺气坎下游最小洞顶余幅分别是 36%、45.1% 和 43.7%。

(3) 底板掺气坎型式为跌坎＋连续挑坎，上游侧第 1 和 2 道掺气坎设侧墙掺气坎，底部和侧墙掺气坎后空腔形态良好，底板和边墙掺气充分，满足规范要求。底板掺气浓度：第 1 道掺气坎后超过 5%，然后沿程逐渐减小至 1.7%，经第 2 道掺气挑坎后，掺气浓度升到 7% 以上，然后沿程逐渐减小至 2.5%，经第 3 道掺气挑坎后，掺气浓度超过 10%；第 1 道侧墙掺气坎将其下游侧全程侧墙的清水区全部消除，测点最小掺气浓度超过 1.7%，反弧前的侧墙实测最小掺气浓度约为 3.5%。

(4) 受闸门尺寸及推力的制约，工作闸室底板顶高程设置为 540.00m，低水位运行时进口淹没水深较小，水库正常运行水位变幅达 40m，闸门全开时泄洪洞有压洞段将经历明流状态、明满流交替状态和有压流状态，通过调整弧形闸门开度可避开明满流交替状态。闸门全开有压段呈明流状态时，有压弯段后水流受离心力影响弯道外侧水面高于内侧水面，左右侧呈不对称状态，但流量较小，在无压段上平段逐渐调整平顺；库水位位于 565.00～580.00m 时，弧形闸门关闭相对开度不大于 50%，使有压洞段完全转化为满流流态。

(5) 出口挑流水舌入水处均位于河床中泓线靠本岸侧，设计洪水下水舌挑距 190～215m，水舌纵向充分拉开，落水点扩散，入水长度 100～125m，入水宽度约 45～60m。近岸流速较小，受河床弯道影响，呈右岸大左岸小的特点，左、右岸流速分别在 4m/s 和

8m/s 左右，采用贴坡护岸。

池洪洞纵剖面图见图 4。

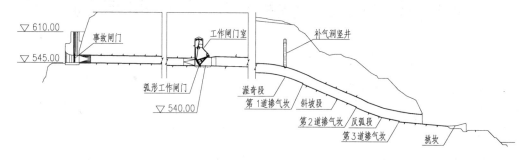

图 4　泄洪洞纵剖面图

6　运行

坝后消能工水垫塘和二道坝自 2012 年 6 月 29 日首次充水后即接受了当年汛期导流底孔过流，2013 年 5 月坝身导流底孔下闸水库蓄水并逐步转换至坝身深孔泄洪，2013 年年底深孔关闭并实施水垫塘初次抽水检查[3]，2014 年水库继续蓄水至正常蓄水位，共经受了 4 个汛期洪水的考验；岸边泄洪洞于 2013 年 9 月 14 日首次过流，共经受了 3 个汛期洪水的考验，经现场巡视检查，泄洪洞龙落尾段未见空蚀现象[4]。截至目前，溪洛渡水电站泄洪消能建筑物基本处于正常运行状态。

7　结语

（1）溪洛渡采用坝身 7 个表孔和 8 个深孔，坝后水垫塘及二道坝，左右岸各对称布置 2 条泄洪洞的泄洪消能系统是合适的。

（2）通过水库调蓄作用，可有效减少下泄洪水流量。

（3）结合坝身泄洪消能方式和坝后消能工的研究，坝身最大总泄量 32278m³/s 是可行的。

（4）结合高速水流掺气减蚀及闸门调度运行的研究，大泄量、高水头有压平面转弯接无压洞内龙落尾的泄洪洞是可行的。

参　考　文　献

[1]　黄庆，雷军，陈亚琴 . 溪洛渡水电站水垫塘断面型式研究 [J]. 水电站设计，2011，27（4）：26-28.

[2]　王仁坤 . 溪洛渡水电站的枢纽总布置研究 [J]. 水电站设计，2009，15（1）：8-14.

[3]　杨敬，陈亚琴 . 溪洛渡水电站超大功率坝后消能工的体型参数选择与实践 [J]. 水电站设计，2015，31（3）：10-12.

[4]　杨敬，刘强 . 溪洛渡水电站超大型泄洪洞龙落尾掺气减蚀设计优化研究 [J]. 四川水力发电，2014，33（4）：78-81.

倾倒变形边坡稳定性评价及加固措施研究

陈鸿杰 卢 吉 迟福东 曹学兴

（华能澜沧江水电股份有限公司科技研发中心 云南昆明 650214）

【摘 要】 苗尾水电站工程地质条件较差，倾倒变形现象在坝址区广泛分布。工程建设期间导流洞进口边坡、左右岸坝基边坡均发生了不同程度的变形，对工程的建设造成了一定的影响，特别是右岸的坝基边坡变形最为明显，对工程安全影响也最大。本文首先对倾倒变形的研究进行总结，介绍倾倒变形研究的现状，然后对苗尾水电工程倾倒变形最为明显的区域右岸坝基边坡倾倒变形现象进行详细介绍，并对其倾倒变形破坏模式和机理进行定性分析和数值模拟分析，最后对其支护加固方案进行稳定性复核。

【关键词】 工程边坡 倾倒变形 稳定性分析 加固措施

1 引言

苗尾水电站位于云南省大理白族自治州云龙县旧州镇境内的澜沧江河段上，是澜沧江上游河段一库七级开发方案中的最下游一级电站，上接大华桥水电站，下邻澜沧江中下游河段功果桥水电站。枢纽工程由砾质土心墙堆石坝、左岸溢洪道、冲沙兼放空洞、引水发电系统及地面厂房等主要建筑物组成，最大坝高 139.80m，装机容量 1400MW。

苗尾水电站地处云南省西部横断山脉纵谷区，地层分布受区域构造的控制，多呈 NNW 条带状展布。坝址区及工程区基岩主要由侏罗系地层组成，岩性主要有板岩和砂岩。正常岩层总体产状为 N5°～20°W，NEE 或 SWW∠75°～90°。近坝库岸属纵向谷，两岸倾倒变形十分发育。倾倒变形形成经过了较为漫长的时期，两岸倾倒变形后缘已扩展至分水岭。倾倒变形边坡的稳定性是坝址区的主要工程地质问题之一，开工建设以来揭示的倾倒变形岩体结构十分复杂，控制变形发展的因素较多。工程建设中导流洞进口边坡、左右岸坝基边坡均发生了不同程度的变形，对工程的建设造成了一定的影响，特别是右岸的坝基边坡变形最为明显，对工程安全影响也最大，严重威胁施工安全和水电站安全运营。

本文以苗尾水电站右坝前边坡为研究对象，在边坡倾倒变形特征调查研究的基础上，通过地质定性分析和数值模拟，深入研究右坝前边坡倾倒变形特征及其加固措施。

2 倾倒变形研究概况

由于边坡地质条件的差异，造就了边坡变形破坏模式的不同。对于反倾边坡而言，倾倒破坏是一种典型的失稳形式，20 世纪 70 年代初，倾倒变形作为一种边坡变形模式而被正式提出。近些年来，我国研究者对倾倒变形边坡开展了大量的研究工作。邹丽芳[1]、吴建川[2]在国内外相关研究基础上介绍了不同倾倒变形类型的特征，归纳了倾倒变形的演化过程和工程治理的研究成果。王洁[3]、周洪福[4]、杨根兰[5]、李树武[6]分别对倾倒变形岩体进行详细的地质调查和分析工作，建立了倾倒强烈程度的分级体系，对倾倒岩体进行了划分，为边坡稳定性评价确定了控制边界。通过深入研究倾倒变形岩体的分布情况、基本形式及变形特征、发展过程及力学机制等方面，从地形临空条件、岩体结构、特殊的侧向切割结构面等三个方面阐述了该倾倒变形体特殊的控制条件，分析了倾倒变形体的形成发展演化全过程。何传永[7]、常祖峰[8]、芮勇勤[9]、黄润秋[10]、徐佩华[11]分别采用非连续性变形分析方法 DDA、非弹性理论、有限差分方法、离散单元法等数值模拟技术对倾倒变形机制进行的数值模拟、深入分析了边坡的变形、破坏发展，以及其破坏机制及倾倒变形的制动机制。谢莉等[12]、王立伟[13]、韩贝传[14]、李玉倩[15]以岩体结构特征及工程地质条件为基础，在分析倾倒变形模式的同时，运用数值方法模拟了边坡倾倒变形的发展过程，进一步分析了倾倒变形的形成机制。

上述研究对倾倒变形边坡从野外地质调查、地质定性分析、数值模拟分析等多方面进行研究分析，研究了倾倒变形边坡的形成，揭示了其变形破坏演化全过程的力学机制，为倾倒变形边坡的开挖施工和工程治理提供了丰富的理论和实践基础。

3 边坡倾倒变形特征

右坝前边坡顺澜沧江发育长度约 300m，顺河流走向 155°，研究区内边坡坡脚高程 1300.00m，坡顶高程 1650.00m（分水岭高程 2300.00m），坡度 40°～50°。边坡为典型的反倾层状岩质边坡，走向与河谷走向近一致，属较典型的顺向谷、反倾地质结构，受构造作用，层内错动带、断层较为发育。受边坡地形、岩体结构等因素的控制，坝前边坡产生了明显的倾倒变形。倾倒变形在边坡不同部位发育深度有所不同，A 类极强倾倒破裂区发育深度为 0～25m，B1 类强倾倒上段切层剪张破裂区发育深度为 0～49m，B2 类强倾倒下段层内张裂变形区发育深度为 19～83m，C 类弱倾倒过渡变形区发育深度约为 28～182.5m，见图 1。

4 倾倒变形边坡破坏模式

坝前边坡的变形破坏机理与岩性、岩体结构、临空条件、边界条件、降雨作用及库水作用密不可分，倾倒变形问题十分复杂。

根据地质条件分析，坝前边坡倾倒变形岩体可能产生的变形破坏主要受控于倾坡外结构面和陡倾结构面组合。倾倒变形的演化经历了漫长的地质历史时期，经过表生改造后天然状况下一般处于稳定状态，但经人工扰动或蓄水软化等作用，如坡脚的开挖等，可能引发倾倒变形的继续发展。这种变形一般由始于坡体下部通过节理的错动、转动、滑移等方式向上传递，下部的变形同时将在边坡中上部坡肩（或地形变化处）部位产生拉应力集中，造成地表出现宏观裂缝。这种倾倒变形若不加以控制，从地质历史发展的角度分析，最终将产生沿陡缓相接的结构面组合形成的阶梯状蠕滑拉裂式滑坡。此外，由于边坡下部发育两条缓倾坡外的断层，蓄水后断层软化也可能引起下部岩体的变形，进而加剧岩体倾倒变形发展。

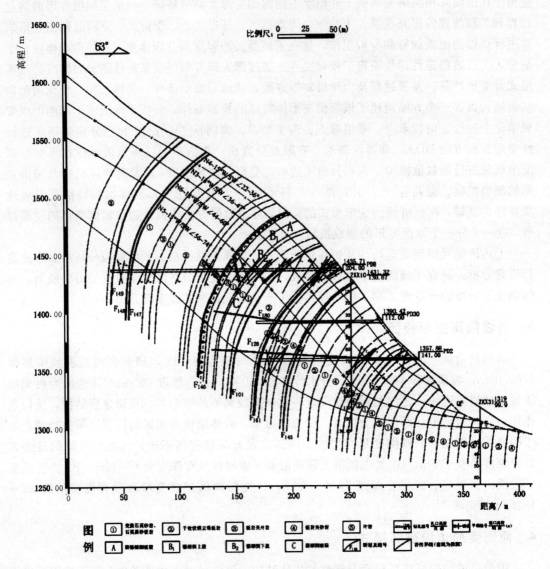

图 1　坝前边坡 Ⅱ—Ⅱ 剖面倾倒变形特征

5　变形破坏模式数值模拟

5.1　计算参数及边界条件

　　模型选取右岸 Ⅱ—Ⅱ 剖面，从底部高程 1250.00m 向上直至坡顶来模拟整个坡形，模型结构面以与层面近垂直的节理面为主控结构面。

　　模型的力学边界采用固定边界约束，将模型底部设置为竖直方向（Y 方向）速度约束，即左右两侧边界水平方向（X 方向）约束。模型的计算采用弹塑性模型，屈服条件遵循莫尔-库仑（Mohr-Coulomb）准则。

　　计算所采用的岩体及结构面物理力学参数见表 1 与表 2。

表 1 岩体物理力学参数取值表

地层编号	天然容重 /(kN·m⁻³)	饱和容重 /(kN·m⁻³)	变形模量 E/GPa	泊松比 μ	抗剪断强度（天然）		抗剪断强度（饱和）	
					c'/MPa	f'	c'/MPa	f'
堆积区岩体	21.5	23.5	0.2	0.32	0.10	0.50	0.075	0.40
A 类倾倒体	22.0	24.5	0.4	0.30	0.20	0.50	0.15	0.40
B1 类倾倒体	23.0	25.0	1.0	0.30	0.55	0.70	0.40	0.60
B2 类倾倒体	25.0	25.5	2.0	0.30	0.60	0.80	0.50	0.70
C 类倾倒体	26.0	26.5	4.0	0.28	0.70	1.00	0.60	0.80
基岩	26.5	27.0	8.0	0.25	1.20	1.20	1.00	1.00

表 2 不同结构面力学参数天然工况取值表

结构面类型	法向刚度 /(GPa·m⁻¹)	切向刚度 /(GPa·m⁻¹)	抗剪强度（天然）		抗剪强度（饱和）	
			c'/MPa	f'	c'/MPa	f'
水平断层	2.5	1.0	0.10	0.55	0.05	0.45
顺层断层	1.5	0.8	0.10	0.56	0.05	0.45
节理面	1.0	0.4	0.10	0.50	0.05	0.50
A 区层面	1.0	0.4	0.10	0.40	—	—
B1 区层面	1.5	0.8	0.30	0.55	—	—
B2 区层面	2.0	1.0	0.40	0.65	—	—
C 区层面	4.0	1.5	0.55	0.80	—	—
基岩层面	5.0	2.0	0.75	1.00	—	—

5.2 结果分析

本文只对蓄水工况下工程边坡的变形和破坏过程进行模拟分析。考虑岸坡在蓄水到 1408m 时的变形情况，坡体水位线以下采用抗剪强度参数值等效折减的处理办法。

当计算模型到 1 万步时，位于 A 区极强倾倒变形破裂区的岩体首先产生变形，高程 1408.00～1350.00m 范围内边坡浅表层 A 区（极强倾倒区）岩体首先产生明显变形，高程 1400.00m 处压性断层产生 X 方向约 3m 的滑移，Y 方向约 1.6m。当迭代进行到 3 万步时，坡体下部水平压性断层位置处断层带已开始滑移出原地形线。此时岸坡底部 X 方向位移已达 4m，Y 方向位移达 2m，此时已开始形成滑移破裂面。当迭代进行到 10 万步时，岸坡浅表层滑面已完全贯通，浅表层已出现较大滑移，见图 2 和图 3。此时岸坡顶部 1500m 高程处 X 方向最大位移达 12m，Y 方向最大位移达 6m，底部坡脚的抗滑作用下，位移未见明显增大，坡体中部位移仍在继续，X 方向最大位移有 13m，Y 方向最大位移有 8m。最终形成的滑面位于 B1 区和 B2 区分界处，并靠近 B1 区侧；从图 4 上可以看出综合位移最大值位于 F_{128} 断层处，为 15.06m。边坡发生滑坡，类型为牵引式。

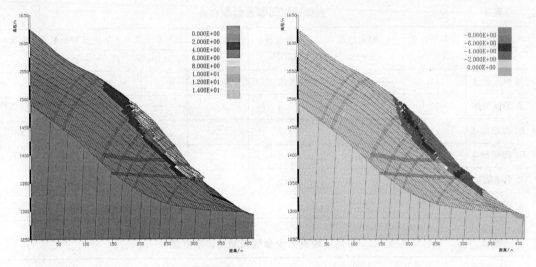

图 2　蓄水工况迭代 10 万 X 方向位移云图　　　　图 3　蓄水工况迭代 10 万 Y 方向位移云图

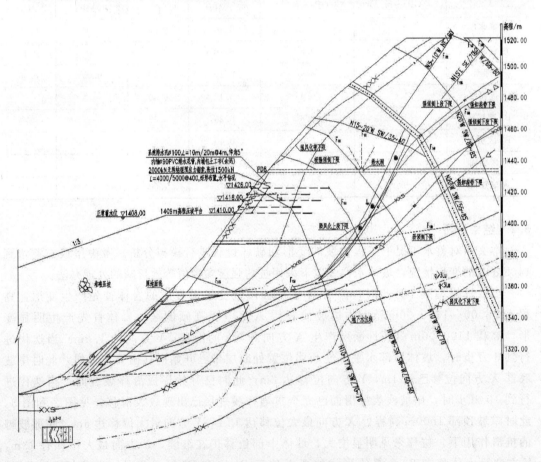

图 4　加固方案典型剖面图（压坡至高程 1409.00m）

6 支护加固方案及稳定性复核

6.1 边坡加固措施

根据右坝前边坡地形地质条件、枢纽布置特点及考虑方便施工以及上述数值计算结果等，确定右坝前边坡加固处理原则：根据数值计算分析成果，应重点加强对于缓倾角压性断层和节理密集带等控制性结构面的加固处理，以加强结构面组合稳定性。同时对边坡表层极强和强倾倒卸荷岩体的锚固支护，以提高边坡表层岩体的稳定性。加固处理措施中应加强边坡排水，边坡排水同时包括坡体内排水和坡表排水。处理方案应结合枢纽布置条件和地形条件，并考虑工程开挖土石方平衡和施工便利等方面特点，同时具备有效性和经济性。

根据上述加固处理原则，拟定的加固处理措施有以下几方面：

（1）堆渣压坡。由于右岸坝前边坡稳定控制性结构面埋深较深，潜在失稳区域规模大，依靠常规的锚固措施效果不明显且难以实施。根据坝前边坡及枢纽布置特点、地形条件和工程开挖料丰富的情况，将工程开挖弃料堆积于边坡坡脚，起到压坡镇脚的作用。

（2）系统锚固支护。针对压坡体以上边坡，采用系统预应力锚索和锚筋束进行支护，提高边坡表部强倾倒岩体的稳定性。

（3）边坡排水。针对节理密集带布置排水洞及洞内排水孔，使暴雨条件下结构面内渗透水压力能及时消散，避免形成超孔隙水压力。同时针对坡面倾倒卸荷岩体，布置坡面系统排水孔，尤其是坝前水位变幅区，应加强排水。

（4）加强监测。加强边坡施工期及永久运行期系统监测，及时掌握边坡变形及运行状态。

具体加固方案如下（图4）：

压渣方案为：小溜槽沟至上游140m范围堆渣压坡至高程1409.00m，以上至大溜槽沟部位堆渣压坡至高程1397.00m。

支护方案为：高程1409.00m压坡平台以上至高程1426.00m布置5排2000kN预应力锚索，$L=40m/50m@4m×4m$，混凝土框格梁连接。

6.2 加固后稳定性复核

图5和图6是支护加固后，边坡各部位的变形特征图及其塑性区分布图，从中可以看出：

（1）边坡支护加固后，边坡变形最大的部分变形量值由为3.5cm。

（2）整个边坡变形的范围在高程1390.00～1470.00m左右，距离小溜槽沟水平距离为45～140m。

（3）从剪应变增量和塑性区分布特征看，在A区极强倾倒变形区与B1区强倾倒变形上段的分界部位剪应变增量较小，塑性区上剪切变形的区域也相应地较少，说明针对变形最大部位提出的支护方案是可行的。

根据计算结果，在边坡高程1390.00m以上，距离小溜槽沟水平距离为45～140m处单独增加锚索支护后效果较为明显，变形得到了较为明显的控制，有利于边坡在蓄水后的稳定性。

 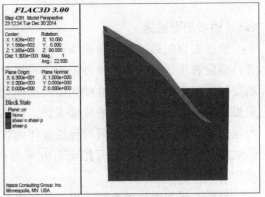

图 5　支护加固后边坡总位移分布特征　　　　图 6　支护加固后边坡塑性区分布特征

7　结语

　　首先对右岸坝前边坡倾倒变形特征进行描述，然后采用定性分析和数值模拟相结合，分析边坡变形破坏模式，最后采用三维有限差分方法对坝前边坡加固后的变形及塑性区特征，得到了以下结论：

　　（1）坝前边坡倾倒变形岩体可能产生的变形破坏主要受控于倾坡外结构面和陡倾结构面组合。倾倒变形体在人工扰动或蓄水软化等作用下，可能引发倾倒变形继续发展。边坡下部发育两条缓倾坡外的断层，蓄水后断层软化可能引起岩体的变形，加剧岩体倾倒变形发展。

　　（2）离散元演化结果显示，蓄水工况下，边坡的起始破坏位置位于边坡坡脚高程1350.00～1400.00m出水平断层带的位置。坡体中部1400.00～1450.00m之间浅表层岩体产生滑移，并导致后缘形成拉裂缝。随着迭代演化，坡体浅表层滑移面贯通，产生浅表层滑落。最终形成的滑移面位于B1区（极强倾倒破裂区）和B2区（强倾倒破裂区）之间。

　　（3）边坡加固稳定性复核显示，堆载至高程1397.00m利于边坡在蓄水后的稳定性。在边坡高程1390.00m以上，距离小溜槽沟水平距离为45～140m处单独增加锚索支护后效果较为明显，变形得到了较为明显的控制，有利于边坡在蓄水后的稳定性。

参　考　文　献

［1］　邹丽芳，徐卫亚，宁宇，郑文棠．反倾层状岩质边坡倾倒变形破坏机理综述［J］.长江科学院院报，2009，26（05）：25 - 30.

［2］　吴建川，邹国庆．岩质边坡倾倒变形演化过程及工程治理［J］.水力发电，2015，41（04）：19 -23，85.

［3］　王洁，李渝生，鲍杰，曹广鹏，杜锦婷，洪大明．澜沧江上游某水电站坝肩岩体倾倒变形的成因控制条件研究［J］.地质灾害与环境保护，2010，21（04）：45 - 48.

［4］ 周洪福，聂德新，李树武．澜沧江某水电工程大型倾倒变形体边坡成因机制［J］．水利水电科技进展，2012，32（03）：48-52.

［5］ 杨根兰，黄润秋，严明，刘明．小湾水电站饮水沟大规模倾倒破坏现象的工程地质研究［J］．工程地质学报，2006，14（02）：165-171.

［6］ 李树武，杨健，杨永明，刘昌．里底水电站坝址右岸倾倒变形岩体成因机制和变形程度［J］．水力发电，2011，37（08）：21-23，48.

［7］ 何传永，孙平，吴永平，段庆伟．用 DDA 方法验证倾倒边坡变形的制动机制［J］．中国水利水电科学研究院学报，2013，11（02）：107-111.

［8］ 常祖峰，谢阳，梁海华．小浪底工程库区岸坡倾倒变形研究［J］．中国地质灾害与防治学报，1999，10（01）：29-32+28.

［9］ 芮勇勤，贺春宁，王惠勇，陈宇亮，徐小荷，张幼蒂，周昌寿．开挖引起大规模倾倒滑移边坡变形、破坏分析［J］．长沙交通学院学报，2001，17（04）：8-12.

［10］ 黄润秋，唐世强．某倾倒边坡开挖下的变形特征及加固措施分析［J］．水文地质工程地质，2007，（06）：49-54.

［11］ 徐佩华，陈剑平，黄润秋，严明．锦屏Ⅰ级水电站解放沟左岸边坡倾倒变形机制的 3D 数值模拟［J］．煤田地质与勘探，2004，4（04）：40-43.

［12］ 谢莉，李渝生，曹建军，刘根亮．澜沧江某水电站右坝肩岩体倾倒变形的数值模拟［J］．中国地质，2009，36（04）：907-914.

［13］ 王立伟，谢谟文，尹彦礼，刘翔宇．反倾层状岩质边坡倾倒变形影响因素分析［J］．人民黄河，2014，36（04）：132-134.

［14］ 韩贝传，王思敬．边坡倾倒变形的形成机制与影响因素分析［J］．工程地质学报，1999，7（03）：213-217.

［15］ 李玉倩，李渝生，杨晓芳．某水电站边坡倾倒变形破坏模式及形成机制探讨［J］．水利与建筑工程学报，2008，6（03）：39-40，46.

关于面板堆石坝面板受损机理和对策的探讨

艾永平

（华能澜沧江水电股份有限公司　云南昆明　650214）

【摘　要】 本文结合已建面板堆石坝的运行情况和随机散离体非连续变形的分析，探讨了堆石坝作为随机散离体的宏观变形和细观变形特性，分析了堆石体非连续、非均匀、非同性变形的随机性及其对面板受力状态的不利影响，从确保面板堆石坝承载安全的角度，提出了合理控制及适应堆石体变形、防止面板受损的建议措施和控制指标。

【关键词】 面板堆石坝　随机散离体　宏观变形　细观变形　非连续变形

1　引言

我国水能资源丰富，特别是西部地区，水能蕴藏量占全国总量的半数以上，且开发利用程度相对较低。西部地区位于我国多条主要江河的上游区域，为合理有效地利用全流域的水资源，避免水资源浪费，需要建设具有一定调节能力的水库，俗称"龙头水库"，这种需要对西部地区的水能开发提出了更高的要求，即需要建造规模较大的挡水建筑物。建筑物规模的增大，导致安全风险增大，有效控制安全风险的技术难度也随之加大。

我国水电工作者集丰富的实践经验和大量的试验研究，对多种类型的大坝工程进行了比较，揭示了目前在我国西部地区建造面板堆石坝具有明显的经济优势。纵观国内外面板堆石坝的建设和运行状况，面板受损是发生几率较高的重大工程问题，且具有较强的随机性。特别是随大坝规模的增大，此问题更加突出，若不能妥善解决，将严重影响工程乃至整个流域的正常运行和安全。

2　变形特性分析及模型的适应性评价

面板是面板堆石坝的防渗体，是面板堆石坝安全挡水的关键体，防止和有效控制其受损是确保大坝安全的关键。从面板堆石坝的材料及结构特征和建造方法可知，面板受损的主要原因是面板承载时的受力状态失控。面板的受力状态受制于堆石体的变形，需要全面掌握堆石体的变形特性，并采取相应的对策，才能使面板的受力处于可控状态。

对面板堆石坝而言，面板的基础是垫层堆石料，垫层料的基础是过渡堆石料，过渡料的基础是占坝体方量 90% 以上的主次堆石料。从建造过程看，人们采用"薄层平铺、垂直重碾"的压实方法，使堆石体的细部结构（组构）充分发生变化，即堆石体颗粒的破碎、移动、旋转、充填等变化，以形成密实度尽可能高的堆石体，而最终的目的是为了提高压实后堆石体的抗变形能力，即在大坝承受水荷载、地震荷载及其他荷载时，堆石体的组构（细部结构）的变化尽可能小，从而减少和有效控制堆石体的变形。

作为面板的直接和间接基础的垫层堆石料、过渡堆石料和主次堆石料，虽经过"薄层平铺、垂直重碾"的压实建造，具有一定或较高的密实度，但它们仍属于散离体，具有散离体的力学行为和变形特性。从大量的试验研究和工程实践看，经过压实的堆石体的力学行为具有明显的"非连续、非均匀、非同性"的特点，且随机性很强。特别是上游坝面附近区域，建造时侧限很小，"非连续、非均匀、非同性"的特性及随机性更加明显，细部结构（组构）的稳定性最差。为全面掌握此类性质的变形，宜将堆石体的变形分为以下两个部分进行分析和研究。

一是"宏观变形"，即大尺度（大坝尺度）的变形，可以采用确定性的"连续、均匀（同一坝料分区）、同性"的反映宏观力学行为的本构模型予以分析和评价。

二是"细观变形"，即小尺度（颗粒尺度）的变形，该部分变形具有显著的"非连续、非均匀、非同性"的特征，需采用能够反映细观结构力学行为的不确定性的本构模型，以合理反映变形的随机特性。

3 变形的随机性及其影响分析

当今研究和应用较多的堆石体变形分析模型，主要包括"邓肯 E-B 模型""南水双屈服面模型"，以及其他一些修正的模型，此类模型均是在对堆石体的宏观力学行为进行了大量试验研究的基础上而建立的，以求更合理地反映堆石体力学行为的线性与非线性、弹性与塑性和黏性、剪胀性与剪缩性及流变性等特性。此类模型建立在"连续、均匀、同性"的假设之上，虽能较好地反映堆石体的"宏观变形"特性，但难以有效反映"细观变形"的不确定性（随机性）。

已有的试验研究和原型监测成果表明，通过反馈分析修正影响"宏观变形"的主要参数，能够使得宏观变形分析与实测值较好地吻合，但面板的受力状态与实测值却相差甚大。分析认为，"宏观变形"模型中隐含的"连续、均匀、同性"的假设，不能反映"细观变形"的随机性，而"细观变形"对面板受力状态的不利影响较大，且不可忽略。

通过对堆石体（散离体）非均匀变形传递机理的研究，采用随机散离体非连续变形分析方法，对多种级配（包括不同的最大粒径）、多种试件尺寸堆石体的"细观变形"进行了随机试件的数值试验，揭示了堆石体的非连续、非均匀、非同性的细观变形特性的随机性，定量地研究并提出了堆石体传力的离散性。成果表明：堆石体级配与传力（传递变形）的离散程度具有显著的相关性。堆石体最大粒径越大，传力的离散性越大；堆石体厚度越大，传力的离散性越小。

以工程常用的垫层堆石料（$d_{max}=8cm$）和过渡堆石料（$d_{max}=30cm$）为例，不同厚度（1～4m）垫层料传力的离差系数为 0.27～0.36，不同厚度（2～15m）过渡料传力的离差系数为 0.37～0.45。总体看来，无论是垫层料还是过渡料，其传力的离差系数均较大，且最大粒径越大，离差系数越大。

离差系数越大，传力的非均匀性越大，面板的受力状态越差。通过"细观变形"模型的数值试验（随机散离体非连续变形分析），研究了堆石体传力的离散性对面板应力应变的影响，分析了相应的面板应力应变的离散程度。结果表明：不同级配、不同厚度的垫层料和过渡料，对面板承载时的应力应变状态影响较大。"细观变形"导致的面板应力随机性很强，有可能大于"宏观变形"导致的面板应力；面板厚度越大，局部刚度和承载能力越大，对于限制垫层料细部结构（组构）的局部恶化（局部失稳及发展）和适应"细观变形"的离散性是有利的。

4 工程措施建议

为防止和有效控制面板受损，既要考虑堆石体"宏观变形"的影响，还应充分考虑"细观变形"的不利影响；既要合理地控制堆石体的"宏观变形"，还要有效地控制和适应堆石体的"细观变形"。根据目前的研究成果，提出以下控制和适应措施及指标：

（1）选择合适的过渡料级配和厚度，以有效吸收主堆石料的"细观变形"，避免主堆石料的"细观变形"对垫层料产生影响。建议过渡料的厚度不小于主堆石料最大粒径的6～8倍。

（2）选择合适的垫层料级配和厚度，以有效吸收过渡料的"细观变形"，避免过渡料的"细观变形"对面板产生影响。建议垫层料的厚度不小于过渡料最大粒径的6～8倍。

（3）选择合适的面板厚度和配筋，以适应并承担垫层料的"细观变形"和大坝堆石体的"宏观变形"的共同作用。建议面板的厚度不小于垫层料最大粒径（d_{max}）的6～8倍，且按水深（H）的0.0035～0.005倍递增，即：面板厚度 $t = (6 \sim 8) d_{max} + (0.0035 \sim 0.005)H$；面板采用双面双向配筋。

（4）采用"调级配、择粒型、控压实"等措施，尽可能提高垫层料的密实程度，以充分减少垫层料"宏观变形"的量级和"细观变形"的随机性，提高垫层料细部结构（组构）的稳定性，防止承载时垫层料的细部结构发生渐进恶化。挤压墙由于对垫层料提供了侧向约束，有利于提高垫层料的压实度和细部结构的稳定性，对于减少垫层料"细观变形"的不利影响是有利的。目前，坝工界对挤压墙的作用机理尚存分歧，宜进一步研究和实践。

以上措施是从合理控制和适应堆石体的"细观变形"、防止和有效控制面板受损的角度提出的，且有利于面板堆石坝宏观的变形梯度控制和宏观的水力梯度控制，是可行和经济的工程措施，供同行们商榷和进一步研究。

参 考 文 献

[1] 马洪琪. 300m级高面板堆石坝适应性及对策研究 [J]. 中国工程科学, 2011, 13 (12)：4-8.

糯扎渡泄洪隧洞掺气减蚀研究与实践

冯业林　郑大伟

（中国电建集团昆明勘测设计研究院有限公司　云南省水利水电土石坝
工程技术研究中心　云南昆明　650051）

【摘　要】 糯扎渡水电站泄洪隧洞具有泄量大、水头高、流速高、闸室为一洞两孔的特点，其中右岸泄洪隧洞最大泄量达 3395m³/s、最大水头 125.633m、最高流速可达 41m/s。高流速的泄洪隧洞常因空蚀而遭到破坏，本文简要介绍了糯扎渡水电站泄洪隧洞针对空蚀问题对泄洪洞体型、掺气减蚀措施、抗冲蚀混凝土材料、过流面不平整度控制等问题的研究与实践。

【关键词】 空化空蚀　掺气减蚀措施　抗冲蚀混凝土材料　不平整度控制

1　引言

糯扎渡水电站位于云南省普洱市的澜沧江下游干流上，是澜沧江中下游河段梯级规划"二库八级"电站的第五级。工程开发任务以发电为主，兼顾景洪市城市和农田防洪任务，并有改善航运、发展旅游业等综合利用效益。本工程心墙堆石坝最大坝高 261.5m，总库容 $237.03 \times 10^8 m^3$，装机容量 5850MW，为Ⅰ等大（1）型工程。

枢纽建筑物由心墙堆石坝、左岸开敞式溢洪道、左右岸泄洪隧洞、左岸地下引水发电系统及地面副厂房、出线场、下游护岸工程等建筑物组成。其中左岸泄洪隧洞进口高程 721.00m，全长 942m，有压段为内径 12m 的圆形断面，工作闸门为 2 孔，孔口尺寸 5m×9m，最大泄流量 3395m³/s，无压段断面为城门洞形，尺寸 12m×（16～21）m；右岸泄洪隧洞进口高程 695.00m，全长 1062m，有压段为内径 12m 的圆形断面，工作闸门为 2 孔，孔口尺寸 5m×8.5m，最大泄流量 3257m³/s。无压段断面为城门洞形，尺寸 12m×（18.28～21.5）m。左右岸泄洪隧洞出口均采用挑流消能。

糯扎渡水电站泄洪隧洞水头高，流速大。左岸泄洪隧洞闸室底板以上最大水头 102.99m，右岸泄洪隧洞闸室底板以上最大水头 125.633m。无压隧洞内流速可达 41m/s。高流速的泄洪隧洞常因空蚀而遭到破坏，设计时对此应特别重视，本文以糯扎渡右岸泄洪隧洞为主，介绍泄洪洞体型、掺气减蚀措施、抗冲蚀混凝土材料、过流面不平整度控制等设计研究成果及运行检验效果。右岸泄洪隧洞纵剖面图见图 1。

2　掺气减蚀设计研究

大量工程实践证明布置掺气设施对于解决空化空蚀问题是非常有效、经济、可靠的

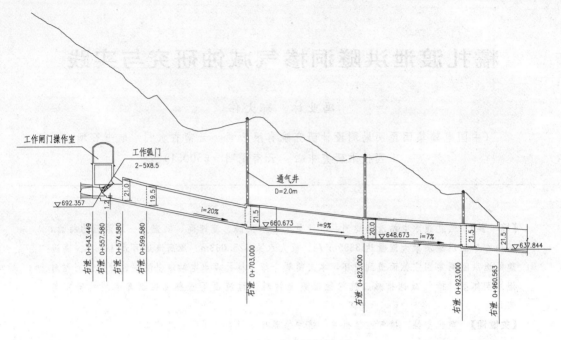

图 1 右岸泄洪隧洞纵剖面图

方法。

掺气设施一般包括掺气槽、挑坎、跌坎三种基本形式，以及由它们组合成的其他形式。糯扎渡水电站在设计阶段针对左、右岸泄洪隧洞掺气减蚀问题做大量的试验研究，优选掺气减蚀设施的体型，最终推荐泄洪隧洞掺气设施采用工作弧门后突扩突跌式掺气方式，无压段隧洞采用挑坎跌坎式掺气方式。

2.1 闸后突扩突跌设计研究

针对一洞两孔泄洪隧洞工作弧门后的突扩突跌体型，昆明院及四川大学分别做了模型试验研究。

昆明院采用 1：25 的模型试验研究突扩突跌的掺气效果，重点对跌坎后底坡长度及坡度进行优化研究，分别进行了 12%、20%、25%、30% 及 18% 5 种跌坎后坡度的比较试验，对突扩突跌的掺气浓度分布、掺气空腔等进行了观测。试验表明，突扩突跌坎后隧洞的坡度（第一段坡）是通气设施选型中至关重要的参数，隧洞底坡越大，底空腔也越大，底部漩滚或回水的范围越小，因而对降低临界掺气水头特别有效；较大的底坡虽然底空腔很长，通气很好，但是与下游的衔接不好、加上收缩形成较强的冲击波，会出现水流流态不好、水面溅击洞顶、水面波动过大的情况，并且直接影响后面掺气效果。根据试验成果，确定跌坎后第一坡段底坡为 20%，突扩突跌跌坎高 1.5m；突扩分两次突扩，一次突扩两侧分别宽 0.6m，二次突扩两侧分别宽 0.6m、1.0m。该方案出闸水流平顺、水翅小、不碰击弧门轴；在各水位下，闸门全开和局开运行时均能形成稳定的侧、底空腔，两者连通，可以通过侧空腔通畅地向底空腔供气。在全开运行，库水位 810.92m（设计洪水位）时，底空腔长度为 45m。在距突扩突跌坎 100m 范围内，沿程掺气浓度为 97.71%～

1.72%。掺气效果良好。设计采用的突扩突跌体系见图2。

针对设计闸室及工作弧门后突扩突跌体型，四川大学做了减压箱模型试验。分别在上游中墩附近、工作闸室出口附近、工作闸室出口边墙附近、中闸墩下游端、落水点侧墙、落水点底板附近以及下游跌坎（二级掺气坎）附近布置水听器测点，分析噪声的频谱特性和噪声相对能量变化规律。试验结果表明在 817.99m 水位（校核洪水位）时，在中闸墩下游端测点临近空化、出闸水流落水点底板附近测点

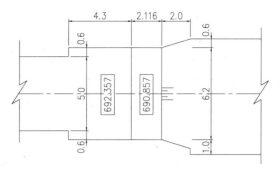

图 2　泄洪洞突扩突跌体系示意图（单位：m）

处的水流空化数小于初生空化数，这两个部位抗空化富裕度不大，但是由于工作闸室出闸水流掺气充分，因此不会发生空蚀破坏；其余测点的水流空化数均大于初生空化数。

2.2　无压洞掺气坎设计研究

右岸泄洪隧洞无压段单体模型一共进行了5个方案的修改试验，各掺气坎体型均为挑跌坎式。最终设计采用方案为：1#掺气坎距突扩突跌约 147m，挑坎高 1.3m，跌坎 1.4m；2#掺气坎距 1#掺气坎 120m，挑坎高 1.28m，跌坎 1.2m；3#掺气坎距 2#掺气坎 100m，挑坎高 1.0m，跌坎 1.2m。各掺气坎两侧掺气竖井断面均为 1.5m×2.5m。试验表明：

（1）各掺气坎在各级水位下均能形成稳定的空腔。校核洪水位下掺气坎 1 空腔长 18～23.4m，内有回水，但回水只是偶尔到坎端，并且回水深度仅 0.1～0.31m。掺气坎 2 空腔长 23.4～26.6m，回水阵发性地到坎端，深度仅 0.2～0.45m。掺气坎 3 空腔长 28.8～31.5m，无回水。各掺气坎供气通畅，掺气效果良好。设计洪水位下各掺气坎空腔长度比校核洪水位下更长，回水更小。

（2）掺气坎空腔最大负压发生在设计水位 810.82m 时 1#掺气坎处，为−4.41kPa。其余负压均在−0.21～−4.41kPa 范围，满足规范不超过−5.0kPa 要求。

（3）校核洪水位下掺气坎通气井最大风速为 30.6m/s，设计洪水位下掺气坎通气井最大风速 40.7m/s，均发生在 2#掺气坎处，满足规范小于 60m/s 的要求。

（4）右岸泄洪隧洞校核洪水位下泄洪流量 3257m³/s，无压洞最大流速 38.7m/s，沿程实测水深为 12.8～7.01m，洞顶净空余幅均大于 25%。右泄 2#掺气坎体型图见图 3。

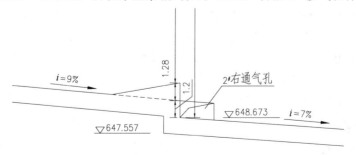

图 3　右泄 2#掺气坎体型图

2.3 抗冲耐磨混凝土

抗空蚀材料应具有应变能力高、表面光滑、吸能性好、抗冲击能力大、抗拉强度高、抗疲劳性的耐久性长、抗裂性强等特点。一般抗空蚀材料包括高标号混凝土、钢纤维混凝土、浸渍混凝土、环氧砂浆、钢板等。

糯扎渡水电站综合考虑当地材料选择、造价及施工方便等因素，对以下抗冲磨混凝土材料进行了配合比及性能试验：①高强混凝土 $C_{90}55$ 及 $C_{28}55$；②硅粉＋聚丙烯纤维混凝土；③硅粉＋玄武岩纤维混凝土；④硅粉＋钢纤维混凝土；⑤HF 高强耐磨粉煤灰混凝土材料。

试验表明，加入硅粉和纤维后混凝土抗冲磨性能略好于不加抗冲磨材料的高强混凝土，但收缩变形较大，总体性能较接近。高强混凝土水化热大，绝热温升较高，温控问题突出。考虑到不加入硅粉和纤维的高强混凝土性能可以满足抗冲蚀需要，加入抗冲磨材料后，混凝土和易性差，需加大胶凝材料用量，使温控问题更加突出。综合考虑，糯扎渡水电站采用不添加硅粉及纤维的 $C_{90}55$ 高强混凝土作为泄洪隧洞抗冲蚀材料。

2.4 过流面不平整度控制

过流边界的不平整体会使水流与边界分离，形成旋涡，发生空蚀。美国胡佛大坝泄洪洞，直径 15.3m，流速 46m/s，在泄放 $1070m^3/s$ 流量数小时，在龙抬头下部反弧段就遭到了严重的空蚀破坏，剥蚀坑长 35m，宽 9.2m，深 13.7m，冲去混凝土和基岩共 $4500m^3$。其空蚀原因是衬砌表面施工放线不准确，混凝土存在突体、冷缝、蜂窝等缺陷。我国也有不少高流速的泄水隧洞，常因为模板错台、凹凸、残留钢筋头、混凝土残渣等问题引起空蚀破坏。因此对高速水流过流面的不平度必须提出严格要求和控制。

糯扎渡水电站对泄洪隧洞的表面平整度要求如下：泄洪隧洞无压段混凝土表面 1m 范围内凹凸值不能超过 3mm，并应磨成不大于 1∶35 的斜坡；混凝土表面要求光滑，不允许有垂直升坎和跌坎，不允许存在蜂蜗、麻面，不允许残留砂浆块和挂帘；流道体型与设计轮廓线的偏差不得大于 3mm/1.5m。

3 运行实践验证

3.1 运行情况简述

右岸泄洪洞于 2012 年 4 月在导流洞下闸后开始向下游控泄供水，至 2012 年 11 月，运行近 7 个月 200 余天，其间闸门经过局开和全开全闭多次运行操作，水位低于死水位 765.00m 时，下泄流量根据来水情况和下游供水要求，闸门采用局开控泄形式向下游泄水，水位高于死水位 765.00m 后，闸门采用不定时全开全闭形式向下游泄水，期间闸门操作 161 次，累计运行时间约 4000h，最大运行水头 73m，最大泄流量 $2610m^3/s$。

2014 年 9 月，对右岸泄洪洞进行全开方式下的水力学原型观测试验，试验时上游水位为 803.73m，全开期间泄流量约 $3010m^3/s$。

3.2 运行后流道检查结论

运行后的调查表明，右岸泄洪洞两侧边墙有明显的水印痕迹，水印痕迹距直边墙顶有一定距离，表明泄洪洞泄洪时水流未冲击顶拱，洞顶余幅合理；泄洪洞流道完好，底板局部存在钢筋等硬物擦痕；掺气坎坎缘存在锯齿状磨损；边墙少量模板穿孔钢管封堵部位冲刷破坏，个别钢管锈蚀；局部边墙出现蜂窝状麻面。

总体来说，流道无明显冲刷破坏，亦没有明显空蚀破坏，施工期间混凝土裂缝等缺陷处理部位完好。

3.3 原型观测试验与前期研究成果对比验证

3.3.1 动水压力

模型试验表明，突扩突跌坎最大冲击压力在收缩段末端附近底板和边墙压力值较大，无压段在各掺气坎上游均有压力增加现象。原型观测试验表明，掺气空腔外的泄槽底板压力测点无负压，掺气挑坎前和坎后水舌冲击区及鼻坎反弧部位压力明显较大，各压力测点脉动压力均方根随闸门开度增加而增大，挑流鼻坎段的脉动压力总体较大。典型测点原型观测成果与模型试验成果基本吻合，见表1，表明左岸泄洪洞的压力特性符合设计预期。

表1 模型试验、原型观测动水压强比较表

部 位	动水压强/kPa			备 注
	水工模型试验	原型观测值		
		平均压力	均方根	
0+612.949	75.9	70.02	17.5	
0+630.600	31.2	32.17	11.8	
0+648.250	41.5	72.90	13.1	闸门全开
0+674.726	60.3	58.90	10.2	
0+695.000	194.1	201.09	12.1	
0+972.792	70.7	30.25	8.92	

3.3.2 空腔负压

模型试验中，各掺气坎的空腔负压一般是随着库水位的增加而加大，各掺气坎空腔负压在$-0.21\sim-4.41$kPa，负压均未超过-5.0kPa，库水位在792.00m以下时除了掺气坎1外各掺气坎的空腔负压开始明显降低，说明掺气作用在衰减；出口挑坎底板上的压力随着库水位的增加而加大，从直坡段进入反弧段后，压力沿程增大，随后又沿程降低，右边墙的压力在792.00m水位时邻近出口点也出现负压，数值为-7.4kPa。

原型观测试验成果表明，突扩突跌区域、3#掺气坎的空腔负压值随闸门开度的增加而增大。闸门全开时，突扩突跌区、3#掺气坎最大空腔负压分别为-37.57kPa、-16.84kPa。

原型观测试验掺气坎空腔负压值比模型试验大，但负压测点过程线规律基本一致，概率密度均为正态分布。

3.3.3 掺气效果

模型试验表明，右岸泄洪洞洪隧洞在库水位740.00m以上运行时均有稳定的侧空腔和底空腔。在库水位804.00m时，在距突扩突跌坎73.7m范围内，沿程掺气浓度为98.3%～1.71%，在坎后100.8～135.2m范围程掺气浓度为0.34%～0.11%；在距1#跌坎后下33.7m内其掺气浓度为52.51%～3.31%。

原型观测试验表明，右岸泄洪洞突扩突跌区域掺气浓度实测值为 $40\%\sim3.8\%$，$3^{\#}$ 掺气坎及挑流鼻坎区域掺气浓度实测值为 $22.6\%\sim3.0\%$，底板掺气浓度沿程逐渐有规律地衰减。$1^{\#}$ 掺气坎坎前掺气浓度值为 3.8%，挑流鼻坎末端掺气浓度为 3.0%。突扩突跌段、$3^{\#}$ 掺气坎掺气充分。

原型观测试验掺气浓度与模型试验变化规律基本一致，泄洪洞底板的掺气浓度值均较大，在突扩突跌区域、掺气坎区域掺气浓度原型明显较模型试验大，掺气坎后冲击区的掺气浓度值最高，随后沿程衰减，到各道掺气坎保护段末仍能保持较高的掺气浓度，泄洪洞掺气坎体型及布置位置合理。

3.3.4 风速

模型试验水位 792.00m、817.99m 时，突扩突跌区通气井风速分别为 5.1m/s、6.4m/s；闸室段通气洞风速分别为 29.8m/s、36.4m/s；$1^{\#}$ 掺气坎通气井风速 21.5m/s、33.5m/s；$2^{\#}$ 掺气坎通气井风速 24.8m/s、33.5m/s；$3^{\#}$ 掺气坎通气井风速 13.3m/s、26.3m/s。

原型观测试验泄洪洞闸门全开时，闸室通风洞实测最大风速为 122.2m/s；$1^{\#}$ 掺气坎竖井口最大风速 113.7m/s，$2^{\#}$ 掺气坎竖井口最大风速 131.5m/s。

原型观测通气设施各部位最大风速明显较模型试验大。

4 结语

糯扎渡水电站针对泄洪洞无压段防空化空蚀做了大量的理论分析与模型试验，对其体型、掺气减蚀措施、抗冲蚀混凝土材料、过流面不平整度控制等问题做了认真、科学的设计，经历了 200 余天约 4000 小时泄洪考验，最大泄量 3010m³/s，运行后检查证明泄洪隧洞体型设计合理，掺气充分，未发现空化空蚀破坏。

从原型试验与前期模型试验观测数据对比来看，动水压力变化规律和测值基本吻合；掺气坎附近空腔负压变化规律原型与模型基本一致，但原型空腔负压值比模型试验大；原型观测试验掺气浓度与模型试验变化规律基本一致，但在突扩突跌区域、掺气坎区域掺气浓度原型明显较模型试验大；在通气设施风量、风速方面，原型明显较模型试验大，表明高水头、大泄量的泄洪隧洞物理模型与原型观测数据在该方面仍存在相似性差，需要进一步研究。

锦西水电站测速系统技术改造

朱 力 李阳阳 胡保修 何 旺

（锦屏水力发电厂 四川西昌 615012）

【摘 要】 锦西水电站自投运以来，测速装置输出的模拟量转速信号和开关量接点均存在不同程度的跳变情况。转速信号是机组开停机操作和机组功率调节的重要参数，跳变的转速信号会给机组的正常运行带来很大的安全隐患。电厂人员经过多次验证和多方调研，对测速齿盘进行了改造，取得了良好的运行效果。

【关键词】 测速装置 齿盘 转速

1 引言

水轮发电机组的转速直接决定着电能频率。测速装置对于机组的控制和状态检测至关重要，其测量精度及可靠性直接关系到水轮机调节的目标和电能质量。目前大中型水电站机组转速的测定一般采用齿盘和残压两种测速方式。

2 水电站概况

锦西水电站位于四川省凉山彝族自治州盐源县和木里县境内，是雅砻江干流下游河段（卡拉至江口河段）的控制性水库梯级电站，下距河口约 358km。水电厂于 2005 年 9 月获国家核准并于 11 月 12 日正式开工，2006 年 12 月 4 日提前两年成功实现大江截流，2009 年 10 月 23 日开始大坝浇筑，2012 年 11 月 30 日电站正式开始蓄水，电站总装机容量 360 万 kW（6 台×60 万 kW），枯水年枯期平均出力 108.6 万 kW，多年平均年发电量 166.2 亿 kW·h，年利用小时数 4616h，电站建成后在系统中担负调峰及事故备用，枯水期担负峰腰荷，丰水期主要担负基荷，是四川电力系统中骨干电站，也是西电东送的骨干电站之一。水库正常蓄水位 1880.00m，死水位 1800.00m，总库容 77.6 亿 m^3，调节库容 49.1 亿 m^3，属年调节水库。枢纽建筑由挡水、泄水及消能、引水发电等永久建筑物组成，其中混凝土双曲拱坝坝高 305m，为世界第一高双曲拱坝，坝顶高程 1885.00m，建基面高程 1580.00m。

锦西水电站水库消落深度达 80m，水轮机运行的最大水头 240.00m，最小水头 153.00m，水头变幅达 87m，最大水头与最小水头之比 1.568，因此水轮发电机组的设计制造难度大。锦西水电站单机功率大，水头高且变幅大，水轮机在高水头运行时间长，全年水头在 210.00m 以上的天数约为 230 天，在该水头以上所发的电量占全年电量的 73.27%，每年平均水头低于 170.00m 的运行时间为枯期末近 1 个月，发电量仅占年发电量的 8.38%。水电站以 500kV 电压等级接入电力系统，在系统中担任调峰、调频和事故备用。

3 测速装置介绍

3.1 测速装置的特点

锦西水电站使用的测速装置为西安江河生产的 ZKZ-4 可编程转速监控装置，有以下特点：

（1）ZKZ-4 转速监控装置集频率表、转速表、转速继电器、转速测试仪表于一体，是多用途转速监控仪表。

（2）转速测量采用了变闸门测周期的先进测量原理，具有测量精度高、实时性强的特点。

（3）转速测控精度只决定于 PLC 晶振的误差和稳定性，因此转速接点出口值可保持长期运行而不变化。

（4）转速接点输出采用回差闭锁方式防止波形畸变引起输出误动作，根据水电站运行需要，可以在现场方便地对 10 个转速出口值进行一定范围的整定。

（5）该装置还具有标准 4～20mA 电流输出和 RS485 通信输出，可以方便与水电站的计算机监控系统连接。

3.2 测速装置的工作原理

ZKZ-4 转速监控装置由齿盘、传感器及 PLC 监控装置本体组成。PLC 系统采用 S7-200 系列，经内部分频后产生测量定时脉冲，周期为 50μs，其测量精度可达 0.01Hz，稳定性高，长期不变。显示电路采用高亮度 LED 动态显示方案。信号输入回路有光电隔离。将信号周期取入 PLC 内，再换算成对立的频率、转速百分比及最大值等内容提供显示、记忆。

多路输出信号经过放大后驱动继电器输出，其中 10 个动作点与所设定的转速百分比对应，或转速达到设定值时，对应输出接点动作。装置采用稳态开关电源，交、直流均可稳定工作，且电压变化不影响测控装置可靠工作。工作原理图，见图 1。

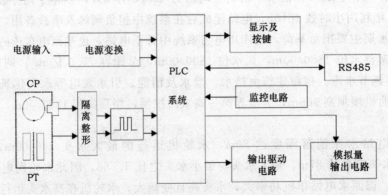

图 1 ZKZ-4 转速监控装置原理图

3.3 测速装置在本厂的应用

锦西水电站的测速装置有一路齿盘脉冲信号输入、一路残压信号输入，10路开关量信号和1路模拟量转速信号输出。当测速装置一路齿盘脉冲信号输入与一路残压信号输入都存在时，内部逻辑判断优先选择齿盘脉冲信号输入作为信号源，只有当齿盘脉冲信号输入存在故障时，才会以残压信号输入为信号源，故机组正常运行时，通常是采用齿盘脉冲信号输入作为信号源。

机组测速装置共输出1路模拟量信号、10路开关量信号，信号走向如下：

（1）1路转速模拟量信号送至机组LCU，即AI［4］，参与机组开停机流程、机组状态判断、有功调节等。

（2）3路"转速小于20%N_e"开关量接点，一路送至水机LCU（即J_1<20%N_e），一路送至机组LCU（即J_7<20%N_e），参与流程投退风闸，一路用于自身手动、自动投风闸闭锁回路（即J_2<20%N_e）。

（3）1路"转速大于95%N_e"开关量接点，送至机组LCU（即J_8>95%N_e），配合调速器反馈机组转速信号参与机组开停机流程。

（4）1路"转速小于1%N_e"开关量接点，送至机组LCU（即J_6<1%N_e），配合调速器反馈机组转速信号参与机组状态判断。

（5）2路"转速大于115%N_e"开关量接点，一路送至水机LCU（即J_3>115%N_e），一路送至机组LCU（即J_9>115%N_e），均分别参与LCU的紧急事故停机流程判断。

（6）1路"转速大于139%N_e"开关量接点，一路送至机组LCU（即J_5>139%N_e），参与机组LCU的紧急事故流程判断。

（7）2路"转速大于145%N_e"开关量接点，一路送至水机LCU（即J_4>145%N_e），一路送至机组LCU（即J_{10}>145%N_e），均分别参与LCU的紧急事故停机流程判断。

4 问题描述

截至目前，已投运的机组测速制动柜内的测速装置，输出的模拟量转速信号经常出现大的跳变，转速100%时跳变幅度都超过95%和105%，输出的开关量信号也时而出现跳变。其中6#机组已出现6次转速大于95%开关量测点无故消失几秒后恢复，导致机组在运行期间无法进行有功调节，4#机组还出现2次机组转速小于1%开关量测点和转速小于20%开关量测点无故消失几秒后恢复的情况；3#机组也出现2次转速大于95%开关量测点无故消失几秒后恢复的情况。

DL/T 1107—2009《水电厂自动化元件基本技术条件》国家标准4.7节转速监测元件要求，"机械（齿盘或钢带）测速装置应符合下列要求：a）齿盘的齿的宽度和高度应大于20mm；b）……；c）基本误差不超过±0.5%额定转速；……"。目前锦西水电站使用的测速装置齿盘采用的是钢带齿盘，该类型齿盘测速精度较差，齿盘测速孔（圆孔）的宽度和高度均小于20mm，测速装置输出的模拟量转速信号转速100%时跳变幅度都超过95%和105%，基本误差已远远超过±0.5%N_e，以上两点情况均不满足国标要求。

目前，锦东水电站使用的测速装置齿盘为线切割抱环齿盘，测量精度较高。据了解，溪洛渡水电站之前也是使用西安江河提供的钢带齿盘，由于该齿盘的测速精度满足不了现场要求，故已经更换为线切割抱环齿盘，更换后的测速精度满足标准要求。

5　问题分析

分析：从图 2 和表 1 中可看出 2014 年 1 月 25 日 17：51：55 时，$3^{\#}$ 机组在空转状态下（机组实际转速已达到 $100\% N_e$），测速装置开关量输出接点转速大于 $95\% N_e$ 信号消失，1s 后正常。根据图 3 中 $3^{\#}$ 机组转速（测速装置模拟量输出）历史曲线分析，在转速大于 $95\% N_e$ 开关量节点信号消失时，测速装置输出的模拟量转速信号确实也是低于 $95\% N_e$ 的，初步排除测速装置自身的问题，判断问题原因很有可能出在测速装置的齿盘上，由于锦西水电站采用的钢带齿盘测量精度不够，易出现该问题。

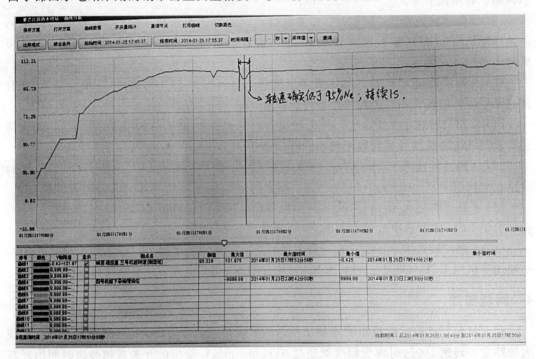

图 2　$3^{\#}$ 机组测速装置输出开关量接点跳变（开机过程中）

表 1　　　　　　　$3^{\#}$ 机组测速装置输出开关量接点跳变（开机过程中）记录

动作日期/（年-月-日）	越复限时间	动作描述
2014 - 1 - 26	06：23：33.780	$3^{\#}$ 机组转速大于 $95\% N_e$ 动作
2014 - 1 - 25	22：51：44.105	$3^{\#}$ 机组转速大于 $95\% N_e$ 复归
2014 - 1 - 25	17：51：56.032	$3^{\#}$ 机组转速大于 $95\% N_e$ 动作
2014 - 1 - 25	17：51：55.752	$3^{\#}$ 机组转速大于 $95\% N_e$ 复归
2014 - 1 - 25	17：51：25.162	$3^{\#}$ 机组转速大于 $95\% N_e$ 动作
2014 - 1 - 25	13：29：50.606	$3^{\#}$ 机组转速大于 $95\% N_e$ 复归
2014 - 1 - 24	06：29：04.718	$3^{\#}$ 机组转速大于 $95\% N_e$ 动作
2014 - 1 - 22	22：47：31.115	$3^{\#}$ 机组转速大于 $95\% N_e$ 复归

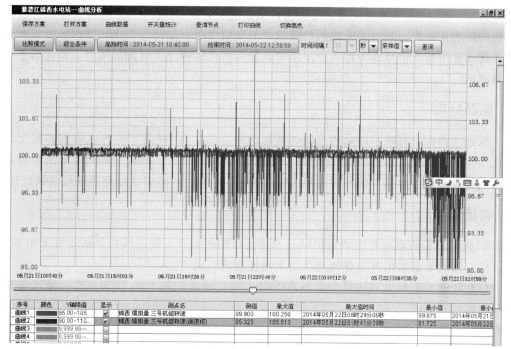

图 3 3# 机组测速装置输出模拟量转速跳变

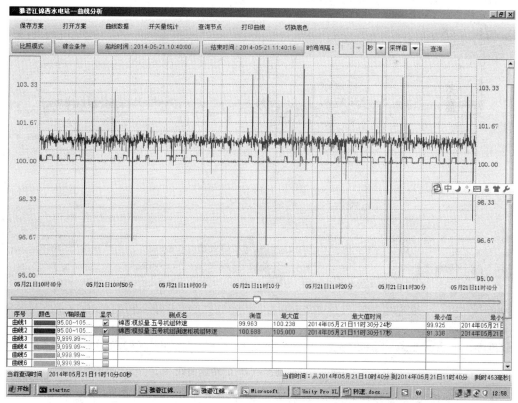

图 4 5# 机组测速装置转速模拟信号输出跳变（最大跳变幅度达到 10%）

分析：图 4 中 5# 机组转速信号来自调速器电柜，5# 机组测速柜机组转速来自机械制动柜内的测速装置。来自调速器的转速信号跳变幅度很小是因为机组正常运行时，调速器测速优先选用残压信号作为输入源的缘故，只有当残压测速信号源故障时，调速器才采用齿盘测速。

6 问题处理

根据《锦西、官地水电站齿盘测速问题讨论会纪要》，提供了一台线切割高精度试验齿盘（不含蠕动齿盘），在锦西水电站 2# 机组调试期间进行了试验，同时水电站监控人员将测速装置输出的模拟量信号至机组 LCU 回路中，增加了模拟量隔离器进行滤波处理。

7 改造效果

2# 机组试验齿盘在整个调试期间，测速装置输出的开关量、模拟量试验情况如下：

（1）测速装置输出开关量接点能正常动作，未误动。

（2）转速模拟量未加装模拟量隔离器时，跳变较大，最大为 10% 左右，测速装置输出转速曲线，见图 5。

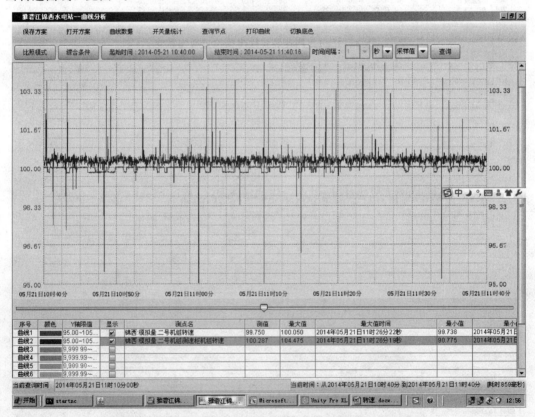

图 5 试验情况（2）的转速曲线

（3）转速模拟量加装模拟量隔离器后，转速未发生跳变，最大变化幅度为 0.4% 左右，测速装置输出转速曲线，见图 6。

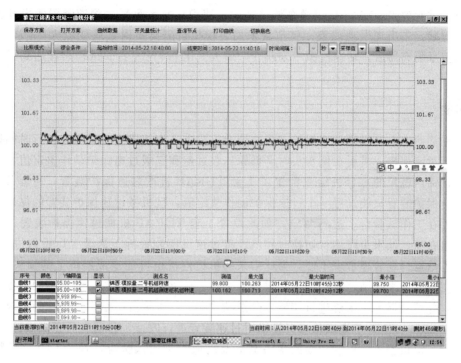

图 6　试验情况（3）的转速曲线

（4）72h 试运行期间，转速未发生跳变，最大变化幅度为 0.4％左右，测速装置输出转速曲线，见图 7。

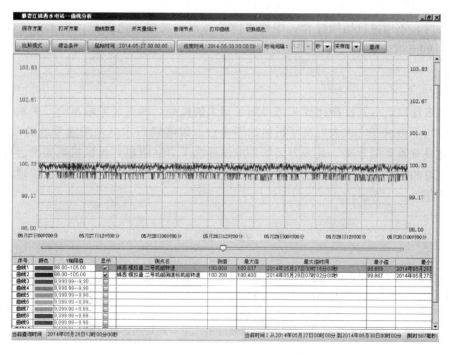

图 7　试验情况（4）的转速曲线

总体试验效果：在 2# 机组整个调试期间，使用试验齿盘后，测速装置输出开关量接点动作正确，未出现误动现象；模拟量未加装模拟量隔离器时，跳变较大（10% 左右）；加装模拟量隔离器后，转速模拟量未跳变，最大变化 0.4% 左右。试验齿盘达到了预期的效果。

8 其他

根据锦西水电站机组过速保护现场协调会议要求，为使机组在低水头运行时能投入二级和三级过速保护，需要在低水头时调低原二级过速和三级过速保护动作整定值。但由于当初设计锦西电厂的每台机组只配置了 1 套 TURAB 机械过速保护装置，每套 TURAB 机械过速保护装置只能设置一个过速保护动作整定值，且机械过速保护装置的保护动作整定值需要在工作试验台上进行整定。如此设置 1 套 TURAB 机械过速保护装置，就需要每次机组在高、低水头段运行切换时停机，将过速飞摆装置拆下送至工厂重新进行整定，这将给电站运行和管理带来不便，为此带来的机组停机也可能造成经济上的损失。因此，对水头变幅大的水电站，有必要为机组设置 2 套机械过速保护装置，整定不同的保护动作整定值，并可根据水库水位进行切换，分别满足高、低水头段机组运行保护的要求。锦西水电站在 2014—2015 年机组检修时期已对过速装置进行改造，目前有两套机械过速装置。

运行人员根据机组控制画面的水头测值及高低水头投入情况，通过 CCS（计算机监控系统）画面上的机械过速水头切换操作接点来切换机械过速装置。当水头低于 176.00m 时，应投入低水头机械过速保护装置；水头从 176.00m 升至 178.00m 之间时，不用进行切换操作，维持当前的低水头机械过速保护；当水头继续上升并大于 178.00m 时，必须进行高低水头切换，投入高水头机械过速保护；当机组运行水头从 178.00m 回落至 176.00m 时，不用进行切换操作，维持当前的高水头机械过速保护；当水头继续下降并小于 176.00m 时，必须进行高低水头切换，投入低水头机械过速保护。

9 结语

测速齿盘改造后其性能比原来的得到了很大的提高，测速装置输出的开关量信号、模拟量信号均不再跳变，大大提高了机组的安全性，说明锦西水电站测速系统的改造成功。此次改造具有重要的意义，其一方面帮助电站解决了事故隐患，保证机组安全运行；另一方面为电站的技术人员和运行工人提供良好的学习机会，对提高电站的运行管理水平有着重要的作用。

参 考 文 献

[1] 李祥波，王晓晨，张志华，等. 三路冗余智能测速装置提高水电厂机组发电安全性 [J]. 水电站机电技术，2011，34（4）：30.
[2] 柯松青. 凤凰水电厂一级电站测速装置改造 [J]. 科技创新与应用，2013（21）：150.
[3] 刘林，向炳. 官地水电站动水落门试验探讨及应用 [J]. 科技创新与应用，2014（26）：186.

锦西水电站紧急落门、事故停机按钮动作回路浅析

朱 力 何 旺 胡保修 石 培

（锦屏水力发电厂 四川西昌 615012）

【摘 要】 水轮发电机组作为水电厂最重要的动力设备之一，其安全可靠性至关重要，针对锦西水电站装机容量大、系统地位重要等特点，对机组事故状态下的快速停机及落门提出了极高的要求，本文重点阐述了中控室模拟屏、水机 LCU 保护屏面板上的紧急落门、事故停机按钮的停机回路走向及作用。

【关键词】 紧急落门 事故停机 事故复归 光端机 机组 LCU 水机 LCU

1 引言

电力行业能耗较大，在众多发电方式中，水力发电不失为一种绿色节能低碳的发电方式，长期以来，水力发电为缓解我国电力供应紧张的局面扮演者重要的角色。近些年来，工业生活用电量不断攀升，水力发电机组为了满足日益高涨的用电需求不断增大发电机组单机容量，这就引发了一系列的安全隐患。水力发电机组职责重要不容有失，一旦发生意外事故，轻则机组无法正常运行，严重则导致机组设备的损坏，威胁到电网的安全。因此，要加强水轮机运行状态监测工作，确保水电站正常运行。

在机组的顺序控制中，事故停机流程、紧急停机流程是机组发生事故时能安全可靠停机，也是水电站设备和人身安全的重要保证。水电站停机回路设计是水电站监控设计中的一个极其重要的环节，直接关系到机组的安全、可靠运行，同时也体现了监盘人员对事故处理的快速响应。

2 水电站监控系统简介

锦西水电站位于四川省凉山彝族自治州盐源县和木里县境内，总装机容量 360 万 kW（6 台×60 万 kW），是四川电力系统中骨干电站，也是西电东送的骨干电站之一。

锦西水电站按"无人值班"（少人值守）原则设计，计算机监控系统（简称 CCS）负责完成站内的数据采集处理和实时监控任务。正常情况下，水电站由雅砻江流域集控中心计算机监控系统对其进行远方直接监控，监控系统在得到控制调节权后对本站进行监控。

锦西水电站监控系统由上位机、下位机、网络设备等组成。监控系统上位机有 3 台操作员站、1 台工程师站、2 台集控通信网关机（主/备）、2 个调度通信网关机（主/备）、2 套历史库服务器（主/备）、2 个主机服务器（主/备）、2 套应用服务器（主/备）、1 套磁

盘整列（含磁盘阵列管理机、磁盘阵列交换机）、一套厂内通信服务器（1个大屏幕）、1台语音报警工作站、1台报表工作站、1台培训工作站；监控系统下位机即厂房内单个监控系统现地控制单元，简称LCU，全厂共13套，由机组LCU（6套）、公用LCU（3套）、GIS LCU（3套）、大坝LCU（1套）及相关远程IO柜组成。

机组LCU组成有以下方面：

（1）1LCU～6LCU本体柜。采集机组各辅系统参数及数据，送上位机，接收上位机指令，控制辅助设备。

（2）进水口远程IO柜。采集进水口辅助设备参数，送LCU，控制落门。

（3）水机LCU。机组LCU备用设备，在机组LCU死机后能正常停机，作为机组LCU的后备保护。

（4）测温LCU。采集机组各出轴瓦、油槽、空冷器等温度，越限报警等。

3 中控室模拟屏按钮介绍

中控室模拟屏每台机组都对应有一个紧急落门、一个事故停机按钮，紧急落门按钮引出三对常开节点：一对节点与事故停机按钮并联，通过硬接线送至水机LCU的DI模件；一对节点直接接至模拟屏光端机，通过光缆送至进水口远程IO柜光端机，然后光端机电信号直接接至IO柜的DI模块；一对节点送至模拟屏XD端子排，与水机LCU开出的落门信号并联，然后接至模拟屏光端机，通过光缆送至进水口远程IO柜光端机，然后光端机电信号直接接至IO柜的XDO1端子排，最后信号送至闸门控制柜。

事故停机按钮引出一对常开节点：紧急停机按钮的一对节点与事故停机按钮的一对节点并联，接至模拟屏XD端子排，然后通过硬接线接至水机LCU的DI模件。

4 中控室模拟屏停机流程

从图1可以看出，中控室模拟屏紧急落门按钮动作，一路信号经光端机直接送至闸门控制柜，直接落进水口闸门；一路信号经光端机送至机组LCU进水口远程IO柜DI模

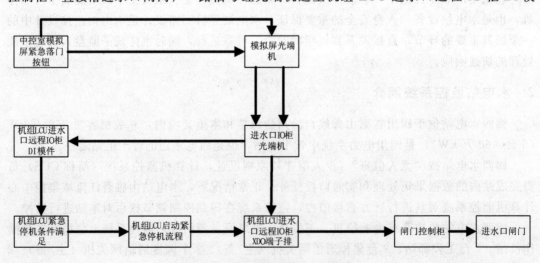

图1 中控室模拟屏紧急落门流程图

件，此时会启动机组 LCU 的紧急停机流程，机组 LCU 会通过远程 IO 柜的 DO 模件开出落门信号至闸门控制柜，从而落进水口闸门。

从图 2 可以看出，中控室模拟屏事故停机按钮动作，会与紧急落门的一路节点并联，触发水机 LCU 的事故停机流程；水机 LCU 还会通过内部程序扩展一路中控室模拟屏事故停机按钮动作信号至机组 LCU，从而触发机组 LCU 的事故停机流程。

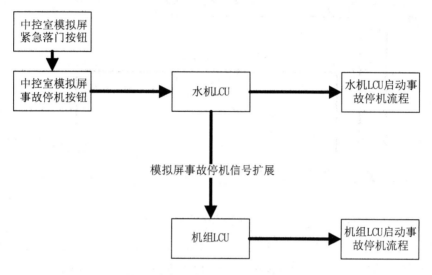

图 2　中控室模拟屏事故停机流程图

5　水机 LCU 保护屏按钮介绍

每台机组都有一个水机 LCU 保护屏，水机 LCU 保护屏上有一个紧急停机按钮、一个事故停机按钮、一个事故复归按钮：它们各自引出两对常开节点，一路通过硬接线送至机组 LCU 的 SOE 模块，一路送至水机 LCU 的 DI 模块。

6　水机 LCU 保护屏停机流程

从图 3 可以看出，水机 LCU 紧急停机按钮动作，一路信号直接送至机组 LCU 的 SOE 模件，此时会启动机组 LCU 的紧急停机流程，机组 LCU 会通过远程 IO 柜的 DO 模件开出落门信号至闸门控制柜，从而落进水口闸门；一路信号直接送至水机 LCU 的 DI 模件，此时会启动水机 LCU 的紧急停机流程，它会通过 DO 模件开出落门信号至中控室模拟屏 XD 端子排，然后经光端机至闸门控制柜，从而落进水口闸门；水机 LCU 还会通过内部程序扩展一路水机保护屏紧急停机按钮动作信号至机组 LCU，从而触发机组 LCU 的紧急停机流程。

从图 3 可以看出，水机保护屏事故停机按钮动作，一路信号直接送至机组 LCU 的 SOE 模件，此时会启动机组 LCU 的事故停机流程；一路信号直接送至水机 LCU 的 DI 模件，此时会启动水机 LCU 的事故停机流程；水机 LCU 还会通过内部程序扩展一路水机保护屏事故停机按钮动作信号至机组 LCU，从而触发机组 LCU 的事故停机流程。

从图 4 可以看出，水机保护屏事故复归按钮动作，一路信号直接送至机组 LCU 的

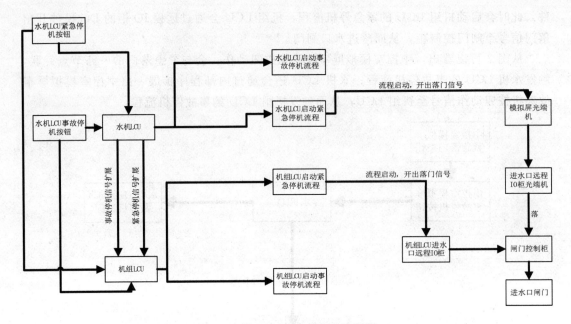

图 3 水机 LCU 保护屏停机流程图

SOE 模件，此时机组 LCU 程序内部会开出复归紧急停机电磁阀、复归事故配压阀、复归分段关闭电磁阀信号；一路信号直接送至水机 LCU 的 DI 模件，此时水机 LCU 程序内部会开出复归紧急停机电磁阀、复归事故配压阀信号。

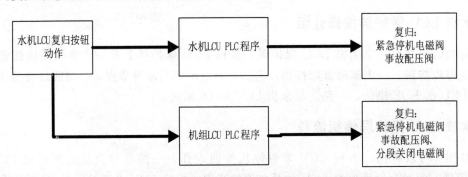

图 4 水机 LCU 保护屏事故复归流程图

7 其他

机组和水机 LCU 启动紧急停机流程进行落门，这是一种事故快速落门情况，而正常情况下 CCS 对进水口闸门远方操作，则是通过坝区 13LCU 的进水口公用远程 IO 柜来实现的，CCS 能对 1#～6# 机组进水口闸门正常远方开启、停止、关闭操作。

8 结语

锦西水电站落门回路具有以下特点：
（1）远距离信号传输—中控室、现地控制单元距离机组快速门控制柜距离很长，无法使用常规电缆有效传输控制信号，采用光纤并利用沿途盘柜的开关量输入及输出模件配合使用来"中继"控制信号，有效地解决了远距离信号传输的问题。

（2）控制回路冗余度高：①中控室落门按钮或者水机保护屏的停机按钮动作后，三套系统（机组 PLC、水机后备保护 PLC、模拟屏）均会启动流程，各自独立运行控制逻辑；②紧急停机控制回路由两组 PLC（机组 PLC、水机后备保护 PLC）完成，两者均能独立完成机组紧急停机流程，互不影响。

锦西水电站投产至今，各机组运行良好，在每次机组检修后，针对中控室模拟屏及水机 LCU 保护屏的紧急落门、事故停机动作，都进行了逻辑验证，机组 LCU、水机 LCU 都能正确执行停机流程，硬件回路、软件回路准确无误。

锦西水电站设计了多重的紧急停机流程及硬布线紧急落门回路，在调速器电气控制柜上设有的紧急停机按钮也可以实现停机，这种冗余设计，为机组安全运行提供了有力的保障。

参 考 文 献

[1] 赵健英. PLC 在紧急事故停机装置控制系统中的应用 [J]. 大电机技术，2008 (3)：63 - 65.
[2] 刘秋华. 大中型水电站机组事故停机控制回路设计 [J]. 机电与金属结构，2012，38 (8)：67 - 69.
[3] 李伶，张鹏. 溪洛渡水电站机组紧急停机回路的设计简介 [J]. 水电厂自动化，2015 (1)：37 - 39.
[4] 刘林，向炳. 官地水电站动水落门试验探讨及应用 [J]. 科技创新与应用，2014 (26)：186.

大中型水电站辅机控制系统二次设计分析

张春雨

（中国电力建设集团成都勘测设计研究院有限公司　四川成都　610072）

【摘　要】　本文介绍了在大中型水电站辅机控制二次设计中，遇到的一些问题，提出了一些注意事项和设计方案，对于今后在建大中型水电站的辅机控制二次设计有一定的参考价值。

【关键词】　PLC选型　软启动器配置　通信　机组辅机　公用系统辅机

1　引言

一般小型水电站所遇辅机控制问题相对较少，而大中型水电站机组辅助及公用系统涉及专业面较广，设备布置分散，控制要求复杂，自动化元件和电动阀配置较多，泵或风机功率大等原因，辅机控制设计往往存在考虑不全，接口弄错等问题。本文主要根据在建的大渡河黄金坪左岸大厂、黄金坪右岸小厂、大渡河猴子岩等水电站在编写辅机控制标书，设计联络会，技施设计，现场调试中的问题为依据，提出了辅机设计中的注意事项，同时对总体技术设计和分项系统的某些问题进行介绍。

2　注意事项

为减少辅机设计的程序，同时减少修改，在设计上应注意以下方面：

（1）屏柜尺寸可根据厂房的尺寸进行选择，如厂房尺寸小，布置位置紧张，可选用800cm×600cm×2260cm；在位置允许的情况下，可选择800cm×800cm×2260cm。这样，当部分设备在800cm×600cm×2260cm屏柜装不下时，800cm×800cm×2260cm屏柜的尺寸可不改变大小，这样屏的基础埋件不会更改。对于屏的上下进线方式，前后开门还是只开前门，交直流供电路数等在设联会阶段必须明确，否则现场出现问题。

（2）对于电动阀，电磁阀的供电、单双线圈形式，阀门电气接线方式需在辅机设计过程中明确，如有条件的情况下可将与辅机控制设备相关的控制阀门一起采购。通常管径大于DN300时，电动阀供电为AC 380V；管径小于DN300时，电动阀供电可为AC 220V。电磁阀通常是AC 220V供电，但当管径小于DN25的可为DC 24V供电。

（3）辅机控制逻辑程序，必须在设计中明确哪些归入监控流程，哪些归入辅机控制流程，或者两边都需做流程。

（4）有的自动化原件在不同标段订货，如机组辅机控制的自动化原件往往在机组标中招，调速器油压装置的自动化原件在调速器中招，这样做辅机控制设计时需查相应资料，为减少中间环节，尽量将辅机控制与自动化原件统一在一个标书中招标。

（5）对于公用辅机控制系统中的空压机系统，注意空压机本体的控制设备与空压机联合控制柜的接口，渗漏、检修排水泵由于水泵的形式不同与辅机控制柜所接信号不同。

（6）给排水辅机控制中注意布置位置，一般这些设备自动化原件与控制柜有一定距离，而控制柜与监控 LCU 有一定距离，在信息传输方面和控制方面需提前落实。

（7）通风辅机控制柜有与消防联动的接口，通风控制要求需落实，风阀和排烟阀的接线需落实。

3　辅机总体技术设计分析

3.1　PLC 选型

如采用以太网通信方式，以施耐德 PLC 选型为例分析有：对于 CPU 选型，可对重要场合设备可采用 QUANTUNM 140CPU31110，离散量远程可达 31744 个点，模拟量远程可达 1984 个点，自带两个以太网口，但价格较高。但如选用 140CPU67160 系列，则为双 CPU，价格太高，性价比低，一般不考虑。对于一般场合的辅机控制 CPU 可采用自带一个以太网口的 TSX P57 2634M（7）。如果考虑经济因素，PREMIUM 系列的 TSX P57 2634M（7）也能完全满足辅机控制要求。水电站较为重要的系统，直接关系到机组、主变、厂房排水的有调速器系统、顶盖排水系统主变技术供水系统、渗漏排水系统、中压气系统。

如担心水淹厂房，同时考虑 PLC 死机的极端情况，对于顶盖排水或渗漏排水泵控制系统，LCU 启停排水泵采用硬回路直接启停（双命令），不进辅控 PLC，可跨 PLC 直接启动水泵。硬回路起泵条件可串入水位过高报警接点，硬回路停泵条件可串入停泵水位接点，液位低信号自动关闭水泵，防止烧泵。

3.2　软起动器配置分析

大型水电站的渗漏和检修排水泵往往功率较大，当单机功率超过 300kW，而且电压是 10kV 等级时，机关标准无要求高压软起动器。10kV 高压软起动器价格高，体积大。一般 10kV 电压等级，300kW 的泵的工作电流是 20～30A，电流较小，如考虑启动电流为 5～7 倍，电流为 100～200A，相对较小，启动时间最大一般不超过 25s，一般 10～20s 就可完全启动。水电站的厂用变容量都考虑了裕度，例如一般变压器可启动电机的最大功率为变压器容量的 20％，同时考虑电压降 $\Delta U \leqslant 15\%U_n$，当电站配置大于 1500kVA 变压器要安全启动 300kW 的电机，电流对变压器的冲击不大，变压器可以安全运行。通常单机功率超过 500kW，同时厂变容量相对不大的情况下，进行分析计算可配置高压软起动器。

3.3　信号通信

辅机控制与监控的通信方式有三种，RS485 串口通信、总线通信方式、以太网通信方式。串口通信速率最慢，其次是总线方式，最快是以太网通信。对于以太网方式有单星型接线，双星型接线，环网方式。对于串口通信，一般做法是尽量多输出硬接点到监控，而以太网通信方式硬接点输出较少到监控，根据电站运行人员要求，监控可选择接入对于关系到开停机和重要的故障信号，如 PLC 故障、综合总故障、电源失电等。

4 辅机分项系统设计分析

4.1 机组辅机控制系统

调速器油压装置控制注意自动补气装置的供电电压和接线方式，压油泵手动启动时可采用硬回路联动控制卸载阀，因为必须启动泵前需开卸载阀。

如果机组技术供水和主变技术供水路径独立，机组技术供水和主变技术供水的控制柜一般分开。当主变技术供水所控设备少，主变技术供水控制柜和主变冷却器控制柜有时可合并为一个柜子，用同一套 PLC。主变技术供水控制柜一般可配电压变送器判断有无电压，开机条件可增加主变带电条件作为开主变技术供水的条件。对于主变冷却器控制柜可配 1 只电压变送器，判断有无电压作为开起冷却器条件，1 只电流变送器作为负荷容量判断启动冷却器台数的条件。

4.2 公用辅机控制系统

一般低压空压机本体自带控制箱，可将运行信号、开机停机信号、故障信号、远控/现地状态等信号送至空压机联合控制柜。自带的控制箱配置 RS485 通信接口与联合控制柜进行通信。中压空压机一般本体不自带控制箱。

中低压空压机的排污电磁阀电压等级一般为 AC 220V，隔段时间进行排污。空气干燥机，精密过滤器排污阀需空压机控制柜提供 AC 220V 电压。

4.3 给排水控制系统

为减少动力电缆长度，通常给排水设备的泵与相应的控制柜放在一起，而控制泵的水位变送器或水位开关放在离泵很远的水池，液位开关或液位变送器输出液位信号给控制柜，控制柜的 PLC 根据水位的高低来控制多台泵的启停。而当水位变送器和压力开关到控制屏距离超过 500m，有的地方为几千米，往往 4~20mA 量和开关量无法远传这么远的距离，在现场需加装光纤收发器，将模拟量电信号转成光信号，而开关量要转成光信号需加装光端机，光端机一般较贵，往往把其中一个开关量改为模拟量，将两套模拟量进行光电转换进行传输。而控制柜到远方监控 LCU 很远时，需配光电转换装置，将 RS485 串口信号转成光信号进行传输。光电转换设备需外部配供电源，往往距离远，二次专业应与一次专业配合，尽早提供电要求，设备厂家配电源转换装置，将 AC 220V 转成光电设备和自动化原件所需的电压，否则今后无法调试接通。在设计中应明确光电转换装置、光纤收发器、光端机数量和光缆的距离。

4.4 通风控制系统

对于风机控制应注意分清楚是排烟风机，还是普通的排风机，或是排烟排风两用风机。一般功率大于 15kW 或 22kW 的风机需配风机控制柜，带 PLC 控制。对于普通风机，在正常时打开，在火灾时关闭。一般在风机如不配止回阀，则配风阀，一般供电电压为 AC 220V，需控制，当风机打开前开风阀，风机关闭后关风阀。对于排烟风机，平时关闭，当接受到火灾信号，开启风机。一般在排烟风机前配排烟阀，平时排烟阀关闭，接到火灾信号，先开排烟阀，再开风机，火灾结束一段时间后，先关风机，再关排烟阀。对于排风排烟两用风机，不论有无消防命令都开启风机，如风机未配止回阀，则风机前需配风阀，风阀前再配排烟阀，这些阀门均需控制，平时风阀和排烟阀均打开，风机关闭后再关风阀和排烟阀。排烟阀当温度达到 280℃时，排烟阀会自动关闭，同时输出风机联锁信号，需关闭排烟风机。对于风机的启停控制，在火灾区域的排风机或排烟机根据消防火灾信号进行联动控制。

5 结语

对于大中型水电站辅机设计较为复杂，特别由于现在自动化程度要求提高，本人就辅机控制设计中遇到的难点，重点进行剖析，希望对于今后在建的水电站辅机控制系统有一定的参考价值。

参 考 文 献

[1] 国家能源局 . NB/T 35004－2013 水力发电厂自动化设计技术规范 ［S］. 北京：中国电力出版社，2013.
[2] 国家能源局 . DL/T 1107－2009 水电厂自动化元件基本技术条件 ［S］. 北京：中国电力出版社，2009.
[3] 中华人民共和国国家发展和改革委员会 . DL/T 5186－2004 水力发电厂机电设计规范 ［S］. 北京：中国电力出版社，2005.
[4] 国家能源局 . DL/T 578－2008 水电厂计算机监控系统基本技术条件 ［S］. 北京：中国电力出版社，2009.

运行 监测

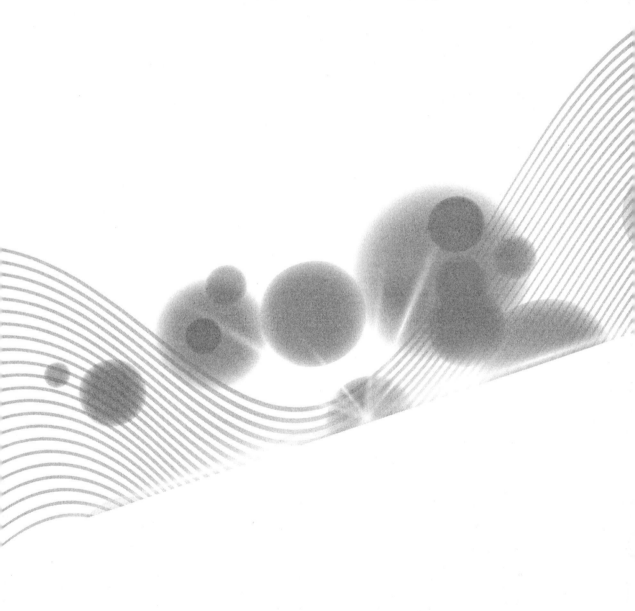

苗尾水电站左岸边坡稳定性监测及分析

陈鸿杰

(华能澜沧江水电股份有限公司科技研发中心 云南昆明 650214)

【摘 要】 水电站修建不可避免地会形成一些高边坡，这些高边坡的稳定性又是水电站建设能否顺利进行的关键问题之一。高边坡一般地质条件复杂，面广坡高，其影响因素非常复杂，边坡的稳定性难以用一般边坡的稳定性指标——稳定度定量来进行分析。为探讨苗尾水电站左岸边坡的稳定性状况，对该边坡进行表观变形、测斜管、多点位移及锚索测力计等监测。通过分析监测结果数据揭示了边坡变形现象产生的原因及发展趋势，并以此确定边坡的稳定性。分析结果表明，该边坡稳定性良好。本工程成功经验可以供其他类似工程借鉴。

【关键词】 边坡工程 边坡加固 稳定性分析 安全监测

1 引言

在水利水电工程建设中不可避免会遇到岩石高边坡，而且一般都是大型的高陡边坡，工程地质条件极其复杂。影响边坡稳定性的因素众多，岩石高边坡的稳定性研究一直是科研工作者和工程界极度关注的重大课题。在我国水电工程建设过程中，遇到了很多复杂的岩石高边坡，开挖面广，高度大，边坡高，陡峭，断层、节理、软弱夹层、软弱面和拉裂隙等贯穿岩体中，这些复杂的地质条件，使得工程施工期和长期运营期的稳定性受到严峻的挑战。岩石高边坡的复杂结构和地质条件使得边坡岩体的力学参数和稳定状态不仅难以确定，而且复杂多变。在各种外部荷载的作用下，比如开挖、加固、地震、降雨等因素作用下将更加复杂。边坡结构和地质条件的复杂性，使得地质勘测不能很好地考虑边坡岩体的真实力学效应，更不能对边坡的变形状态进行精确计算。而边坡监测能够很好地获取边坡的变形特征，并且能够由监测信息推测边坡的变形发展趋势。边坡安全监测可以掌握边坡变形的发展，在边坡工程建设和运营期具有重要的意义。我国在岩石高边坡安全监测方面积累了许多宝贵的经验，我国边坡安全监测的成功案例有三峡工程船闸高边坡[1-3]、漫湾水电站边坡[4]、小湾水电站高边坡[5]、锦屏一级水电站左岸边坡[6-8]、溪洛渡水电站左岸堆积体边坡[9]、阿海水电站左岸高边坡[10]、向家坝水电站左岸高边坡[11]等，列举的这些文献都是岩石高边坡安全监测的经典案例。

长期以来，大型边坡的稳定性一直是工程地质界和岩石力学界研究的热门问题之一，但至今仍难以找到统一的准确评价理论和方法。实践证明，能比较有效地处理该类问题的方法就是理论分析、专家群体经验知识和监测控制系统相结合的综合集成理论和方法[12-15]。大型边坡一般都需建立大型监测系统来监测边坡的稳定状况，如漫湾水电站左岸边坡、黄河小浪底工程边坡、二滩水电站2#尾水渠边坡、安康水电站尾水渠内侧边坡等，在施工过程中及竣工后相应地建立长期监测系统，成效良好[16-18]。本文以苗尾水电站左岸坝基边坡的监测成果为基础，首先对边坡概况、边坡加固和边坡稳定性数值分析进行简单的描述，然后详细介绍边坡安全监测布置，然后对监测信息进行详细分析，揭示该边坡的变形特征，拟对该边坡的稳定性进行分析和探讨。

2 边坡概况

苗尾水电站位于云南省大理白族自治州云龙县旧州镇境内的澜沧江河段上，是澜沧江上游河段一库七级开发方案中的最下游一级电站，上接大华桥水电站，下邻中下游河段功果桥水电站。

左岸边坡坡顶高程1510.00m，边坡呈缓坡台阶状，分布有Ⅰ、Ⅱ、Ⅳ级阶地，阶地台面前缘高程分别为1316.00m、1337.00m、1410.00m。高程1400.00m以上坡度25°～30°，高程1380.00～1400.00m及1320.00～1340.00m为平缓台地，坡度5°～15°。左岸平洞揭示的主要缓倾角结构面为F_{144}、F_{181}和其附近的连通性较好的缓倾角节理。根据PD11、PD31、PD51平洞追踪的情况，F_{144}主要分布于回石山梁中上部，出露高程1380.00m左右，断层产状基本稳定，倾向坡外。左岸边坡岩体风化以表层均匀风化为主，根据风化带进行划分，强风化带的水平深度为10～25m，弱风化带较深；根据卸荷带划分，强卸荷带的水平深度较大。左岸边坡开挖面貌图见图1。

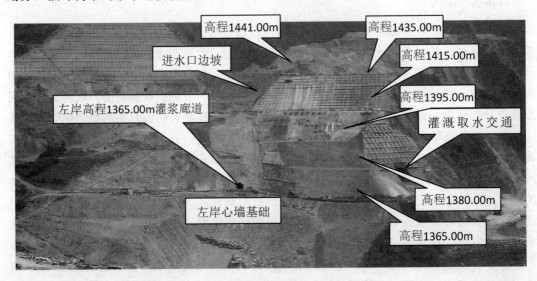

图1　左岸边坡开挖面貌

3 边坡加固

左岸边坡加固处理措施为：1365.00m高程以上以进行削坡减载、坡面锚固支护及系统排水；高程1345.00～1365.00m采用预应力锚索及锚拉板加固；高程1345.00m布置8根微型钢管组合桩；心墙基础下游侧高程1345.00m以下坡面采用预应力锚索及贴坡混凝土进行加固。

4 边坡稳定性数值分析

本文边坡稳定性分析采用刚体极限平衡为基本方法，同时采用基于非连续变形分析的离散单元法进行补充分析。选择典型剖面Ⅰ—Ⅰ和Ⅱ—Ⅱ剖面进行计算分析。剖面位置见图2。

4.1 刚体极限平衡方法分析

左岸边坡的持续变形使变形岩体的完整性遭受连续破坏，变形岩体力学参数降低。根据地质资料和试验成果，边坡变形岩体的物理力学参数建议值见表1。

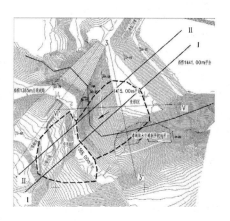

图2　计算范围示意图

表1　　　　　　　　　　　边坡变形岩体物理力学参数建议值表

材料类型	天 然			饱 和		
	C'/MPa	f'	$\rho/(\mathrm{kN\cdot m^{-3}})$	C'/MPa	f'	$\rho/(\mathrm{kN\cdot m^{-3}})$
变形岩体	0.08～0.05	0.4～0.5	22	0.04～0.045	0.3～0.38	24.5

根据边坡加固处理方案，选取Ⅰ—Ⅰ和Ⅱ—Ⅱ剖面进行边坡削坡减载和微型钢管组合桩加固后稳定性分析。表2为加固处理条件下，左坝基边坡潜在滑面前缘于不同高程剪出时的稳定安全系数。可以看出，对于目前已变形左坝基边坡，加固处理条件下，Ⅰ—Ⅰ剖面前缘在高程1340.00m剪出时安全系数为1.418，在前缘高程1365.00m剪出时安全系数为1.453；Ⅱ—Ⅱ剖面前缘在高程1332.00m剪出时安全系数为1.483，稳定性满足要求。

表2　　　　　　　　　削坡减载及微型钢管桩加固条件下边坡稳定安全系数

剖面	滑 动 模 式	稳定安全系数
Ⅰ—Ⅰ	滑面后缘高程1395.00m，前缘高程1365.00m剪出	1.418
	滑面后缘高程1395.00m，前缘高程1340.00m剪出	1.453
Ⅱ—Ⅱ	滑面后缘高程1365.00m，前缘高程1332.00m剪出	1.483

4.2 离散单元法分析

采用基于二维块体离散单元法的 UDEC 程序，进行左坝基边坡加固处理条件下变形及稳定性分析。边坡稳定性评价采用基于强度折减的强度储备安全系数。

选取左坝基边坡Ⅰ—Ⅰ剖面建立稳定性分析的离散元模型，模型中考虑的主要结构面为主要断层（F_{144}）、反倾层面、顺坡缓倾结构面、层内张拉破裂等。模型中的倾倒变形体包含了极强倾倒 A 类岩体、强倾倒上段 B1 和下段 B2 类岩体、弱倾倒 C 类岩体。计算模型的几何形态及单元划分见图3。模型中各点 Y 坐标取各点真实高程。模型沿 X 向长250m，底部高程为1300.00m，最高点高程约为1450.00m。计算模型共划分有51411个单元，模型中单元为三角形单元。稳定性分析中岩体及结构面的力学参数见表3和表4。

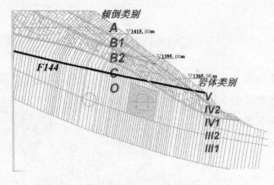

图 3　左坝基边坡二维离散元模型

计算中采用直接一次性开挖的方式模拟削坡减载的过程，以此获得开挖完成后的应力、变形特征，并通过强度折减法获得相应的安全系数。图 4 分别给出了削坡减载完成后有无支护条件下边坡在强度折减后的变形失稳特征区域，无支护条件下基于强度折减法获得的安全系数为 1.11，系统锚索支护条件下基于强度折减法获得的安全系数为 1.30，相对于边坡大变形阶段的稳定性有了大幅度提升。边坡的潜在失稳模式重新回到了以 F_{144} 断层为主控条件的平面滑动失稳模式。由于系统锚索支护强度很高，使得支护后的安全系数增加到 1.30，可见边坡此时已经具备很好的稳定条件。

表 3　　　　　　　　左坝基边坡离散元分析采用的岩体力学参数

岩体类型	密度/(kg·m^{-3})	变形模量/GPa	c/MPa	摩擦系数 f
V	2200	0.25	0.15	0.40
IV$_2$	2400	0.50	0.28	0.50
IV$_1$	2550	1.00	0.32	0.55
III$_2$	2600	3.00	0.50	0.70
III$_1$	2650	6.00	1.00	1.00

表 4　　　　　　　　左坝基边坡离散元分析采用的结构面力学参数

结构面类型	法向刚度/(GPa·m^{-1})	切向刚度/(GPa·m^{-1})	c/MPa	摩擦系数 f
F$_{144}$	2.5	1.0	0.05	0.25
缓倾结构面	0.5	0.2	0.01	0.20
Bedding A	0.5	0.2	0.02	0.40
Bedding B	1.0	0.4	0.04	0.45
Bedding C	1.5	0.6	0.10	0.50
Bedding O	2.0	0.8	0.15	0.60

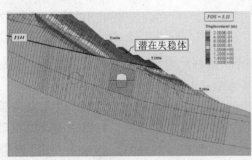
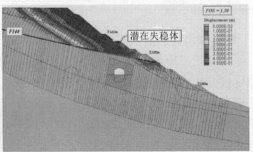

(a) 无支护，FOS=1.11　　　　　　　　　　　(b) 支护，FOS=1.30

图 4　边坡削坡减载完成条件下强度折减后的变形失稳区域

244

5　边坡安全监测及成果分析

5.1　监测布置

左坝基边坡进行了系统的监测布置，主要包括表面位移监测、深部变形监测、测斜孔、支护锚杆应力监测及支护锚索张力监测。目前已完成表面变形监测点 17 个，多点位移计 4 个，锚索测力计 1 个，测斜孔 5 个，钢筋计 2 个。图 5 为左岸边坡监测点布置示意图。

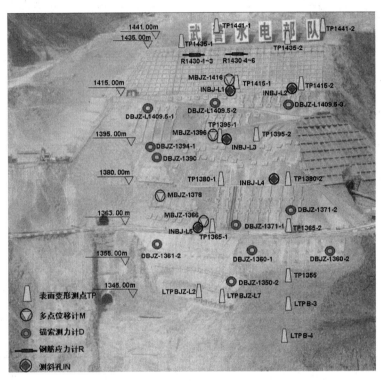

图 5　左岸边坡监测点布置示意图

5.2　表面变形监测成果

自 2014 年 5 月 17 日至 6 月 19 日，边坡水平向坡外最大变位为 −5.3mm（高程 1435.00m 部位的 LTPBJZ−L1435−1），水平向坡外变位速率为 −0.2～0.5mm/d，沉降变化量最大为 9.1mm（高程 1345.00m 部位的 LTPBJZ−L7），沉降变位速率为 −0.2～0.3mm/d。边坡表面变形值小，变形速率稳定，表明边坡表面变形稳定。（表 5 中 X 向水平方向与坡向一致，正值为位移向坡内，负值为位移向坡外。Y 向为水平方向与坡向垂直，正值为顺河向，负值为逆河向。H 为垂直方向，向下为正，向上为负。）

5.3　多点位移计监测成果

自 2014 年 5 月 16 日至 6 月 18 日，左岸边坡多点位移计各深度测点位移变化量为 −0.55～0.79mm 之间，变位速率为 −0.02～0.02mm/d，多点位移计位移量小，位移速率很小，表明边坡内部变形稳定。（表 6 中变形量正值为向河床方向，负值为逆向河床方向。）

表 5 **左岸边坡外部变形监测成果表（部分测点）**

测点	方向	累计位移/mm		变化量/mm	变化速率/(mm·d⁻¹)
		2014 年 5 月 17 日	2014 年 6 月 19 日		
LTPBJZ - L1435 - 1	X	0.8	−9.1	−9.9	−0.3
	Y	−25.5	−9.7	15.8	0.5
	H	16.7	23.7	7.0	0.2
LTPBJZ - L1355	X	−84.8	−77.2	7.6	0.2
	Y	−366.0	−363.6	2.4	0.1
	H	99.6	100.0	0.4	0.0
LTPBJZ - L1365 - 2	X	−2.9	−3.8	−0.9	0.0
	Y	2.9	−2.4	−5.3	−0.2
	H	0.1	−0.2	−0.3	0.0
LTPB - 3	X	−100.5	−98.5	2.0	0.1
	Y	−210.3	−202.9	7.4	0.2
	H	178.6	184.4	5.8	0.2
LTPBJZ - L7	X	6.6	5.1	−1.4	0.0
	Y	−51.9	−49.4	2.5	0.1
	H	−2.4	6.7	9.1	0.3
最大向坡外（Y 方向）变位		−366.0	−363.6	−5.3	
最大沉降变位		178.6	184.4	9.1	

表 6 **左岸边坡多点位移计监测成果表（部分成果）**

测点	桩号	初值日期	锚头	变形范围/m	变形量/mm		变化量/mm	变化速率/(mm·d⁻¹)
					2014 年 5 月 16 日	2014 年 6 月 18 日		
MBJZ - L1396	0+27.50，高程 1396.20m	2013 年 10 月 3 日	1	0～50	−0.87	−1.01	−0.13	0.00
			2	0～30	−0.23	−0.78	−0.55	−0.02
			3	0～15	−0.12	−0.33	−0.21	−0.01
			4	0～5	0.17	0.20	0.04	0.00
MBJZ - L1378	0+13.0，高程 1378.00m	2013 年 7 月 31 日	1	0～66	12.76	12.56	−0.20	−0.01
			2	0～40	20.69	20.15	−0.54	−0.02
			3	0～15	8.12	8.91	0.79	0.02
			4	0～5	8.39	8.26	−0.13	0.00
最大值					20.69	20.15	0.79	0.02
最小值					−0.87	−1.01	−0.55	−0.02

5.4 测斜管监测成果

自 2014 年 5 月 17 日至 6 月 19 日，左岸测斜孔顺坡向相对位移介于 −1.0892 ~ 3.1047mm 之间；监测成果表明测斜孔局部存在较小变形，但总量不大。测斜孔相对位移变化过程线见图 6。

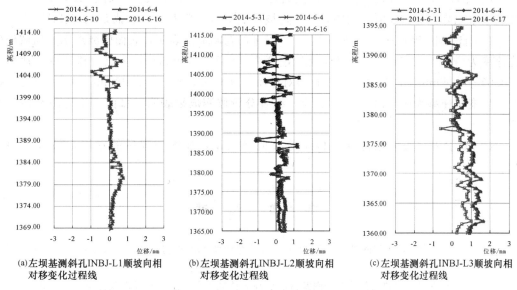

(a)左坝基测斜孔INBJ-L1顺坡向相对移变化过程线　(b)左坝基测斜孔INBJ-L2顺坡向相对移变化过程线　(c)左坝基测斜孔INBJ-L3顺坡向相对移变化过程线

图 6　测斜孔相对位移变化过程线

5.5 锚索测力计监测成果

自 2014 年 5 月 17 日至 2014 年 6 月 18 日，锚索测力计荷载变化量介于 −35.2 ~ 1.5kN 之间，变化速率为 −1.14 ~ 0.05kN/d，锚索荷载呈稳定状态，见表 7。

表 7　　　　　　左岸边坡锚索测力计荷载监测成果表（部分成果）

测点	高程/m	安装日期 /（年-月-日）	锚索荷载/kN			变化速率 /（kN·d⁻¹）
			2014 年 5 月 17 日	2014 年 6 月 18 日	变化量	
DBJZ − L1390	1390.00	2012 − 12 − 10	1283.0	1269.3	−13.6	−0.4
DBJZ − L1361 − 2	1361.00	2013 − 11 − 4	748.5	750.0	1.5	0.0
DBJZ − L1360 − 1	1360.00	2013 − 12 − 9	984.0	984.9	0.9	0.0
DBJZ − L1388.5 − 1	1388.50	2014 − 3 − 22	1217.0	1181.8	−35.2	−1.1
DBJZ − L1388.5 − 2	1388.50	2014 − 3 − 6	1451.7	1419.8	−31.9	−1.0
最大值			1451.7	1419.8	1.5	0.05
最小值			748.5	750.0	−35.2	−1.14

5.6 小结

自 2014 年 5 月 16 日至 6 月 19 日以来的监测成果表明，表面监测点水平向坡外变位速率为 −0.2 ~ 0.5mm/d，沉降变位速率为 −0.2 ~ 0.3mm/d；多点位移计变位速率为 −0.02 ~ 0.02mm/d；测斜管顺坡向相对位移介于 −0.7739 ~ 1.2098mm 之间；预应力锚索吨位变化速率为－1.14～0.05kN/d。综合分析监测成果表明，目前左岸边坡整体处于稳定状态。

6 结语

（1）刚体极限平衡分析表明，加固处理后，左岸边坡稳定安全系数达1.418以上；二维离散单元降强分析表明，加固处理后边坡稳定安全系数为1.30。满足规范要求。

（2）自2014年5月16日至6月19日以来的监测成果表明，表面监测点水平向坡外变位速率为－0.2～0.5mm/d，沉降变位速率为－0.2～0.3mm/d；多点位移计变位速率为－0.02～0.02mm/d；测斜管顺坡向相对位移介于－0.7739～1.2098mm之间；预应力锚索吨位变化速率为－1.14～0.05kN/d。综合分析监测成果表明，目前左岸边坡整体处于稳定状态。

（3）综合左岸边坡稳定性分析结论及监测成果，加固处理后的左岸边坡处于稳定状态。

参 考 文 献

[1] 郝长江. 长江三峡水利枢纽永久船闸高边坡安全监测设计综述 [J]. 大坝与安全，1995，（01）：20-26.

[2] 於三大，李民. 三峡工程临时船闸及升船机高边坡施工期安全监测成果及分析 [J]. 中国三峡建设，1999，（09）：31-33.

[3] 戴会超. 三峡永久船闸高边坡安全监测 [J]. 岩石力学与工程学报，2004，23（17）：2907-2912.

[4] 李宁，尹森菁. 边坡安全监测的仿真反分析 [J]. 岩石力学与工程学报，1996，15（01）：9-18.

[5] 董泽荣，赵华，邱小弟，等. 小湾水电站高边坡安全稳定监测综述 [J]. 水力发电，2004，30（10）：74-78.

[6] 张金龙，徐卫亚，金海元，等. 大型复杂岩质高边坡安全监测与分析 [J]. 岩石力学与工程学报，2009，28（09）：1819-1827.

[7] 王江. 锦屏电站左岸缆机平台边坡稳定与安全监测研究 [D]. 南京：河海大学，2007.

[8] 董志宏，丁秀丽，黄志鹏，等. 锦屏水电站左岸缆机平台边坡安全监测分析 [J]. 人民长江，2007，38（11）：143-145.

[9] 易丹，李金河，张宇. 溪洛渡水电站左岸堆积体边坡安全监测与分析 [J]. 人民长江，2010，41（20）：32-34.

[10] 付琛，熊新宇，赵峰. 阿海水电站左岸高边坡安全监测分析 [J]. 人民长江，2011，42（16）：106-108.

[11] 毛艳平，梁志辉，吕桔槟，等. 向家坝水电站左岸高边坡安全监测成果分析 [J]. 三峡大学学报（自然科学版），2012，34（03）：34-37.

[12] 李迪，马水山. 岩石边（滑）坡稳定性的判识 [J]. 长江科学院院报，1995，12（3）：44-52.

[13] 陈强，韩军，艾凯. 某高速公路山体边坡变形监测与分析 [J]. 岩石力学与工程学报，2004，23（2）：299-302.

[14] 付超，金伟良，李志峰，等. 某公路高边坡现场监测与分析 [J]. 东北公路，2003，26（2）：75-78.

[15] 吕建红，袁宝远. 边坡监测与快速反馈分析 [J]. 河海大学学报：自然科学版，1999，27（6）：

98-102.

[16]　袁宝远，刘大安．边坡监测信息可视化查询分析系统及其应用 [J]．工程地质学报，1999，7（4）：355-360．

[17]　李燕东．二滩水电站二号尾水渠内侧边坡稳定监测 [J]．岩石力学与工程学报，1998，17（6）：667-673．

[18]　杨志法，王芝银，刘英，等．五强溪水电站船闸边坡的黏弹性位移反分析及变形预测 [J]．岩土工程学报，2000，22（1）：66-71．

碾压混凝土温控防裂监测反馈分析
与安全评价

刘　俊[1]　李红叶[2]

(1　中国水电顾问集团成都勘测设计研究院　四川成都　610072;
2　成都市水务局　四川成都　610042)

【摘　要】 碾压混凝土坝由于采用水泥用量少的干硬性混凝土和薄层碾压连续浇筑方法施工,需及时对现场温控实时监测资料进行收集、整理、分析,并考虑各种影响因素对碾压混凝土坝浇筑过程进行仿真模拟,采用三维有限元法仿真温度应力形成的历史过程、变化规律及大坝施工、运行环境对温度场和应力的影响,预测大坝裂缝的可能性及时空分布,从而为大坝温控防裂及安全运行提供科学依据和参考。

【关键词】 碾压混凝土　数值模拟　实时监测　温控防裂

1　引言

碾压混凝土坝由于采用水泥用量少的干硬性混凝土和薄层碾压连续浇筑施工,其与用传统的柱状浇筑法施工的常态混凝土坝在水化热、散热条件和方式、温度应力的主要影响因素等方面有明显不同。碾压混凝土坝为了发挥其连续浇筑快速施工的优点,通常无纵缝通仓浇筑或横缝间距较大,从而浇筑块较长,上下层温差和基础温差引起的应力均较大。碾压混凝土还有一个特点,虽然其水化热少,但发热历时长,温升缓慢,有时要持续 1~2 年;温降时间也长,有时要几十年的天然冷却才能达到坝体稳定温度,所以内外温差不仅早期起控制作用,而且在相当长的运行期内其值也较大且始终起控制作用[1]。

水库开始蓄水时,坝体混凝土温度还比较高,坝体上游面与低温库水接触产生拉应力,可能促使施工过程中出现的表面裂缝扩展为大的劈头裂缝。各种温差除在施工期作用产生温度应力外,还在运行期与坝体自重和库水压力共同作用,温度应力贯穿了整个施工期和运行期的全过程,其温度场和温度应力的基本规律和时空分布与常态混凝土坝有重大差别[2,3]。

因此需及时对现场温控实测资料分别进行收集、整理、分析,并考虑各种影响因素对碾压混凝土坝浇筑过程进行仿真模拟,将大坝的温度场和温度应力场以及与自重、水压等综合应力场的计算分析与大坝的施工过程和运行过程结合起来考虑,动态模拟其全过程,逐时段计算大坝的温度场和应力场,采用三维有限元法仿真温度应力形成的历史过程、变化规律及大坝施工、运行环境对温度场和应力的影响,预测大坝裂缝的可能性及时空分布,从而为大坝的温控防裂及安全运行提供参考[4,5]。

2 工程资料

某碾压混凝土重力坝最大坝高168m，最大底宽153.2m，该工程的各项材料参数详见表1～表3。

表 1 <center>冷 却 水 热 学 参 数</center>

密度/(kg·m⁻³)	导热系数/[kJ·(m·h·℃)⁻¹]	比热/[kJ·(kg·℃)⁻¹]	流体黏度/(Pa·s⁻¹)
1000	0.58	4.187	1.1

表 2 <center>混 凝 土 热 力 学 参 数</center>

混凝土类别	导温系数/(m²·h⁻¹)	导热系数/[kJ·(m·h·℃)⁻¹]	比热/[kJ·(kg·℃)⁻¹]	线胀系数/(10⁻⁶/℃)	绝热温升/℃
$C_{90}25$	0.0033	9.58	1.1	6.8	$27.06 \times t/(4.05+t)$
$R_{90}25$	0.0032	8.67	1.01	7.11	$18.3 \times [1-\exp(-0.136 \times t^{1.017})]$
$R_{90}20$	0.0031	8.31	1	7.14	$17.3 \times [1-\exp(-0.119 \times t^{1.064})]$

注　基岩的参数为：弹性模量35GPa，容重30kN/m³，泊松比0.24。

表 3 <center>混 凝 土 力 学 参 数</center>

混凝土类别	弹性模量/GPa			极限拉伸（×10⁻⁴）		
	7d	28d	90d	7d	28d	90d
$C_{90}25$	21.2	24.7	28.1	48	63	84
$R_{90}25$	26.2	33.2	39.3	54	62	78
$R_{90}20$	23.6	28.4	36.5	48	54	75

3 实测数据反馈分析

选取该碾压混凝土重力坝13#坝段典型时段的监测数据，进行实测数据分析。图1～图3给出13#坝段各浇筑高程内部典型测点的实测温度历时曲线。

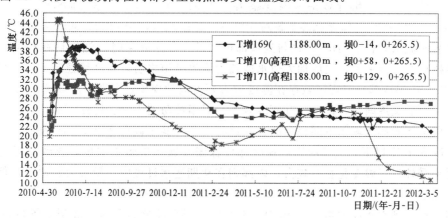

图 1　13#坝段高程1188.00m实测温度历程曲线

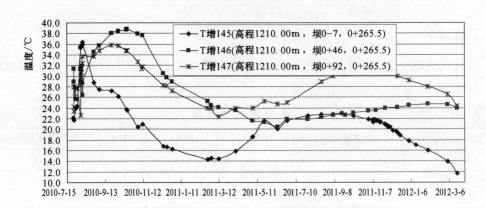

图 2　13#坝段高程 1210.00m 实测温度历程曲线

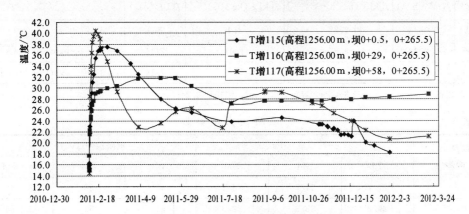

图 3　13#坝段高程 1256.00m 实测温度历程曲线

对以上实测温度历时曲线分析可得到以下结论：

（1）13#坝段第二年 12 月前浇筑的混凝土最高温度偏高，大部分都在 35～40℃之间，之后经过一系列通水冷却，上下游面混凝土温度降至 28℃左右，基本满足温控要求。

（2）分析监测到的 13#坝段整个温度变化历时曲线可以看出，部分高程区域在一期冷却过程中通水力度不够导致最高温度超出 35℃的标准要求；高程 1188.00～1193.00m、1202.00～1227.00m（部分点甚至超过 40℃）、高程 1275.00～1304.00m 靠近上下游测等区域（表面流水养护不到位），这与这些部位大都在夏季高温时段浇筑且在初期温控措施未严格执行有一定关系，之后加大通水冷却力度等措施之后，温度呈稳定下降趋势。

（3）13#坝段部分高程区域存在温度较大幅度波动现象，温度一度降到 16℃以下的过低水平，而后又逐渐回升，且回升幅度较大，对温控防裂不利：高程 1188.00～1222.00m 靠近坝段上下游侧区域都不同程度的存在这种现象，其中高程 1191.00m 内部混凝土温度也一度降到 18℃以下，究其原因，这些部位保温及通水措施不到位，导致靠近上下游侧的混凝土受外界气温变化影响较大；内部则在初期通水过程中流量过大、水温过低，导致降温幅度过大。

（4）截止到蓄水前的第三年 10 月，13#坝段仍有部分高程内部混凝土维持在 30℃以上：集中表现为早期浇筑的高程 1222.00～1238.00m 混凝土内部中期通水力度不够，冷却效果不明显；高程 1275.00～1304.00m 坝段顶部位置混凝土当时完成浇筑不久，未能采取中期通水冷却的降温措施。

4 动态仿真计算分析

4.1 计算模型

选取典型坝段 13# 溢流坝段进行有限元仿真计算分析。混凝土浇筑层厚和间歇期均是按照实际施工进度模拟控制。基础约束区水管间距为 1.5m×1.5m（水平×竖直），非基础约束区为 1.5m×3.0m（水平×竖直）。大坝各层混凝土的一期通水冷却均按照实际监测的温度场进行仿真模拟。

4.2 边界条件处理

（1）温度计算。所取基岩的底面及左右侧面、上下侧面为绝热边界，基岩顶面与大气接触面为第三类边界；坝体上下游面及顶面为第三类边界，两个横侧面为绝热边界。

（2）应力计算。所取基岩底面三向全约束，左右侧面及上下侧面为法向单向约束，基岩顶面考虑为自由面；坝体的 4 个侧面及顶面考虑为自由面。

（3）边界条件控制。考虑上游面高程 1210.00m 以下进行填土，填土温度取为 17℃；第三年 11 月下闸蓄水先到高程 1257.00m，第四年 2 月初中孔下闸前蓄至高程 1279.00m，至 2 月中下旬蓄水至高程 1317.00m，其中蓄水水温取值为江水温度；考虑蓄水时上游面的水压力和坝体自重的影响。

4.3 仿真计算分析

仿真计算模拟根据坝体浇筑的实际情况（实际浇筑时间、浇筑层厚、间歇期、水管布置和材料分区等）进行模拟。

一期冷却参数控制：根据 13# 坝段第二年 7—9 月一期冷却时的实测温度场，按照施工单位提供的现场实测数据，对 13# 坝段第二年 7 月底到 9 月上旬之间浇筑的混凝土一期冷却的温度场进行仿真模拟。

二期冷却参数控制：根据现场进度，在第三年 3 月底进行中期冷却，流量按 0.3m³/h 进行控制，通水按 5 个月进行控制，通水温差控制为 15～20℃，拟采用江水（可满足温差要求）。现依据第三年 3—7 月实测的中期冷却参数，模拟坝体的实测温度场，并以其为参考依据，计算坝体的应力分布情况。

图 4 给出仿真计算得出的 13# 坝段温度场及应力场云图；图 5、图 6 给出 13# 坝段混凝土典型特征点的温度及应力历时曲线。

通过计算分析可知以下方面：

（1）13# 坝段高程 1210.00m 以下区域中期通水至蓄水时，坝体上游混凝土温度可降至 22.6℃左右，最大降幅为 4.8℃，该区域内部最大顺河向应力约为 1.71MPa，发生于上游表面混凝土部位，该部位应力值偏大是由于混凝土内部存在温度较高区域，与外界气温形成较大温差，同时有限元计算该部位存在一定的应力集中。实测温度资料显示，高程 1205.00～1222.00m（第二年 7 月 20 日至 8 月 24 日浇筑）一期通水过程中温度最大值在 38℃左右，蓄水后坝体部分区域内部温度在 25℃左右，仿真计算的最大顺河向应力约在

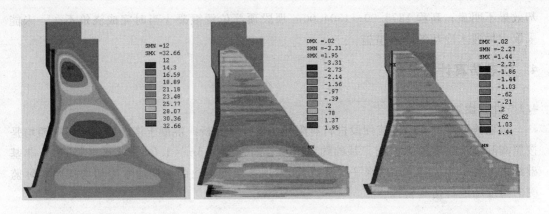

图 4　第四年 3 月温度场、顺河向应力场、横河向应力场

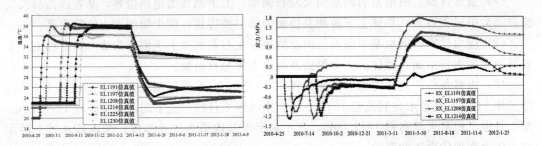

图 5　13# 坝段混凝土内部典型特征点温度及顺河向应力仿真历时曲线

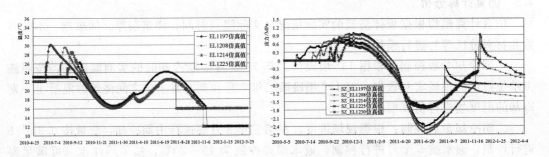

图 6　13# 坝段混凝土上游面典型特征点温度及横河向应力仿真历时曲线

1.13MPa 左右，横河向应力 0.92MPa。目前，坝体中下游温度降至 23℃ 左右，中下游顺河向最大应力 1.15MPa，基本满足应力控制标准。

（2）13# 坝段高程 1210.00m 以上区域中期通水至蓄水时，坝体上游混凝土温度可降至 21.2℃ 左右，最大降幅为 12℃，该区域顺河向最大应力为 0.78MPa，满足应力控制标准。中下游区域混凝土温度可降至 23.4℃ 左右，最大降温幅度 13℃，顺河向最大应力达 1.54MPa，这是由于截至目前该高程范围仍存在局部高温区域（超过 32℃）与上下游表面混凝土形成较大温度梯度，所以应力值偏高，但总体来看基本满足应力控制标准。

（3）13# 坝段中上部（高程 1276.00m 以上）蓄水前坝体表面部位混凝土横河向温度应力值在第一年冬季值较大，达到 1.84MPa，小于表面变态混凝土允许应力值 1.87MPa，基本满足应力控制标准；蓄水后表面点温度随水温成周期性变化，应力值有一定增加，部分靠近上游面部位横河向应力值偏高，这是由于在坝体高程 1276.00 以上仍存在超过 30℃的高温区域，与表面的水温形成较大的温度梯度，造成横河向应力值偏大，随后应力水平逐渐呈下降趋势。

5 结语

本文通过对某碾压混凝土重力坝典型坝段实时温度监测数据分析，并以此为依据进行动态仿真计算分析，得出以下结论：

（1）分析实时测温数据，表明大坝在浇筑过程中主要存在几个问题：①部分高程区域在一期冷却过程中通水力度不够，导致最高温度超出温控标准，给中后期冷却降温增加了难度，加大了开裂风险；②部分高程区域存在温度大幅波动现象，温度降至过低水平，而后又逐渐回升，且回升幅度较大，对于温控防裂不利；③部分区域混凝土降温速率过快，超过 0.5℃/d 的温控标准，增加了混凝土开裂的风险；截止到第四年 3 月，大坝仍有部分坝段内部混凝土维持在 30℃以上，存在部分区域温度超高、温度场分布不均的现象。

（2）针对典型坝段的仿真计算反馈分析，给出典型坝段不同时段温度及应力包络图，计算表明大坝蓄水至今，典型坝段温度及应力基本满足温控要求，蓄水前针对重点部位的中期通水冷却以及其他综合温控措施起到了良好的作用；但高程 1276.00m 以上坝体内部目前仍存在超过 30℃的高温区域，与表面形成较大温度梯度，应力结果显示这部分区域表面的横河向拉应力偏大，存在开裂的风险。

（3）建议在大坝蓄水后的运行初期，密切监控坝体混凝土温度及应力情况，防止应力超标导致开裂现象的发生；如发现微小表面裂缝，应及时进行原因分析和闭缝处理，防止表面裂缝发展成深层裂缝。

参 考 文 献

[1] 朱伯芳，许平．碾压混凝土重力坝的温度应力与温度控制 [J]．水利水电技术，1996（4）：18-25.
[2] 朱伯芳．考虑外界温度影响的水管冷却等效热传导方程 [J]．水利学报，2003（3）：49-54.
[3] 张子明，傅作新．模拟碾压混凝土坝成层浇筑过程的温度场解析解 [J]．红水河，1996（3）：6-9.
[4] 朱伯芳．大体积混凝土温度应力与温度控制 [M]．北京：中国电力出版社，1999.
[5] 朱伯芳．大体积混凝土非金属水管冷却的降温计算 [J]．水力发电，1996（12）：26-29.

高拱坝安全监测工作管理

张晓松 李啸啸

（雅砻江流域水电开发有限公司 四川成都 610051）

【摘 要】 我国是世界上建成高拱坝最多的国家，雅砻江流域的二滩、锦屏一级拱坝均为坝高 200m 以上的高坝，其中锦屏一级大坝坝高 305m，为世界第一高坝。大坝安全监测是掌握大坝施工期工程建设质量、了解大坝运行状态和安全状况的有效手段，充分理解大坝监测工作的重要作用，深刻认识大坝监测管理的特点、难点，客观评价大坝安全状况，从而发挥大坝的正常功能十分重要。雅砻江公司高度重视大坝安全监测管理，依法依规开展大坝安全监测工作，本文以二滩和锦屏一级高拱坝为例，重点介绍雅砻江高拱坝运行期安全监测工作管理情况。

【关键词】 水电站 高拱坝 大坝安全管理 安全监测

1 引言

1.1 国内高拱坝建设情况

我国是世界上建成高拱坝最多的国家，在高拱坝的科研、勘测设计、建设管理方面取得了世人瞩目的成就。目前，我国已建成投产二滩、拉西瓦、构皮滩、小湾、溪洛渡、锦屏一级、大岗山等 7 座坝高超过 200m 的高拱坝。其中，二滩拱坝（240m）已运行 16 年；小湾拱坝（294.5m）于 2012 年开始蓄水至正常蓄水位，世界最高的锦屏一级拱坝（305m）和溪洛渡拱坝（285m）于 2014 年蓄水至正常蓄水位，拉西瓦拱坝（250m）在接近正常蓄水位附近运行 3 年后，于 2015 年抬升 4m 至正常蓄水位。为实现水能资源的有效开发利用，我国未来还将在金沙江、怒江等江河上拟建 200m 以上的高拱坝 12 座，其中 300m 级高拱坝 7 座，金沙江白鹤滩拱坝（289m）、乌东德拱坝（270m）已开始筹建。

1.2 雅砻江流域开发概况

雅砻江公司的主要业务是水力发电，根据中华人民共和国国家发展和改革委员会（以下简称国家发改委）授权，负责实施雅砻江水能资源开发，全面负责雅砻江梯级水电站的建设和管理。雅砻江干流规划开发 22 级电站，按照"四阶段"战略，雅砻江公司于 2000 年成功建成中国 20 世纪投产发电的最大水电站——二滩水电站；具有 305m 高世界第一高坝的锦屏一级水电站、具有 4 条 17km 长世界最大规模引水隧洞群的锦屏二级水电站，以及下游官地水电站于 2012—2013 年陆续投产发电，桐子林水电站首批 2 台机组于 2015 年 10 月投产，公司总装机容量达 1455 万 kW。目前，中游两河口、杨房沟水电站分别于 2014 年、2015 年核准正式开工建设，正在进行前期筹建工作的项目有中游的卡拉、牙根一二级、楞古和孟底沟等 5 个水电站，以及上游的新龙等 9 个梯级电站。

2 雅砻江高拱坝安全监测布置规模

目前雅砻江流域已建成二滩、锦屏一级两座高拱坝，高拱坝的安全监测设计、施工、运行情况满足工程安全需要，各项安全监测工作根据国家和行业的相关法规、规范有序开展，大坝安全监测自动化与信息化工作走在行业前列。二滩、锦屏一级大坝安全监测项目主要包括变形、渗流、应力应变、环境量等，基本实现了自动化监测，并辅以人工监测和现场巡视检查。其中，二滩安全监测测点共 2752 个，锦屏一级共 13486 个。

2.1 二滩水电站

二滩水电站目前安全监测测点共 2752 个，正常运行 1884 个，停测 80 个，封存 783 个，损坏 5 个（2014 年第二轮定期检查之后）。主要监测项目如下：

（1）坝体坝基水平位移监测：正倒垂线、外部变形观测墩、多点位移计。

（2）坝体垂直位移监测：水准点、静力水准。

（3）坝踵接缝变形监测：基岩测缝计。

（4）右岸抗力体变形监测：伸缩仪、引张线、水准点。

（5）坝体横缝变形监测：横缝测缝计。

（6）右岸下游坝面裂缝监测：表面测缝计。

（7）坝体及水垫塘渗流量监测：量水堰。

（8）渗压监测：坝基渗压计。

（9）绕坝渗流监测：渗流观测孔渗压计。

（10）应力应变及温度监测：应变计组、无应力计、温度计、锚索测力计、锚杆应力计、钢筋计。

（11）环境量监测：库水位、出入库流量、气温、降雨。

（12）其他及专项监测：金龙山霸王山监测、库水温与水垫塘水温、谷幅弦长、强震、泄洪振动等。

2.2 锦屏一级水电站

锦屏一级水电站目前安全监测测点共 13486 个，正常运行 8816 个，停测 4012 个，封存 601 个，损坏 56 个。主要监测项目如下：

（1）坝体坝基水平位移监测：正倒垂线、外部变形观测墩、多点位移计。

（2）坝体垂直位移监测：水准点、静力水准、双金属标。

（3）基岩接缝与垫座接缝变形监测：基岩测缝计。

（4）坝体横缝变形监测：横缝测缝计。

（5）坝体及水垫塘渗流量监测：量水堰。

（6）渗压监测：坝基渗压计、测压管。

（7）边坡位移监测：多点位移计、锚索测力计、锚杆应力计、石墨杆收敛计。

（8）应力应变及温度监测：应变计组、无应力计、温度计、锚索测力计、锚杆应力计、钢筋计。

（9）环境量监测：库水位、出入库流量、气温、降雨。

（10）其他及专项监测：谷幅弦长、强震、泄洪振动等。

3 雅砻江高拱坝安全监测设计与施工管理

按照 SL 319—2005《混凝土坝设计规范》、SL 601—2013《混凝土坝安全监测技术规范》、《水电站大坝安全监测工作管理办法》等相关法规和规范要求，对雅砻江高拱坝安全监测工作均组织专项设计、专项审查、专项施工、专项验收，并按照与主体工程同时设计、同时施工、同时投入生产和使用的"三同时"原则，严格把关，程序规范。

3.1 监测设计管理

在雅砻江高拱坝安全监测设计中，可行性研究阶段提出了安全监测系统的总体设计专题、监测仪器设备数量及工程概算，并报水电水利规划设计总院进行专项审查；招标设计阶段提出了监测招标设计文件，包括监测布置图、设备清单、施工安装技术要求、监测频次、工程预算，一般均进行了专题咨询；施工阶段提出了施工详图。

3.2 监测施工管理

雅砻江高拱坝监测工程一般分为监测设备标、施工标、监测自动化标、监测中心标、专项监测标等标段，其中，设备标根据设备类型分为 6～8 包，监测施工标一般根据大坝、厂房、边坡等分为多个标，或设专项监测标。

高拱坝施工期安全监测管理主要由雅砻江公司各工程管理局负责，公司工程建设管理部为归口管理部门，大坝中心提供技术支持。管理局安全监测中心是通过招标组建的安全监测专业管理机构，代表管理局对水电站工程安全监测施工设计、施工、仪器采购等环节实施专业管理，并及时收集整理工程监测资料和与监测资料分析有关的其他资料，定期和专项提交安全监测资料分析报告。各工程部位安全监测合同验收工作由管理局负责组织，水电水利规划设计总院组织的工程蓄水、竣工等安全鉴定和验收中包含监测有关内容。

3.3 监测成果管理

由于高拱坝工程自身的特殊性和复杂性，安全监测方法和仪器复杂多样，测点数量大，监测周期较长，过程中产生了大量的监测数据，人工开展数据的整理、计算和分析，不仅工作量大，而且效率低、主观性强，重点测点和重点部位无法及时的测读分析。此外，由于各监测施工项目部人员流动性大，测点基本信息和监测成果资料规格不统一，且易流失，不利于归档和资料使用。为此，在雅砻江高拱坝建设过程中，开展了施工期监测自动化和信息化工作，实现了拱坝混凝土施工期温度自动化监控，对大坝、工程边坡和地下厂房进行在线监测，通过软件客户端及时反馈给设计、承包商和监测中心，所有监测数据实行数据库管理，全面提升了施工期监测成果管理水平。

4 雅砻江高拱坝运行期安全监测管理

对于高拱坝运行期安全监测工作，国家和行业监管要求主要为国家发改委、国家能源局（原电力监管委员会）《水电站大坝运行安全监督管理规定》《水电站大坝安全监测工作管理办法》《水电站大坝运行安全信息化建设规划》等相关法规，以及国家和行业的专业技术规范。雅砻江公司高度重视大坝运行安全监测管理，依法依规开展大坝安全监测工作。

4.1 监测设备运行维护

安全监测设备运行维护等日常监测工作包括监测仪器设备、设施的运行维护，监测自动化采集系统的运行维护，人工数据测读、监测数据审核、巡视检查等，由各水电站水工部负责。根据监测工作需要，大坝外部变形观测、滑坡体专项监测等项目采用委托方式开展，部分非自动化监测的人工测读委托承包人开展。自动化测点监测频次一般为 2 次/天，人工测点频次一般为 1 次/周～1 次/月，满足标准要求。

安全监测设备维护和日常工作的主要目标是确保安全监测系统的有效运行，监测数据缺失率、平均无故障工作时间等满足标准要求。雅砻江公司根据自身情况，设定了自动化监测数据完整率、人工监测数据完整率、有效数据检查率、监测自动化系统运行率、巡视检查完成率和有效巡检审核率等监测工作指标，各电站指标情况满足公司要求并不断提升。对于监测频次调整，以及监测仪器停测、封存、报废等工作，按照监管要求，经鉴定后报能源局大坝安全监察中心批准后实施。目前，二滩经两轮定检部分监测仪器报废审批后监测仪器完好率 98.80％，锦屏一级竣工经设计认定后监测仪器完好率 95.67％。

4.2 监测数据分析与预警

高拱坝安全监测资料分析是评价大坝安全的一项主要工作，投运大坝监测月报、年度整编报告的编制工作，由公司大坝中心负责开展，发现异常问题，及时联系电厂进行检查、复测和确认。同时，按照能源局《水电站大坝运行安全信息报送办法》，开展大坝监测数据的报送工作，能源局大坝安全监察中心承担关键监测数据的远程监管。

目前，监测数据的预警主要根据监测数据的规律性和趋势性进行人工判断，高拱坝设计单位提出的运行期监控指标较少。根据建设期的拱坝设计计算相关意见，重要部位和重要监测项目设计预计的监测效应量正常范围参考值，主要用于建筑物监测成果的安全分析评价参考。二滩和锦屏一级水电站现有有效监控指标主要为坝基渗压折减系数，由于拱坝最大径向变形监控指标涉及的因素太多，实际应用价值不大。为实现对测值大幅变化的跟踪和关注，目前做法为将各测点历史极值作为工作的预警提示值。

4.3 行业监管

水电站运行期大坝安全行业监管部门为能源局大坝安全监察中心，按照配套的《水电站大坝运行安全监督管理规定》《水电站大坝安全定期检查监督管理办法》《水电站大坝安全注册登记监督管理办法》，主要监管手段为定检、注册和数据信息监管。定检和注册均为五年一次，主要对安全监测系统进行鉴定，对监测数据和大坝安全进行评价，对监测管理工作进行考评，并提出工作要求和意见。

目前雅砻江二滩水电站完成了初始注册和两次换证注册，完成了两次定期检查，大坝注册等级甲级，安全评级为正常坝。锦屏一级水电站完成了大坝备案登记，并计划于2016 年完成初始注册。

4.4 大坝安全信息化建设

按照能源局（原电力监管委员会）《水电站大坝运行安全信息化建设规划》要求，雅雅砻江公司大坝安全信息化工作主要包括水电站大坝安全信息子系统、流域大坝安全信息分系统两方面。

雅砻江公司于 2009 年完成了二滩水电站大坝监测自动化系统改造，2015 年完成二滩厂房监测自动化系统改造，自动化率超过 90%。锦屏一级水电站按监测自动化的要求设计和建设，投产即实现监测自动化，严格执行了各电站大坝安全信息子系统的建设要求。雅砻江公司于 2011 年启动了雅砻江流域大坝安全信息管理系统的建设工作，2013 年系统上线运行，目前已接入二滩、桐子林、官地、两河口、锦屏一级、锦屏二级等 6 座水电站监测数据，实现了流域远程监测数据采集和数据的统一管理。

雅砻江流域大坝安全信息管理系统是按照雅砻江公司"流域化、集团化、科学化"发展与管理理念建立的流域大坝安全管理的技术平台，是国内第一家实现流域梯级电站群大坝安全信息全面集中采集和管理的技术平台，处于国内领先水平。经质量监督部门检验测评并查新，以及中国电力建设企业协会组织关键技术和成果评审，由雅砻江公司牵头申报的"雅砻江流域大坝安全信息管理系统"荣获 2015 年度电力建设科学技术进步二等奖，对雅砻江大坝安全信息化建设工作给予了认可。2015 年，雅砻江公司联合国家能源局大坝安全监察中心，共同申报了电力行业标准《水电站大坝运行安全信息管理系统技术规范》立项和编制工作，主要以雅砻江流域大坝信息系统为依据编制。

4.5 特高拱坝在线监控试点研究

2015 年 4 月，国家发改委颁布了《水电站大坝运行安全监督管理规定》，要求电力企业加强大坝安全监测与信息化建设工作，及时整理分析监测成果，首次提出对坝高 100m 以上的大坝、库容 1 亿 m³ 以上的大坝建立大坝安全在线监控系统。为贯彻落实上述要求，国家能源局大坝安全监察中心启动了特高拱坝在线监控系统专题研究项目，并选定世界第一高坝锦屏一级大坝试点在线监控，后续将根据研究成果情况扩大试点范围，制定大坝安全在线监控系统建设规划和技术标准。

大坝安全在线监控包括在线监视和离线控制两部分内容，以在线监测管理、在线安全评价和快速诊断分析为核心。通过该项试点研究，对提升雅砻江大坝在线监测管理，并在行业内率先实现在线安全评价和快速诊断分析具有积极意义。

5 结语

随着电力体制的不断改革和发展，经过多年的实践和积累，目前，国家大坝安全监测等电力生产监管规范，法规和技术标准全面，发改委、能源局、大坝安全监察中心等监管机构和体系相对顺畅和固定。雅砻江公司于 2011 年成立了大坝中心，归口流域梯级电站大坝的运行安全管理，为有关决策提供技术支持，形成了远程监管与现场检查相结合的大坝安全监督管理模式，雅砻江公司大坝安全管理框架体系完整有效，满足了现阶段高拱坝安全监测的相关要求。

糯扎渡水电站蓄水初期心墙堆石坝主要监测成果分析评价

邹　青　冯业林

（中国电建集团昆明勘测设计研究院有限公司　云南昆明　650051）

【摘　要】 糯扎渡心墙堆石坝已经历了 4 年蓄水初期运行检验，本文对关系到高心墙堆石坝安全运行最为关键的坝顶沉降、心墙沉降以及渗流量几项监测成果进行了简要的分析评价，监测成果表明，糯扎渡心墙堆石坝主要监测值处于正常范围，糯扎渡大坝运行状态正常可靠。

【关键词】 心墙堆石坝　蓄水初期　关键监测成果　糯扎渡水电站

1　引言

糯扎渡水电站心墙堆石坝最大坝高 261.5m，心墙堆石坝坝顶高程 821.50m，坝体基本剖面为中央直立心墙型式，心墙两侧为反滤层，反滤层以外为堆石体坝壳。坝顶宽度为 18m，心墙基础最低建基面高程 560.00m，上游坝坡坡度为 1∶1.9，下游坝坡坡度为 1∶1∶8。

糯扎渡心墙堆石坝于 2008 年 11 月开始填筑，2012 年 12 月 18 日，大坝填筑到顶。糯扎渡水电工程蓄水共分 3 个阶段：第一阶段 2011 年 11 月至 2012 年 2 月实施 1～4 号导流洞相继下闸蓄水，库水位蓄至高程 705.00m；第二阶段于 2012 年 4 月实施 5 号导流洞下闸，库水位蓄至高程 765.00m；2013 年 6 月初开始第三阶段蓄水，库水位由高程 774.50m 逐步抬升，于 2013 年 10 月 17 日达到正常蓄水位，2013 年、2014 年、2015 年最高库水位分别为 812.09m、812.21m、805.50m。

2　监测设计概况

糯扎渡心墙堆石坝主要监测项目包括变形、渗流、应力等。监测仪器布置呈"3125"的布置格局，即分别在左岸、河床中部、右岸坝体布置 3 个横断面，沿心墙中心布置 1 个纵断面，在最大坝高和地质条件较差部位布置 2 个辅助断面，坝体共分 5 个高程进行监测。

3 个横断面分别为坝 0+169.360（A—A）、坝 0+309.600（C—C）、坝 0+482.300（D—D），1 个纵断面为沿心墙中心线纵断面。坝 0+309.600（C—C）断面位于最高河床断面，对于变形、渗流及应力等监测具有代表性；坝 0+482.300 断面、坝 0+542.460 断面位于右岸软弱岩带，为心墙堆石坝右岸重点监测部位；坝 0+169.360 断面介于左岸岸坡与最大坝高断面之间，位于坝基体形变化处，为左岸大坝监测代表性断面。上述断面为大坝主要监测断面。2 个辅助断面分别为坝 0+300.000（B—B）、坝 0+542.460（E—

E），其中坝 0＋300.000（B—B）断面主要考虑高心墙堆石坝带来的仪器埋设难度，在坝 0＋309.600（C—C）断面心墙部位设置一个备份监测断面，以确保心墙监测数据的完整性；坝 0＋542.460（E—E）位于右岸坝基软弱岩带，其目的是加强对坝基软弱岩带对坝体影响监测。5 个高程主要是指心墙及堆石体位移监测布置主要结合高程 626.10m、660.00m、701.00m、738.00m、780.00m 进行仪器布置。监测横断面布置见图 1。

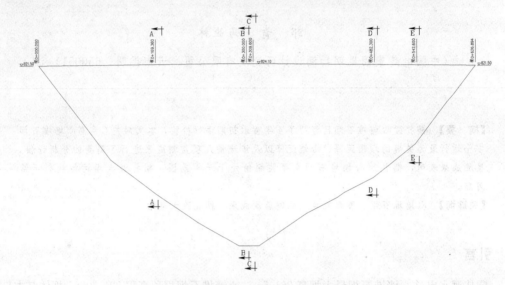

图 1　心墙堆石坝监测横断面布置示意图

整个心墙堆石坝安全监测共布有各类监测仪器（按测点数）约 1590 支，已全部安装埋设完成，目前仪器完好率为 90.6％。糯扎渡心墙堆石坝主要监测项目统计表见表 1。

表 1　　　　　　　　　　糯扎渡心墙堆石坝主要监测项目统计表

监测项目	监测内容	监测手段	数量/支	备　注
变形	坝体表面变形	表观点	117	11 条视准线
	上游堆石体沉降	弦式沉降仪	24	共 4 个高程
	心墙水平位移	测斜管	3	共 892m
	心墙沉降	电磁沉降环	165	
	下游堆石体位移	水管式沉降仪、引张线	100	共 5 个高程
	心墙与反滤错动	剪变形计	22	共 5 个高程
	心墙与垫层错动	剪变形计	8	
	心墙与垫层相对位移	土体位移计	50	
渗流	坝体坝基渗流	渗压计	191	
	坝基渗透压力	测压管	29	坝基廊道
	坝基、坝后渗流量	量水堰	10	1 个梯形
	绕坝渗流	水位孔	22	
应力	坝体应力	土压力计	136	
	垫层应力	钢筋计	32	

3 主要监测成果分析评价

3.1 坝顶沉降

糯扎渡坝顶后期沉降计算成果为 2.101m，约为最大坝高的 0.8%，坝顶沉降监控指标见表 2。表 2 中黄色预警指大坝监控指标达到或接近设计正常值（或预估值），需要予以关注，分析是否会影响大坝安全；橙色预警指大坝监控指标超过设计正常值（或预估值）一定范围，有可能对大坝安全造成影响，需进行分析并采取相应措施；红色预警指大坝监控指标超过设计正常值（或预估值）较大范围或达到设计允许极限，已影响到大坝的安全，需采取应急措施。

表 2   坝 顶 沉 降 监 控 指 标

预警类别	黄色预警	橙色预警	红色预警
坝顶最大沉降/m	>2.08	>2.34	>2.6

糯扎渡大坝坝顶布置了 L6、L7 两条视准线监测坝顶沉降，L6 视准线位于坝顶靠下游侧，于 2013 年 8 月 17 日起测；L7 视准线位于坝顶轴线上，于 2013 年 3 月 17 日起测。截至 2015 年 11 月，坝顶沉降实测值在 123.33～790.67mm 之间，叠加 2012 年 12 月 18 日至 2013 年 3 月 17 日期间心墙顶沉降量，坝顶最大沉降量约为 1.007m。坝顶最大沉降量占最大坝高 261.5m 的比例为 0.39%，远小于后期坝顶沉降率 0.8% 的计算值，也远小于 2.08m 的黄色预警值（表 3），表明坝顶最大沉降量处于正常状态。

坝顶视准线垂直向位移测值在 123.33～790.67mm 之间，最大位移出现在河床中部测点，竖直向位移分布呈河床中部大、两岸岸坡小的分布特征，分布规律正常。坝顶视准线典型监测点垂直位移—时间过程曲线见图 2，从图 2 中可以看出，竖直向位移变化主要受时效因素影响，目前已趋于稳定。

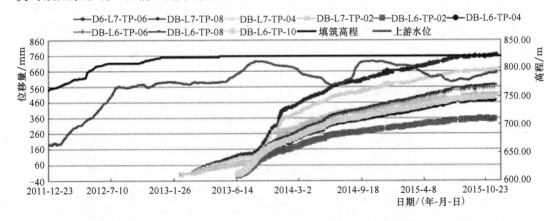

图 2   坝顶 L6、L7 视准线典型监测点位移—时间过程曲线

3.2 心墙沉降

心墙沉降对评价大坝填筑质量及蓄水后工作状况具有重要意义，是大坝最重要的监测

项目之一。

根据心墙沉降监测成果，心墙纵向位移分布呈河床中部大、两岸岸坡小的特征，最大沉降发生在最大坝高断面，沉降在横断面内分布呈中部大、顶部和底部小的特征（见图3）。

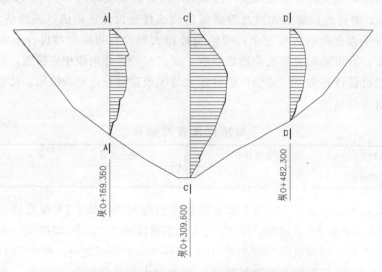

图 3　各监测横断面心墙沉降沿高程分布图

心墙位移变化与坝体填筑过程具有高度相关性，主要位移发生在填筑期，坝体位移随填筑高度增加而增加，雨季停工期间，位移变化趋缓。第一填筑期最大沉降为384mm，第二填筑期最大沉降为951mm，第三填筑期最大沉降为1985mm，第四填筑期最大沉降为3413mm，第五填筑期最大沉降为3552mm。

截至2015年11月底，心墙实测最大沉降为4170mm，发生于心墙中部743.856m高程，另外，根据历史实测值进行推算，目前C—C断面的最大沉降量为4305mm，发生在722.650m高程处。心墙填筑高度为261.5m，根据目前估算的心墙最大累计沉降量，约占心墙最大填筑高度的1.65%。对比同类工程，哥伦比亚瓜维奥坝（Guavio Dam）最大坝高250m，运行期最大沉降率为2.51%，表明糯扎渡大坝心墙当前沉降率处于正常状态。心墙各填筑期最大沉降统计见表3。

表 3　　　　　　　　　　心墙各填筑期最大沉降统计

时期	测值日期/ （年-月-日）	最大沉降量/mm	心墙高度/m	出现高度占心墙 高度比例/%
第一期填筑结束	2009 - 7 - 31	384	62.83	0.65
第二期填筑结束	2010 - 8 - 29	951	128.16	0.60
第三期填筑结束	2011 - 7 - 1	1985	177.00	0.61
第四期填筑结束	2012 - 7 - 30	3413	247.60	1.38
第五期填筑结束	2012 - 12 - 20	3552	261.10	1.36

心墙实际最大沉降量为4170mm，推算的心墙可能最大沉降量为4305mm，均未超过

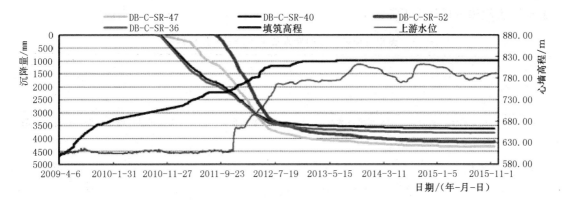

图 4   最高河床断面心墙典型测点沉降—时间过程曲线

4.5m 的黄色预警值（表 4），心墙最大沉降处于正常状态。

表 4   心 墙 沉 降 监 控 指 标

预警类别	黄色预警	橙色预警	红色预警
心墙最大沉降/m	＞4.5	＞5.2	＞6

3.3 渗流量

渗流量的观测既直观又全面综合地反映大坝的工作状况，因而是大坝运行管理中最重要的监测项目之一。

坝基廊道内量水堰建成初期受廊道内施工用水影响，测值产生一定波动，施工用水排出后，恢复正常工作状态。坝后量水堰渗流量变化幅度较大，主要受降雨影响。库水位抬升至正常蓄水位期间，随着上游水位上升，大部分量水堰渗流量呈波动上升趋势，随着库水位的稳定，各量水堰测值也趋于稳定。

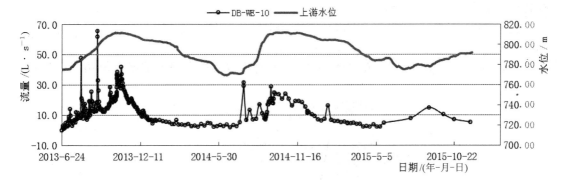

图 5   坝后量水堰渗流量—时间过程曲线

2013 年 9 月 8 日，大坝上游水位约为 797.67m，虽然坝后梯形量水堰实测流量为64.07L/s，达到历史最大值，但主要受降雨影响，不能反映大坝真实渗流量。2013 年 10月、2014 年 10 月，大坝上游水位达到正常高水位，在不受降雨影响情况下，坝后梯形量水堰实测流量在 30～40L/s 之间，小于安全监控预警值 44L/s（计算值 55L/s 的 80％，见

表 5），大坝渗流量处于正常状态。

表 5	大坝及坝基在不同库水位下渗流量监控指标						
库水位/m	760	770	780	790	800	810	812
渗流量 /(L·s⁻¹)	36.1	38.9	41.9	45.1	48.2	51.5	55.0

注　在某一库水位下，当实测渗流量超过计算值的80%时进行黄色预警，超过计算值时进行橙色预警，超过计算值的150%时进行红色预警。

3.4　坝基渗压

截至 2015 年 11 月底，与蓄水前相比，最大坝高断面（C—C 断面）防渗帷幕上游侧坝基渗压水头增量为 170.02m，防渗帷幕下游侧渗压水头变化不大，增量在 7.14～23.14m 之间，坝基渗透压力顺河向分布为上游侧高、下游侧低，表明坝基渗控工程总体防渗效果较好。最大坝高断面坝基及帷幕后渗透压力分布见图 6。

3.5　坝体渗流

2014 年 10 月，上游库水位达到正常蓄水位 812.19m，心墙上游侧渗压水位为 812.66m，心墙中心线处渗压水位为 813.88m，心墙下游侧渗压水位为 805.87m，下游堆石体水位为 611.685m。心墙上游侧及中心线处渗压水位均超过上游库水位，表明心墙存在超静空孔隙水压力，还未形成稳定渗流。与设计计算成果相比，略高于正常蓄水位下的渗透压力（图 7）。

截至 2015 年 11 月，上游库水位 791.96m，心墙上游侧渗压水位 792.35m，心墙下游侧渗压

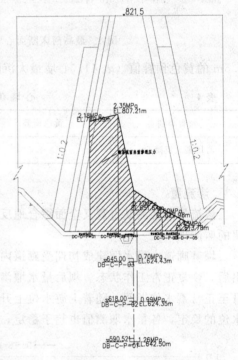

图 6　坝基及帷幕后渗透压力分布图

水位 790.66m，下游堆石体水位 611.708m，表明孔隙水压力与上游库水位相关性较强，

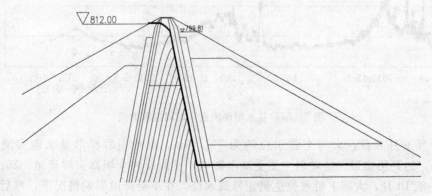

图 7　设计阶段正常蓄水位下坝体浸润线

266

目前处于缓慢消散状态。

4　结语

　　本文针对糯扎渡水电站蓄水以来至今，关系到高心墙堆石坝安全运行最为关键的坝顶沉降、心墙沉降以及渗流量几项监测成果进行了简要的分析评价，监测成果表明，糯扎渡心墙堆石坝在经历了五个填筑期和蓄水初期的考验后，目前监测仪器成活率较高，监测资料完整可靠，主要监测量分布及变化趋势符合一般规律，监测值处于正常范围，糯扎渡大坝运行状态正常可靠。

参　考　文　献

[1]　谭志伟，邹青，等．糯扎渡水电站高心墙堆石坝监测设计创新与实践 [J]．水力发电，2012 (9)：35 - 37.
[2]　宗志坚，林秀山，等．工程安全监测设计 [M]．郑州：黄河水利出版社，2005：6 - 58.
[3]　张启岳，熊国文．鲁布革坝的原型观测 [J]．水利水运科学研究，1994 (3)：211 - 230.
[4]　涂扬举，王文涛，等．瀑布沟砾石土心墙堆石坝施工期监测分析 [J]．水力发电，2010 (6)：71 - 74.
[5]　DL/T 5259—2010 土石坝安全监测技术规范 [S]．北京：中国电力出版社，2011.

糯扎渡水电站水库坝前垂向水温预测
与实测数据对比分析

王海龙[1]　陈　豪[1,2]　肖海斌[1]　陆　颖[3]　管　镇[1]　熊合勇[1]

(1　华能澜沧江水电股份有限公司　云南昆明　650214；

2　河海大学水利水电学院　江苏南京　650092；

3　云南大学　国际河流与生态安全研究院　云南昆明　650091)

【摘　要】　糯扎渡水电站水库总库容 237.03 亿 m^3，蓄水后形成澜沧江流域最大水库，使上下游水体水温较天然河道发生改变。根据环评批复要求，糯扎渡水电站在建设期通过电站进水口分层取水研究，预测了水库水温结构和分布，在电站投运后开展了水库垂向水温的持续监测，验证了水库水温数值预测结果，本文对比分析了水库坝前垂向水温预测与实测数据，为进一步修订和完善电站进水口分层取水叠梁门运行调度方式奠定了基础。

【关键词】　糯扎渡水电站　水温预测数据　水温实测数据

1　引言

糯扎渡水电站位于云南省思茅市与临沧市交界的澜沧江上，属国家"西电东送"的骨干电源工程，是澜沧江中下游两库八级梯级开发中的第五级，以发电为主，兼顾防洪、航运、渔业等综合效益。电站枢纽主要水工建筑物由 261.5m 坝高的砾质黏土心墙堆石坝，左岸地下引水发电系统，开敞式溢洪道和左、右岸泄洪洞组成。电站装机 9 台，单机容量 65MW，总容量 5850MW，于 2014 年 7 月全部投产。水库具多年调节能力，总库容 237.03 亿 m^3，调节库容 113.35 亿 m^3，死水位 765.00m，正常蓄水位 812.00m，于 2013 年 10 月和 2014 年 9 月两次蓄至正常蓄水位。

糯扎渡水库满蓄水后形成 200 余 m 深的巨型水库，水体性态由天然河道转变为深水湖库，根据糯扎渡水电站环境影响评价报告初步研究预测，若电站采用常规进水塔方案将取到水库中下层低温水，发电下泄后对大坝下游河段水生态产生影响。因此，糯扎渡水电站在建设期间开展了水库水温结构和下泄水温预测研究；在蓄水期间实施水库水温持续监测工作，通过成库后的坝前垂向水温实测资料，进一步验证水库水温数值预测结果，以期为电站进水口分层取水叠梁门运行提供依据和指导。

基金项目：国家科技支撑计划课题（2013BAB06B03）

2 糯扎渡水库坝前垂向水温结构预测分析

2.1 水库水温结构初步判别

首先采用参数 $\alpha - \beta$、Norton 密度佛汝德数、水库宽深比三种方法初步判别糯扎渡水库水温结构型式。

2.1.1 判别计算过程

（1）参数 $\alpha - \beta$ 判别法。利用水文参数和如下判别式进行计算库水温分层情况，当 $\alpha >$ 20 属混合型；$10 < \alpha < 20$ 属不稳定分层型；$\alpha < 10$ 属分层型。若分层型水库遭遇 $\beta < 0.5$ 洪水，不会影响库水温分布；但当 $\beta > 1$ 时，库水将短期混合，破坏水温分层结构。其中，

$$\alpha = \frac{多年平均径流量}{水库库总库}，\quad \beta = \frac{一次洪水量}{水库总库容}。$$

（2）Norton 密度佛汝德数判别法。利用下式计算

$$F_d = (LQ/HV)(gG) - 1/2$$

式中　F_d、L、Q、H、V、g、G——密度佛汝德数、库长、入库流量、平均库水深、库容、重力加速度、标准化垂向密度梯度。

$F_d > 1.0$ 时水库属完全混合型；$0.1 < F_d < 1.0$ 时水库属混合或弱分层型；$F_d < 0.1$ 时水库属稳定分层型。糯扎渡水库计算得 $F_d = 0.055 < 0.1$，水库水温为分层型。

（3）水库宽深比判别法。采用下式计算

$$R = B/H$$

式中　B——平均库水面宽度；

　　　H——平均库水深度。

当 $H > 15\text{m}$，$R > 30$ 时水库属混合型；$R < 30$ 时水库属分层型。

2.1.2 判别结果

三种判别法得出一致的结果，糯扎渡水库水温结构型式为稳定分层型，见表 1。

表 1　　　　　　　　　　　糯扎渡水电站水库水温类型初步判断

判别方法及选用参数	$\alpha - \beta$ 判别法		Norton 密度佛汝德数法	水库宽深比法
	α 值	β 值	F_d 值	R 值
判别值	2.3	0.65	0.0027	20.1
判别结果	典型分层型		典型分层型	典型分层型

2.2 水库水温预测模型参数率定及计算过程

水库水温预测研究采用丹麦 MIKE3 三维水动力学水温模型分别对糯扎渡水库丰、平、枯三个典型水文年进行数值模拟，MIKE3 三维水动力学水温模型是由基本方程、湍流方程、热交换反应方程构建的复杂方程组。限于篇幅文中仅列出了 MIKE3 基本方程组，具体为

$$\frac{1}{\rho c_s^2} \frac{\partial p}{\partial t} + \frac{\partial u_j}{\partial x_j} = SS$$

$$\frac{\partial u_i}{\partial t} + \frac{\partial(u_i u_j)}{\partial x_j} + 2\Omega_{ij}u_j = -\frac{1}{\rho}\frac{\partial p}{\partial x_j} + g_i + \frac{\partial}{\partial x_j}\left[\nu_T\left(\frac{\partial u_i}{\partial x_j} + \frac{\partial u_j}{\partial x_i}\right) - \frac{2}{3}\delta_{ij}k\right] + u_i SS$$

$$\frac{\partial T}{\partial t} + \frac{\partial}{\partial x_j}(Tu_j) = \frac{\partial}{\partial x_j}\left(D_T\frac{\partial T}{\partial x_j}\right) + SS$$

式中　t——时间；

ρ——水的密度；

c_s——水的状态系数；

u_i——x_i 方向的速度分量；

Ω_{ij}——柯氏张量；

p——压力；

g_i——重力矢量；

ν_T——湍动黏性系数；

δ——克罗奈克函数（当 $i=j$ 时 $\delta_{ij}=1$；当 $i\neq j$ 时 $\delta_{ij}=0$）；

k——湍动能；

T——温度；

D_T——温度扩散系数；

SS——源汇项。

研究工作开展时，因缺乏澜沧江梯级水库的稳定水温实测数据，因此利用了雅砻江二滩水电站2006年5月和7月的水温实测数据，对 MIKE3 模型中包括 Smagorinsky 混合紊流模型水平方向系数，湍流 $k\text{-}\varepsilon$ 方程中的通用常数，基于水流涡粘系数描述的热扩散系数 D 的比例系数 k，太阳辐射云量影响公式中的系数 a_2 和 b_2，蒸发散热计算公式中的 a_1 和 b_1 以及太阳辐射热水下传计算公式中的 λ 和 β 等水动力学参数和热量交换参数进行了率定试算，并验证确定。从水温计算率定验证结果可知，模型计算与实测结果符合较好，模型概化和控制条件基本符合实际情况，参数取值适当，用于糯扎渡水电站水温计算可以获得较高精度。水温模型计算过程详见图1。

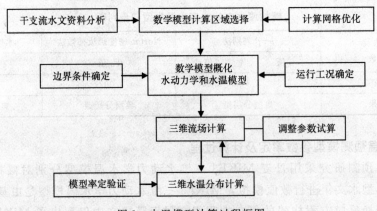

图 1　水温模型计算过程框图

2.3　水库水温预测计算范围及边界条件确定

糯扎渡水库长 220km，最大水深 210m。MIKE3 模型计算时考虑主要支流，并采用水库实测地形数据。纵向计算范围为坝址至上游 170km 库长水域，横向计算范围为正常蓄水位条件下的两岸库水淹没线，垂向计算范围为全水深。三维矩形计算网格尺寸为 150m（纵向）×200m（横向）×9m（垂向），时间步长 240s。

糯扎渡水库水位边界条件根据各典型水文年梯级电站联合调度资料，设计出月平均运行水位进行插值，由一维模型计算提供的典型丰水年 1990 年 6 月 1 日至 1991 年 5 月 31 日，典型平水年 1976 年 6 月 1 日至 1977 年 5 月 31 日和典型枯水年 1994 年 6 月 1 日至 1995 年 5 月 31 日水库水位边界数据。上游水温边界条件，采用糯扎渡水库库尾，大朝山电站多年平均下泄水温为入库来水水温条件，见图 2。气温、湿度边界条件采用糯扎渡库区实测多年平均数据。在上游小湾水库的调节下，糯扎渡水库只有遇到来水特枯年份才消落到死水位 765.00m 运行，其余常年均维持在较高水位运行[5]。

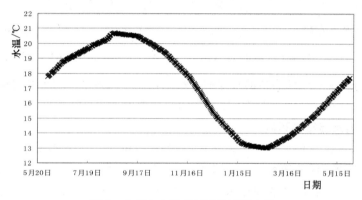

图 2　大朝山电站多年平均下泄水温

2.4　坝前垂向水温结构预测分析

2.4.1　库区整体水温结构预测

根据水温预测研究成果，糯扎渡水库正常蓄水后，近乎全年处于水温分层状态，随季节的不同有所变化，春夏季 3—7 月库水温分两层，见图 3。春季上层深度为水面下 10~12m，长度距坝址 70~180km，水温 16~22℃；下层深度为上层下界至库底，水温 14.0~15.0℃，随着上游来水水温逐渐增高，下层水温逐渐升高。夏季上层长度距坝址 80~200km，水温 20.0~26.0℃；下层深度为表层下界至库底，随着上游来水水温升高下层水厚度逐渐减小，下层水温维持在 14.5~16.0℃。

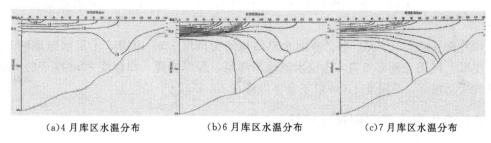

(a)4月库区水温分布　　　　(b)6月库区水温分布　　　　(c)7月库区水温分布

图 3　典型平水年 4 月、6 月、7 月库区水温分布图（单位：℃）

秋冬季 8 月至翌年 2 月库水温分三层，见图 4。秋季表层深度为水面下 10~15m，长度距坝址 30～80km，水温 21.0～23.0℃；中层直接受到上游来水水温的影响，与上游来水水温基本一致。深度为表层下界至水深 60m，水温 16.0～20.0℃；底层深度为中层下界至库底，水温 14.3～15.0℃。冬季表层深度约为水面下 30m，长度距坝址 80km，水温 18.0～19.5℃；中层深度受到上游来水水温的直接影响变化较大，水温 16.0～17.0℃；底层深度至库底，水温 14.3～15℃。

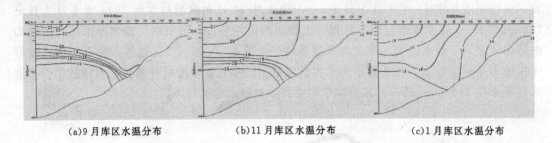

(a)9月库区水温分布　　　　　(b)11月库区水温分布　　　　　(c)1月库区水温分布

图 4　典型平水年 9 月、11 月、1 月库区水温分布图（单位：℃）

库区水温分布靠近水库底层的水温相对稳定，而年内各月水库水温较高区域都分布在水库表层，纵向分布在坝址至上游 70km 范围内，即库长的 1/3。

2.4.2　水库垂向水温结构预测

在糯扎渡水库正常蓄水情况下，水库坝前 2.5km 范围内水温分布稳定，且直接控制了发电下泄水温，因此选取水库坝前 2.5km 断面基本可以代表坝前水温垂向分布特征。由图 5 可见，糯扎渡主要库区水体各月水温分层明显，上下水温变化梯度较大的水层平均在深度 60～70m 的位置，上层水温年内变化很大，深度 100m 以下水温基本不变。

（1）典型丰水年情况。3—7 月，坝前库水温结构分两层，上层水温逐渐升高，层厚变厚；8—11 月，坝前库水温结构分三层，降雨使表层水温略低于 6—7 月，水体热传导使中层水温持续升高；12 月至翌年 2 月，坝前库水温结构由三层逐步变化为两层，上层水温逐渐降低，层厚变薄；而深度 100m 以下的底层水温，年际变幅很小，至深度 150m 以下全年基本保持在 14.7℃。

（2）典型平水年情况。因其与典型丰水年的运行调度水位过程规律和运行流量过程量级较为相似，故典型平水年各月垂向水温结构和变化规律与典型丰水年基本相同，只是表层、中层水温略高于典型丰水年，而深度 100m 以下的底层水温略低于典型丰水年。

（3）典型枯水年情况。各月垂向水温结构均为两层。3—10 月，上层水温逐渐升高，层厚变厚；11 月至翌年 2 月，上层水温逐渐降低，层厚变薄；而深度 80m 以下的下层水温年内变化很小，至深度 110m 以下全年保持在 14.3℃。

3　糯扎渡水库水温实测对比分析

3.1　水库坝前垂向水温监测仪器布设与监测情况

根据前期研究成果，糯扎渡水库坝前大梯度水温变幅区分布在水深 70m 以上水层。

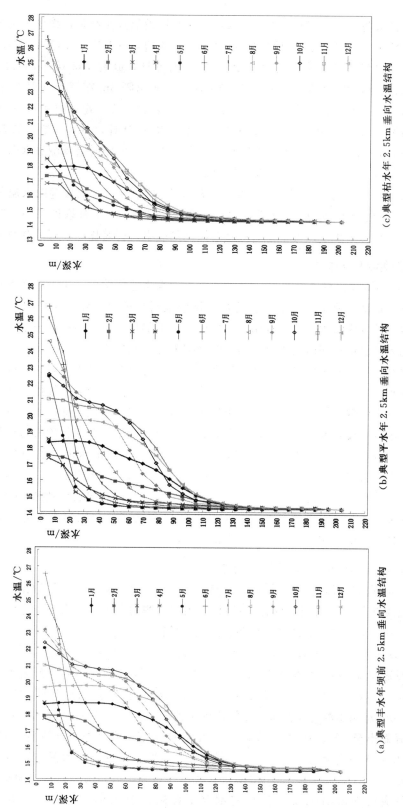

（a）典型丰水年坝前 2.5km 垂向水温结构

（b）典型平水年 2.5km 垂向水温结构

（c）典型枯水年 2.5km 垂向水温结构

图 5　坝前 2.5km 断面典型丰、平、枯水年垂向水温分布

273

而糯扎渡电站进水塔高度85.5m，因此为验证水库水温数值预测结果，指导电站进水口叠梁门运行，分别在大坝坝前左岸边坡和电站进水口右侧边坡各布置了1组链式温度计水温测线，其中大坝坝前左岸边坡水温测线设有47支温度计，高程762.00～812.00m每隔2m布置1支温度计，共26支；高程711.00～762.00m每隔3m布置1支温度计，共17支；高程611.00～711.00m每隔25m布置1支温度计，共4支；电站进水口右侧边坡35支温度计，高程762.00～812.00m每隔2m布置1支温度计，共26支；在735.00～762.00m每隔3m布置1支温度计，共9支。每日8时、20时定时自动测量水温，并实时将数据传输至电站工程安全监测自动化系统存储。

2014年8月，在糯扎渡水库首次达到正常蓄水位10个月后，水库垂向水温分布基本稳定情况下，启动了水库坝前垂向水温的持续监测，至2015年7月取得了一个完整水文年的坝前垂向水温实测数据，具备了对水温结构预测成果进行对比与验证的资料基础。

3.2 水库水温实测数据统计

根据2014年和2015年上半年澜沧江流域中下游来水总体偏少，小湾断面来水基本与多年平均持平，景洪断面来水经还原上游水库调节运行影响后，较多年平均偏少一至两成，位于小湾和景洪区间的糯扎渡水库来水总体属于平偏枯年份。因此，选用水库典型平水年运行情况下的水温预测值与坝前实测水温数据进行对比分析。

经初步比对，坝前两条水温测线在同等水位条件下对应深度测点的同时刻测值较为接近，因此选择布点较多、完好率较高的大坝坝前左岸边坡水温测线监测数据与坝前预测值进行比对。实测水温数据统计方法为：①统计位于当月平均库水位水面以下测点，水面以上测点测值不进行统计，测点对应的库水深数据采用全月每日8时水位测值的算数平均值与测点布设高程的差值进行统计；②为满足以月均水温为形式的水库水温预测值成果对比，采用单测点全月日均水温的算数平均值，即首先统计出同一测点的单日平均水温，再根据各测点全月数据采集情况，统计单测点月平均水温；③针对测点个别测次的异常数据进行粗差剔除和函数修正；④采用内插法对因仪器异常造成的个别测次数据丢失进行补值；⑤完全损坏或失效测点不列入水温数据统计范围。

3.3 水库坝前水温预测与实测数据对比分析

典型平水年坝前各月预测水温结果与完整平水年实测水温月平均水温数据对比，水库坝前实际水位线以下100m深度范围内的逐月预测和实测垂向水温结构分布与变化趋势近乎一致，但实测月均水温值总体高于预测水温值，见图6。

8—11月具体如下：8月，水深5m范围内的表层实测与预测水温基本吻合，6～60m水深实测与预测水温差值逐渐扩大至2.23～3.74℃，至70m水深实测与预测水温差值开始逐步缩小至2℃以下；9月，从表层至水深40m范围内实测水温高于预测水温1.2～2.4℃，40～90m水深实测与预测水温差值逐渐扩大至3.19～4.35℃，至90m水深实测与预测水温差值缩小至2℃；10月，从表层至水深10m范围内实测高于预测水温1.75～2.5℃，10～45m水深实测与预测水温差值始终低于1℃，50～90m水深实测与预测水温差值逐渐扩大至1.51～3.91℃，至100m水深实测与预测水温差值开始逐步缩小至2℃以内；11月，从表层至水深15m范围内实测高于预测水温1.87～2.77℃，15～60m水

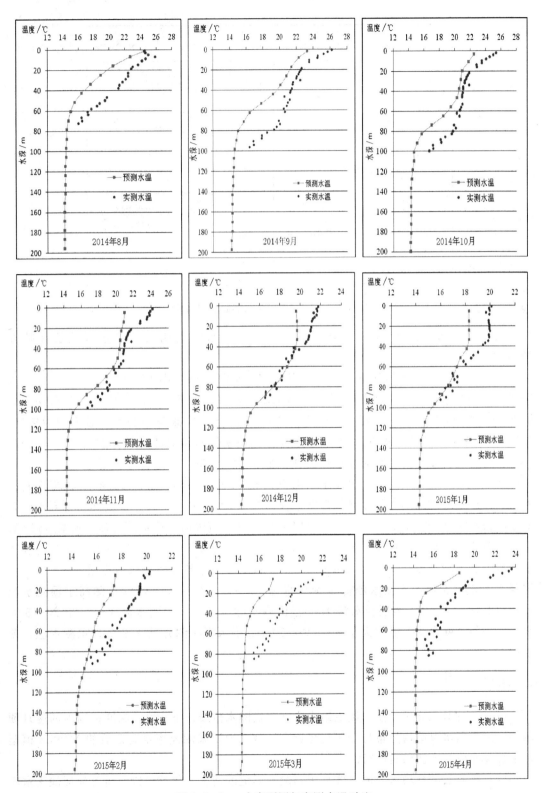

图 6（一）　水库预测与实测水温对比

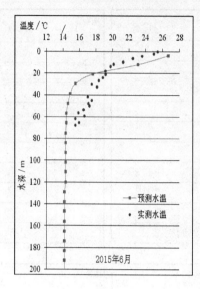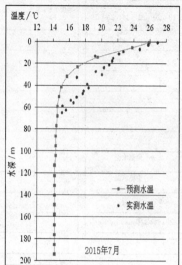

图 6（二）　水库预测与实测水温对比

深实测与预测水温差值始终低于 1℃，60～100m 水深实测与预测水温差值保持在 2℃以内。

12 月至翌年 2 月具体如下：12 月，从表层至水深 40m 范围内实测水温高于预测水温 1.15～2.07℃，40～90m 水深实测与预测水温数值基本相等；1 月，从表层至水深 50m 范围内实测水温高于预测水温 1～1.7℃，50～90m 水深实测与预测水温数值较为接近，差值在 1℃以内；2 月，从表层至水深 60m 范围内实测水温高于预测水温 1.7～2.29℃，60～90m 水深实测与预测水温差值逐渐减小至 0.89～1.56℃。

3—7 月具体如下：3 月，表层至水深 20m 范围内实测水温与预测水温达到 4℃左右的差值，20～50m 水深实测与预测水温差值保持在 2.5℃；50～90m 水深实测与预测水温差值逐渐减小至 0.99～1.79℃；4 月，表层至水深 10m 范围内实测水温与预测水温达到 4℃左右的差值，10～50m 水深实测与预测水温差值保持在 2.5℃；50～90m 水深实测与预测水温差值逐渐减小至 0.83～1.74℃；5 月，因数据库服务器故障导致数据丢失；6 月，表层至水深 20m 范围内实测水温低于预测水温 2～3℃，20～70m 水深实测高于预测水温 1.46～2.48℃；7 月，表层至水深 15m 范围内实测水温高于预测水温 1～2℃，20～50m 水深实测与预测水温差值扩大至 2～6℃，50m 以下水深实测开始逐渐接近预测水温，差值在 0.5℃以下。

4　结语

（1）通过对比分析，糯扎渡电站水库坝前实际水位线以下 100m 深度范围内的逐月预测和实测垂向水温结构分布与变化趋势近乎一致，说明采用经率定验证后的 MIKE3 模型库水温预测研究方法切实可行。

（2）针对实测月均水温值总体高于预测水温值的情况，估计是因澜沧江流域缺乏水库水温实测数据，而采用了雅砻江二滩电站水库水温实测数据进行模型率定造成的偏差，以及上游小湾水库投运后，流域梯级电站联合调度运行的影响。

（3）鉴于水库水温监测数据对电站进水口分层取水设施有效运行的重要指导作用，在目前已出现的部分温度计因异常或损坏导致数据缺失，且温度计难以维修更换的情况下，建议在今后新建电站采用双垂向水温测线同部位冗余布置的方案，进一步提升水库水温监测工作的持续性和数据采集的可靠性。

（4）糯扎渡电站进水口叠梁门分层取水设施的建设和运行在澜沧江流域水电开发尚属首例，在国内也缺乏运行管理经验，因此唯有与之同步开展相应的水温监测工作，积累翔实的水温监测数据，方能为评价分层取水设施运行效果，修正并完善其调运方式提供科学支撑，进而促进水电能源开发与水生生态环境和谐发展。

参 考 文 献

[1] 张荣，陈胜利，等. 云南省澜沧江糯扎渡水电站环境影响报告书［R］. 昆明：中国电建集团昆明勘测设计研究院有限公司，2005.

[2] 赵丹，等. 云南省澜沧江糯扎渡水电站进水口分层取水设计专题报告［R］. 昆明：中国电建集团昆明勘测设计研究院有限公司，2007.

[3] 陈胜利，赵丹，等. 澜沧江中下游梯级水电站群蓄能调度图及调度规则专题研究报告［R］. 昆明：中国电建集团昆明勘测设计研究院有限公司，2007.

[4] 黄永坚. 水库分层取水［M］. 北京：水利电力出版社，1986.

[5] 王海龙，陈豪，等. 糯扎渡水电站进水口叠梁门分层取水设施运行方式研究［J］. 水电能源科学. 2015，33（10）：79－83.

[6] 高志芹，吴余生，等. 糯扎渡水电站进水口叠梁门分层取水研究［J］. 云南水力发电. 2012，28（4）：15－19.

[7] 张士杰，彭文启，等. 高坝大库分层取水措施比选研究［J］. 水利学报. 2012（06）.

[8] 高学平，张少雄，等. 糯扎渡水电站多层进水口下泄水温三维数值模拟［J］. 水力发电学报. 2012，31（1）：195－201.

[9] 张士杰，彭文启. 二滩水库水温结构及其影响因素研究［J］. 水利学报. 2009，40（10）：1254－1258.

大体积混凝土防裂智能监控系统
及其工程应用

孙保平[1]　张国新[2]　杜小凯[1]　李松辉[2]

(1　水电水利规划设计总院　北京　100120；2　中国水利水电科学研究院　流域水循环模拟与调控国家重点实验室　北京　100038)

【摘　要】 为了有效防止大体积混凝土裂缝的产生，提高混凝土的施工质量，研究开发了大体积混凝土防裂智能监控方法和系统。该系统由感知、互联、分析决策、控制四部分组成，可以实现原材料预冷、混凝土拌和、运输、入仓、平仓、振捣、养护、通水冷却全过程温控信息的自动感知、传输、互联、共享及部分环节的智能控制，实现了基于互联网、物联网技术的温控防裂的全要素、全环节、全过程管理。四个工程实践表明，该技术可实现现场温控实施情况的自动获取、准确掌握、实时评估、智能干预及决策支持，有效提高混凝土施工的管理水平，防止裂缝的发生。

【关键词】 大体积混凝土　温度控制　防裂　智能监控

1　引言

混凝土坝是高坝建设的主要坝型之一，具有超载能力强、漫顶不溃等优点。我国已建成了二滩、小湾、拉西瓦、构皮滩、龙滩、光照、锦屏一级、溪洛渡等一批特高混凝土坝，白鹤滩、乌东德、杨房沟等近期也陆续开工，这些高坝的建成将对缓解我国电力紧张、解决水资源短缺发挥重要作用，社会和经济效益显著。

裂缝控制一直是大体积混凝土施工的难点之一。欧美和苏联在混凝土坝建设的过程中都曾发生严重开裂事故，损失巨大。我国的某些工程早期动辄数千条裂缝。近年来随着技术的进步，裂缝问题有所改善，但并没完全解决，近期也曾出现过较为严重开裂事故。裂缝的出现会影响工程的安全性和耐久性，增加后期修补费用，带来经济损失和不利的社会影响。

温控防裂的理论研究与工程实践最早始自20世纪30年代，经过数十年的发展，工程界已逐步建立了一整套相对完善的温控防裂理论体系，形成了较为系统的混凝土温控防裂措施，包括改善混凝土抗裂性能、分缝分块、降低浇筑温度、通水冷却、表面保温等，但"无坝不裂"仍然是一个客观现实。混凝土裂缝产生的原因复杂，主要为结构、材料、施工等方面，其中一个重要原因是信息不畅导致措施与管理不到位，即信息获取的"四不"——不及时、不准确、不真实、不系统。同时，由于人为的控制方式，施工质量往往受现场工程人员的素质影响较大，产生与设计状态较大的偏差，导致温控施工的"四大"

问题，即温差大、降温幅度大、降温速率大、温度梯度大，最终导致混凝土裂缝的产生。

近年来，信息化、数字化、数值模拟仿真、大数据等技术的迅速发展为大坝温控防裂的智能化提供了机遇。笔者针对大体积混凝土温控施工及数字监控存在的问题，提出了"九三一温度控制模式"，"九"是九字方针，即"早保护、小温差、慢冷却"；"三"是三期冷却，即"一期冷却""中期冷却"和"二期冷却"；"一"为一个监控，即"智能监控"。通过"九三一"温控模式，配合智能化控制可有效解决"四不"，控制"四大"，从根本上达到混凝土温控防裂的目的。

目前，大体积混凝土防裂智能监控技术已成功应用于鲁地拉、藏木等工程，目前正在丰满重建及黄登工程实施。

2 智能监控系统的总体构成

智能监控系统的构成同人工智能类似，包括感知、互联、分析决策和控制四个部分。感知主要是对各关键要素的采集（自动采集和人工采集）；互联是通过信息化的手段实现多层次网络的通信，实现远程、异构的各种终端设备、施工机械和软硬件资源的密切关联、互通和共享。控制包括人工干预和智能控制，其中人工干预主要是在智能分析、判断、决策的基础上形成预警、报警及反馈多种方案和措施的指令，根据指令进行人为干预；智能控制主要是自动化、智能化的温度、湿度、风速等小环境指标控制、混凝土养护、混凝土保温和通水冷却调控。分析决策是整个系统的核心，通过学习、记忆、分析、判断、反演、预测，最终形成决策。感知、互联、和控制相辅相成、相互依存，以分析决策为核心桥梁形成智能监控的统一整体，见图1。

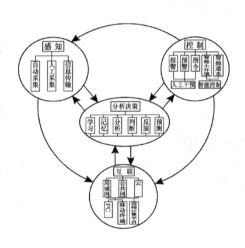

图 1　大体积混凝土智能监控构成图

智能监控系统包含两个层次，"监"和"控"，"监"是通过感知、互联功能对影响温度控裂、防裂的施工各环节信息进行全面的检测、监测和把握；"控"则是对过程中影响温度的因素进行智能控制或人工干预。整个智能监控系统示意图见图2，在混凝土施工的各个环节，包括拌和楼、浇筑仓面、通水冷却仓、混凝土表面等部位布置传感器，在坝区根据需要设置分控站，用以搜集管理信息并发出控制指令，对各环节中可能自动控制的量进行智能控制，各分控站通过无线传输的方式实现与总控室的信息交换，构成完整的监控系统。

智能监控系统可成功实现混凝土自原材料、拌和、运输、入仓、平仓、振捣、养护、通水冷却、接缝灌浆温控信息的自动感知、传输、互联、共享及控制，实现了基于互联网、物联网技术的温控防裂的全要素、全过程动态控制与管理，从而有效防止大体积混凝土裂缝的发生，提高混凝土的施工质量。

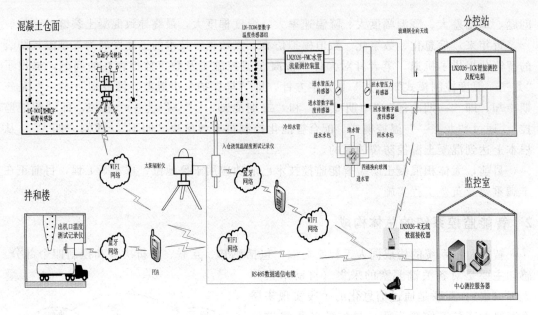

图 2 智能监控系统现场构成示意图

3 感知

感知，即实时采集施工各个环节的信息。通过分析总结出 22 个温控全要素全过程感知指标（图 3），用于监控施工各环节影响温控的因素及混凝土的状态。其中大多数的观测量可用固定式仪器自动观测，少数量如机口温度、入仓温度、浇筑温度采用手持式数字温度计进行半自动化观测。

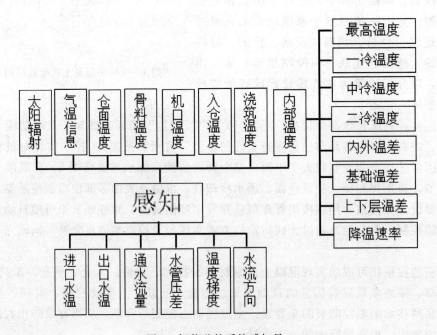

图 3 智能监控系统感知量

（1）开发了适应大坝施工恶劣环境的数字温度、水压、梯度、仓面小气候监测设备（图4），成功实现了混凝土内部温度、温度梯度、仓面小气候（温度、湿度、风速、风向）等海量温控数据的自动化采集。

（2）开发了适应施工移动需求的便携式温度采集设备，基于GPS和蓝牙技术，实现了机口温度、入仓温度、浇筑温度的实时温度测量、测点定位、传输及入库。

（3）开发了混凝土内部温度通水冷却控制装置，实现了冷却水温、流量、流向、水压的自动采集。

图4　仓面小气候装置

4　互联

互联是通过信息化（蓝牙、GPS、ZigBee、云技术、互联网、物联网等）的多种技术，通过研发相关设备及设置分控站及总控室，使各施工设备之间、测温设备之间、测温设备与分控站、分控站与总控室之间建立实时通信，实现混凝土自原材料、混凝土拌和、混凝土仓面控制、混凝土内部生命周期内各种温控数据的实时采集、共享、分析、控制及反馈，互联结构见图5。

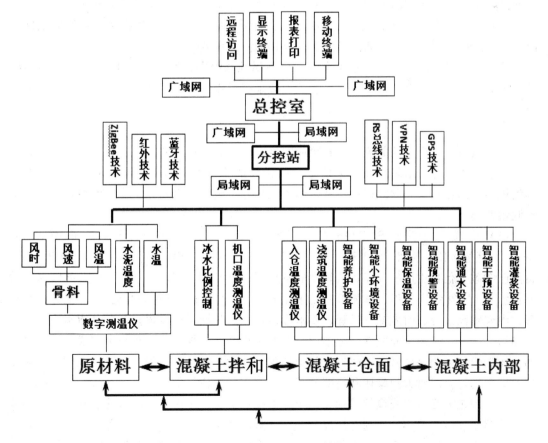

图5　智能监控系统互联结构图

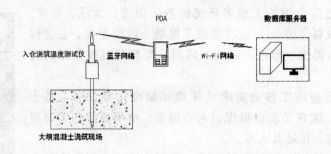

图 6 入仓浇筑温度测量数据互联结构图

入仓浇筑温度测量数据互联结构图见图 6，入仓浇筑温度测试仪通过蓝牙与移动终端连接并通过 GPS 进行自动定位，移动终端通过 Wi‐Fi 网络与分控站或总控室服务器连接，测量的温湿度可通过该种互联方式实时自动传输至数据库，最后通过远程的方式可实现数据库的访问。

实现互联的设备主要包括传感器、控制器、移动终端、施工设备、通水设备、固定终端、展示设备等。互联所采用的技术主要包括云互联、蓝牙、总线、ZigBee、Wi‐Fi、GPS 等。设备与分控站或总控室的互联主要是通过局域网的方式实现，分控站与总控室可通过局域网或广域网的方式实现，最后通过公共广域网实现数据库的远程访问。

（1）开发了集 RS485、ZigBee、Wi‐Fi、蓝牙、GPS 等多手段融合的大容量数据实时互联、物联装置，可满足低温条件下（−40℃）海量数据网络传输需求。

（2）基于二维码、GPS 等技术实现了设备属性（编码、地址等）及人员的自动识别，并通过无线网络自动发送至服务器，便于现场系统操作与施工管理。

5 分析决策

分析决策是整个系统的核心，直接或间接获取的感知量，通过学习、记忆、分析、判断、反演、预测等，最终形成决策信息。主要包括 SAPTIS 仿真分析模型、理想温度过程线模型、温度和流量预测预报模型、温控效果评价模型、表面保温预测模型、开裂风险预测预警模型等。

（1）仿真分析系统 SAPTIS（Simulation Analysis Program for Temperature and Stress）是笔者团队历经 30 年开发的一个混凝土结构全过程、多场耦合仿真分析系统，目前已突破上亿自由度的计算。该软件的特点可以概括为"9321"，"9"是指可以模拟的 9 个过程：气象变化过程、基岩开挖过程、回填支护过程、浇筑硬化过程、温度控制过程、灌浆锚固过程、时效变形过程、蓄水渗透过程、长期运行过程；"3"是指水—热—力三场耦合；"2"是两个非线性指弹塑性非线性和损伤非线性；"1"是一个迭代，即各种缝的开闭迭代。采用该软件可以模拟自基础开挖到建设、运行全过程各环节的温度场、渗流场及应力场，及时对大坝整体和局部的工作状态进行数值评估。

（2）理想温度过程线模型是指在一定的温控标准下，考虑不同坝型特点和坝体不同分区，按照温度应力最小的原则，从温差分级、降温速率、空间梯度控制等因素考虑，针对不同的工程、不同的混凝土分区甚至针对每一仓混凝土制定的个性化温度控制曲线。

（3）温度预测预报模型，通过该模型可以预测未来温度变化，给出通水控制参数。该模型考虑了内部发热、表面散热、相邻块传热、通水带热等因子的影响，同时利用监测数据进行自学习和自修正，该模型的基本原理为

$$T_{i+1} = T_i + \Delta\theta_i + \alpha_1 \overline{T_a} + \alpha_2 \overline{T_b} + \frac{\alpha_3(L, T_w, a)(q_i + q_{i+1})}{2} \tag{1}$$

式中　T_{i+1}——预测时间 $i+1$ 时刻的温度；

　　　　T_i——当前温度；

　　　　$\Delta\theta_i$——绝热温升；

　　　　α_1——表面散热系数；

　　　　$\overline{T_a}$——表面温度；

　　　　α_2——相邻块散热系数；

　　　　$\overline{T_b}$——相邻块温度；

　　　　α_3——通水散热系数；

　　　　L——管长；

　　　　T_w——水温；

　　　　a——管径；

　　q_i，q_{i+1}——i 时刻及 $i+1$ 时刻流量。

（4）通水参数预测预报模型，根据实测温度过程、个性化温控曲线、预测温度，基于仿真模型就通水参数（流量、水温、流向）进行预测预报。

（5）温控效果评价模型，通过设计有限的 8 张表格和 12 张图形可以直观实时全面定量评价温控施工质量。

（6）表面保温预测模型，是每天根据大坝的实际浇筑情况实时搜索暴露面，衔接天气预报、实测气温、混凝土内部温度等信息，通过应力仿真计算暴露面长周期应力及短周期应力并对二者进行叠加，根据应力分析结果及实际采用的保温材料参数特性，给出是否需要保温及保温层厚度的建议。

（7）开裂风险预测预警模型，通过对大坝浇筑到运行全过程实时跟踪反演仿真分析，及时预测未来温度、应力及开裂风险，实时提出预警并给出措施与建议。

（8）拱坝倒悬安全预报预警模型，通过仿真计算对拱坝倒悬安全进行实时评价，实现拱坝倒悬安全的预报预警。

以上 8 个模型是智能监控的核心，通过这些模型可以对当前温度控制状态进行评价，对下一步措施、参数提出决策。

6　控制

控制包括人工干预和智能控制两部分，主要包括 6 个子系统（图7）。其中，预警发布及干预反馈子系统及决策支持子系统需要人工干预。

预警发布及干预反馈子系统是根据现场实时获取的监测数据通过分析决策模块进行自动计算，对超标量进行自动报警或预警，最后系统自动将报警或预警信息发送至施工人员的终端设备上，施工人员根据报警信息进行人工干预，见图 8。决策支持子系统是通过温

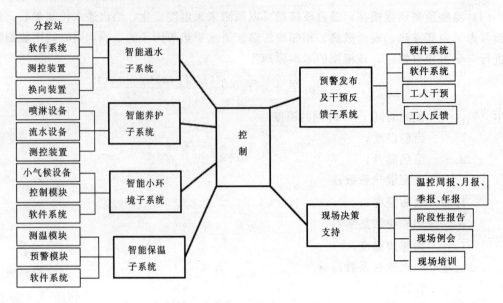

图 7　控制结构图

控周报、月报、季报、阶段性报告，现场培训等方式实现温控施工的阶段性总结。

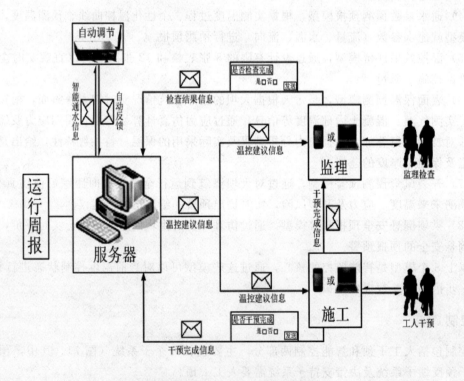

图 8　干预反馈子系统流程图

智能控制主要包括智能通水子系统、智能小环境子系统、智能养护子系统、智能保温子系统。智能通水子系统主要是按照理想化温控的施工要求，基于统一的信息平台和实测

284

数据，运用经过率定和验证的预测分析模型，通过自动控制设备对通水流向、流量、水温的自动控制。智能小环境子系统根据现场实时实测的温度、湿度，自动控制仓内小环境设备（如喷雾机），使仓面小环境满足现场混凝土浇筑要求。智能养护子系统是根据实时监测的混凝土内部温度、表面温度等信息自动控制流水养护、花管养护等设备。智能保温子系统是根据实时监测的混凝土内部温度、寒潮等信息，基于光纤测温技术，实现混凝土仓面保温参数的自动计算，并给出对应材料保温厚度的建议及预警。

7 工程应用

自 2009 年开始智能监控系统部分功能已在鲁地拉、藏木等工程获得成功应用。目前，该系统正在丰满及黄登工程全面实施。

图 9 为智能通水结果图，图中包含流量、实测温度、目标温度和预测温度，由图可知，实测温度与目标温度和预测温度基本一致。图 10 为智能监控系统针对锦屏一级基础约束区固结灌浆"一进一出"和"三进三出"提供的计算结果图，由图可知"三进三出"加保温方案是最优方案。图 11 为现场测控装置布置图，图 12 为软件界面。

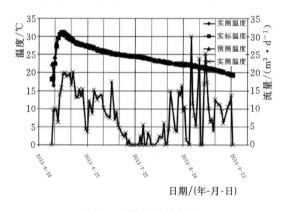

图 9　智能通水结果图

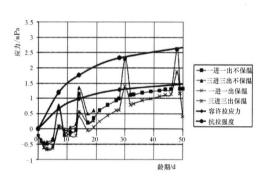

图 10　长短周期应力叠加图

图 11　现场测控装置布置图

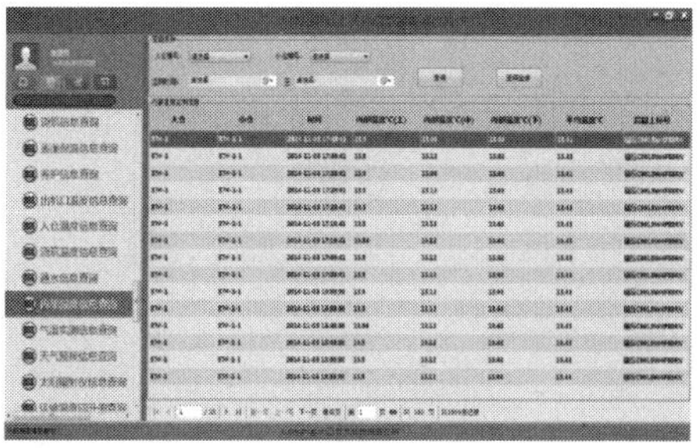

图 12　软件界面图

表 1 为 3 个工程的应用效果表，由表可知采用该技术后，裂缝发生率明显减小，可有效保证工程的安全。

表 1　　　　　　　　　　　　　工程应用效果表

工程名称	发电日期	裂缝总数量	监控坝段
工程 1	2013 年 8 月	数十条＋廊道裂缝	均非温度裂缝
工程 2	2014 年 5 月	数十条	1 条
工程 3	2014 年 11 月	少量裂缝	监控坝段无裂缝

8　结语

信息化、数字化、智能化技术的发展为温控防裂的智能化创造了条件，在混凝土温度控制的各个环节，包括原材料预冷、混凝土拌和、运输、入仓、平仓振捣、通水冷却、表面保护等，以仿真、分析、预警、决策为核心，利用数字化技术、互联技术和自动控制技术，可有效避免传统施工方式带来的偏差和人为因素带来的不确定性。本文就智能监控技术的构成进行了详细介绍。感知技术可以实时、准确地获取各个环节的有效信息；互联技术可以将施工现场的感知仪器、施工机械、控制设备、移动终端、固定终端等进行互联互通与共享。智能拌和楼、智能通水、智能保温、智能养护技术可实现温控全环节、全过程的高精度控制。智能监控的核心是分析与决策，共包括 8 个模型，利用确定性仿真分析方法和统计分析模型，以应力最优措施合理可行为目标，动态确定每仓混凝土的冷却曲线，在此基础上调整各环节的温控参数，通过预测目标温度和实测目标温度的反复比较，不断地调整温控参数，使最高温度、温差、温度变化速率最优，从而控制应力，达到防裂的目的。

目前，智能监控技术已在鲁地拉、藏木两座混凝土坝成功应用，取得良好的效果。工程实践表明，分析决策部分的几个控温模型是技术关键，应用于具体工程时各模型还有待于不断改进、优化。

超声横波三维成像法在混凝土
缺陷检测中的应用研究

范泯进[1] 袁 琼[2] 沙 椿[1]

(1 四川中水成勘院工程勘察有限责任公司 四川成都 610072;
2 中国水电顾问集团成都勘测设计研究院有限公司 四川成都 610072)

【摘　要】　在目前的水工建筑工程中混凝土已是最主要的工程材料,混凝土浇筑的质量与工程整体安全紧密相关。近年来无损检测混凝土内部质量情况的需求已日益强烈,目前常用的方法是探地雷达法、超声波测缺法、垂直反射法、红外成像法等。上述方法中的大多数只能适用于比较有限的区域,探测深度和精度都具有较大局限性。国外最新技术利用横波在固体中的传播优势,结合多触点干式检波器、"合成孔径聚焦技术"和三维层析成像技术形成了一套混凝土检测超声横波三维成像法。本文通过实例探讨该方法在水工混凝土缺陷(如裂缝、脱空和钢筋埋设情况)无损检测中的应用。

【关键词】　超声横波三维成像　NDT 3D　混凝土　缺陷　检测

1　引言

水工混凝土结构一般比较复杂,其内部缺陷又具有较强的隐蔽性。实现对其内部缺陷的有效探测,对缺陷类型、深度和发育范围的定量分析,是混凝土质量评价和缺陷处理方案设计的重要依据。目前混凝土缺陷探测常用的方法是超声波测缺法、垂直反射法、探地雷达法、红外热成像法等,上述方法中大多数只能适用于比较有限的区域,探测深度和精度都具有较大局限性。一直以来,国内外都在积极研究能实现混凝土质量无损检测的"低干扰、高精度"技术。近年来,利用超声横波在"固体—空气""固体—水"中的传播优势以及不受电磁屏蔽影响等特性,结合先进的干式点接触传感器、"合成孔径聚焦技术(Synthetic Aperture Focusing Technique,SAFT)"和医学三维成像技术形成的混凝土超声横波三维成像法,已处于混凝土无损检测技术的前沿。该技术在混凝土表面开展工作,可实现对混凝土结构内部不密实、脱空以及缝隙等缺陷的探测,并能对缺陷几何空间形态进行三维成像;此外,该技术可应用于混凝土内部钢筋或埋设管道的数量、分布形态以及灌浆质量检测。

2　超声横波检测技术

超声波具有传播能量大、穿透能力强、方向性好、灵敏度高等特点,它已成为工程无损检测中的一项重要媒介。超声波在混凝土等介质中传播时遇到缺陷后因不同界面的波阻抗差异会产生反射或透射现象，进而导致声波速度和能量的差异，超声波检测便是通过分析上述差异来达到检测缺陷的目的。超声波检测中常用的是纵波和横波。其中，横波是介质在受到交变剪切力作用下发生剪切形变产生的，其质点的振动方向与波的传播方向垂直。在传播横波时物体中质点产生了剪切变形，由于空气和水中不存在剪切弹性，故而横波只能在固体中传播。在同种介质中传播时，横波速度约为纵波的一半，因此在频率相同时横波的波长也大致为纵波波长的一半；同时，由于在混凝土中横波的散射比纵波弱，横波检测时相较于纵波噪声更低，能识别更小的缺陷。

当混凝土内部或混凝土与基岩等其他介质结合良好情况下，横波在介质内传播时反射能量很弱、以几乎全部透射的方式继续传播超声横波缺陷检测技术示意图见图1。当混凝土内部或与其他介质结合不好时，会存在"混凝土—空气""混凝土—水"等界面（即由欠密实、空洞或缝隙等缺陷引起），当横波传播中遇到这些界面时几乎全部被反射，由于反射波的叠加接收换能器收到的信号能量会大幅度变强，检测系统即能由此识别缺陷发育情况。

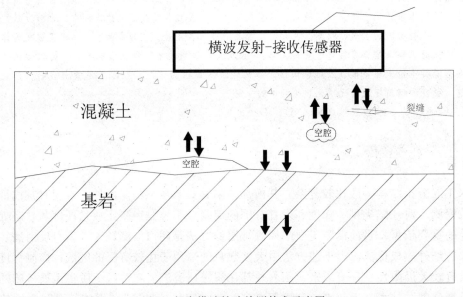

图1　超声横波缺陷检测技术示意图

3　干式点接触传感器

在超声波检测中，由于传感器与混凝土的接触面积较大、混凝土表面凹凸不平，使得传感器与混凝土表面的耦合程度一直是影响检测效果的重要因素。随着国内外对超声波发射理论的深入研究以及近些年电子设备的发展，低频干式点接触传感器应运而生。这种传感器以陶瓷作为压电尖端，其与混凝土表面的接触范围仅为1～2mm。超声波混凝土检测时使用的波长一般为20～100mm，因而可将这种传感器与混凝土表面之间视为点接触；此外，传感器压电尖端陶瓷内部采用独立弹簧支撑，可实现10mm左右的伸缩，当混凝土表面存在凹凸不平时也可与其良好接触，实现了无需耦合剂的干式接触。干式点接触传感器设计尺寸较以往大大减小，使得传感器可以整齐一体排布形成"天线阵列"。干式点接触传感器与"天线阵列"展示图见图2)，主机控制器便可以在很短时间内同时实现多达几十道数据的采集。

图2　干式点接触传感器与"天线阵列"展示图

4　混凝土内部三维重建

混凝土缺陷检测常用垂直反射法或超声波对测法等，一般均采用一个传感器发射信号，另一个传感器接收信号，通过一个点位一个点位的测试来分析混凝土内部状况。近些年随着单片机技术的大幅提升，医学中超声波三维层析成像技术也已在物探检测中广泛应用。但由于混凝土内部结构复杂，准确重建混凝土内部图像需要大量传感器组合的测试数据，传统的传感器却难以满足这种测试要求，而干式点接触传感器"天线阵列"的出现，使得三维重建混凝土内部缺陷状况成为可能。

"天线阵列"的传感器具有很高的衰减系数，可以产生持续时间极短的脉冲信号，这样便能在短时间内实现多对传感器的"发射—接收"。主机控制器控制其中的某个传感器充当发射器，而其余的传感器作为接收器。当混凝土内部存在缺陷等导致的异常反射面时，会在对应传感器组合之间出现反射信号。混凝土被细分为许多小体积元，根据信号到达时间和传感器组合之间的已知位置，可以得到反射界面的深度。缺陷深度确定示意图见图3。通过采用3D合成孔径聚焦的数学算法对"天线阵列"中的信号数据进行综合计算，便可"聚焦"到混凝土内部的缺陷位置，重建混凝土构件内部的三维图像。合成孔径聚焦算法示意图见图4。

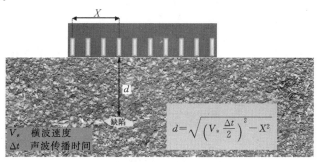

图3　缺陷深度确定示意图

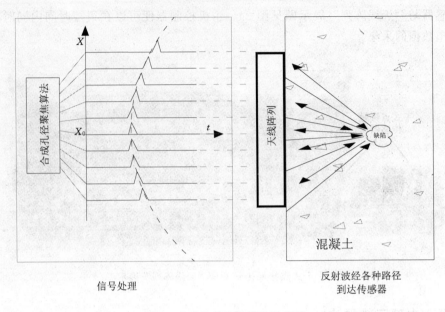

图 4　合成孔径聚焦算法示意图

5　测试系统与方法

　　超声横波三维成像法测试系统主要由"天线阵列"、传感器控制单元和微型计算机组成。其中"天线阵列"由具备 $25\sim85kHz$ 可调频率、以 4×12 阵列方式排布的干式点接触压电传感器组成；控制单元控制"天线阵列"中传感器以多种组合方式发射和接收横波

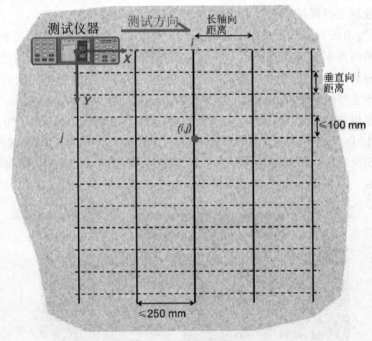

图 5　网格布置与测试示意图

信号；微型计算机收集数据，以合成孔径聚焦技术为主要算法，重建混凝土构建内部三维图像。该系统有效探测深度可达 2m。

对混凝土构件进行详细检测时，一般在检测表面布置网格状测线进行连续扫描。网格布置与测试示意图见图 5。网格单元长轴方向一般与"天线阵列"长轴方向一致，相邻网格单元间距不大于 25cm；垂直于扫描方向网格间距不大于 10cm；检测时"天线阵列"一般沿长轴方向按照布置网格采集数据。网格测试完成后，由计算机生成混凝土构件内部三维成像图，便可确定构件中缺陷等反射界面的位置。混凝土内部结构重建示意图见图 6。

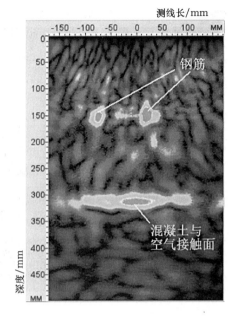

图 6　混凝土内部结构重建示意图

6　工程试验研究

6.1　混凝土裂缝检测

2015 年 11 月某已建成水电站在进行联合巡检时发现，该水电站水垫塘右岸 360.00m 高程混凝土马道 SR9-33# 仓块混凝土表面有裂缝出露。为有效探明该部位混凝土内部裂缝发育深度及影响范围，同时减少对混凝土仓面的二次破坏，遂开展超声横波三维成像法检测。测线布置以出露裂缝为中心进行网格状覆盖，网格单元尺寸为 200mm×100mm，网格单元长轴向垂直于河流向，同时为测试方向。水垫塘 SR9-33# 仓块混凝土展示图见图 7。

（a）检测部位现场展示图

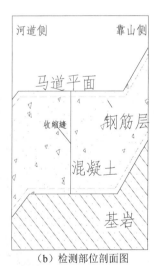

（b）检测部位剖面图

图 7　水垫塘 SR9-33# 仓块混凝土展示图

测线 D1 距 SR9-33# 仓块上游边缘 20cm，测线 D1 断面检测成果图见图 8。图中在

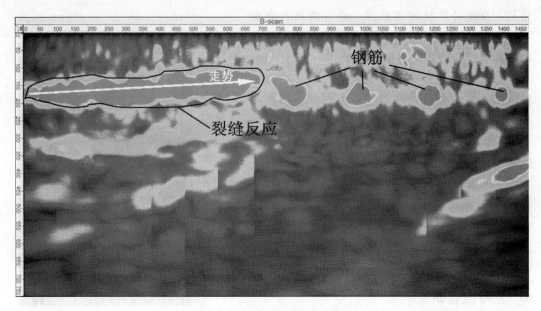

图 8　测线 D1 断面检测成果图

700～1450mm 范围内埋深 200mm 处钢筋呈"红色圆形"均匀间隔出现；在该图中靠河侧 0～700mm 范围内"红色圆形"状钢筋不再能分辨，取而代之是埋深 100～200mm 范围内，沿设计钢筋层位的一条明显红色条带，该红色条带即为裂缝反应。断面图中裂缝形态清晰，自靠河侧边缘向靠山侧延伸，埋深主要位于钢筋层并逐渐向仓块表面发育，裂缝未穿透钢筋层向仓块混凝土深部发育。

　　超声横波检测三维成像图见图 9。在三维成像图中 700～1450mm 范围内钢筋形态以

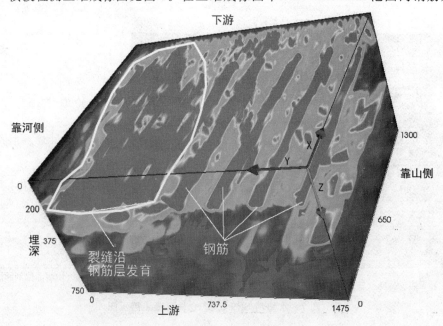

图 9　超声横波检测三维成像图（单位：mm）

292

条状完全呈现。而在 0～700mm 范围内裂缝则沿钢筋以层状出现。裂缝在仓块边缘发育最深为 200mm（未穿透钢筋层），裂缝往下游发育过程中在 1300mm 位置出露于混凝土表面；在朝靠山侧方向，裂缝延伸至约 700mm 处。

为检验超声横波三维成像的测试精度，对 SR9-33# 仓块上游边缘混凝土进行开凿，混凝土开凿现场展示图见图 10。自靠河侧向靠山侧方向开凿长度 1m，开凿深度 24cm。混凝土开凿后现场测量裂缝埋深、形态数据与该部位超声横波三维成像检测结果完全一致。

图 10　混凝土开凿现场展示图

6.2　衬砌墙钢筋搭接探测

某在建水电站引水隧洞变形段扩挖处理和钢筋混凝土浇筑过程中，为避免一次性全断面开挖带来的施工安全隐患，在扩挖换拱完成以后，对该部位二衬混凝土分两期浇筑。先期浇筑上部 240°范围内的上拱部分，然后浇筑下部 120°范围内的仰拱部分。为确保工程质量，需对两期混凝土交界位置部分桩号段的钢筋搭接情况进行检测。

先期初步采用地质雷达进行检测，但由于该变形段钢筋排布密集（环状双筋设计，钢筋平均间距<10cm），受其影响地质雷达仅能探测部分桩号段混凝土保护层厚度，难以满足对钢筋搭接情况的检测要求。衬砌墙局部地质雷达检测成果图见图 11。

为实现检测目的，调整方案后采用超声横波三维成像法进行检测，检测主要针对重点桩号段进行。于指定桩号段衬砌墙表面布置 3m×2m 的矩形检测区域，以沿河流向为横测线，沿环形洞周方向为纵测线。横测线以两期混凝土交界缝为中心往顶拱和底板方向布置，每条横测线间隔 10cm，共布置 20 条；纵测线与横测线垂直，每条纵测线间距 20cm；如此，将检测区域划分为多个 200mm×100mm 网格单元，超声横波三维成像检测网格布

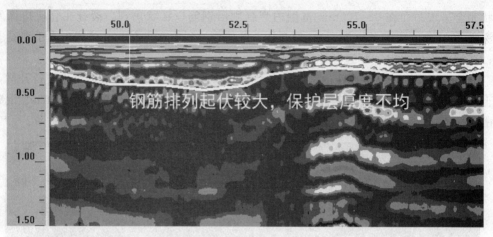

图 11　衬砌墙局部地质雷达检测成果图（单位：m）

置示意图见图 12。检测时沿网格进行逐步扫描。

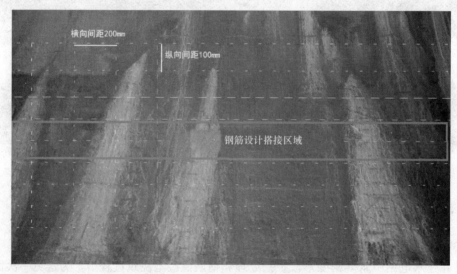

图 12　超声横波三维成像检测网格布置示意图

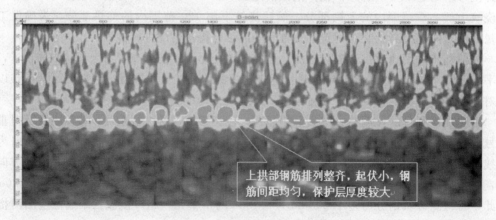

图 13　上拱部钢筋排列情况图

在对衬砌墙上拱段和仰拱段横测线检测后发现，两个区域钢筋排布差异较大。上拱部钢筋排列情况图见图13。上拱部分钢筋排列整齐，起伏较小，钢筋间距均匀，保护层厚度在400mm左右。仰拱钢筋排列情况图见图14，仰拱钢筋排列起伏较大，钢筋间距不均匀，保护层厚度不均匀，处于在50~400mm。

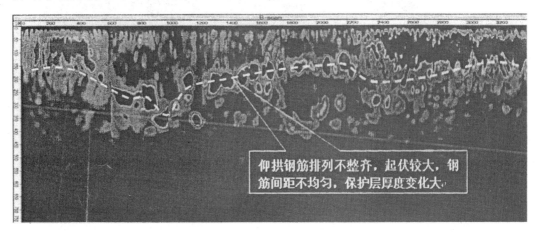

图14　仰拱钢筋排列情况图

在完成整个区域网格测线扫描后进行整体三维成像，超声横波三维成像见图15。图中钢筋排布、形态清晰明确。

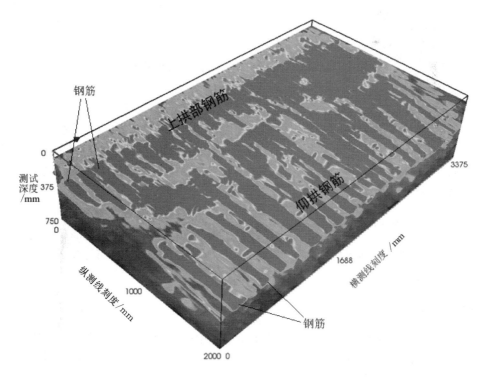

图15　超声横波三维成像图

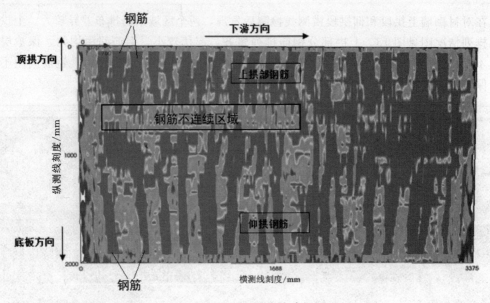

图 16　面向衬砌墙方向直视图

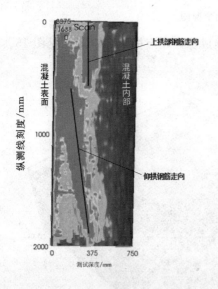

图 17　沿洞周方向切面图

面向衬砌墙方向直视图见图 16，图中上拱部钢筋形态清晰、排布均匀，预留搭接长度较为一致。而仰拱钢筋排列较为杂乱，间距不均匀，多处存在交叉现象。此外，图 16 显示上拱部钢筋与仰拱钢筋未连续出现，上、下钢筋之间存在明显的"断带"，即钢筋未连接。

沿洞周方向切面图见图 17，可发现上拱部钢筋起伏较小，埋深一致，保护层厚度均为 360mm 左右；仰拱钢筋从下往上逐渐曲向混凝土表面，保护层从 360mm 左右逐渐减小。由此导致在钢筋搭接区，部分上拱部钢筋端头与仰拱钢筋不在一个平面，存在错位情况，未实现搭接。

在超声横波三维成像检测完成后，对检测结果中钢筋未搭接区域衬砌墙混凝土进行开凿。开凿至 50mm 后发现仰拱钢筋端头，仰拱钢筋长度不一，排列参差不齐，未与上拱钢筋实现有效搭接，衬砌墙混凝土开挖现场展示图见图 18。

7　结论

超声横波三维成像检测法汇集了当前无损检测中的先进理论、计算方法和电子设备。该方法现场测试简便、快速且不对混凝土造成附加损害。超声横波三维成像法探测深度一般不超过 2m，对混凝土内不密实、脱空以及缝隙等缺陷的反应敏感，并能对缺陷的空间形态进行三维立体成像；此外，该技术可有效探查混凝土内部钢筋或埋设管道的数量和分

图 18　衬砌墙混凝土开挖现场展示图

布形态。

　　在实际工作中，由于横波波速直接决定系统的"聚焦"范围，因此现场测试时应首要对波速进行准确测定；针对不同类型的检测任务应采用不同发射频率；此外，当以"网格"测线方式进行扫描检测时，应控制单元格横向和纵向间距，过大或过小均不利于重建成像。

多波束测深系统在大水深泄洪消能建筑物水下检测中的应用研究

袁 琼[1] 孙红亮[2] 卫 蔚[1] 沙 椿[2]

(1 中国电建集团成都勘测设计研究院有限公司 四川成都 610072;

2 四川中水成勘院工程勘察有限责任公司 四川成都 610072)

【摘 要】 近些年来，我国一直处于水电开发与建设的高峰期，大量的实际需求促进了高坝泄洪消能技术的发展与进步。消能系统多为水垫塘或消力池，在下游水位较高时，长期处于水下十几到几十米。因此无法考虑修筑尾坎进行抽水检查，需要采取水下检测手段。已有工程检测方法以水下摄像、潜水检查为主，但存在水下摄像可视范围小、整体性差、定位繁琐等缺陷。多波速测深系统在大水深泄洪消能系统水下冲磨情况检查中得到了较好应用，采用卫星定位，利用水下反射波测量水下地形，精度高、三维可视化效果好。该项技术推广于泄洪消能系统检查中极具重大意义，可以减少大量的围堰堆筑、抽水准备工作，为高坝泄洪消能设施的安全运行管理等提供了较好的检查手段。

【关键词】 多波束测深系统 大水深 泄洪消能建筑物 水下冲蚀磨损检查

1 引言

多波束测深系统也称声呐阵列测深系统。近年来多波束测深技术日益成熟，波束数已从 1997 年首台 Sea Beam 系统的 16 个增加到目前 100 多个，波束宽度从原来的 2.67°减到目前的 1°~2°，总扫描宽度从 40°增大至目前的 150°~180°。GPS 全球定位系统在多波束测深系统中的应用，使得多波束测深系统不仅在海洋测绘中得到广泛应用，而且在江河湖泊测绘中的作用日益广泛。目前多波束测深系统不仅实现了测深数据自动化和实时绘制测区水下彩色等深图，而且还可利用多波束声信号进行侧扫成像，提供直观测时水下地貌特征。

大江大河上修建的水电站大多泄洪消能建筑物部分深埋于水下，由于下游水位高难于抽干检查，或抽干检查时花费巨大并且耗时长，影响泄洪消能系统的正常运行。将多波束测深系统应用于某水电站大水深泄洪消能系统的水下冲蚀磨损检查，取得了较好的检查效果，为泄洪闸首次泄洪后的效果和冲蚀磨损情况提供了翔实的检测成果，为消能系统的检修方案制定提供了有力的依据。

2 多波束测深系统基本原理

多波速测深系统工作原理与单波束测深仪一样，利用超声波原理工作。单波束测深仪，首先探头的电声换能器在水中发射声波，然后接收从河底反射的回波，测出从发射声波开始到接收回波结束这段时间，计算出水深。与单波束测深仪不同的是，多波束测深系统信号发射、接收部分由 n 个成一定角度分布的指向性正交的两组换能器组成，相互独立发射，接收获得一系列垂直航向窄波束，每次能采集到 n 个水深点信息。

多波束测深仪发射接收原理示意图，见图 1。

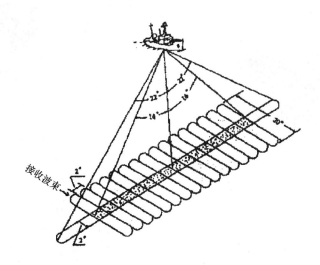

图 1　多波束测深仪发射接收原理示意图

3　工程应用试验研究

3.1　投入设备

本项目投入使用的多波束测深系统型号为 Reson 2024，该系统通过采用波动物理原理的"相控阵"方法可以精确定位（或称为指向）256 个波束中每个波束的精确指向（位置）。其指向性可控制到 0.5°。然后根据每个波束位置上的回波信号用振幅和相位方法确定深度，同时，具备 TruePix 功能，可以直观地得到水下地貌及其类型等特征。坐标测量采用 RTK‐GPS 实时动态定位技术，是一项以载波相位观测为基础的实时差分 GPS 测量技术。

设备主体部分与相互连接关系见图 2。

3.2　现场工作方法

（1）多波束探测系统各项传感器的安装。以特装冲锋舟为多波束探测系统的载体，安装多波束系统水下发射及接收换能器、表面声速探头、固定罗经、三维运动传感器及 RTK 流动站，各项安装须确保设备与船体摇晃一致。

（2）定位坐标系的测量与转换。工作现场首先将 RTK 基准站架设在人员干扰相对较少的区域并架设稳固，同时使用 RTK 流动站对坝顶基点进行了测量，作为本次水下检查项目的坐标框架，最后完成 WGS‐84 与雅砻江坐标系之间的转换四参数及高程拟合计算。

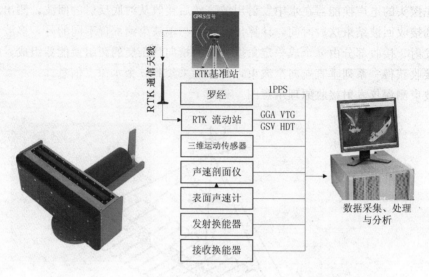

图 2　Reson 2024 多波束测深系统水下换能器示意与测深系统组成图

（3）船体各传感器相对位置的测量。船体坐标系统定义船右舷方向为 X 轴正方向，船头方向为 Y 轴正方向，垂直向上为 Z 轴正方向。分别量取 RTK 天线、定位罗经天线、接受换能器相对于参考点（三维运动传感器中心点）的位置关系，往返各量一次，取其中值。

（4）多波束系统水下探测作业。多波束探测系统对泄洪建筑物过流面进行全覆盖扫测，相邻测线覆盖范围重合至少 20%，对于重点部位（如明渠导墙与底板连接部位等）进行多次覆盖扫测。为进一步提高水下探测成果的可靠度，在作业过程中，需根据现场条件适时进行声速剖面的测量，且两相邻声速剖面采集时间间隔不应超过 6h。

3.3　数据处理

多波束内业数据处理采用 Qinsy 数据采集软件以及 CARIS HIPS and SIPS 实测数据后处理软件共同进行，实测数据的处理主要是对数据采集软件采集来的各传感器数据进行处理及对水深数据设定各项合理的过滤参数删除大部分的假信号。完成数据合并后对得到的水深及位置进行精过滤，其主要内容是对两条相邻测线重覆盖的地方的多余观测数据进行筛选、删除，以保留高精度的水深数据，最后绘制等深线图以及典型测线地貌图。

3.4　多波束检测冲蚀磨损情况试验研究

3.4.1　某水电站泄洪闸工程布置概述

该电站位于四川省攀枝花市盐边县境内的雅砻江干流上，由河床式发电厂房、泄洪闸及挡水坝等建筑组成，电站总装机容量 600MW，以发电任务为主，水库正常蓄水位 1015.00m，总库容 0.912 亿 m^3，水库具有日调节性能，坝顶总长 439.73m，最大坝高 69.5m。工程属二等大（2）型工程，永久性主要建筑物按 2 级建筑物设计，次要建筑物按 3 级设计。

电站泄洪闸由河床泄洪闸 4 孔和右岸导流明渠内 3 孔泄洪闸组成。

河床 4 孔泄洪闸坝（9#～11#坝段）布置于河床右侧，其左接厂房坝段，右接导流明渠。泄洪闸坝段沿坝轴线方向长 90.0m，闸室顺水流方向长 60.0m，最大闸坝高 63.3m。泄洪闸堰顶高程 994.00m，设有平板检修闸门和弧形工作闸门，孔口尺寸为 16.0m×21.0m（宽×高）。闸墩中墩厚 5.6m，边墩厚 4.6m，闸墩长度 60.0m。为了获得较好的泄流流态及消能效果，河床 4 孔泄洪闸坝闸墩采用宽尾墩进行辅助消能，闸墩在闸室后端将孔口宽度缩小至 9.1m。堰面曲线上游采用 $R=4.0$m 的圆弧线，堰顶接 7.0m 的水平段，下游采用 $y=0.03125x^{1.85}$ 的幂曲线，与半径 $R=55.0$m 的反弧段相连。下游消力池护坦顶高程 970.00m，消力池长度为 65.0m，消力池护坦厚 4.0m，消力池尾坎下游抛填大块石护底。

右岸导流明渠内布置 3 孔泄洪闸坝（12#～13# 坝段），该 3 孔泄洪闸是在一期导流明渠建筑物基础上改建完成的永久泄洪闸结构。沿坝轴线方向长 74.6m，闸室顺水流方向长度 60.0m，最大闸高 58m。泄洪闸坝堰顶高程 994.00m，设有平板检修闸门和弧形工作闸门，孔口尺寸为 16.0m×21.0m（宽×高）。堰面曲线上游采用 $R=4.0$m 的圆弧线，堰顶接 7.0m 的水平段，下游采用 $R=30.0$m 的圆弧线，通过坡度 1:1.99 的直线与半径 $R=40.0$m 反弧段相连，下游消力池护坦接导流明渠底板高程 982.00m，护坦长度 65m。

3.4.2 检测工作范围

河床段泄洪闸堰面和护坦表面，桩号（坝）0+016.79（弧门门槽后）～（坝）0+125.00；明渠段泄洪闸堰面和护坦表面，桩号（坝）0+016.70（弧门门槽后）～（左导）0+326.481；河床泄洪闸及明渠泄洪闸出口段。

3.4.3 多波束检查成果

1. 整体检查成果

三维成果图根据水底不同高程进行分色，精度可以达到厘米级别，反映的水下地形可视效果优越，消能区的磨损冲蚀情况整体反映非常清晰，见图 3。

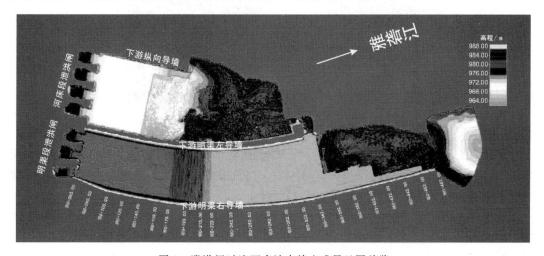

图 3　泄洪闸过流面多波束检查成果云图总览

2. 河床泄洪闸段

（1）护坦。本次多波束探测成果显示出河床泄洪闸护坦范围底板表面未见明显凹陷及凸起变形，基本为一个平面，无冲蚀破坏。底板与边墙接缝处测试云数据密集，未见缺陷发育；边墙表面较光滑，与底板呈现90°夹角。三维成果图见图4。

图4　河床泄洪闸段护坦表面三维成果图（由下游向上游方向看）

（2）护坦下游冲刷情况。约50m、左侧尾水渠边墙至右侧明渠左导墙范围形成冲刷坑，最大冲深约7m（约963.00m高程）。三维成果图见图5；等高线见图6。

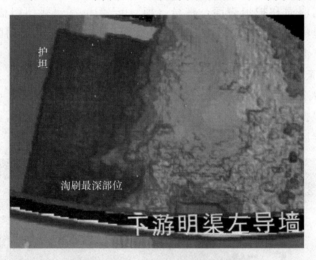

图5　护坦下游冲刷坑三维成果图

多波束测深成果显示在（坝）0+147.00剖面河床高程起伏高差达到4m，河床最低高程963.10m左右，最高高程966.30m左右，过流前该位置为下游危岩残体，拆除平整高程在970.00m左右。竖向剖面图见图7。

多波束成果显示在明渠左导墙左岸侧（坝横）坝0+170.00区域附近的高程974.00m以下存在明显淘空。左侧（坝横）坝0+125～0+170.00区域测试云数据见图8。云图表明：①高程974.00m以上墙体完整光滑，云数据密集，无明显冲蚀；②在高程974.00m附近区域，墙体有不同程度的凸起；③在高程974.00m以下区域至河床底部，存在1～2m范围的淘空区域。

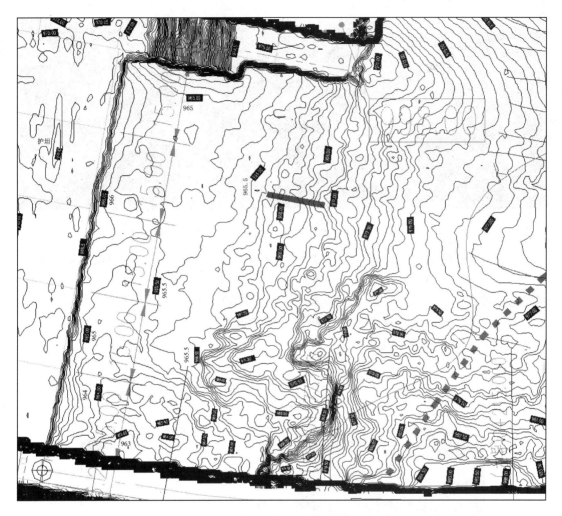

图 6 护坦下游冲刷坑等高线

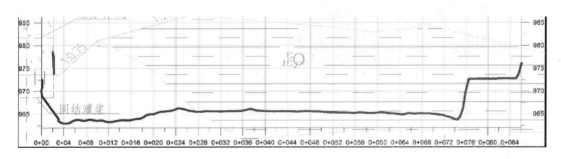

图 7 坝 0+147.00 竖向剖面图

3. 明渠段

（1）明渠范围内。多波束探测成果显示明渠范围内存在以下异常区域：

1）异常 1 区位于明渠泄洪闸段高程 982.00m 护坦，异常范围为（坝横）坝 0+076.00～0+108.00 以及（坝纵）0+10.00～0+40.00，为平面展布较大的下凹，混凝土表

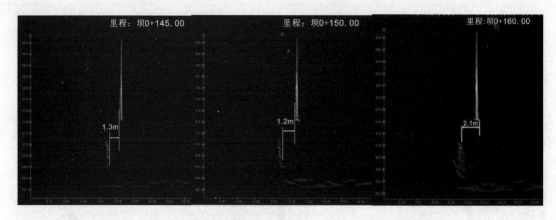

图 8　左导墙左侧（坝横）坝 0＋145～0＋160 区域竖向剖面图

观未见明显淘蚀现象，凹陷范围（长×宽×深）约为 45m×20m×0.06m，见图 9 和图 10。

2）异常 2 区位于位于明渠泄洪闸段高程 982.00m 护坦，接近下游明渠右导墙。异常范围为（坝横）坝 0＋104.00～0＋145.00 以及（坝纵）0＋60.00～0＋70.00，为平面展布较大的下凹，混凝土表观未见明显淘蚀现象，凹陷范围（长×宽×深）约为 45m×7.5m×0.1m，见图 9 和图 11。

3）异常 3 区位于位于明渠泄洪闸段高程 982.00m 护坦，异常范围为（坝横）坝 0＋168.00～0＋172.00 以及（坝纵）0＋48.00 附近，混凝土出现了错台现象，错台范围（长×宽×深）约为 3.5m×1.2m×0.1m，见图 12。

 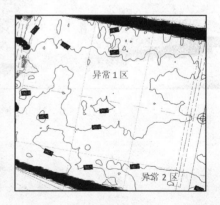

图 9　异常 1 区、异常 2 区测试成果三维图和等高线

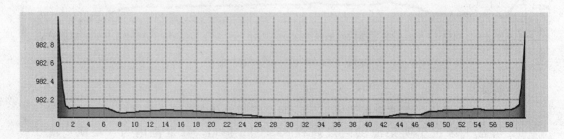

图 10　异常 1 区测试成果剖视图（左右岸方向，往上游看）

304

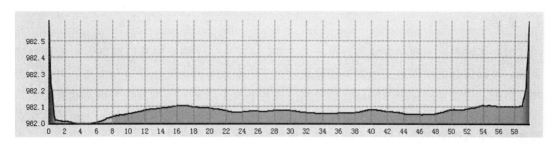

图 11　异常 2 区测试成果剖视图（左右岸方向，往上游看）

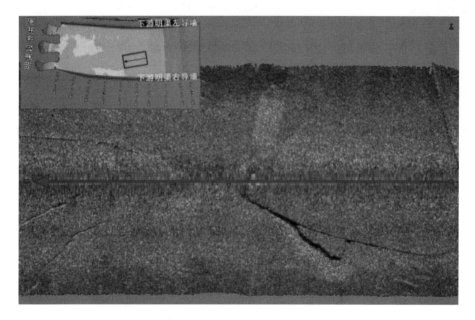

图 12　异常 3 区测试成果图

（2）明渠下游海漫段。多波束探测成果显示（明渠）0＋343.00 下游区域护坦混凝土分块脱开，脱开的混凝土分块多于 8 块（图 13），分块平面尺寸（长×宽）约为 13m×13m，介于（坝）坝 0＋168.50～坝 0＋172.00 之间。

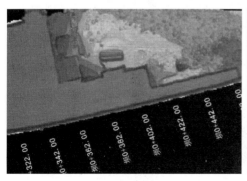

图 13　明渠下游区域（明渠 0＋343.00）测试成果图

4　结语

（1）多波束水下测深方法结合精准的 RTK - GPS 定位技术以及后期强大的数据处理系统，可以满足大水深水工泄洪消能建筑物过流表面水下冲蚀磨损检查的需要，对于局部冲蚀磨损、边墙竖向有淘蚀的部位结合其他检测手段予以进一步的复核可满足检查要求。

（2）多波束水下测深系统测量覆盖程度高，细微地形变化反应精度高，大量的水深点数据使等值线生成真实可靠。多波束测量泄洪闸冲刷范围内水下地形可 100％ 覆盖，与单波束比较，波束角窄，对细微地形的变化都能完全反映出来，对冲蚀磨损大于 1cm 以上的冲蚀磨损均能反映，可以满足整体判断泄洪闸水下护坦范围内的冲刷淘蚀情况，结合水下摄像和潜水人员对局部有异常的区域进一步检查，可以准确判断水下冲刷淘蚀情况。水下摄像检查时，由于泄洪后沉淀的淤泥质物覆盖部分护坦表面，影响对护坦表面磨损情况的判断，需要在检查前对淤积物进行冲洗。

（3）后处理软件功能强大，能对测量资料进行多种成图处理，可生成等值线图、三维立体图、彩色云图像、剖面图等。多波束系统同步记录船体姿态信息，起伏、纵摇、横摇、船向等，由后处理软件对测量结果进行校正，可使测量结果受外界不利因素影响减少到最低限度。由于野外测量记录的是未经任何校正的原始数据，测区是全覆覆盖，因此在后处理时，软件可对同一测区生成不同比例尺的水下地形图，以满足不同的需要。

（4）在多波速测深系统数据处理成图过程中，在边墙局部成果图因插值、成图算法原因出现"锯齿状条纹"，但不影响整体冲蚀磨损的判断，在后续试验研究中需要对条纹信息予以处理完善。

参 考 文 献

[1] 刘玉林. 基于 GPS - RTK 技术的水下地形测量 [J]. 中国水运，2013，13（9）：209 - 210.
[2] 李刚. 网络 RTK 技术在水下地形测量中的应用探讨 [J]. 科技创新导报，2010（28）：64.
[3] 孙双科. 我国高坝泄洪消能研究的最新进展 [J]. 中国水利水电科学研究院学报，2009，7（2）：89 - 95.
[4] 郑彤，周亦军，边少锋. 多波束测深数据处理及成图 [J]. 海洋通报，2009，28（6）：112 - 117.
[5] 殷刚，曹家印，宋学山，等. 多波速水下扫描勘测实践中的应用分析 [J]. 工程技术，2015（41）：72.

小湾拱坝高水位监测资料跟踪分析及其工作性态初步评价

余记远 迟福东 陈 豪

（华能澜沧江水电股份有限公司 云南昆明 650214）

【摘 要】 通过对小湾水电站拱坝三次蓄水至正常蓄水位期间监测资料的跟踪分析，评价了小湾拱坝的工作性态。利用大坝变形统计模型，对水压、温度、时效等大坝变形影响因素进行了分离，分析了各因素对大坝变形的影响程度，初步揭示了目前小湾拱坝顺河向在 3 次蓄水至 1240.00m 水位时仍有向下游变形增量的原因。

【关键词】 拱坝 蓄水 工作性态 统计模型

1 引言

小湾水电站位于云南省西部南涧县和凤庆县交界的澜沧江中游河段，系澜沧江中下游河段规划中 8 个梯级电站的第二级，是澜沧江中下游河段的龙头水库。小湾水电站拦河坝为混凝土双曲拱坝，最大坝高 294.5m，正常蓄水位 1240.00m，总库容 150 亿 m³，大坝坝顶弧长 892.79m，承受总水推力高达 1800 万 t，为世界上第一座 300m 级拱坝及承受水荷载最高的双曲拱坝。电站自 2008 年 12 月 16 日导流洞封堵下闸开始，蓄水过程按照"分期蓄水、监测反馈、逐步检验、动态控制"的原则，分四阶段逐步抬高水位，至 2012年 10 月 31 日，水位达到正常蓄水位 1240.00m。此后，分别于 2013 年 10 月 11 日和 2014年 9 月 30 日达到正常蓄水位 1240.00m[1]，2015 年来水量偏枯，未蓄至正常蓄水位。

小湾拱坝承受水荷载大，蓄水周期长，坝体应力变形复杂，且历经 4 个正常蓄水周期、3 年达正常蓄水位的考验后，有必要对大坝重点监测项目进行梳理，总结其规律性，以便为大坝后续蓄水安全及关注重点提供参考。为便于分析比较，本文重点对 3 次蓄水至正常蓄水位时监测数据进行分析，初步评价小湾拱坝工作性态。

2 监测体系布置及主要监测项目

2.1 拱坝监测体系布置

根据地质条件、科研计算成果和坝体廊道布置等，小湾拱坝选择 9#、15#、22#、29# 和 35# 共 5 个坝段为重点监测坝段，4#、41# 两个坝段为辅助监测坝段，形成 7 个观

基金项目：国家"十二五"科技支撑计划课题（2013BAB06B01）

测基面。选择 975m、1010m、1050m、1090m、1130m 和 1190m 拱圈，形成 6 个观测截面，构成外部监测七梁五拱、内部监测六拱五梁的监测体系，见图 1。

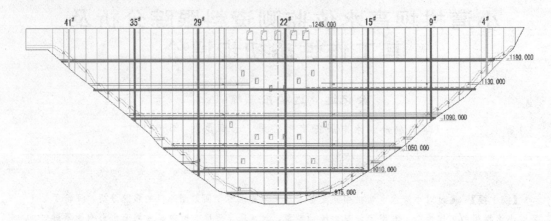

图 1　坝体监控体系构成示意图

2.2　主要监测项目及仪器

监测项目主要包括变形监测、渗流监测、应力应变及温度监测、接缝及裂缝监测、地震反应监测、水力学监测、诱导缝结构监测等[2]，采用主要仪器类型详见表 1。

表 1　　　　　　　　　　　　　　主要监测项目及仪器表

监 测 项 目	主 要 仪 器 类 型
变形监测	表明变形监测、正倒垂线、铟钢丝位移计、引张线、滑动测微计、多点位移计、固定测斜仪、GNSS 等
渗流监测	渗压计、测压管、水位孔、量水堰等
应力应变及温度监测	单项应变计、四项及七项平面应变计组、九项空间应变计组、压应力计、岩石应力计、钢筋等，铜电阻温度计及其他差阻式仪器等
接缝及裂缝监测	测缝计、裂缝计、应变计等
地震反应监测	强震仪、横缝开度动态监测、横缝钢筋应力动态监测等
水力学监测	水面线、动水压力、底流速、空穴监听、振动等
诱导缝结构监测	渗压计、测缝计、压应力计、量水堰等

3　主要研究成果

3.1　监测资料分析

本文对坝体及坝基变形、渗流、应力应变、诱导缝、温度裂缝等重点监测项目蓄至正常蓄水位 1240.00m 水位监测成果进行了研究，对 3 次蓄水至 1240.00m 水位重要监测资料成果进行了综合分析。主要规律如下：

（1）坝体坝基变形监测有以下方面：

1）径向位移。随水位抬升坝体径向整体继续倾向下游变形，总体呈现高程越高向下游变形越大的特征。在平面上，不同高程拱圈整体呈从两岸向河床坝段、向下游变形逐渐增大的"单峰型"特征，见图2。2014年1240.00m水位径向最大变形为122.5mm，较2013年及2012年1240.00m水位径向最大变形分别增加2.9mm、6.37mm，位于22#坝段坝顶。

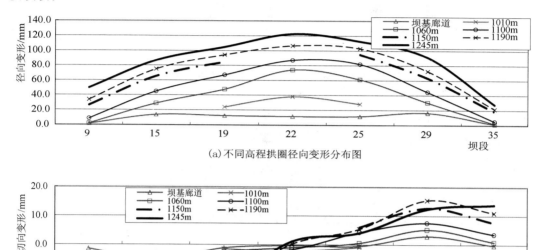

(a) 不同高程拱圈径向变形分布图

(b) 不同高程拱圈切向变形分布图

图2　1240.00m水位不同高程拱圈下径向、切向变形分布图（2014年9月30日）

2）切向位移。随水位抬升坝体切向整体继续倾向两岸变形，总体呈现高程越高向两岸变形越大的特征。在平面上，两岸和河床变形呈逐渐减小的反对称"S型双峰"特征，见图2。2014年1240.00m水位切向向右岸最大变形量为－17.97mm，较2013年及2012年变形量分别增加了0.9mm、0.86mm，最大变形均位于9#坝段高程1245.00m；2014年1240.00m水位向左岸最大变形量为15.37mm（A29-PL-02），2013年及2012年向左岸最大变形量分别为18.94mm、16mm，均位于35#坝段高程1245.00m。

3）垂直变形。坝体垂直变形特征为，随水位抬升，除个别岸坡坝段及灌浆洞垂直变形略有下沉外，其余部位垂直变形均呈现下沉量减小趋势，且河床坝段垂直变形下沉量减小趋势较两岸坝段明显。

（2）坝基渗流。在典型坝段布置3支或4支渗压计，第1支距上游面约5m，处于帷幕前、第2支紧接帷幕后，第3支位于第一排水廊道后，第4支位于坝下游面约5m。

1）坝基渗透压力和扬压力。渗压计测值与水位具有一定相关性，3次蓄水1240.00m水位过程中，除22#坝段外，坝基扬压力在帷幕及排水部位的折减系数均略有减小；除14#、22#、30#坝段外，坝基扬压力在帷幕及排水部位的折减系数均在允许范围内，符合坝基扬压力分布一般规律，见图3和图4。14#第一排水孔后、22#坝段帷幕后、30#坝段帷幕后折减系数分别为0.92、0.62和0.64（2013年1240.00m水位时折减系数分别为0.95、0.53和0.71），经分析认为坝基存在南北向裂隙缺陷，在高水头作用下连通渗压

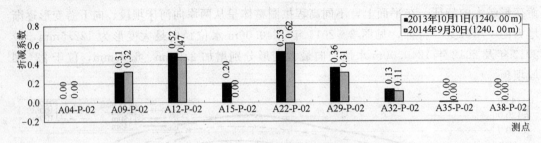

图 3 1240.00m 水位坝基渗压计扬压力折减系数分布图

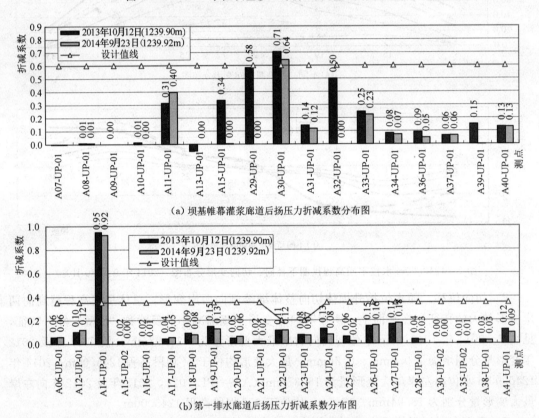

（a）坝基帷幕灌浆廊道后扬压力折减系数分布图

（b）第一排水廊道后扬压力折减系数分布图

图 4 1240.00m 水位坝基测压管扬压力折减系数分布图

计，属于有压力无流量的裂隙渗透压力作用，后期应加强渗压监测，并重点关注附近排水孔及测压管的排水量变化。

2）渗漏量。2012 年 1240.00m 水位下，坝体坝基及坝肩总渗漏量为 2.4L/s。2013年 1240.00m 水位下，坝体坝基及坝肩总渗漏量为 2.8L/s。2014 年 1240.00m 水位下，坝体坝基及坝肩总渗漏量 2.3L/s。可以看出，大坝渗流已基本稳定，大坝渗控系统运行良好。

（3）坝体坝基应力。其中竖向应力随水位上升坝体及坝基竖向应力总体呈坝踵继续减小、坝趾继续增加的趋势，坝体整体受压。1240.00m 水位时岸坡坝段坝踵压应力仍大于坝趾压应力，河床坝段已显现坝踵和坝趾压应力相接近的特征。坝体整体处于弹性工作状态。历经 3 次蓄水 1240.00m 水位后，坝体竖向应力、切向应力、径向应力等总体变幅不大。

（4）诱导缝的变形监测有以下方面：

1）缝面渗压。3 次达到正常蓄水位时，18#、26# 坝段止水后渗透压力随坝前水位呈正相关性变化，其余坝段止水后渗压计基本处于无水压状态。2012—2014 年 1240.00m 相同水位下，各坝段止水后渗压计折减系数变化不大。

2）诱导缝压应力。与水位相关性较好，水位上升压应力呈减小趋势，水位下降压应力呈增加趋势。2012—2014 年 1240.00m 相同水位下诱导缝压应力测值变化不大。

3）缝面开合度。2012—2014 年 1240.00m 相同水位下诱导缝垂直开合度测值、径向剪切变形等变化不大，诱导缝径向剪切变形随着水位抬升，总体表现为顶面相对底面向下游错动趋势，但变化量很小。

4）渗漏量。蓄水过程中，诱导缝检查廊道渗漏总量与库水位总体相关性较好，2012—2014 年 1240.00m 相同水位下渗漏量分别为 0.6L/s、0.4L/s、0.4L/s。

结合诱导缝检查廊道巡视检查情况、测缝计、渗压计、压应力计监测成果和诱导缝渗漏量等综合来看，诱导缝的工作性状总体正常。

（5）坝体温度。目前坝内温度场总体趋于平稳，坝内温度总体介于 18～22℃。

（6）混凝土温度裂缝。蓄水过程中，绝大部分裂缝及其周围混凝土总体呈受压趋势，2012—2014 年 1240.00m 相同水位下的裂缝监测仪器测值变化较小，且不同时段的物探检测成果与监测成果一致，未发现坝内原有温度裂缝发展或扩展迹象，表明裂缝处于稳定状态。

（7）横缝。蓄水过程中，在水位以下横缝开合度基本处于无变化状态，在水位消落区横缝开合度与温度存在负相关性，灌浆效果良好。

（8）坝肩抗力体。2012—2014 年 3 次蓄水至 1240.00m 的过程中，两岸坝肩抗力体变形很小，渗流未见异常，抗力体工作正常。

（9）泄洪及地震等特殊时段监测成果。监测成果表明，在大坝泄洪及地震等特殊时段，大坝变形、渗流及应力应变各项监测成果没有明显的异常变化。

监测成果表明：历经 4 年蓄水周期、3 次达到正常蓄水位和泄洪、地震等各种工况的考验，小湾大坝各项测值符合一般规律，测值正常，表明大坝安全、稳定，运行状态良好，处于受控状态。但值得注意的是，在 3 次达到最高蓄水位时，大坝径向仍有向下游变形的增量，下节通过建立大坝变形统计模型[3]，以分析和评价坝体径向增量的原因。

3.2　大坝变形统计模型及其成果分析

3.2.1　大坝变形统计模型

根据小湾拱坝监测成果定性分析并结合相关文献，大坝位移主要受水压、温度以及时效等因素的影响。因此，位移由水压分量、温度分量和时效分量组成，即

$$\delta = \delta_H + \delta_T + \delta_\theta$$

式中　δ——位移；

　　　δ_H——水压分量；

δ_T——温度分量；

δ_θ——时效分量。

（1）水压分量 δ_H。对于小湾大坝而言，坝段任一点在水压作用下产生的水压分量 δ_H 与水深 H、H^2、H^3 有关，即：

$$\delta_H = \sum_{i=1}^{3} a_i(H^i - H_0^i)$$

式中　H——坝前水深；

　　　H_0——坝前始测日水深；

　　　a_i——回归系数。

（2）温度分量 δ_T。从多年观测资料来看气温基本上呈年周期性变化，因此温度因子可选用周期的谐波作为因子，由此求得温度分量 δ_T，即

$$\delta_T = \sum_{i=1}^{n} \left[b_{1i}\left(\sin\frac{2\pi it}{365} - \sin\frac{2\pi it_0}{365} \right) + b_{2i}\left(\cos\frac{2\pi it}{365} - \cos\frac{2\pi it_0}{365} \right) \right]$$

式中　b_{1i}、b_{2i}——回归系数（$i=1\sim2$）；

　　　t——监测日至始测日的累计天数；

　　　t_0——计算时段起测日至始测日之间的累计天数。

（3）时效分量 δ_θ。大坝产生时效变形的原因极为复杂，综合反映坝体混凝土和岩基的徐变、塑性变形以及岩基地质构造的压缩变形等。参照类似工程经验，表示位移变化的时效分量为

$$\delta_\theta = c_0(\theta - \theta_0) + c_1(\ln\theta - \ln\theta_0)$$

式中　c_1——回归系数；

　　　θ——监测日至测点始测日的累计天数除以 100；

　　　θ_0——建模起始日至始测日的累计天数除以 100。

综上所述，根据小湾大坝的特点，并考虑初始值的影响，得到大坝位移的统计模型为

$$\begin{aligned}
\delta &= \delta_H + \delta_T + \delta_\theta \\
&= a_0 + \sum_{i=1}^{3} a_i(H^i - H_0^i) + \sum_{i=1}^{2} \left[b_{1i}\left(\sin\frac{2\pi it}{365} - \sin\frac{2\pi it_0}{365} \right) + b_{2i}\left(\cos\frac{2\pi it}{365} - \cos\frac{2\pi it_0}{365} \right) \right] \\
&\quad + c_0(\theta - \theta_0) + c_1(\ln\theta - \ln\theta_0)
\end{aligned}$$

3.2.2　变形统计模型结果分析

通过建立小湾大坝变形统计模型，将典型 15# 、22# 、29# 坝段径向位移的水压分量、温度分量和时效分量逐步分离，以评价各分量对位移的影响。通过模型分离径向位移年变幅，各年度径向位移年变幅模型分离结果见表 2。

（1）水压分量。库水位变化是影响坝体径向位移变化的最主要因素。水位与位移为正相关关系，即库水位上升，位移增加（向下游方向变形），水位下降，位移减小（向上游方向变形）。由表 2 可以看出，在坝体径向位移年变幅中，随水位抬升，水压分量逐年提高，2014 年度水压分量占径向位移年变幅的 80.7%～83.5%，表明高水位运行对径向位移影响相对较大。

表 2 各年度径向位移年变幅模型分离结果

年份	测点编号	实测值（最大值－最小值）/mm	拟合值/mm	水压（拟合）/mm	温度（拟合）/mm	时效（拟合）/mm	水压/%	温度/%	时效/%
2011	A15－PL－01	36.44	35.1	25.71	7.79	1.6	73.25	22.19	4.56
	A22－PL－01	41.95	40.99	27.99	8.72	4.27	68.3	21.29	10.41
	A29－PL－01	35.68	36.06	26.11	5.38	4.57	72.4	14.92	12.68
2012	A15－PL－01	68.67	65.51	54.24	7.95	3.31	82.81	12.13	5.06
	A22－PL－01	82.04	75.08	59.91	9.32	5.85	79.8	12.41	7.79
	A29－PL－01	66.68	63.59	52.22	7.45	3.92	82.12	11.72	6.16
2013	A15－PL－01	67.14	68.88	57.12	8.1	3.66	82.93	11.76	5.31
	A22－PL－01	75.89	78.02	62.78	9.4	5.84	80.46	12.05	7.49
	A29－PL－01	66.58	67.04	55.75	7.7	3.59	83.16	11.48	5.36
2014	A15－PL－01	72.74	71.33	59.19	8.08	4.07	82.97	11.32	5.7
	A22－PL－01	80.12	84.33	68.08	9.62	6.63	80.73	11.41	7.86
	A29－PL－01	71.45	70.38	58.77	7.75	3.86	83.51	11.01	5.48

（2）温度分量。尽管温度变化对坝体径向位移有一定的影响，但明显小于库水位的影响程度。温度与位移总体上相关性好，即温度升高，位移减小（向上游方向变形），温度降低，位移增加（向下游方向变形）。在坝体径向位移年变幅中，随水位抬升，温度分量逐年递减，2014年度温度分量约占径向位移年变幅的11%。

（3）时效分量。由表2及图5可知，大坝径向变形的时效分量仍然存在，这可能是在3次达到最高蓄水位时大坝径向变形增大的主要原因。但从2011年至2014年，时效分量影响总体下降，至2014年度时效分量约占径向位移年变幅的5.48%～7.86%，见图5。初步分析认为时效分量主要与坝体受蓄水速率、拱冠梁坝段受力特点、基岩和混凝土等材料徐变及岩体节理裂隙压紧密实等因素有关，随着时间的推移，时效分量的影响将继续减弱直至收敛。

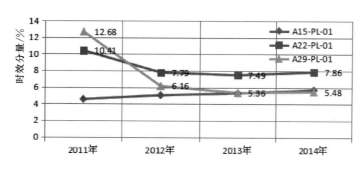

图 5 典型坝段径向位移受时效影响年变幅过程线

4 结语

本文通过对大坝安全监测资料进行系统的整编分析，对小湾拱坝蓄水以来的工作性态进行了全面分析，结合变形统计模型成果分析，重点对 2011—2014 年来拱坝位移影响因素进行了分离，更为科学评价蓄水过程中水位、温度、时效等因素对大坝径向变形的影响。得出以下结论：

（1）监测成果表明，在 3 次蓄水至 1240.00m 水位过程中，大坝变形、渗流、温度、应力应变、裂缝等项目监测数据测值正常，规律性良好，且 2015 年蓄水过程各监测项目的变化也符合上述规律，表明大坝安全、稳定，工作状态良好。

（2）大坝蓄水过程中顺河向变形仍有向下游变形的增量，但数值较小，大坝径向变形受时效影响逐渐减弱，随着时间的推移，时效分量的影响将继续减弱直至收敛。

参 考 文 献

[1] 喻建清，赵志勇，等 . 拱坝及坝基安全监测成果分析专题报告 [R] . 2015.
[2] 喻建清，杨宜文，等 . 小湾枢纽区工程安全监测设计专题报告 [R] . 2008.
[3] 顾冲时，吴中如 . 大坝与坝基安全监控理论和方法及其应用 [M] . 南京：河海大学出版社，2006.

小湾水电站工程安全分析与
决策支持系统研究与构建

易　魁[1]　陈　豪[1,2]　赵志勇[3]　毛莺池[4]

（1　华能澜沧江水电股份有限公司　云南昆明　650214；

2　河海大学水利水电学院　江苏南京　210098；

3　中国电建集团昆明勘测设计研究院有限公司　云南昆明　650001；

4　河海大学计算机与信息学院　江苏南京　210098）

【摘　要】　小湾水电站是世界首座 300m 级特高拱坝，并建成了规模列居全国之首的工程安全监测系统。本文介绍了小湾水电站工程安全分析与决策支持系统的研发背景、关键技术、系统架构和功能实现，为类似水电工程解决运行期安全监测数据共享性差、实时处理困难问题，提升水工建筑物监测数据分析、工程安全评判和异常工况预警能力提供了参考和示范。

【关键词】　小湾水电站　工程安全监测　工程安全分析　数据处理

1　引言

由华能澜沧水电股份有限公司承担的国家"十二五"科技支撑计划课题"澜沧江流域水电开发安全与高效利用系统集成与示范"于 2013 年启动，课题下设研究专题"澜沧江流域工程安全分析与决策支持系统"以澜沧江上最具代表性的小湾水电站及其规模列居全国之首的工程安全监测系统为试点，开展相关关键技术研究，以期解决梯级水电站运行阶段安全监测数据共享性差、实时处理困难等问题，全面提升水电站以大坝为主的水工建筑物监测数据分析、工程安全评判和异常工况预警能力。

2　工程安全监测现状及需求分析

2.1　工程概况及监测现状

小湾水电站系澜沧江中下规划 8 个梯级水电站中的第二级，以发电为主兼有防洪等综合效益，装机容量 4200MW。工程属大（Ⅰ）型一等工程，主要水工建筑物由最大坝高 294.5m 的世界首座 300m 级混凝土双曲拱坝、坝后水垫塘及二道坝、左岸泄洪洞和右岸地下引水发电系统组成。水库总库容 150 亿 m³，具多年调节能力，2012 年 10 月首次蓄至正常蓄水位。

小湾电站实施了全国规模最大的工程安全监测项目，安装埋设仪器 10761 支。监测范围涵盖大坝及坝肩抗力体、引水发电系统、泄洪设施、枢纽区工程边坡、导流及挡水等各类施工临建设施、水库地震和库区失稳体，包括变形、渗流渗压、应力应变及温度、支护效应、地震反应、环境量等监测项目。相应地小湾电站建成了包括南瑞 DIMS4.0 监测系统、坝顶 GNSS 变形监测系统、三维激光变形测量系统、大坝强震监测系统、光栅光纤式横缝动态监测系统等在内的全国规模最大的安全监测自动化系统，接入自动化监测仪器 6500 余支，并在筹划实施绕坝渗流水位孔和量水堰、大坝坝后马道表面观测点等自动化监测改造。

2.2　需求分析

目前，小湾电站安全监测自动化系统实现了数据自动化采集与存储，为电站建设运行提供了长序列监测数据，但在系统应用过程中，也发现有尚待改进与完善的问题，具体如下：

（1）水工巡检作业的自动化程度较低。水工建筑物巡视检查是发现工程缺陷的最直观手段。但长期以来，水工巡检还是以尺量拍照手工填表、事后整编制作台账为主，巡检成果不仅受巡检人员技能经验水平等主观因素影响，且还存在从现场巡检到成果发布全过程时效低下，难以实现缺陷历史数据实时查询，无法与高频次的自动化仪器监测数据匹配校验等问题。

（2）各异构监测系统之间形成数据孤岛。各类以满足传感器数据采集与通信存储为主要功能的安全监测系统源于不同厂商，存在基础数据库数据结构差异、通信方式不一，成果数据难以实时共享和对比校验等问题，无法满足"冗余设置，相互验证"工程安全监测设计部署原则。

（3）未形成与高频次自动化监测相适应的数据实时分析与评判能力。监测自动化系统可据工程需要设定数据采集频次并实时存储，但单日 2.5 万条以上的海量数据粗差及其反馈的建筑物工况异常却无法依靠人工判识，而通过设定固定上下限值的数据超限报警对于处于初蓄等高危风险期或特殊工况的水电站亦被证明并不适用，导致每日采集的大量数据，既不能根据测值波动来及时甄别仪器故障，也无法依据效应量变幅来快速判识工程异常。

（4）工程工况综合评判预警信息化机制未建成。因缺乏监测异常测值实时甄别与有效抽取能力，导致无法进行大坝等水工建筑物工况的综合评判与安全预警。

（5）缺乏高效友好的数据成果管理与发布手段。现有的安全监测系统成果数据可视化程度较低，无法提供水工建筑物、监测仪器与主要水工缺陷空间相关性的有效查询与定位，且成果信息未针对运维层、管理层和决策层各级人员职能进行分级筛选与推送。

3　系统研发的关键技术

3.1　技术路线

（1）开发基于移动终端的水工巡检系统，全面提升水工巡检作业的自动化和数字化水平。

（2）构建统一的监测成果数据库，开发工程安全监测数据自动汇集平台，构建有效兼容、统一存储的监测数据集中管控机制。

（3）研发监测数据安全阈值模型和异常测值评判规则准则，对各测点每个测次测值进行实时甄别与评判，达到与实时采集相匹配的数据分析与评判能力。

（4）在此基础上，结合各类工程安全评价模型、评价方法以及安全评价的辅助信息，研发基于实测数据的工程工况安全综合评价模型和预警指标体系，为电站运行提供决策支持。

（5）构建基于 BIM 三维模型的大坝安全监测可视化平台和门户发布系统，实现监测测点及其测值数据的查询，实现综合安全分析与评价信息、分级预警提供三维可视化展示与分级发布报送。

3.2 关键技术

（1）水工巡检信息一体化采集管理技术。结合工程实际与业务流程，将水工巡检作业按工程部位进行任务分组化，按巡检路线进行业务定制化，按工作内容进行流程通用化，按缺陷类型进行对象分类化，在标准化巡检业务基础上，研究支持多终端的信息采集、PC 端与移动终端数据双向同步，以及巡检信息高效管理方法。

（2）多源异构系统综合集成技术。结合各类工程安全监测系统协同演化与异构信息融合需求，以提供各类监测成果数据管理、汇集、共享、访问的数据中心服务功能为目标，研究网络化复杂软件系统的粒度分解及匹配软件粒度的数据抽取与传输控制技术、面向服务的松耦合计算模型、统一且灵活的服务协同机制、多源异构信息融合方法库与模型库、实时集成管理、综合分析与共享发布技术。

（3）测值动态异常评判自适应模型。以小湾特高拱坝为技术突破，分析力学结构计算、自适应统计模型、动态特征值、多点时空计算、规范标准限值、工程综合类比等方法对于不同仪器类型和工程部位测点的适用性与准确性，研发对应水位的关键测点安全阈值，建立动态监测测点异常评判模型，提出测点异常测值的快速甄别、跟踪复核、动态评判系统机制与方法。

（4）大坝工况综合分析与分级预警模式。从水工建筑物宏观地质特征、结构性状和承受荷载特点和周边环境出发，通过巡视检查和安全监测体系监控获取的准确监测信息，开展建筑物多源监测信息和其他相关信息安全评价，研发一套切实可行的水工建构筑物的工况综合评判指标和预警发布方案。

（5）基于 BIM 的水电三维可视化虚拟现实技术。构建可连接水工建筑全生命期各阶段数据、过程和资源的小湾电站水工建筑、仪器测点三维精细化 BIM 模型，关联映射相关属性及巡检监测数据；通过空间插值算法网格化离散监测数据，动态展示水工建筑实际物理工况；构建分级加载模型，确保系统运行轻量化。

4 系统架构与功能实现

4.1 系统总体架构

结合系统技术路线与功能实现，在统筹架构的交互操作性、扩展性、稳定性、移植性和安全性等基础上，将系统总体逻辑架构自下而上划分为 5 个层次并以保障机制贯穿系统整体，见图 1。具体分析如下：

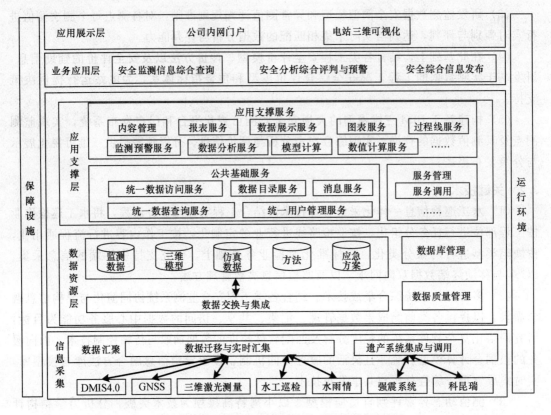

图 1　工程安全分析与决策支持系统总体框架图

（1）信息采集层。由各系统定期采集监测、巡检数据，经计算整编后转换为监测成果数据，通过监测数据汇集平台，对多源平台的历次成果数据进行实时汇聚。

（2）数据资源层。由成果数据库、分析方法库、CAE仿真库、三维模型库来提供对所有安全监测与分析数据的规范化统一管理及相应工具，为各类应用服务提供数据支撑与共享。

（3）应用支撑层。包括公共基础、应用支撑和资源服务管理，负责向上层各业务应用系统提供公共统一的运行环境和主体支撑框架，将抽取出的各子系统功能模块服务化，形成松耦合的服务群。

（4）业务应用层。由安全监测信息查询、安全综合评价与预警、信息分级发布系统等多个业务应用组成，其核心是以工程安全分析方法库为基础的决策支持技术，为水工运维提供服务和支持。

（5）应用展示层。通过内网门户为电站各级运管层提供统一的访问和应用界面，通过BIM三维模型实现工程安全监测基础数据和分级预警信息等的集中发布、共享与展示。

（6）运行环境。包括机房、通信和计算机网络、计算资源、存储资源、安全设施、公用软件平台等系统运行所需的所有软、硬件环境。

（7）保障设施。包括标准体系、建设运行管理、安全管控和开发运行团队等保障系统建设和运行所需投入的非技术类设施。

4.2 功能实现

（1）水工巡检信息高效采集。水工巡检子系统是整个系统信息采集层的重要组成部分，在业务流程标准化的基础上，通过手持移动终端代替纸质表格、手持光源、摄像设备、测距仪器等工具，实现缺陷描述信息的现场快速采集，见图2。巡检数据导入PC端信息管理平台，实现巡检流程、缺陷信息及消缺处理的统一存储和管理，见图3。

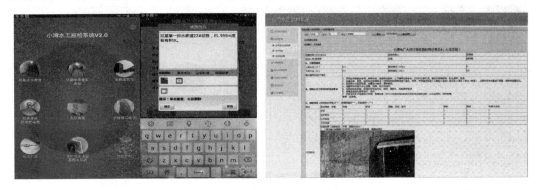

图2　水工巡检系统移动端及信息管理平台

图3　监测数据汇集平台

（2）工程安全监测数据自动汇集与存储。监测数据汇集平台是信息采集层与数据资源层的连接桥梁，在自动化系统完成监测数据采集入库后，通过定期自动访问各自动化系统数据库，将当期监测成果数据实时迁移至成果数据库，并同时整合历史人工监测数据、实时水雨情、工程档案、三维设计模型等数据资源，构建数据集成平台，合理存储和管理各种数据源，为应用服务层提供数据转换、数据共享和综合分析基础支撑。

（3）测点安全阈值评判与建筑物综合分析分级预警，见图4。测点安全阈值评判与建筑物综合分析分级预警是应用支撑层和业务应用层的核心功能，首先通过数据质量管控，实现对测量因素（仪器故障、人工错误、环境误差）引起的突变异常测值有效处理，保证监测数据完整性、一致性、准确性；然后研究分析力学结构计算、自适应统计模型、动态特征值、多点时空计算、规范标准限值、工程综合类比等方法对于不同仪器类型和工程部位测点的适用性与准确性，建立不同水位条件下的测点安全阈值，实现对由工程因素引发的测点异常测值的快速甄别、跟踪复核、动态评判。最后按照监测测点、监测项目、建筑物局部乃至整体的逐级递进原则，通过结合工程实际和工程经验的分级监测项目权重赋值，与巡检成果综合比对建立建筑物监测安全分级综合评价模型，实现对建筑物运行工况的实时评价与发展趋势的有效预测。

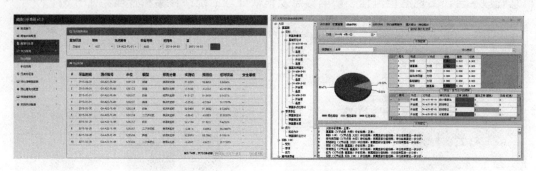

图 4　安全监测阈值分析及综合分析分级预警系统

（4）基于 BIM 的安全评价可视化展示。基于工程安全监测系统及其成果数据的 BIM 三维模型是应用展示层的关键功能，按照业务应用的工作流程、工程计算模型库、评判规则库、仿真计算库，建立水工建筑物、内外观监测仪器、物探检查孔等 BIM 模型，实现工程各部位、安全监测设施、巡检重要缺陷物理外形和空间位置的全真三维展示，监测成果数据查询、检索、定位，为各类安全监测信息与分级预警信息提供表格、图线、三维模型等多种可视化展示，并根据监测数据异常反馈信息用户定制在三维模型中规划定制最佳巡检路线安全监测点可视化与大坝坝体变形三维视化云图，见图 5。

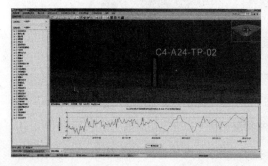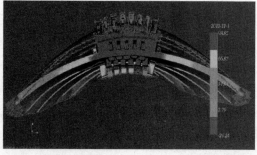

图 5　安全监测测点可视化与大坝坝体变形三维可视化云图

（5）工程综合业务信息门户及安全信息分级发布。工程综合业务信息门户，见图 6，为直面用户的应用展示层，为业务应用层至信息采集层各应用系统提供统一访问接口。在该门户中实现基础的应用环境、用户管理、用户认证、菜单管理等通用系统功能，实现了从建设期人工监测系统等单机版数据存储平台到南瑞 DIMI4.0、GNSS 系统等物联网信息采集系统的实时访问和远程控制。同时结合水电厂工程安全管控业务流程与制度定制了的工程安全综合信息分级发布与推送机制，集成展示业务应用层各系统分析统计得出的成果信息，为电站运维层、管理层、决策层等多级用户提供分层次、多形式的安全监测信息、业务流程信息和工程安全综合评判信息，对电站运行维护管理各级业务决策提供全过程和全方位支持。

图 6　工程综合业务信息门户

5　结语

小湾水电站工程分析与决策支持系统研发过程中，即充分依托国家"十二五"科技支撑计划课题开展具探索性、创新性的相关关键技术研究；同时也紧密契合企业实际需求，从破解生产管理技术难题，满足一线工程技术人员实用出发，开展科技研究到系统应用一步转化的系统研发工作。目前系统所辖的水工巡检子系统、监测数据汇集平台、大坝安全监测三维可视化管理系统已投入实际运行，切实转变了小湾电站现场水工安全工作模式，全面提升了一线水工运维效率；监测测点安全阈值分析评判子系统、水工建筑物综合分析与分级预警子系统、工程综合业务信息门户已进入线上试运行阶段，在持续完善与改进后，将全面服务于小湾电站的水工运维管理。

随着澜沧江流域水电开发的持续推进，大规模梯级水电库群逐渐形成，对以大坝为代表的水电站水工建构筑物安全管理和风险防控提出了更高要求。为适应新形势要求，以信息化和智能化技术为先导，深化现有大坝安全监测与管控模式，将以采集存储、计算整编为主的监测数据信息管理系统提升为以高效汇集、实时甄别、动态分析、综合评判的工程分析与决策支持系统，在安全监测数据实时处理和动态分析功能上有所强化，在水工建筑物运行工况综合评判和水电站安全管理决策支持方面迈进一步，将为构建流域级工程安全分析与决策支持系统，保障梯级水电库群安全稳定运行发挥切实地技术支撑作用。

参 考 文 献

[1]　赵志仁. 大坝安全监测的原理与应用［M］. 天津：天津科学技术出版社，1992.
[2]　吴中如，顾冲时. 大坝原型反分析及其应用［M］. 南京：江苏科学技术出版社，2002.
[3]　赵志仁. 大坝安全监测设计［M］. 郑州：黄河水利出版社，2003.
[4]　吴中如. 水工建筑物安全监控理论及其应用［M］. 北京：高等教育出版社，2003.

[5] 李瓒，陈飞，郑建波．特高拱坝枢纽分析与重点问题研究 [M]．北京：中国电力出版社，2004．

[6] 顾冲时，吴中如．大坝与坝基安全监控理论和方法及其应用 [M]．南京：河海大学出版社，2006．

[7] 朱伯芳，张超然．高拱坝结构安全关键技术研究 [M]．北京：中国水利水电出版社，2010．

[8] 马洪琪．我国坝工技术的发展与创新 [J]．水力发电学报，2014，33 (6)：1－10．

[9] 赵志仁，徐锐．国内外大坝安全监测技术发展现状与展望 [J]．水电自动化与大坝监测，2010，34 (5)：52－57．

[10] 金峰，胡卫，张楚汉，等．基于工程类比的小湾拱坝安全评价 [J]．岩石力学与工程学报，2008，27 (10)：2027－2033．

[11] 包腾飞，吴中如，顾冲时，等．基于统计模型与混沌理论的大坝安全监测混合预测模型 [J]．河海大学学报，2003，31 (5)：534－538．

[12] 陈豪，余记远，等．GPS 精确定位技术在小湾水电站工程变形测量中的应用 [J]．测绘工程，2015，23 (8)：46－52．

[13] 王川，杨珊珊，董泽荣．GNSS 监测系统在小湾拱坝安全监测中的应用 [J]．水电自动化与大坝监测，2013，37 (1)：63－67．